지구를 구하는 뇌과학

MINDING

지구를 구하는 뇌과학

뇌과학은 어떻게 기후위기를 해결하는가

THE

앤 크리스틴 듀하임 박선영 옮김

CLIMATE

상상스퀘어

내 가족과 내가 돌보는 환자,
그리고 세상 모든 곳에 있는 아이들에게

앤 크리스틴 듀하임

매사추세츠 종합병원 소아신경외과 전문의이며, 같은 병원 산하 환경
보건연구센터 부센터장이다. 하버드대학교 의과대학 신경외과 및 환경
센터 교수이자, 매스제너럴브리검 아동보호 팀 컨설턴트이기도 하다.
미국 소아신경외과 분야에서 30년 동안 전문의로 경력을 쌓았다. 소아
신경외과 학회와 신경외과 저널 편집위원회에 참여했고, 현재 〈환경과
건강Environment & Health〉 부편집장을 맡고 있다.

오랫동안 뇌와 행동 사이의 관계 그리고 환경문제에 관심을 기울여
왔다. 2016년에는 하버드대학교 래드클리프 고등연구소 펠로우를 지내
며, 보상회로의 신경생물학 측면과 친환경 행동 사이의 관련성을 연구
했다.

옮긴이 소개

박선영

영문학을 공부하고 영어교육학 석사과정을 마쳤다. 영국 복지단체 프로그램에서 1년간 활동했고 외국계 기업에서 7년간 근무했다. 외국어 강사와 기술 번역자를 거쳐 지금은 바른번역 소속 출판 전문번역가로 활동한다. 《깃털 도둑》, 《다윈의 실험실》, 《니체의 삶》, 《오래도록 젊음을 유지하고 건강하게 죽는 법》, 《혼자서 살아도 괜찮아》, 《결혼학개론》, 《어른의 시간》, 《고통의 비밀》, 《우리가 몰랐던 혁신의 비밀》 등을 번역했다.

서문

저녁 8시에 하루 일과를 마치고 짐을 챙겨 병원을 나서는데 호출기가 울렸다. 당직을 서던 신경외과 레지던트가 소아집중치료실 PICU에서 응급상황이 발생해 나를 다급하게 찾는다는 연락이었다. "6세 남자아이고, 선천질환으로 3차 간이식 수술을 받았습니다. 혈액응고에 문제가 있는데, 스캔 상으로 좌측 뇌에 5센티미터 크기 출혈이 있으며, 현재 혼수상태입니다. 왼쪽 동공이 확장됐고, 심박수도 떨어지고 있어요. 소아집중치료실(Pediatric Intenssive Care Unit, 이하 PICU)에서 저희에게 수술을 요청하십니다." 레지던트에게 PICU 팀에서 혈액응고에 필요한 조치를 했는지 물어보자, 그는 혈액응고인자를 투여했으니 수술을 시작해도 괜찮을 것 같다고 말했다. 나는 수술실로 들어가기 전에 환자 가족을 만났다. 최선을 다하겠지만 상태가 좋지 않다고 최대한 신중하게 설명했다. 출혈이 잡히지 않으면 아이가 깨어나지 못할 수도 있었다. 가족은 고개를 끄덕이며 말없이 눈물을 흘렸다. 이미 병원에서 몇 달을 보낸 그들이 이제 달리 할 수 있는 일은 없었다.

수술을 진행하는 동안 흡입기로 혈전을 빨아들였지만, 우리가 손대는 부위마다 계속 피가 배어나왔다. 나는 간호사에게 이식을 집도한 의사를 연결해 달라고 했고, 간호사가 내 귀에 전화기를 대줬다. 나는 지혈을 시도할 만한 다른 방법이 없는지 물었다. 전화기 너머로 약물을 투여했으니 곧 출혈이 잡힐 거라는 대답이 돌아왔다. 나는 그에게 직접 와달라고 부탁했다. 출혈이 잡히기는커녕 도통 멈출 기미가 없었다. 우리는 병원에서 사용할 수 있는 모든 지혈제를 쓰고, 지혈에 도움이 될 만한 모든 약을 투여하고, 압박할 수 있는 모든 부위를 처치해보고 나서야 출혈을 늦추기만 할 뿐, 멎게 할 수는 없는 상태임을 인정했다. 그대로 수술을 마무리하고 결과를 지켜보는 수밖에 없었다. 아이는 그날 밤을 넘기지 못할 것 같았다.

다른 아이들은 그래도 치료를 할 수는 있다. 자기뇌파검사로 뇌졸중 병소를 찾아서 최소침습 기술로 제거할 수 있고, 입체정위 영상이나 레이저 절제술로 암세포를 도려낼 수 있으며, 5세대와 6세대 항생제로 감염질환 완치를 거들 수 있다. 그런 아이들은 병원을 드나들지언정 우리가 도움을 주지 못하는 아이들과 비교하면 상황이 나은 편이다. 현대 의료시스템 안에서 우리가 시도하는 치료는 결과가 성공적이든 아니든 대부분 막대한 자원이 든다. 하루가 멀다 하고 새로운 의료장비와 검사방법, 최첨단 기술이 등장한다. 이 시스템을 제대로 활용하려면 여기에 정통한 전문 인력, 치료규정, 새 장비를 들여놓을 공간이 필요하다. 의료진은 환자를 치료할 때 필요한 자원과 노력이 얼마나 들든, 눈앞에 있는 환자만 생각하도록 훈련받는다. 치료에 효과를 낼 만한 방법이 있으면 시도해보는 것이 우리 일이다. 누가 어떤 이득을 얻는지 같은 다른 차원의 문제가 판단을 방해해서는 안 된다.

다른 대륙은 사정이 더 심각하다. 어떤 나라에서는 수십 년째 이어진 가뭄과 내전을 피해 수많은 사람이 가족을 이끌고 목숨을 건 피난길에 오른다. 평균연령이 스무 살조차 안 될 정도로 인구가 폭발하는 지역에서는 잇따른 홍수와 질병으로 온 가족이 죽음의 위협에 내몰리고 있다. 현대사회에서는 인간이 지구에 물리적 변화를 불러온 탓에 그동안 사람들을 지탱해온 사회 전통과 관습이 무너졌고, 많은 이가 물질적, 정신적 빈곤에 허덕이며 살아간다. 화재, 홍수, 가뭄이 우리네 삶의 터전을 파괴하고, 플라스틱이 모든 것을 더럽힌다. 하필 빈곤층일수록 피해가 더욱 극심하다. 환경을 오염하고 자연을 파괴하는 공장과 발전소가 빈곤 지역에 집중해 있기 때문이다. 자녀를 키우는 부모는 살충제, 유독물질, 지구온난화를 걱정한다. 하지만 의사란 좋은 일을 하는 사람들이 아닌가. 우리는 최첨단 기술로 사람들을 치료하며 매일같이 작은 기적을 일으키지만, 동시에 그렇게 살리려고 애쓴 사람들의 미래를 다시 위협하는 어마어마한 양의 이산화탄소, 쓰레기, 의료폐기물을 배출한다.

대개 우리는 이런 모순을 구분해서 생각한다. 뇌에서 그렇게 처리하게 만들기 때문이다.

　미국 소아과학회에 따르면, 인류가 맞닥뜨린 가장 큰 공중보건 문제는 기후변화다. 기후변화는 우리 모두에게 영향을 준다. 앞으로 전 세계 사람들에게 성큼 다가올 테고, 취약계층과 아이들에게 더 깊이 파고들 것이다. 우리는 그 사실을 잘 알고 있다. 그래서 환경문제를 생각하면 마음이 불편해지고 때때로 무력감마저 느낀다. 그렇다고 일상적인 행동에 딱히 영향을 미치지는 않는다. 환경문제는 다양한 이해관계가 얽혀 있고, 모순적이며, 쉽사리 해답을 찾기 어려운 사안이다. 여러 요인이 복잡하게 얽혀있는 데다 간단한 해결책도 없다. 그러한 문제와 우리의 가치관, 일상 행동 사이에 일어나는 갈등이 내가 이 책을 쓴 동기다.

　소아청소년과 의사들이 대부분 그렇겠지만, 아픈 아이를 치료하고 그 가족을 돕는 과정은 엄청난 특권이자 굉장히 보람찬 일이다. 내가 의사라는 직업을 선택했을 때는 기후변화를 뚜렷하게 인식하기 전이었다. 하지만 당시에도 내 눈에는 인구 폭발과 환경위기가 해결하기 매우 어려운 문제처럼 보였다. 지구에 있는 모든 생명체는 상호의존한다. 이 점은 생태계의 자명한 사실이지만, 우리는 기를 쓰고 이를 외면한다. 한편, 나는 인간을 인간답게 만드는 기관이자 장치인 뇌의 신비한 매력에서 헤어나올 수 없었다. 다른 많은 신경외과 의사처럼 나 또한 첫 환자를 대면하고 신경외과 의사로서 내 직업의 매력에 빠졌던 순간을 잊지 못한다. 세상 어떤 직업도 자연의 가장 놀라운 창조물이자 인간 존재의 본질인 뇌가 살아 움직이는 모습을 눈앞에서 마주하고, 직접 손으로 만지는 경험을 제공하지 않는다. 더불어 뇌에 나타난 위협을 제거해서 누군가의 삶이 더 나아지도록 도울 기회도 선사하지 않는다.

기술자, 예술가, 요리사가 본인이 소중하게 생각하는 것들로 세상을 바라보듯, 신경외과 의사들은 '뇌'를 매개로 세상을 이해한다. 신경외과 의사들은 뇌가 어떻게 만들어지고, 진화하고, 손상을 입었다가 회복하고, 세상과 상호작용하며, 어떻게 서로 다른 개인을 창조하고 삶의 발달단계에 따라 성장시키는지가 가장 큰 관심사다. 우리는 질병이나 부상에서 회복하는 환자와 수술 환자를 관찰하고 만성질환 환자를 치료하는 동시에, 뇌의 회복과 가소성을 연구하며 문제의 해답을 찾는다. 신경과학에 종사하는 사람들 관점에서 보면 모든 것은 결국 뇌와 관련 있다. 우리가 어떻게 행동하고, 어떤 선택을 하며, 무엇을 중요하게 생각하는지, 나아가 현대 과학기술의 발전을 이끌어온 인간의 역사도 뇌의 작동방식을 기반으로 설명할 수 있다.

생물계 모든 것이 그렇듯 뇌 또한 진화의 산물이다. 뇌는 일정한 원칙을 따르는 경향이 있지만, 동시에 소속된 문화와 환경에 절묘하게 반응한다. 우리는 아이 한 명 한 명을 소중히 보살피고 우리의 성공을 위해 최선을 다하는 삶에서 보람을 느낀다. 우리 뇌가 그렇게 설계됐기 때문이다. 눈앞에 있는 다른 사람을 돌보고, 성장할 수 있도록 노력과 기술을 쏟아붓는 자세는 수천 년간 인간이 진화해온 방식 중 하나였다. 하지만 인간은 인류에게 닥친 가장 중대한 사안이라 할 수 있는 기후변화처럼 더 큰 사회문제를 좀처럼 해결하지 못한다. 신경학 관점에서 들여다보면 그 이유를 쉽게 이해할 수 있다. 뇌는 단기 결과를 기반으로 한 의사결정을 선호하게끔 설계됐다. 이 때문에 우리는 눈앞의 이익을 위해 세상에 적응하고, 확장하며, 변화시킬 수 있도록 준비가 돼 있다. 그러나 기후변화는 뇌가 제대로 인식하거나 쉽게 해결할 수 있는 종류의 문제가 아니다. 그래서 기후변화를 해결하는 문제는 뇌 관점에서 보면 더욱 어려운 일이다. 사실 최악의 결과를 피하기 위해 지금 당장 필요한 우리의 선택들은 뇌의 '작동방식'과 정반대 편에서 있다.

1998년, 환경운동가 빌 맥키번Bill McKibben은 〈디 애틀랜틱The Atlantic〉에 다가올 새천년의 문제들을 전망한 3부작 시리즈《역사 속 특별한 순간A Special Moment in History》을 발표했다.[1] 맥키번은 인구와 관련된 우리 행동을 돌아보는 일이 과소비를 일삼는 행동을 바꾸려는 시도보다 더 쉬워 보인다는 점에 주목했다. 과소비는 대기 중 이산화탄소 농도를 높여 지구온난화를 일으키는 주범이다. 맥키번은 우리가 단기간에 흐름을 뒤집을 만큼 단순하게 살 수 없을 거라고 주장한다. 나는 그 주장이 당연하다고 생각했다. 단순한 삶은 인간에게 어려운 일이다. 우리 뇌가 그렇게 작동하지 않기 때문이다. 그러나 우리가 그 이유를 이해하지 못하면 올바른 방향으로 돌아서기 어렵다. 나는 어떻게 하면 사람들에게 뇌를 이해할 수 있는 정보를 제공해서 환경에 이로운 행동을 더욱 쉽게 끌어낼 수 있을지 오랫동안 고민했다.

나는 우리에게 닥칠 기후문제와 아이들의 생명을 돌보는 업무와 많은 자원이 투입되는 의료문화 사이에서 이러지도 저러지도 못한 채, 한동안 불편한 감정을 느끼며 살았다. 그러다 의사로서 경력이 중반에 이르렀을 무렵, 무슨 일이든 해야 한다는 강한 의무감에 사로잡혔다. 건강과 관련된 일을 하는 사람으로서 우리 모두의 안전을 위협하는 사안을 어떻게 외면할 수 있겠는가. 소아신경외과 분야에서 나의 정신적 스승이 돼준 루이스 슈트Luis Schut 박사는 이렇게 말했다. "만약 세상의 모든 신경외과 의사가 내일 아침 연기처럼 사라진다면, 사람들이 겪는 고통은 거대한 바다에 떨어지는 물방울 하나에 지나지 않을 것이다." 인도주의에 입각한 사명감으로 전 세계를 누빈 그의 말은 소아신경외과 분야에서 10년을 막 넘긴 내게 깊은 울림을 줬다. 그는 자만심으로 어깨에 힘이 들어가려 할 때, 우리 직업이 아이들과 그 가족에게 대단히 중요할뿐더러 우리에게도 보람된 천직인 것은 맞지만, 엄청나게 대단하고 특별한 소임은 아니라는 점을 다시 한번 일깨워줬다.

물론 자원 불균형을 비롯한 복잡한 문제를 개인이 해결할 수는 없다. 나는 기후변화라는 이 긴급한 난제를 앞에 두고 내가 할 수 있는 일이 무엇인지 알고 싶었고, 조언을 듣기 위해 내 모교인 브라운대학교 환경과학과 학과장을 찾아갔다. 그의 대답은 단순했다. "사람들에게 영향을 줄 수 있는 가장 바람직한 길은 자기 분야에서 최선을 다하는 거라네." 그렇다. 나는 그의 조언을 듣고 내 분야에서 사람들에게 영향을 끼칠 만한 일이 무엇인지 생각했고, 마침내 결론에 도달했다. '사람들이 환경보호에 유익한 행동을 하기 힘들어하는 이유를 뇌의 보상체계와 연결해보면 사람들 행동을 더욱 쉽게 바꿀 수 있는 통찰을 얻을 수 있지 않을까?' 이런 생각으로 고민하던 어느 날, 좋은 기회가 찾아왔다. 하버드대학교 래드클리프 고등연구소에서 내게 일 년간 특별연구원 자리를 제안한 것이다. 덕분에 나는 환자를 돌보는 일과에서 잠시 벗어나 이 문제를 더욱 깊이 파고들 시간을 벌 수 있었다. 래드클리프 고등연구소는 다양한 전문 분야의 사람들을 한자리에 모아 학문을 넘나드는 자유로운 토론의 장을 제공했고, 그 귀중한 시간에 내 생각을 더욱 깊이 탐구하고 다듬는 기회를 누릴 수 있었다. 게다가 계산과학처럼 어렵고 복잡한 학문을 전공한 전문가조차 행성의 평균온도가 2도만 달라져도 심각한 사태가 벌어질 수 있다는 사실을 오롯이 이해하지 못하는 모습을 보며 적잖은 충격을 받았다. 이 모든 과정은 놀라운 경험이었고, 환경문제를 깊이 연구해본 사람과 환경문제의 의미를 충분히 이해하지 못하는 사람 사이에 활발한 토론이 이어졌다. 어느 쪽이든 배워야 할 점이 많았다.

이런 일련의 연구로 탄생한 이 책은 뇌와 환경문제의 연관성을 보여주는 증거가 실제로 있는지, 있다면 환경보호를 둘러싼 우리 행동에 어떤 점을 시사하는지와 같은 질문을 다룬다. 이 여정은 '뇌 심부 자극술'로 뇌의 보상체계를 느슨하게 작동시키는 내 초기 연구에서 출발했다. 그후 뇌 발달, 뇌 가소성, 뇌 치료 분야로 이어진 내 연구도 새로운 관점을 제공했다. 그밖에 보상체계와 여기에 관여하는 특정 신경회로가 의사결정에 개입하는 역할을 비롯해 정신질환과 행동장애, 소비의 관련성을 분석한 동료들의 최근 연구 결과들은 진화로 형성된 뇌구조가 환경위기와 어떻게 연관되는지에 관한 새로운 관점을 제공했다.

이 연구는 신경과학을 시작으로 진화생물학, 심리학, 경제학, 소비자 연구, 마케팅, 사회학, 공중보건, 아동 발달, 교육, 환경과학, 정책 등 신경과학과 공통분모가 있는 여러 분야로 확대됐다. 잘 알지 못하는 분야를 연구할 때면 상호심사 논문을 게재해서 가장 객관적으로 입증된 자료라 할 만한 연구 결과를 주로 활용했다. 더불어 '시범사례'도 설계했다. 만약 뇌 관점에서 볼 때 특별한 보상이 없어서 우리가 단기간에 기후문제를 해결하는 데 필요한 행동을 선택하지 못한다면, 그 선택이 뇌 관점에서 보상가치가 있다고 느끼도록 만들 수는 없을까? 그 해답을 알아보기 위한 실험 중 하나가 '친환경 어린이병원' 프로젝트였다. 만약 거기서 어떤 결과물을 얻는다면 다른 분야에도 활용할 수 있을지 모른다.

내가 찾은 증거들은 명확한 결론을 가리켰다. 뇌는 진화 설계에 큰 영향을 받지만, 동시에 아주 유연하게 반응할 수 있는 의사결정 기관이라는 점이다. 우리는 불변하는 존재가 아니다. 경험하는 순간마다 상호작용하고, 매 순간 변화한다. 우리는 가치관과 소중하게 생각하는 것들의 우선순위를 바꿀 수 있고 지금과 다른 선택을 내릴 수 있는데, 이런 결정은 특정 상황에 놓일 때 더욱 수월하다.

뇌구조와 환경위기의 관련성을 찾는 작업은 쉬운 일이 아니다. 이 책의 일부는 다소 어렵고 전문적이라고 느껴질 수 있지만, 나머지 부분은 이해하는 데 별 어려움이 없을 것이다. 나는 연구를 하는 동안 뇌를 향한 경외심이 더욱 깊어졌을 뿐 아니라 뇌가 우리를 구속할 수도, 자유롭게 할 수도 있다는 점을 더욱 확실히 깨달았다. 이 책에서 논의하는 지점들은 환경위기를 헤쳐나가는 데 어떤 행동이 필요한지, 어떻게 하면 사람들을 더욱 효과적으로 설득할 수 있을지 알아내는 데 도움이 될 것이다.

몇 년 전, 나는 한 아이의 사진을 건네받은 적이 있다. 내가 예전에 수술을 맡았던 아이인데, 그 부모가 내게 고마움을 전하며 아이 사진을 보낸 것이다. 당시 진행한 수술은 아이의 언어, 신체, 지적 능력을 무너뜨리는 발작을 다스릴 목적으로 뇌의 절반을 절개해서 신경 기능을 억제하는 매우 위험한 치료였다. 다행히 수술을 받고 아이의 발작은 말끔히 사라졌다. 아이는 기력을 회복하는 동안 체력을 키우기 위해 화재 감시탑 꼭대기까지 걸어서 올라가는 도전을 해보기로 했다. 사진 속 아이는 감시탑 꼭대기에서 뉴잉글랜드의 광활한 숲을 내려다보고 있었다. 아이의 어머니는 사진 속 아들이 자신에게 돌아온 새로운 미래를 보고 있는 것 같아서 내게 그 사진을 보여주고 싶었다고 말했다. 나는 사진을 보고 문득 이런 생각이 들었다. 우리는 세상 모든 아이가 행복하게 살아갈 미래를 물려줘야 한다. 아이들이 건강한 삶을 이어나갈 수 있는 지구를 넘겨줘야 한다. 우리가 노력하지 않으면 멋진 숲과 숲이 의미하는 모든 것은 영원하지 않다. 나는 우리가 무슨 일을 하고 어떤 위치에 있든, 커다란 도전을 같이 헤쳐나갈 수 있는 새로운 관점과, 아이디어를 제공하는 데 보탬이 되기를 바란다.

차례

3부 뇌를 바꾸는 전략

인간의 뇌와 기후변화

존 홀터John Holter의 아들은 건강이 좋지 않았다. 태어날 때부터 척추관이 몸 밖으로 튀어나온 척수수막류를 앓았다. 척수수막류는 뇌와 척추를 순환하는 뇌척수액의 흐름을 방해해서 뇌 안에 뇌척수액이 고이고, 심하면 뇌압이 높아져 물뇌증을 일으키는 선천질환이다. 생명까지 위협하는 심각한 질병인 물뇌증은 고대 그리스 의사들도 알았을 만큼 오래된 증상이지만, 1950년대까지도 효과적인 치료법이 없었다. 존 홀터의 아들 케이시는 물뇌증 탓에 뇌가 비정상적으로 커져 있었다. 케이시는 인공 튜브를 이용해 뇌에 고인 뇌척수액을 심장으로 보내는 치료를 받았는데, 여기에 사용하는 인공 튜브가 걸핏하면 뇌척수액을 너무 많거나 너무 적게 빼내어 주변 조직에 염증을 일으켰고, 아예 튜브가 막히기도 했다. 그때마다 케이시는 새로운 위기를 경험해야 했다.

케이시의 아버지 존은 예일로크컴퍼니에서 정밀기계 기술자로 일했는데, 늘 아들에게 사용하는 튜브가 마음에 걸렸다. 오랫동안 아픈 아들을 곁에서 지켜보던 차에, 아들에게 정맥주사를 놓을 때 사용하는 말랑말랑한 재질의 튜브를 눈여겨보게 됐다. 그는 아들 치료에 적합한 물리적 특성을 지닌 튜브를 직접 알아보러 나섰고, 끈질긴 노력 끝에 항공우주 산업에서 쓰는 실리콘 물질인 '실라스틱silastic'을 찾아냈다. 그리고 신경외과 의사들에게 자문을 구해가며 물뇌증 치료 과정에서 나타날 수 있는 치명적인 합병증 없이 뇌에 고인 뇌척수액을 심장으로 완벽하게 보내는 실라스틱 재질의 판막과 카테터를 개발하는 데 성공했다. 존 홀터의 끈기와 추진력으로 탄생한 실라스틱 인공 삽입물은 오늘날 다양한 질병 치료에 폭넓게 활용된다.

동굴벽화, 〈베오울프Beowulf〉 같은 고대 영웅서사시, 고전 교향곡, 화성 탐사선, 인간 게놈 해독에 이르기까지 우리 뇌는 기발한 창의력과 문제 해결력을 발휘해온 눈부신 업적이 있다. 우리는 생존을 위협하는 도전을 알아차리고 해결하는 놀라운 능력을 지니게끔 진화했다. 우리가 지구 곳곳에 뿌리내리고 기하급수적으로 불어날 수 있었던 것은 이런 능력 덕분이다.

그러나 이렇게 뛰어난 우리 뇌는 모든 문제를 똑같이 잘 해결하지 못한다는 단점도 있다. 진화 역사 속에서 우리는 특정 종류의 문제를 더 쉽게 인식하고, 우선순위를 매기고, 해결책을 찾는 능력을 갖췄지만, 세상에는 우리가 제대로 풀지 못하는 문제도 있다. 우리는 어떤 일을 할 때 보상이라는 측면에서 매 순간 모든 행동을 평가하는 특별한 내부 메커니즘의 지배를 받는다. 수백만 년 역사를 거치며 다듬어졌지만 본질적으로 유연한 이 메커니즘은 진화의 압력을 받아 섬세하게 설계된 전기화학적 방식으로 순식간에 우리 선택에 우선순위를 매기고, 결정에 영향을 미친다. 이 책에서는 바로 이 메커니즘을 이해하고 그 작동원리가 기후변화를 둘러싼 인간의 의사결정에 어떻게 개입하는지 살펴보려고 한다.

과학, 산업, 기술, 정치, 경제, 자원 개발, 나아가 더 많은 분야가 기후변화와 얽히고설킨다. 기후변화의 범위는 방대하고 역사도 깊지만, 결국 기후변화는 인간의 행동과 맞닿아 있다. 인간 뇌는 이 거대한 도전의 원인인 동시에 잠재적 해법이다. 우리는 환경위기라는 유례없는 현상을 놓고 과학적으로 예측한 이런저런 모델을 논의할 수 있지만, 현실로 다가온 기후변화에 인간의 행동이 끼친 영향은 자명하다. 환경문제는 가장 취약한 사회계층에 더욱 심각한 영향을 미치며, 지구 곳곳의 생태계와 개체군을 파괴하고 있다.

인간은 당장 눈앞에 닥친 문제를 해결하는 능력은 뛰어나지만, 그 창의력의 부작용으로 기후변화라는 예상치 못한 위기를 만났다. 게다가 쉽사리 바뀌지 않는 인간의 특성은 환경위기에 적절히 대응하지 못하는 또 다른 장벽이다. 만약 인간의 뇌가 그토록 뛰어나고 잘 적응한다면, 왜 우리는 환경위기를 인식하고 효과적으로 대응하기가 이다지도 어려울까? 이제 결정적 순간까지 시간이 얼마 남지 않았고, 반세기가 넘도록 상황은 계속 나빠지기만 하는데 말이다. 이 질문에 대답하기는 어렵지 않다. 고소득 산업국가들은 끝없이 소비를 늘리며 지구에 온실가스를 축적하고 환경을 파괴하는 다양한 원인을 제공해온 데 크나큰 책임이 있다. 삶의 방식이나 개인, 제도, 정치적으로 우리가 내리는 결정이 불러오는 결과가 점점 위급해지건만, 여기에 대응하는 우리 행동이 달라지는 속도는 개인으로나 집단으로나 매우 더뎠다. 기후변화라는 중대한 위기를 맞닥뜨리고도 우리가 적극적으로 행동하지 않는 모순을 이해하려면 우리 뇌가 어떻게 작동하는지, 곧 우리 내부를 먼저 들여다봐야 한다. 특히 인간의 뇌가 보상체계와 얽힌 특정 사안을 어떻게 인식하고 접근하는지 알아봐야 한다. 우리가 거기서 어떤 통찰을 얻는다면 변화를 향한 희망도 발견할 수 있을 것이다.

이 책은 인간의 행동이 왜 그리고 어떻게 지금의 환경위기를 불러왔는지, 인간은 왜 그토록 바꾸기 힘든지, 기후위기를 극복하기 위해 우리가 구체적으로 할 수 있는 일은 무엇인지, 더불어 변화를 자극하는 효과가 입증된 방법이 무엇인지 알고 싶은 이들에게 무척 흥미로울 것이다. 우리가 아는 형태의 행복을 희생하지 않고는 변화를 이룰 수 없다고 걱정하는 사람들에게도 도움이 될 것이다. 또한 우리는 인간 행동의 변화를 통해 환경문제를 해결하는 전략을 마련할 것이다. 이를 위해 자연과학과 사회과학의 다양한 분야에서 증거를 수집하고, 이를 인간의 뇌구조와 기능 측면에서 평가할 것이다.

뇌는 우리 행동을 바꿀 수 있을까?

근본적으로 온실가스 배출량을 줄이려면 대체에너지를 개발하거나 공학적으로 개입하는 등 새로운 기술적 대책이 필요하다. 그래서 전 세계 많은 연구소가 대책 마련에 상당한 에너지를 쏟는다. 새로운 기술을 적극 도입하고 활용하려면 사회기반시설, 제도, 경제 등 여러 방면에서 대대적이고 명시적인 변화가 필요한데, 그러자면 많은 시간이 걸린다. 하지만 기후변화를 예측하는 최고 수준의 자료를 보면 우리에게 남은 시간이 많지 않다. 21세기 상반기는 환경위기 대응의 성패를 판가름할 중요한 시기다. 이 시기에 우리는 시설과 경제 인프라를 점검하고 과학기술을 활용해서 환경위기를 모면하기 전까지, 기후변화에 따른 최악의 시나리오를 피하고 더 심각한 기후변화를 막기 위한 중간 단계로써 소비 감소 전략을 도입해야 한다. 소비를 줄이는 자세는 쉽고 빠르며 큰 비용을 들이지 않고 광범위하게 실천할 수 있는 방법이다. 직장과 가정에서 쓰레기를 덜 버리고, 환경오염을 줄이고, 고소득 국가에서 특정 유형의 소비를 자제하는 식이다. 한 주요 연구기관은 이처럼 우리가 익히 알고 있는 비교적 간단한 실천방법이야말로 탄소 배출량을 감축하는 가장 효과적이고 어쩌면 가장 현실적인 대책일 수 있다고 말한다. 그렇다고 환경문제가 깨끗이 해결되지는 않지만, 일정 정도 회복을 기대할 수 있고 인정할 수 있는 수준의 기후 안정화를 맞이할 수 있다는 얘기다.[1] 게다가 이런 변화를 실천하기 위해 현재 우리가 누리는 삶의 질을 급격하게 낮추지 않아도 된다. 물론, 변화를 위한 노력은 분명히 필요하다.

환경파괴가 가져올 위협의 강도에 비하면 우리의 대응 범위나 속도가 너무 느리고 불충분하다는 것이 대체적인 의견이다. 기후변화와 환경파괴를 입증하는 과학적 증거는 지난 수십 년간 꾸준히 쌓였고, 환경문제의 중요성을 주장하는 사람들의 비율도 똑같이 증가했다. 생물 다양성 감소, 무분별한 토지 개발, 산림파괴, 물 부족 현상, 해양 산성화, 분해되지 않는 화학물질, 미세 플라스틱 증가, 그밖에 인간이 주도하는 숱한 자연파괴 행위가 점점 더 큰 환경위기를 부르고 있다. 이제는 '기후우울증'과 '기후불안'도 정식 질병으로 인정한다. 하지만 이들 문제를 해결하는 데 필요한 행동 변화가 우리에게 특별한 도전으로 다가온다는 사실을 깨닫는 과정은 더욱 험난했다.[2]

특히 인간의 약점이 기후변화에 한몫한다. 수많은 연구에서 인간이 기후변화를 인식하기 어려운 이유를 놓고 여러 주장을 펼쳐왔다. 우리가 받아들이는 정보의 일관성이 없는 점도 문제가 될 수 있고, 우리가 먼 미래나 지리적으로 한참 떨어진 곳에서 일어나는 사건들을 무시하는 경향도 이유가 될 수 있다.[3] 이런 판단 오류 때문에 우리는 불확실성이 담긴 복잡한 문제를 손쉽게 해결하려 할 때 곤경에 처한다. 앞으로 더 자세히 살펴보겠지만, 우리가 조상에게 물려받은 신경체계로는 기후변화를 제대로 인식하기 어렵다는 점도 한 원인이다. 그렇긴 하지만 환경문제가 우리 일상으로 점점 파고들고 환경위기를 경고하는 사회운동가들의 목소리도 계속 커지는 형국인 만큼 환경문제의 심각성은 과거보다 더욱 뚜렷하게 각인되고 있다. 이 과정에서 신경공학은 우리가 환경문제를 인식하기 어려운 이유는 물론, 행동을 바꾸기 힘든 원인을 설명하는 데 도움을 준다. 그 이유를 간단히 말하자면, 이런 종류의 문제를 해결하는 데 필요한 행동들이 뇌 관점에서 볼 때 보상이 적기 때문이다.

기후변화와 같이 사회 전반의 쟁점은 규모가 엄청나고 복잡해서 어디부터 손대야 하고, 누가 어떤 수준에서 무슨 일을 해야 하는지 가늠하기 어렵다. 환경 스트레스를 일으키는 명백한 원인으로 폭발적인 인구 증가를 지목한다. 하지만 누적된 영향 면에서 보면 전 세계 고소득 국가의 일인당 소비량이 늘고 화석연료 배출량과 폐기물이 함께 증가하면서 환경위기가 심각한 수준으로 급격히 전환됐다. 사실 대부분의 사람은 여기서 말하는 '소비'가 정확히 무엇을 의미하는지, 그 소비 행태를 바꾸려면 어떻게 해야 하는지 제대로 이해하지 못한다. 여기에는 사람들이 기꺼이 소비를 줄이려고 하지 않는다는 문제도 있다.

우리는 사회질서와 행동규범을 대대적으로 점검해야 하는 커다란 도전을 마주하고 있다. 미국은 역사적으로 산업화, 인종 평등, 여성 권리를 둘러싼 생각과 행동양식이 새로운 표준을 지향하는 방향으로 조금씩 발전해왔다. 세계적 팬데믹은 과학기술뿐만 아니라 우리 일상에도 엄청난 변화를 몰고 왔다. 물론 이런 문제는 여전히 우리가 노력을 기울여야 하는 까다로운 사안이지만, 이제는 우리가 그 부분을 인식하게 됐고, 잠재적 해결책이 될 만한 개인, 도덕, 정치적 행동을 떠올릴 수 있게 됐다. 기후위기도 마찬가지다. 기후위기에 대응하려면 우리 행동이 달라져야 한다. 이

점을 무시하고 지름길만 찾으려 한다면 해결속도만 늦출 뿐이다. 그런데 우리 뇌가 역사적인 순간마다 생존 압박을 이겨내며 진화해온 방식이 오늘날 환경위기를 극복하는 데 필요한 행동과 조화를 이루지 못한다는 데 어려움이 있다. 우리는 최악의 결과를 피해갈 조치를 내릴 수 있지만, 그 해결책은 자연스럽게 떠올리지 못한다. 한정된 시간 안에는 더욱이 그렇다. 뇌는 수해 피해를 예방하기 위해 우리 행동을 돌이키기보다 이재민에게 기부금을 전달하는 방식이 더 효과적이고 확실한 대책이라고 받아들인다. 하지만 변화가 그토록 어려운 이유를 이해하고, 변화하는 과정을 한결 수월하게 만드는 입증된 전략을 실천할 수 있다면 변화속도를 높일 방법은 있다.

그렇더라도 행동에 변화를 일으키는 것은 이성으로 되는 일이 아니다. 왜 어떤 부모는 자녀에게 안전띠를 채우지 않을까? 왜 어떤 사람은 오토바이를 탈 때 헬멧을 쓰지 않을까? 왜 어떤 사람은 약물중독에서 헤어나지 못할까? 왜 우리는 아직 기회가 있는데도 지구파괴를 막기 위해 해야 할 일들을 실천하지 못할까?

공중보건학, 경제학, 심리학, 정부, 정책에 이르는 수많은 영역에서 우리가 행동을 쉽사리 바꾸지 못하는 이유를 설명하려고 노력해왔다. 기후문제를 해결하려면 한 사람 한 사람이 각자 위치에서, 다른 이에게 사회운동을 전파할 수 있는 영향력을 지닌 존재로서, 여태까지와는 다른 우선순위에 따라 의사결정을 내려야 한다. 그러려면 기업경영자, 산업 설계사, 자본가, 경제학자, 인플루언서, 유권자, 공무원, 정책 담당자처럼 의사결정권을 쥔 사람들이 먼저 본인 소임의 우선순위를 달리 매길 수 있어야 한다. 그렇긴 해도 행동 변화는 사회적 위치와 상관없이 기본적으로 개인 차원에서 일어난다.

물론 설득력 있는 말과 글로 대중에게 호소하고 영감을 주는 작가, 연설가, 지도자 같은 인물은 혼자서도 많은 이에게 영향을 미칠 수 있다. 우리는 이 책에서 새로운 정보나 환경을 받아들이는 사람이 스스로 내리는 선택을 바꾸게끔 하는 '신경 메커니즘'을 눈여겨볼 것이다. 그래서 개인과 집단 차원에서 어떤 점들이 사람들 행동에 변화를 일으키는 요인인지, 그중 가장 큰 영향력을 발휘하는 요인은 무엇인지 알아보려 한다. 그동안 기후변화의 중요성을 인식하기 어려운 이유를 열거한 연구는 수두룩했지만, 기후문제 자체에 직접 작용하는 선택을 돕기 위해 실제로 어떻게 행동을 바꿔야 하는지를 살펴본 연구는 드물었다. 하물며 신경과학 관점을 적용해서 뇌 기능을 거스르기보다 조화를 이루는 방향으로 행동 변화를 자극하는 방법을 다룬 연구는 더더욱 없었다. 뇌는 왜 우리가 기후문제를 해결하기 어렵도록 진화했을까? 이 질문을 어떻게 이용해야 기후문제를 더욱 효과적으로 풀어갈 수 있을까? 앞으로 그 해답을 찾아볼 참이다.

뇌를 둘러싼 이야기

기후변화는 다방면에 걸친 복잡한 문제다. 그래서 다양한 분야의 전문가들이 각자의 관점에서 기후문제를 바라보고 해결책을 연구한다. 공학자는 설계 부문에서 해답을 찾으려 하고, 경제학자는 시장과 자원을 들여다보고, 환경과학자는 방열판heat sink*과 빙하 코어ice core**를 연구하고, 사회과학자는 정보 흐름과 집단 불평등을 고민한다. 각 분야는 해결책을 찾는 데 단단히 한몫한다.

환경과 관련된 행동 연구는 주로 심리학에서 진행하지만, 경제학 같은 다른 분야와 연계할 때도 많다. 고전 심리학이 특정 시기나 상황에서 인간 행동을 관찰하고 연구한다면, 신경과학은 신경계가 세포, 분자, 유전자 단위에서 어떻게 작동하는지 살핀다. 심리학은 인간이 특정 상황에서 어떻게 행동하는지 설명하지만, 신경과학은 뇌구조 자체 가소성과 유연성을 토대로 인간 행동이 얼마나 일관적인지 아닌지를 가늠한다. 행동 변화가 기후위기를 효과적으로 대처할 만한 수단이 될 수 있는가 하는 문제는 특정 행동들이 환경에 어떤 영향을 미치는지, 사람들이 얼마나 적극적으로 지금까지와 다른 선택을 내릴 수 있는지, 얼마나 많은 사람을 특정 방향으로 이끌 수 있는지를 파악해야만 정확한 답변을 찾을 수 있다.

역사적으로 신경과학은 기후변화에 별 관심을 기울이지 않았다. 하지만 지금은 기후변화와 관련된 인간 행동 연구에 흥미가 많다. 신경과학 전문 임상의들은 적응성이 강하고 비정상적인 목

---

* 기계에서 발생하는 열을 흡수해 외부로 방출하는 장치 – 역자주
** 극지방의 빙하에서 채취한 원통 모양의 얼음 기둥 – 역자주

표를 지향하는 행동과 뇌 신경 가소성, 뇌와 관련한 행동장애 등을 포함하는 질환을 꾸준히 연구한다. 그들은 기초 신경과학 분야 연구를 토대로 동기와 보상체계가 손상된 뒤 생길 수 있는 중독문제 같은 이상행동의 원인을 찾고, 행동에 변화를 줄 방법을 궁리한다. 한 가지 인상적인 예를 들면, 파킨슨병 환자에게 손떨림증을 억제하는 약물치료나 뇌 심부 자극술을 과도하게 시행할 경우, 도박중독이나 쇼핑중독 같은 부작용이 나타날 수 있다. 이런 질환은 소비욕구에 개입하는 뇌 신경회로와 신경 변화를 둘러싼 새로운 정보를 제공한다.

한편 임상의학자들은 수백만 년에 걸쳐 진화로 다듬어진 인간 욕구와 동기의 놀라운 회복력도 매일 목격한다. 인간은 임무를 성공적으로 완수하면 성취감이라는 보상을 얻고, 성취감은 곧 다음 임무를 수행하는 동기가 된다. 존 홀터 또한 그 동기 덕분에 개인 차원에서 풀기 어려운 문제의 답을 찾으러 나섰고, 결과적으로 만족스러운 해결책을 얻었다. 하지만 신경계 시각에서 보면 기후변화를 고려하는 행동에서 성취감을 얻기란 훨씬 어렵다.

뇌를 거치는 다른 보상들도 인류 역사상 중요한 의미가 있고, 그중 사회적 보상이 가장 강력하다고 한다. 아이들은 배우고, 경험하고, 탐구하고 싶은 욕구를 채울 때 큰 보상을 얻는다. 아이들은 병원에서 큰 수술을 받은 뒤에도 가장 하고 싶은 것이 병원 놀이방에서 장난감을 고르는 일이다. 연구 결과를 보면 아이들의 통증을 줄여주려고 시도할 때 신기한 장난감(최근에는 아이패드)으로 관심을 돌리는 방법이 진통제보다 효과가 좋았다.[4] 자연을 체험하는 활동도 뇌 관점에서 보상가치가 있지만, 이때의 보상은 우리가 무언가를 손에 넣거나 소비할 때 느끼는 보상과 근본적으로 차이가 있다. 우리는 이 부분과 관련해서 어떤 요인이 우리의 행동 변화를 앞당기는지, 그중 환경에 영향을 미치는 요인은 무엇인지를 신경계의 특징을 기반으로 더 자세히 살펴볼 것이다.

이 책은 신경외과 분야 뇌 전문 임상과학자가 환경문제에 도움이 될 만한 인간 행동을 탐구하는 과정에서 나왔다. 당연히 이 분야 전문가들은 모든 것을 뇌와 연관 지어 생각하는 경향이 있다. 하지만 그런 방향이 정말 유용할까? 뇌 관점에서 보면 기후변화처럼 우리 행동과 얽힌 문제들은 우리가 세상과 상호작용하며 세상에 영향을 미치는 데 사용하는 장치가 어떻게 설계됐는지를 따져봐야 한다. 신경학 측면에서 그 장치가 근본적으로 어떻게 작동하고 조절되는지 살펴보다 보면 기후변화의 더 나은 해법을 찾을 수 있을 것이다.

따라서 우리는 신경과학과 행동 연구에서 얻은 정보가 단기간에 지구의 궤적을 바꾸는 데 필요한 개인과 집단의 변화를 촉구할 수 있는지 알아보려 한다. 신경과학 시각에서 보면 우리가 내리는 결정들은 다양한 내외부 영향과 함께 뇌의 보상체계에 의해 조율된다. 뇌는 유전자나 다른 고정된 기전에 따라 미리 판단하고 우선순위를 정하지 않을뿐더러, 이 점은 개인마다 차이가 있다. 신경계는 변화하는 상황에 대응해서 반응하도록 섬세하게 설계됐지만, 특정 경향과 한계도 있다. 의사결정에 관여하는 뇌의 보상체계가 어떻게 진화했고 작동하는지를 들여다보면 환경문제를 놓고 인간이 보편적으로 어떤 선택을 내리는지, 하물며 그 선택이 얼마나 쉽게 바뀔 수 있는지 이해하는 데 도움이 될 것이다. 우리는 특정 방식으로 행동하는 보편적인 특성도 있지만, 개별성도 있다. 이런 방식이 문제를 해결하고 생존하는 데 가장 적합하기 때문이다. 또한 신경계는 우리가 특정 유형의 새로운 환경에 잘 적응하도록 설계됐다. 물론 여기에는 우리가 한결 수월하게 적응하게끔 하는 전략들도 있다. 우리는 앞으로 다음과 같은 질문을 자세히 살펴볼 예정이다. 환경에 가장 나쁜 영향을 미치는 인간 행동은 무엇인가? 행동 변화를 일으키는 데 효과적인 방법과 그렇지 않은 방법은 무엇인가? 그리고 그 이유는 무엇일까? 의사결정 기관인 인간 뇌는 얼마나 확고한가, 아니면 얼마나 유연한가? 우리 생활양식은 우리가 조상에게 물려받은 기관과 어떻게 상호작용해서 우리 상황을 더욱 바람직하지 않게 몰고 가는가? 마지막으로, 뇌의 보상체계가 기후변화에 영향을 미치는 행동에 깊이 관여한다면 우리는 이 가설을 입증할 시범사례를 만들 수 있어야 한다. 다시 말해 친환경적 행동의 보상가치가 높아진다면, 제도 차원의 의사결정권을 쥔 사람들을 효과적으로 설득해서 친환경적 행동을 더 늘릴 수 있을까?

만약 우리가 지금 바뀌지 않는다면?

65만 년 전, 남극 빙하코어에 갇힌 공기는 대기 중 이산화탄소 농도를 180~300피피엠 머금고 있다. 탄소 동위원소로 간접 측정한 지구화학 자료를 보면 지난 3400만 년 동안 대기 중 이산화탄소 농도는 300피피엠을 넘은 적이 없다.[5] 그런데 2016년 하와이에 있는 마우나로아 관측소에서 발표한 일일 측정치는 400피피엠을 넘었고, 산업혁명 이후 꾸준히 증가한 수치는 1950년부터 더욱 가파른 상승세를 탔다. 그 결과로 나타난 지구온난화가 심각한 기후변화, 해수면 상승, 빙하 융해, 영구동토층 해빙, 홍수, 가뭄, 폭염 등의 원인으로 작용하며 식량난, 전염병 확산, 기후난민 증가, 분쟁, 심지어 전쟁으로 이어졌다. 인구 증가로 늘어난 농업과 산업 수요는 인간이 이용하는 토지 면적을 엄청나게 확장했다. 그 때문에 이산화탄소를 흡수하는 녹지와 산림이 크게 줄어들었고, 생물 다양성이 대거 감소했으며, 상호의존하는 자연의 순환이 망가졌고, 야생동물 서식지가 사라지는 등 생태계를 파괴하는 악순환이 거듭됐다. 한번 방출된 이산화탄소는 수만 년간 대기 중에 남는다. 그래서 대다수 기후 전문가가 화석연료 배출량을 획기적으로 감축할 방법을 찾아야 한다고 주장한다. 화석연료 사용이 지나쳐 생물계가 버틸 수 있는 한계치보다 빠른 속도로 지구 온도가 상승하고 있기 때문에, 지금이라도 화석연료 배출량을 줄이지 않으면 우리 미래는 인류가 지나온 과거와 사뭇 다른 모습이 될 거라고 말한다. 이미 희생된 생물이 100만 종을 넘어섰다.[6] 지구의 처지는 점점 에오세* 상황과 비슷해지고, 상호의존하는 생물계의 복잡한 연결망도 심각하게 훼손되고 있다. 일부 학자는 장기적인 관점에서 우리가 앞으로 살아갈 사회의 안정성을 몹시 우려한다.[7] 우리는 독창성과 기술력으로 수많은 어려움을 헤쳐온 경험이 있다. 전염병 학자들은 코로나19 시절처럼 전염병이 대유행하는 상황이 벌어지면 대처능력을 압도해버리는 사태가 발생하지 않도록 바이러스 전파속도를 늦추는 이른바 '전파속도 완화flattening the curve' 전략을 제시한다. 우리는 지금 이와 비슷한 결정적 시기에 서 있다. 정부와 개인이 합심해서 대대적인 변화를 도입하려면 많은 시간이 걸린다. 과학기술, 정치, 경제 분야에서 기후위기를 해결할 장기적인 안목의 대책을 찾을 때까지 기후변화가 끼치는 피해의 속도를 늦추려면 지금이라도 전략을 세워야 한다. 하지만 대대적인 변화는 커녕 작은 움직임도 쉽지 않다. 따라서 환경문제를 해결하려면 우리가 발휘할 수 있는 모든 통찰력을 끌어모아야 한다.

이 책에는 문제의 해답을 찾는 과정이 담겼다. 신경생물학과 기후변화의 연결고리를 살펴보는 작업은 비교적 새로운 시도다. 아마도 우리는 이 모든 질문을 앞에 두고 완벽한 해답을 찾지는 못할 것이다. 그 과정에서 마주칠 기초 신경과학, 진화생물학, 동물심리학, 인간심리학, 행동경제학, 아동 발달, 사회학, 소비자 행동, 환경과학 등 모든 전문 분야를 속 시원히 이해하고 소화할 수도 없을 터다. 하지만 각 분야에서 도움이 될 만한 원칙을 도출하고 활용할 수는 있을 것이다. 이들 분야의 관계는 서로 통일되거나 순차적이지 않을 테고, 우리는 때때로 처음으로 돌아가 찾으

---

* 지질시대 신생대 3기를 다섯으로 나눈 시기 중 두 번째로, 지구 온도가 급상승한 기간 - 역자주

려고 하는 정보들의 연결고리를 다시 살펴볼 수도 있다. 또한 인간이 겪은 진화와 비슷한 과정을 지나온 다른 생물계의 모습을 살펴보고, 인간의 두뇌활동이 변화하는 일련의 과정도 두루 들여다볼 것이다. 이 작업을 토대로 우리는 왜 그리고 어떻게 지금의 상황에 놓였는지 이해하고, 나아가 거기서 얻은 정보를 활용해서 어떻게 하면 상황을 변화시킬 수 있을지 알아볼 생각이다.

우리는 지금의 위기에서 좀 더 효과적으로 벗어날 방법을 찾아보고자 이 여정에 나섰다. 여정의 첫 단계는 지구의 시작을 둘러싼 이야기다.

1부　　　　　　　　　신경의 기원

1

뇌의 진화와 인류세

지구는 약 45억 년 전에 시작됐지만, 해부학적 현생인류의 조상은 그로부터 아주 오랜 시간이 지나 약 20만 년 전 지구에 처음 나타난 것으로 알려진다.[1] 지구는 인간보다 약 3만 배 이상 더 오래 존재했다. 지구의 긴 역사를 고려하면 우리는 상대적으로 아주 최근에서야 지구에 살게 됐다고 할 수 있다. 하지만 우리는 이보다 수십억 년 이상 앞서서 우리가 현재 직면한 도전과 매우 다른 생물학적 힘으로 만들어진 '진화의 틀' 안에서 설계되고 창조됐다. 지구 역사를 지질시대로 구분하면 우리는 인간 활동으로 지구의 물리적 환경이 크게 변화한 '인류세Anthropocene'에 산다.[2] 하지만 우리 뇌는 오늘날 직면한 도전과는 매우 다른 역경들을 극복하도록 진화해왔다. 기후변화는 우리 생애에 비해 무척 느리고 점진적으로 진행되는 과정처럼 보이지만, 지구와 그곳에서 살아가는 인간을 포함한 모든 생명체의 긴 역사에 견주면 엄청나게 빠른 속도로 일어났다. 뇌는 생존을 위한 서로 다른 진화의 압력을 받으며 아주 오랜 시간에 걸쳐 진화했다. 그래서 인류세의 지구에 강력하고 광범위하게 영향을 미치는 기후변화라는 전례 없는 새로운 도전을 이겨낼 만큼 충분히 진화할 시간이 없었다. 그러나 우리 뇌가 왜 그리고 어떻게 작동하는지 이해하면 우리에게 닥친 새로운 위협을 극복할 방법을 찾을 수 있을지도 모른다.

나는 우리 뇌가 인류세 기간과 비교해 얼마나 오래도록 진화해왔는지 여러분의 이해를 돕기 위해 가상의 예시를 준비했다(42 페이지 그림1 참조). 우리가 샌프란시스코에서 뉴욕까지 일정한 속도로 쉬지 않고 걷는다면 총 40일이 걸린다고 가정해보자. 이때 샌프란시스코에 있는 출발점은 지구가 탄생한 날이고, 뉴욕 타임스스퀘어 한복판이 현재 시점이라고 해보자. 그러면 지구에 생명체가 처음 살기 시작한 때는 솔트레이크시티쯤에 해당한다고 할 수 있다. 다세포생물과 그 생물 안에서 현재 우리 뇌에 담긴 보상체계의 토대가 되는 것이 지구에 처음 나타난 시기는 전체 여행 구간의 절반을 조금 넘긴 지점인 아이오와시티에 해당한다. 그리고 포유류 출현은 뉴욕 타임스스퀘어까지 이틀을 남겨둔 지점인 펜실베이니아주 스크랜턴에 해당한다. 영장류 출현은 이 여행의 종착지까지 13시간 30분을 남겨둔 뉴저지주 모리스타운에 해당하고, 현생인류 출현은 종착지까지 2분 30초를 남겨둔 뉴욕 맨해튼

42번가를 조금 지난 지점이다. 한편 인류세는 타임스스퀘어 한복판까지 고작 0.18초를 남겨둔 지점, 즉 미국 대륙을 가로지르는 40일간의 여정에서 우리가 마지막 발걸음을 내딛는 순간, 더 정확하게 말하면 엄지발가락이 땅에 닿는 찰나에 시작한다.

현재 우리 뇌를 형성한 진화 과정은 인간이 출현하기 훨씬 오래전에 시작됐다. 오늘날 우리 신경계가 작동하는 방식은 생명체가 지구상에 존재해온 기간만큼 오랜 시간에 걸쳐 다듬어졌다. 지구 최초의 생명체는 약 35억 년 전에 단세포로 된 원핵생물의 형태로 나타났고, 그뒤를 이어 약 20억 년 전에 세포막에 둘러싸인 핵을 지닌 진핵생물이 출현했다. 약 15억 년 전에는 동식물을 포함한 다세포생물이 나타났다. 따라서 우리 뇌와 신경계의 진화는 지금으로부터 35억 년을 거슬러 올라가 박테리아나 짚신벌레 같은 단세포생물에서 시작했다고 볼 수 있다.[3]

인류의 조상은 우리에게 어떤 보상체계를 물려줬을까?

우리 뇌가 어떻게 사고하고, 결정을 내리고, 작동하는지는 매우 신비롭고 신기한 과정처럼 보일 테지만, 이를 설명할 수 있는 정확한 메커니즘이 있다. 인간에게 어떤 특징과 한계가 있는지 이해하려면 생명체가 진화하는 과정에서 어떤 선택이 자신에게 유리한지 평가하는 일련의 절차를 어떻게 습득했는지 알아볼 필요가 있다.

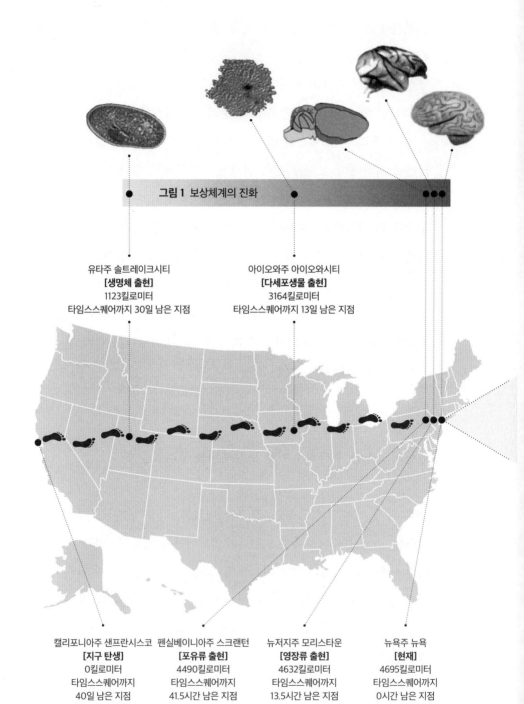

그림 1 보상체계의 진화

유타주 솔트레이크시티
[생명체 출현]
1123킬로미터
타임스스퀘어까지 30일 남은 지점

아이오와주 아이오와시티
[다세포생물 출현]
3164킬로미터
타임스스퀘어까지 13일 남은 지점

캘리포니아주 샌프란시스코
[지구 탄생]
0킬로미터
타임스스퀘어까지
40일 남은 지점

펜실베이니아주 스크랜턴
[포유류 출현]
4490킬로미터
타임스스퀘어까지
41.5시간 남은 지점

뉴저지주 모리스타운
[영장류 출현]
4632킬로미터
타임스스퀘어까지
13.5시간 남은 지점

뉴욕주 뉴욕
[현재]
4695킬로미터
타임스스퀘어까지
0시간 남은 지점

이 그림은 인간의 활동으로 지구의 물리적 환경이 크게 변화한 인류세와 비교해서 뇌의 진화가 얼마나 오랜 시간을 거쳤는지 이해하기 쉽도록 만든 자료다. 지구 탄생부터 현재에 이르는 역사를 보여주려고 샌프란시스코에서 출발해 뉴욕 타임스스퀘어에 도착하기까지 일정한 속도로 걸을 때 총 40일이 걸린다고 가정한다. 샌프란시스코는 지구가 탄생한 날이며, 타임스스퀘어가 현시점이다. 다양한 생명체와 뇌의 진화 과정은 연대표와 같다. 이 가정에 따르면 인류세는 40일간 여정에서 마지막 발걸음이 땅에 닿는 순간, 더 정확히 말하면 엄지발가락이 지면에 닿기 0.18초 전에 시작한다. 인류세에 일어난 대기 중 이산화탄소 농도 변화는 아래 그래프에서 더 자세히 나타난다. 이 그래프를 작성한 뒤로도 대기 중 이산화탄소 농도는 꾸준히 증가했고, 2022년 2월 하와이 마우나로아 관측소에서 측정한 결과로는 419 피피엠까지 치솟았다.

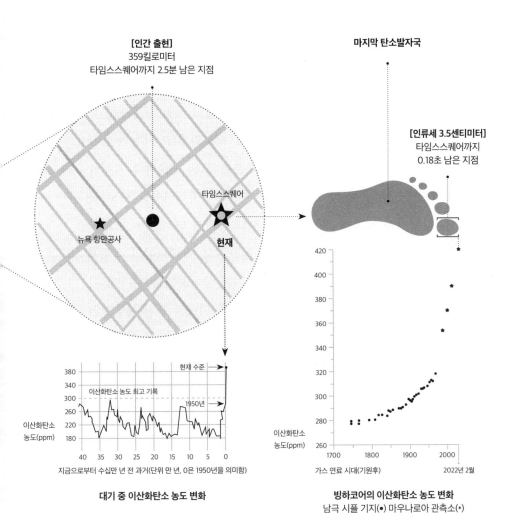

[인간 출현]
359킬로미터
타임스스퀘어까지 2.5분 남은 지점

마지막 탄소발자국

[인류세 3.5센티미터]
타임스스퀘어까지
0.18초 남은 지점

타임스스퀘어

뉴욕 항만공사

현재

현재 수준

이산화탄소 농도 최고 기록

1950년

이산화탄소
농도(ppm)

지금으로부터 수십만 년 전 과거(단위 만 년, 0은 1950년을 의미함)

대기 중 이산화탄소 농도 변화

이산화탄소
농도(ppm)

가스 연료 시대(기원후)   2022년 2월

빙하코어의 이산화탄소 농도 변화
남극 시플 기지(●) 마우나로아 관측소(✱)

유기체가 자신의 내외부 환경을 평가하는 전략과 자신의 생존에 가장 유리한 행동을 결정하는 수단은 단세포생물에도 존재한다. 수십억 년 전 지구에 처음 나타난 박테리아는 영양분 있는 물질을 향해 움직이거나 독성 있는 물질을 피해 다닐 수 있었다. 단세포생물의 생존원리는 오늘날 우리가 선택을 내리는 과정을 지배하는 원리가 무엇인지 이해하는 중요한 토대가 된다. 세포 하나로 된 생물이 자기 주변에 무엇이 있는지 어떻게 알기에 앞으로 갈지, 뒤로 갈지, 아니면 그대로 있을지를 결정할 수 있을까? 답은 바로 '감각기관'에 있다. 일반적으로 감각기관은 분자를 말한다. 분자는 유기체 표면 어딘가에 존재하며, 특정 화학물질을 만났을 때 형태를 바꾸는 속성이 있다. 인간을 포함한 모든 생명체가 활동하는 방식은 주변환경에 따라 변하는 특성이 있는 다양한 분자의 우연한 조합으로 결정된다. 이 부분은 모든 생물학적 과정을 뒷받침하는 상호작용의 기초라 할 수 있다. 박테리아를 예로 들면, 박테리아 표면에 있는 감각 분자의 형태가 변하면서 그 분자와 연결된 다른 분자에 연쇄반응을 일으키고, 박테리아의 세포체에 있는 아주 작은 '추진체'가 박테리아가 좋아하는 물질(설탕)이 있는 방향으로 세포를 움직인다. 자신에게 위험한 물질(독성물질)을 감지하도록 진화한 감각 분자도 있다. 감각 분자가 일으키는 연쇄반응은 추진체가 위험물질에서 멀어지도록 세포를 움직인다. 원시생물 중에서 우연히 이런 변이 유전자를 획득한 생물이 있었고, 변이 유전자가 제공하는 정보에 따라 행동할 수단이 있는 원시생물이 있었다. 원시생물은 변이 유전자가 없는 생물보다 특정 환경에서 더 잘 살아남았고, 자연선택 원리에 따라 이런 장점이 코드화된 유전자가 후대로 전해지며 계속 진화했다. 과학자들은 화학반응이 일어날 때 단백질의 3차원 구조가 어떻게 변화하는지 밝혀냈고, 덕분에 우리는 세포 하나로만 된 유기체 안에서 이 모든 선택지를 가능하게 하는 전반적인 세포 반응을 이해할 수 있게 됐다. 단세포생물의 놀라운 특성은 또 있다. 단세포생물은 영양분을 섭취하기보다 생존을 선택하도록 진화했다. 그래서 영양분을 감지하는 감각 분자와 독성물질을 알아차리는 감각 분자가 동시에 활성화되면, 그 사이에서 일어나는 연쇄반응은 독성물질을 피해 달아나도록 설계됐다.[4]

이처럼 단세포생물에서 볼 수 있는 자연법칙은 몸집이 더 크고, 몸 부위가 더 많고, 행동양식이 더 다양하며, 생활환경이 더 폭넓은 다세포생물 안에서 시간이 흐를수록 더 세밀하게 다듬어졌다. 그 결과 다세포생물은 새로운 경험을 하거나 새로운 결정을 내리고 새로운 학습을 거듭할 기회도 더 많아졌다. 과학기술이 발달하면서, 과학자들은 '예쁜꼬마선충' 같은 다세포생물의 신경계 전반과 신경세포 각각의 역할을 밝혀낼 수 있었다.[5] 예쁜꼬마선충은 일반적으로 몸길이가 1밀리미터로 땅속에 서식한다. 이 선충은 보유한 신경세포 302개를 이용해서 자신에게 이익이 될 만한 것(먹이)을 향해 앞으로 나아가거나 자신에게 해로울 만한 것(장애물, 유독물질, 포식자)을 피해 달아나고, 다른 방향으로 움직여 주변을 탐색할지, 그 자리에서 먹이를 먹을지, 언제 어떻게 번식할지와 같은 결정을 내릴 수 있다. 신경세포 302개로 어떻게 이런 일이 가능할까? 간단히 말하면 이 선충의 신경세포는 외부세계의 다양한 요소 가운데 중요한 정보를 감지하는 능력이 있기 때문이다. 그 신경세포는 외부환경의 변화에 민감하게 반응하며, 체내에서 생성되는 신호를 고려해 다양한 선택지의 '상대적 가치'를 평가하는 신경망에 정보를 전달할 수 있다. 신경망은 그중 '가장 좋은 선택안'을 결정해서 움직임이 일어나게 하는 신경세포에 정보를 전달한다. 그러기 위해 예쁜꼬마선충은 신경세포의 활동을 미세하게 조절하는 화학물질인 '신경조절물질'을 이용한다. 옥토파민과 도파민으로 알려진 신경조절물질은 선충을 포함한 많은 동물에서 발견되고, 인간의 뇌에서도 찾아볼 수 있으며, 더 넓은 범위에 걸쳐 동물의 뇌에서 하는 일과 거의 같은 종류의 역할을 한다.

신경조절물질은 신경세포가 주고받는 신호들이 얼마나 쉽게 인식되고, 전송되고, 작동하는지에 관여한다. 신경조절물질은 신경세포 말단에서 분비하는 화학물질인데, 자동차 엔진의 성능을 좌우하는 부스터나 윤활유처럼 신경세포 사이의 연결에 작용해서 상황에 따라 그 연결을 활성화하거나 낮추는 역할을 한다. 신경조절물질은 단순 유기체는 물론 인간의 보상체계가 작동하는 방식에서도 중요한 역할을 한다.

신경학 맥락에서 보면 우리가 음식을 먹거나 특정한 방식으로 몸을 움직이는 협응성 동작 같은 모든 행동은 일련의 신경세포가 특정 순서로 활성화한 결과, 전문 용어로 말하면 '발화fire'한 직접 결과로 일어난다. 우리 신경계는 촘촘하게 얽힌 그물망에 비유할 수 있다. 그 그물망을 따라 수많은 사건이 거의 동시에 일어나기 때문에 우리가 어떤 일을 수행할 수 있는 것이다. 2장에서 자세히 살펴보겠지만, 신경세포는 전기신호가 통과할 수 있는 작은 틈인 시냅스로 다른 신경세포와 정보를 주고받기 위해 분화한 세포다. 신경망은 신경계 전체에 퍼져 있는데, 특정 행동에 관여하는 발화 패턴에는 신경 경로 하나가 이용될 수 있고, 다른 행동에 개입하는 발화 패턴에는 그 신경 경로를 포함한 다른 신경 경로가 이용될 수 있다. 비유하자면 신경 경로는 잘 다져진 고속도로다. 특정 신경세포는 근육을 수축시키고, 화학물질을 분비하고, 다른 신체 부위로 전기신호를 보낼 수 있다. 신경세포가 발화하는 특정 순서의 패턴은 복잡한 사고와 행동을 일으킬 수 있다. 수없이 많은 작은 불빛이 서로 복잡하게 연결된 신경망을 따라 이동하는 모습을 상상하면 신경세포의 발화 과정을 이해하는 데 좀 더 도움이 될 것이다.

신경세포에서 나오는 신호는 대개 어떤 식으로든 그 신호가 생성된 곳으로 돌아가서 전기적 고리, 즉 '신경회로'를 형성한다. 신경계에서 기능하는 모든 부위가 반드시 '피드백 고리feedback loop' 를 이용하는 것은 아니지만, 이런 양상은 운동신경회로, 감각신경회로, 호르몬계, 보상체계를 포함한 뇌의 많은 부위에서 그리고 그 부위가 신체 다른 부위와 연결되는 과정에서 일반적으로 볼 수 있는 특징이다. 뇌가 이들 회로를 이용하는 이유는 이 구조가 변화하는 외부환경에 매초 단위로 반응하고, 행동을 조절하고, 내외부 신호에 적응하게끔 해주기 때문이다. 우리가 레고 조각을 밟았을 때 발바닥에 통증을 느끼며 그 자리에서 펄쩍 뛰어오르는 것은 이 회로가 작동하기 때문이다. 또한 외부에서 다가오는 신호에 변화가 없거나 그 신호가 중요하지 않을 때 그것을 인식하는 뇌의 기능이 둔해지는 것도 이 회로 덕분이다. 그렇지 않으면 입고 있는 옷의 상표와 주름이 온종일 거슬릴 것이다.

보상생물학 연구에서는 주로 군소처럼 단순한 생물이 학습한 먹이 섭취 행동을 관찰했다. 군소는 신경망이 비교적 단순하고 신경세포가 커서, 세포 단위로 신경회로가 작동하는 과정을 연구하기에 좋다. 만약 우리가 하는 어떤 행동이 영양가 있는 음식을 먹는 결과로 이어진다면, 우리는 그 행동을 반복할 확률이 높다. 우리가 어떤 행동을 학습하는 까닭은 '좋은' 결과(이를테면 영양가 있는 음식을 먹는 행동)가 일어나기 전에 있었던 행동들이 강화되기 때문이다. 외부세계와 화학작용을 주고받는 과정에서 활성화돼 '좋은' 결과를 불러오는 데 관여하는 신경회로가 연쇄반응을 일으키면, 그 신경세포의 발화 순서, 즉 일련의 행동들을 반복하게 된다.[6] 신경회로가 큰 도로망이고 신경회로의 발화를 자동차가 다니는 도로라고 가정하면, 신경조절물질은 모든 교차로를 원활하게 정리해서 특정 발화 패턴이 한결 수월하게 나타나게끔 한다. 다시 말해 자동차는 이용할 수 있는 여러 길 중 특정 도로를 따라 손쉽게 이동할 수 있게 된다. 이 구조가 바로 보상체계를 이루는 토대다. 그러니까 보상체계는 신경세포 조합 하나가 내외부 세계 여러 측면에서 정보를 수집하고, 그 정보를 기반으로 여러 선택지의 가치를 평가한 다음 어떻게 행동할지 판단하는 과정이다. 보상체계는 주된 작업 두 가지를 맡도록 설계됐다. 하나는 유익한 행동을 식별하고 강화해서 그 행동이 반복되도록 하는 작업이고, 다른 하나는 외부세계에서 가치 있고 중요한 내용을 학습하도록 하는 임무다. 보상체계의 신경세포는 중추신경계 여러 부위에 있는 신경세포끼리 결합하는 과정에서 미세한 화학변화가 일어나 단기간 생존에 유익한 결과를 가져오는 행동을 반복하게 할 확률을 높인다. 또한 보상체계의 신경세포가 분비하는 신경조절물질은 '좋은' 결과가 발생한 상황 전반의 감각적 특징과 그 결과를 가져온 행동의 연상작용을 강화하는 연결성에 변화를 일으킨다. 신경학에서는 이런 원리를 가리켜 '함께 발화하는 신경세포는 함께 연결된다.'라고 표현한다.[7] 특정 사건들이 적절한 순서로 적절한 상황에서 일어나 보상체계가 '좋은 결과'를 불러오는 패턴으로 인식하면, 다음에 또 그런 조건을 만났을 때 연관된 특정 패턴을 시도할 가능성이 커진다. 만족스럽게 식사한 레스토랑을 다시 찾아가고, 매력 있는 사람을 마주친 모임에 다시 참석하고, 자녀에게 덕담을 건넨 이의 집을 자주 찾는 것은 바로 이런 이유에서다. 그런데 이런 일이 꼭 의식적으로 일어나지는 않는다. 우리가 어떤 사람 또는 그의 집을 떠올릴 때 그 사람에게서 유익한 말을 들은 기억은 없지만 기분 '좋은 느낌'이 들 수 있다. 이런 현상은 우리가 그 사람을 떠올리거나 이름을 들으면 긍정적인 연상작용이 일어나도록 보상체계가 우리에게 '가르쳤기' 때문이다. 보상체계의 작동방식과 이 체계에 변화를 일으킬 방법은 다음 장에서 더 자세히 알아보겠다.

우리 신경계는 선사시대부터 형성됐기에, 주변환경에서 어떤 정보를 감지하고, 어떤 결정을 내리며, 어떻게 행동할지는 수백만 년에 걸쳐 진화해온 원리에 따라 섬세하게 조정됐다. 말하자면 시간이 생존과 번식에 유리한 선택을 이끄는 신경계를 선호했기 때문이다. 감각기관이 더 정확하거나 뛰어나고, 반응능력이 더 우수하며, 의사결정 방식이 더 훌륭한 개별 유기체는 유전변이로 나타나는 돌연변이의 장점을 이용해서 생존에 더 유리한 위치에 섰고, 그들의 유전형질이 다음 세대에 전해질 기회가 늘었다. 다양한 동물이 각자 마주한 독특한 도전을 이겨내기 위해 진화하면서, 그들의 보상회로도 뇌와 몸의 다른 측면처럼 다음 세대로 전해졌고(또는 그 상태가 보존됐고), 특유의 생태적 지위*에 맞게 점점 분화했다. 그래서 오늘날 지구에 존재하는 동물들은 뇌와 감각처리 측면에서 어떤 것을 '좋다/나쁘다/유익하다/유해하다'로 인식하는 메커니즘에 공통점이 많다. 좁쌀만 한 초파리나 엄지손가락만 한 가재도 그들이 하는 행동과 보상의 연관성을 학습할 수 있다. 나아가 소리나 장소 같은 중립적 자극과 보상의 연관성도 마찬가지다. 초파리나 가재가 좋아하는 먹이를 어떤 소리나 장소와 반복해서 연결하면, 그 소리나 장소 자체가 초파리와 가재에게 좋은 것, 곧 유익한 것이 된다. 초파리와 가재가 자극과 보상의 연관성을 학습하기 위해 사용하는 신경 메커니즘은 인간의 신경 메커니즘을 그대로 반영한다.[8]

---

* 개별 종이 생태계에서 차지하는 위치 - 역자주

그렇다면 생물에게 자연스러운 보상은 없을까? 음식은 이른 바 '일차적 보상'의 대표적인 예다. 동물이 먹이를 얻을 때 뇌에서 보상을 주지 않아도, 그저 배가 고프기만 하면 자연스럽게 음식을 먹고, 따로 학습할 필요가 없이 이 행위의 결과가 보상으로 작용한다는 것이 학계의 오랜 정설이었다. 하지만 신경과학 맥락에서 보면 그냥 일어나는 일은 없다. 다시 말해 자연은 소임을 다하기 위해 사용하는 정교한 수단이 있다. 특정한 진화의 틈새에서 선택이 일어나면 플랑크톤, 유칼립투스 이파리, 썩은 고기, 꿀처럼 특정 음식이 특정 동물에게 더 대단한 보상이 될 수 있다. 일차적 보상 사이에도 이렇게 큰 차이가 있다. 한편 모든 건강한 동물은 학습능력이 있어서 일차적 보상으로 이어지는 연관성을 습득해 다른 무언가를 보상으로 인식하는데, 이를 '이차적 보상'이라고 한다. 이렇게 되면 동물은 생존에 필요한 요소를 발견할 만한 환경을 학습할 수 있다. 왜냐하면 개별 동물마다 생존에 필요한 요소가 다를 수 있고, 시간이 지나면서 바뀔 수도 있으며, 새로운 연관성을 학습해야 할 수도 있기 때문이다. 갓 태어난 동물은 무언가를 먹거나 마시는 단순한 행동조차 학습해야 하지만, 생명이 진화하는 과정에서 갓 태어난 동물도 이런 행동이 지극히 자연스러워졌기 때문에 여기서 우리가 학습 요소를 감지하기는 어려워졌다.[9] 하지만 연관성이 반드시 일어나게끔 하는 일이 바로 보상체계의 임무다.

단순 유기체의 보상체계와 인간을 포함한 더 복잡한 유기체의 보상체계 사이에는 공통된 중요한 특징이 있다. 바로 보상체계가

'단기적 의사결정'을 위해 설계됐다는 점이다. 보상체계는 어떤 일이 일어날 때 환경에서 얻은 다양한 정보를 평가하고, 갈등사항을 조절해서 그 결과에 따라 반응한다. 모든 유기체는 연관성을 학습하고 기억하지만, 그 연관성이 더는 보상과 연결되지 않으면 시간이 지날수록 예전에 학습했던 연관성을 대부분 잊어버린다. 가령 한 유기체가 진화하는 동안 환경이 바뀌어서 특정 식량원을 구하기 힘들어지면, 대체식량을 소화해서 에너지를 얻을 수 있는 유기체가 살아남는다. 그 유기체의 보상체계 또한 대체식량을 '보상'으로 인식하도록 진화한다면 말이다. 그렇지 않으면 유기체는 필요한 식량원을 찾는 데 모든 에너지를 쏟아야 한다. 마찬가지로 물이 지금보다 더 산성화되면 산성에 내성이 강하고 피에이치$_{pH}$ 값이 낮은 물이 유해하지 않다는 사실을 학습할 수 있는 유기체가 생존에 유리해질 것이다. 그렇지 않으면 유기체는 산성화되지 않은 물을 찾아 헤매느라 많은 에너지를 써야 할 것이다.

진화가 일어나는 동안 이런 변화는 어떻게 나타났을까? 지구 전체 역사로 돌아가서 이 문제를 논의해보면 진화에 적응하는 시간은 매우, 매우, 매우 길다. 반면에 돌연변이, 즉 'DNA 명령'에 담긴 자연발생적인 작은 변화들은 인간을 포함한 새로운 개별 유기체 각각에서 순식간에 일어난다. 그러나 DNA 명령에 담긴 돌연변이가 실제로 새로운 물리변화로 표현되고 보존돼 다음 세대로 이어지면서 진화 과정에 영구적인 변화를 일으키는 결과는 대체로 수십만 년이 걸리는 느리디느린 과정이다. 돌연변이 하나가 세대를 이어 존속하려면 특정 상황에 놓인 그 동물에게 이점을 제공해야 하고, 모든 기능이 조화로운 방식으로 작동하는 데 필요한 다른 돌연변이와 동시에 나타나야 하며, 그 동물이 우연히 번식하는 동안에도 장점으로 작용해야 한다. 대표적인 사례가 갈라파고스핀치다. 갈라파고스제도에서 가뭄이 이어지는 동안, 이 새들의 먹이인 씨앗이 딱딱해지자 더 두꺼운 부리를 가진 새들이 작고 연약한 부리를 가진 새들보다 생존에 유리해졌고, 개체군의 이런 특징이 세대를 거쳐 이어졌다.[10] 돌연변이는 숱하게 나타나지만 대부분 오래가지 않으며, 우연히 유전형질에 작은 변이가 나타난 개체와 함께 사라져버린다. 극소수 변이만이 개체가 존속하는 데 유리한 점을 제공하며 계속 유지되는 뚜렷한 변화를 일으킨다.

포유동물은 그들의 먼 조상이 지녔던 보상체계의 기본 형태를 대부분 보유한다. 앞서 설명했다시피, 포유동물은 미국 대륙을 가로지르는 40일간의 여정에서 약 38일째에 펜실베이니아주에서 나타났다. 한 동물이 탐색할 수 있는 공간과 환경이 확장되면, 자신에게 유익하거나 해로운 대상을 발견하는 경험과 선택의 범위도 넓어진다. 다시 말해 동물에게 필요한 학습 범위가 확대된다. 이를테면 쥐가 일상에서 보여주는 행동과 선택의 범위는 대단히 넓다. 먹이를 언제 어디서 어떻게 효과적으로 찾을지, 어떤 먹이를 먹을지 말지, 먹이를 찾아서 어떻게 하면 안전하게 집으로 돌아갈지, 날씨가 궂은 날에는 어떻게 할지, 포식자를 어떻게 구분하고 피할지, 다른 쥐들과 어떻게 상호작용할지, 교미 상대를 언제 어떻게 선택할지, 새끼를 어떻게 기르고 언제 보살피며 공격성을 가르칠지, 잠재적 행동끼리 충돌할 때 어떻게 해결할지 등 말하자면 끝이 없다. 쥐보다 더 복잡한 삶을 사는 더 복잡한 동물의 신경계는 조건화된 행동(외부 자극 하나가 보상 하나와 연결되는 작용)은 물론 목표지향적 행동까지 숙달해야 한다. 그러려면 신경계는 특정 행동이 보상을 가져온다는 점을 학습해야 하기에, 보상을 얻기 위한 행동을 유도한다. 마지막으로, 유기체가 여러 선택지 중 어떤 행동을 고를지 결정하려면 유기체는 어느 시점에 행동 각각의 상대적인 잠재적 가치나 유용성을 판단할 능력이 필요하다.[11] 새로운 종種들이 진화하고 확산하면서 그들의 행동체계는 더욱 복잡해졌고, 자연선택이 일어나는 동안 생존에 가장 유리한 학습, 적응, 판단, 선택을 촉진하는 보상체계도 확대됐다.

보상체계는 일반적으로 사용하는 의미처럼 유기체의 삶을 즐겁게 하거나 보상하기 위해 진화한 것이 아니다. 개별 유기체의 생존 가능성을 높이는 행동을 일으키는 수단으로써 진화했다. 이 점은 보상체계의 기본 원리이므로 꼭 기억하길 바란다.

기후변화는 지구 역사를 40일에 걸쳐 미국 대륙을 가로지르는 여정에 비유했을 때 마지막 1초에 나타났다. 지구 전체 역사로 따지면 기후변화가 무척 빨리 진행됐지만, 우리 일상과 즉각적인 생존에 미치는 영향 측면에서 보면 속도가 무척 느리다. 따라서 인간의 보상체계 요소가 기후변화처럼 우리 생존이 걸린 상황임에도 상대적으로 느리고 점진적인 변화를 효과적으로 인지하고, 처리하고, 반응하도록 설계되지 않았다는 사실은 어쩌면 당연하다. 단지 우리가 미래를 중요하게 생각하지 않는 경향이 있기 때문만은 아니다. 우리에게 익숙하지 않은 일들이 왜 우리에게 더 큰 도전으로 다가오는지는 다음 장에서 자세히 다룰 생각이다. 하지만 더 근본적인 원인은 환경적 위협과 여기에 필요한 행동의 인과관계가 직접적이거나 분명하지 않기 때문이다. 만약 우리가 포식동물과 맞닥뜨린다면 어떻게 행동해야 좋을까? 돌을 던지고 도망가는 건 어떨까? 우리 보상체계는 포식동물처럼 우리를 위협하는 존재에게 돌을 던지면 효과가 있다는 점을 학습하도록 설계됐다. 그래서 우리는 또다시 그런 상황에 놓였을 때 그 행동을 반복할 확률이 높다. 그렇다면 지구온난화와 식량문제를 해결하기 위해 자전거를 타고 출퇴근하는 건 어떨까? 이런 결정의 효용성은 돌을 던지는 행동보다 훨씬 간접적인데다 우리가 인식하고 학습하기 어렵다. 자전거로 출퇴근하면 사람들에게 혼자 잘난 체하거나 이상한 사람으로 보이기 십상이다. 단지 기후변화가 끼치는 영향이 미래의 일이기 때문만은 아니다(실제로 점점 그렇지 않은 일이 돼 간다). 시간, 공간, 개념, 심지어 운동학 측면에서 볼 때 그런 행동이 불러오는 결과와 행동 자체의 연관성을 우리가 인식하기 어렵기 때문이다. 우리가 특히 기후변화에 적절하게 대응하기 어려운 이유 중 하나가 바로 이런 부조화다.

우리는 여정을 이어나가며 포유류, 특히 인간의 보상체계가 작동하는 방식을 자세히 살펴보려고 한다. 이를 토대로 소비나 환경위기와 관련된 우리 행동이 진화, 사회, 문화, 개인적 측면에서 어떤 영향을 받는지 알아볼 것이다. 그러다 보면 우리가 보상으로 여기는 요소를 조정해서 환경위기를 벗어날 수 있을지, 만약 그렇다면 어떻게 조정할 수 있을지 더 정확히 밝힐 수 있을 것이다.

2

학습과 뇌의 보상체계

성인의 뇌는 신경세포가 약 860억 개고, 세포 각각은 시냅스에서 다른 신경세포와 수없이 연결된다.[1] 아이들이라면 환경 적응력을 극대화하기 위해 신경세포끼리 더 많이 연결된다. 그러다 자라는 동안 아이들이 생활하는 환경에 따라, 이를테면 새총으로 사냥하고, 2개 국어를 학습하고, 바이올린을 연주하는 활동에 가장 유용한 뇌회로를 구성하고자 불필요한 연결을 가지치기한다. 반면, 우리에게 신경구조와 기능을 밝혀준 지식의 토대가 된 생쥐와 시궁쥐의 뇌는 신경세포가 각각 7000만 개와 2억 개에 불과하다. 인간이 독특한 능력과 개인차를 드러내는 것은 바로 40일간 여정에서 마지막 몇 분을 남겨두고 오늘날 모습에 도달한 인간의 두뇌가 엄청나게 복잡하고 가소성이 있기 때문이다. 가소성*은 개인이 성장하는 동안 겪는 변화의 본바탕이며, 개인은 물론이거니와 사회 전체 행동까지 바꾸는 주된 요인이다.

뇌의 구조와 기능은 기후변화처럼 엄청난 사회문제와 어떤 관련이 있을까? 뇌의 가소성과 우리가 행동을 선택하도록 이끄는 보상체계는 행동에 변화를 일으키는 모든 부분과 얽혀있다. 환경위기를 극복하는 문제는 개인, 정치, 사회 차원에서 우리 행동을 얼마나 빨리 그리고 얼마나 폭넓게 바꾸어낼 수 있는가로 판가름 날 것이다.

우리는 바탕이 같은 두뇌를 지니고 있지만, 행동은 사람마다 다르다. 미국과 유럽의 환경지표가 다른 이유는 유럽인과 미국인의 뇌가 본질적으로 달라서라기보다 소속된 사회, 경제, 정치 그리고 정보의 차이 때문이다. 이 모든 것이 뇌에서 걸러져 어떤 행동을 선택하게 되기 때문이다. 여러분과 나는 타고난 기질과 재능이 제각각이고, 뇌도 우리가 살아가면서 겪는 경험에 따라 다르게 적응한다. 하지만 우리는 모두 신체 부위가 같고, 유전적 청사진도 엇비슷하며, 세포는 공통된 특정 성향에 따라 작동한다. 뇌와 사회문제를 신경학 시선으로 보면 이렇게 말할 수 있다. 어떤 결정을 내리고, 성향은 어떠하고, 행동을 조절하는 유전요인과 환경요인은 무엇이고, 어떻게 새로운 내용을 학습하며, 새로운 정보

---

* 생명체가 환경변화에 적응하고 대처할 수 있도록 변화하는 뇌의 특성 – 역자주

와 다른 이가 미치는 영향에 사회적, 정서적으로 어떻게 반응하는가 하는 지점은 문제를 이해하고 가능성 있는 해법의 효과를 평가하는 퍼즐의 중요한 조각들이라 할 수 있다. 보상체계가 860억 개 신경세포에 어떻게 기능하는지 헤아리는 일은 인간을 이해하는 수단일 뿐이다.

보상체계는 어떻게 작동하고, 어떻게 진화했으며, 어떻게 변화해갈까? 이 부분을 알아보기에 앞서 나는 보상체계를 둘러싼 몇 가지 기본 지식을 살피고, 보상체계가 우리 선택과 행동에 어떻게 관여하는지 자세히 들여다보려고 한다. 보상체계 메커니즘은 우리가 결정을 내리려는 모든 순간에 개입한다. 뇌의 보상체계를 알아보려면 뇌가 특정 상황에서 어떻게 작동하는지 가정해보는 것도 한 방법이다. 이를테면 우리가 물건을 구매하려 할 때, 또는 기업체 임원이 환경 측면에서 더 안정적인 경영 프로세스의 비용이 지나치게 많이 드는지 아닌지를 판단하려 할 때 또는 정치인이 환경에 유익한 법안을 표결에 부치려 할 때 그 사람의 뇌를 들여다본다고 가정해보는 식이다. 그 순간 개인은 진화적, 개인적인 과거와 현재 상황, 생리학적 상태, 유전적 성향, 익히 알고 있고 의식적으로 반영할 수 있는 모든 요인을 고려해서 번개처럼 빠른 속도로 수많은 단계를 거쳐 행동한다. 개인이 내리는 결정은 대부분 불확실성이 담긴 예측에서 출발한다. 사실 정보에 기댄 도박인 셈이다. 정치인들은 환경에 유익한 정책을 채택하려고 할 때 그 정책이 잠시나마 특정 상품의 가격을 인상하고, 일부 일자리를 없애고, 특정 지역 상인들의 불만을 살 수 있다는 점을 안다. 하지만 길게 보면 새로운 일자리가 창출되고, 국민 건강이 개선되며, 해당 지역 유권자들이 우려하는 기상이변이 잦아들 수 있다. 소비와 기후를 고려한 행동, 넓은 의미의 행동 변화는 다음 장에서 알아보고, 이번 장에서는 우리가 의사결정을 내리는 메커니즘의 기본을 이해하기 위해 그 과정이 어떻게, 왜 그렇게 작동하는지 자세히 짚어보겠다. 우리가 선택의 순간에 서 있을 때 뇌에서는 어떤 일이 일어나는지, 뇌를 좀 더 깊숙이 들여다보자.

뇌는 어떻게 구성되는가?

뇌의 주된 활동세포인 신경세포는 크기, 모양, 종류가 매우 다양하다. 가정에서 쓰는 못의 종류를 생각해보라. 긴 못, 짧은 못, 두꺼운 못, 얇은 못이 있고, 못마다 머리와 자루의 모양도 가지각색이다. 마찬가지로 신경세포도 서로 다른 감각 입력에 반응하고, 특정 유형 메시지를 특정 속도로 전송하고, 다양한 정보를 처리하며 저장하고, 신경계 다른 부분의 작동방식을 조절하고, 근육·혈관·분비샘 같은 신체 다른 부위와 상호작용하기 위해 매우 다양하게 분화한다. 이처럼 신경세포는 종류와 역할이 세밀하게 분화되지만, 크게 보면 세 부분으로 나뉜다. 전기신호를 생성하고 명령센터 역할을 하는 '신경세포체', 안테나처럼 다른 신경세포에서 오는 정보를 수집하는 '가지돌기', 다른 신경세포나 목표물에 정보를 내보내는 '축삭돌기'다. 축삭돌기는 전기절연체 역할을 하는 미엘린이 감싸고 있어 입력신호를 더 빠르게 전달할 수 있다. 전체가 흰색을 띤 지방질이어서 '백질'이라 부른다. 신경세포체는 여기에 연결돼 세포에 에너지를 공급하는 모세혈관 다발과 함께 전체적으로 분홍색을 띤 회색이라 '회백질'이라 한다.

포유동물 대부분의 뇌에서 두개골 바로 아래에 있는 뇌 표면인 대뇌피질은 뇌 기능을 촉진하는 별세포(성상세포)나 다른 세포와 더불어 신경세포체가 여러 층이다. 신경세포를 사람에 비유한다면 피질은 사람 수억 명이 나란히 붙어 서 있는 모습과 같다. 여기에 신경세포체는 머리, 가지돌기는 팔, 축삭돌기는 다리라 할 수 있다. 머리에 해당하는 신경세포체는 두개골 내부 표면을 떠받치고, 가지돌기는 사람들이 손을 뻗어 제각기 옆 사람과 손을 맞잡은 모습과 같다. 다리에 해당하는 축삭돌기는 수많은 다른 축삭돌기와 다발을 형성해서 뇌의 각 부위 사이를 연결한 다음 뇌 부위끼리 주고받는 신호를 전달하는 '백질 신경로'를 이룬다. 그밖에 특별한 임무를 수행하도록 설계된 다른 신경세포도 있다. 예를 들어 사이신경세포는 신경세포 사이에서 두 세포의 기능을 조절한다.

인간의 대뇌피질은 전두엽, 측두엽, 두정엽, 후두엽으로 나뉜다. 뇌 부위는 제각기 서로 연결되어 다양하게 통합된 기능을 발휘한다. 일반적으로 전두엽은 운동기능과 판단기능을 포함한 인지기능을 담당한다. 측두엽은 언어능력과 기억력을 담당하고, 두정엽은 감각기능, 공간인지, 다양한 인지 과정에 관여한다. 후두엽은 주로 시각정보를 처리한다. 그림 2에서 볼 수 있듯이 피질은 다시 두 영역으로 나눌 수 있는데, 우리는 각 영역이 서로 복잡하

그림 2 뇌 보상체계 해부구조

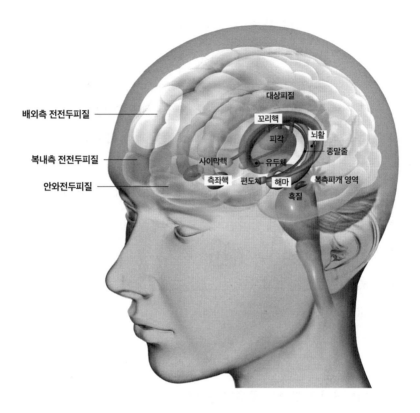

게 연결되어 선택과 의사결정 같은 두뇌 기능에 어떻게 관여하는
지 짚어볼 것이다.

　우리가 앞으로 살펴볼 대뇌피질, 회백질, 백질 영역은 두개골
안쪽 반구형 구조 윗부분에 있는데, 뇌척수액이 포함된 얇은 막으
로 둘러싸인다. 이 부분은 칸막이 역할을 하는 텐트 모양의 막인
'천막'으로 분리된다. 천막 아래에는 콜리플라워처럼 생긴 소뇌
가 있어 협응성, 균형감, 운동학습 등의 기능을 담당한다. 소뇌보

다 더 아래에 있는 작은 뇌 영역이 뇌간인데, 여기서는 뇌와 신체를 기능적으로 연결한다. 더불어 눈, 얼굴, 혀의 움직임에 관여하고 호흡, 연하(음식물을 삼키는 동작), 심장박동, 각성을 조절하며, 보상체계에도 깊숙이 개입한다.

생물학에서는 영어단어를 복수의 의미로 사용할 때가 있다. 흔히 핵을 의미하는 단어 'nucleus'가 개별 세포에 쓰이면 얇은 막에 둘러싸인 채 '유전 명령*'을 담은 '세포핵'을 가리키지만, 신경계 구조 전체로 넘어가면 뇌나 뇌간 중심에 있는 신경세포체 집합인 '신경핵'을 뜻한다. 핵의 집합인 더 큰 조직들은 독립된 명칭이 따로 있다. 시상핵 여러 개로 구성된 '시상thalamus'도 있고, 보상회로에서 중요한 역할을 담당하는 또 다른 신경세포체 집합인 '기저핵basal ganglia'도 있다.

세포들은 어떻게 정보를 주고받을까?

뇌는 각기 다른 영역 사이에서 정보를 교환하며 활동을 시작한다. 정보를 교환하는 방식이 놀랍도록 복잡하고 신비로워서 어떤 상황을 맞닥뜨릴 때마다 적절한 의사결정을 내릴 수 있지만, 또한 바로 그래서 우리가 내리는 의사결정이 항상 논리적이지는 않다.

---

* 생물이 생식이나 생존 등에 관한 유전정보를 다음 세대에 전달하는 일 – 역자주

신경세포끼리 통신을 주고받는 창구인 시냅스는 한 신경세포에 있는 축삭돌기 말단과 다른 신경세포에 있는 가지돌기 말단, 그리고 그사이를 채우는 염분 성질의 체액으로 구성된다. 일반적으로 시냅스가 작동하는 양상을 보면 신경세포 사이에서 전류가 직접 전달되는 방식인 '전기적 연결'보다 한 신경세포에서 방출된 신경전달물질이 다른 신경세포의 수용체와 상호작용하는 방식인 '화학적 연결'이 더 많다. 신경전달물질은 종류도 여러 가지고, 종류마다 특성도 다르다. 자물쇠를 열려면 꼭 맞는 열쇠가 필요하듯, 시냅스에서 정보를 받는 수용체는 스스로 반응할 수 있는 특정 신경전달물질이 필요하다. 특히 앞서 살펴본 '도파민'이라는 신경전달물질은 신경회로에서 매우 중요한 역할을 한다.

수용체는 제각기 시냅스 상부, 즉 '시냅스 전 뉴런pre-synaptic neuron'에서 분비하는 신경전달물질에 따라 특정한 반응을 일으킨다. 일반적으로 수용체는 적절한 신경전달물질과 결합하면 모양이 변한다. 마치 성문을 지키는 문지기가 특정 시간이 되면 잠시 성문을 열어주듯이, 적절한 신경전달물질과 결합하지 않았다면 차단됐을 물질을 '시냅스 후 뉴런post-synaptic neuron'으로 잠시 들여보낸다. 이 원리는 1장에서 단세포생물을 예로 들어 설명하기도 했다. 단세포생물의 세포 표면에 있는 수용체는 주변환경의 어떤 물질과 만나면 그 생물의 세포가 특정 방향으로 움직이도록 특정 분자를 들여보내기 위해 모양을 바꾼다. 마찬가지로 시냅스의 수용체를 통과하는 물질은 주로 칼슘이나 나트륨 같은 전하를 띤 특정 이온이다. 시냅스 후 뉴런에 있는 수용체가 충분한 자극을 받으면 그 수용체의 전하가 임계점에 도달하고, 해당 세포가 세포체 전체와 축삭돌기에 전기자극을 전달할 수 있다. 이런 활동전위 또는 발화가 일어나면 신경세포 말단에 있는 축삭돌기에서 신경전달물질을 분비해, 다시 시냅스로 연결된 다른 신경세포에 영향을 줄 수 있다. 신경세포끼리 정보를 주고받을 때 전기적 연결과 화학적 연결을 모두 활용하기 때문에 흔히 '전기화학적' 연결이라고 한다. 사실 이런 과정이 퍽 복잡하게 느껴질 수 있다. 신경세포가 소통하는 데 왜 이렇게 많은 부분이 관여하고, 왜 이토록 복잡할까? 그 까닭은 뇌의 에너지 효율과 뇌의 처리속도 사이에 균형을 맞추기 위해 설계된 전략 때문이다. 이 전략 덕분에 우리는 한껏 집중해서 계산을 하는 도중에도 먼지가 눈에 들어오면 바로 눈을 깜박거리기에 충분한 열량을 확보할 수 있는 것이다.[2]

우리 뇌가 그렇게 복잡하게 구성됐고, 어려운 일을 수행할 수 있으며, 수많은 상황에 적응할 수 있는 이유는 이렇게 설명할 수 있다. 한 세포에서 발화가 일어난다고 해서 반드시 그 세포와 연결된 다른 세포에서도 발화가 일어나도록 연쇄반응을 일으키지는 않는다. 의사결정 과정은 그렇게 간단하지 않다. 한 세포는 여러 세포에서 정보를 얻는다. 어떤 세포건 그 세포에서 분비하는 신경전달물질은 해당 세포에 바로 인접한 세포와 전체 신경계에 아주 미미한 영향만 미칠 뿐이다. 과학자들이 계산해보니 우리 뇌에는 신경세포가 약 860억 개 있고, 신경세포는 제각기 다른 신경세포 약 1만 개와 연결된다. 이 문장은 대단히 중요하므로 한 번 더 강조하겠다. 우리 뇌에는 신경세포가 860억 개 있고, 그 신경세포는 다시 다른 신경세포 1만 개와 연결된다! 이 말은 곧 신경세포는 한정된 시간에 수없이 많은 다른 신경세포에서 정보를 얻는다는 의미다. 신경세포가 발화하는 과정은 그리 간단하지 않다. 모든 생각과 판단은 수없이 많은 작은 사건에 좌우되기 때문에, 이렇게 복잡한 과정을 거쳐서 나오는 결과는 우리가 예측할 수 있는 범위를 훨씬 벗어난다.[3] 우리는 동물 행동을 연구해서 그 내용을 토대로 확률적 결과를 예측할 수 있다. 이를테면 쥐나 인간은 대부분 특정 환경에서 A 아니면 B의 행동을 한다고 예상할 수 있다. 하지만 거기에 변수가 더해지면 입력, 연결, 출력이 개인에 따라서, 시간이 흐르면서 매우 다양해지므로 결과가 엄청나게 복잡해진다.

이렇게 복잡하기에, 개인마다 다양한 차이가 존재한다고 예측할 수 있다. 그 차이는 한 개인 안에서도 매 순간 달라질 수 있다. 인간이 드러내는 행동 범위가 놀랍도록 다양한 데는 다 이유가 있다. 또한 특정 유형의 행동이 왜 특정 맥락, 특정 사회, 특정 문화의 영향 아래서 잘 일어나는지도 이해할 수 있다. 여기에는 가소성과 조율의 영향도 있는데, 이 영향은 유전적으로 전해오는 특정한 생물학 맥락에서 나타난다. 보상과 소비 측면이라면 모든 사람이 생존 가치에 근거를 두고 유전적으로 물려받은 원칙들이 있다. 이런 성향은 인간의 판단과 행동이 어떻게 기후변화를 일으켰는지 설명하는 데 힌트를 준다. 다만 이런 성향은 우리 행동을 좌우하는 폭넓은 범위의 상황 입력을 토대로 매우 다양하게 나타난다.

유전적 성향의 범위 안에서 모든 것은 항상 바뀔 수 있고, 실제로도 변한다. 신경전달물질을 분비하는 축삭돌기도, 신경전달물질을 전달받는 수용체도 계속 변할 수 있다. 시냅스는 살아 있는 유기체다. 365일 공사 중인 현대 도시처럼 끊임없이 변화하고 진화한다. 이런 변화는 세포핵에 담긴 유전적 '지시사항instruction manual'에 좌우되지만, 그 지시사항 또한 딱 고정되지 않고 내외부 신호에 끊임없이 반응하며 계속 변화한다. 실제로 세포가 작동하고 반응하는 방식을 결정하는 단백질에서 유전적 지시를 어떻게 해석하는가는 우리가 무엇을 먹는가, 더 엄밀히 말하면 우리 이전 세대가 무엇을 먹었는가에 따라 달라질 수 있다. 서로 다른 신경전달물질에 반응하는 수용체나 서로 다른 특성(예를 들면 수용체가 신경전달물질을 만났을 때 얼마나 빨리 또는 얼마나 오랫동안 그 수용체 내부로 들어가는 문을 열어줬는가와 같은 특성)을 지닌 수용체는 세포체 각 부위를 미세하게 조정하는 내외부 세계의 모든 입력에 따라 다른 비율로 생성될 수 있다. 바로 이런 변화들 때문에 우리가 한동안 계속되는 주변 소음을 신경 쓰지 않을 수 있고, 기근을 겪고 나서는 행동에 영구적인 변화가 나타날 수 있으며, 이번 주에 경험한 일이 기억에 오래도록 남을 수 있는 것이다.

왜 우리는 사람들이 행동을 바꿔야 하는 이유를 단순하게 설명해서 사람들을 설득할 수 없을까? 이 지점은 기후변화처럼 긴급한 과제를 포함해서 특정 사안을 주장하는 사람들에게 좌절감을 안길 수 있다. 하지만 인간의 의사결정 장치는 구조가 대단히 복잡해서, 어떤 요인이든 의사결정을 위한 방정식의 한 부분에만 영향을 미친다. 국회의원이 의사결정 하나를 내릴라치면 앞에서 언급한 모든 명시적, 비명시적 요인이 그 순간 개인 판단에 영향을 끼친다. 이때 일어나는 수많은 사건의 중요도가 어떻게 매겨지는지 이해하기 위해, 지금부터 생존에 필요한 내용을 학습하도록 진화가 제공한 보상체계 메커니즘을 둘러보자.

뇌는 패턴을 인식한다

당신은 길을 걷다가 누군가와 마주쳤을 때 순간적으로 그 사람을 지인으로 착각해본 적이 있는가? 당신이 혼동한 그 사람은 다른 나라로 이민을 갔거나, 심지어 몇 해 전 돌아가신 할머니일 수도 있다. 아주 잠시나마 당신 뇌가 '어! 저분 우리 할머니 같은데?'라고 인식했지만, 그럴 리 없다는 것을 곧 깨닫는다. 당신은 길을 걷다가 길가에 놓인 쓰레기통을 보고 잠시나마 커다란 개로 착각할 수 있다. 아니면 최근 몇 년간 듣지 않던 노래를 나도 모르게 머릿속으로 흥얼거릴 수도 있다. 당신이 지나온 길을 되돌아가 주변에서 들려오는 소리에 귀를 기울여보면, 한 공사장 인부가 마침 그 노래를 흥얼거렸다는 사실을 알게 될 것이다. 이런 일들이 벌어지는 까닭은 당신이 의식하지 못하는 사이에 당신 뇌가 주변환경에서 떠도는 입력들을 받아서 처리하기 때문이다.

다시 말해 우리 뇌가 패턴을 인식해서 사고하기 때문에 이런 일들이 일어난다. 우리 뇌에 있는 수많은 신경세포와 시냅스는 개인 경험과 유전적 성향을 토대로 강화된다. 그리고 어떤 감각 입력이 다가왔을 때 뇌에 저장된 신경 패턴과 일치하는 부분이 있으면 번개처럼 빠른 속도로 신경 사이에 연결을 만든다. 만약 당신 기억 속 할머니가 좋은 분이었다면 당신이 할머니를 봤다고 착각한 순간, 뇌에 일어난 신경 패턴이 당신에게 긍정적인 감정을 불러일으켜서 표정이 밝아질 것이다. 당신이 흥얼거린 노래가 과거의 좋은 기억과 관련 있다면, 이유를 설명할 수는 없지만 갑자기 기분이 좋아질 것이다. 우리가 언제 어디서나 이런 패턴을 인식할 수 있고, 기존에 아는 내용과 일치하지 않는 새로운 패턴을 걸러낼 수 있는 것을 보면, 과거와 현재의 경험을 연결 짓는 특징이 새로운 일을 학습하고 생존하는 데 대단히 유용하다는 점을 알 수 있다. 이때 보상체계가 패턴을 만들고, 유지하고, 바꾸는 데 깊숙이 개입한다.

보상체계의 비밀을 파헤치다

과학자들은 인간의 보상체계가 어떻게 학습과 의사결정 과정에 관여하는지 알아내고자 다양한 방면에서 연구를 진행해왔다. 연구자들은 인간이 어떻게 다양한 선택을 평가하는지 설명해줄 새로운 단서를 발견하기 시작했고, 그때마다 놀라운 이야기가 펼쳐졌다. 보상과 관련된 행동에 영향을 미치는 질환 환자들을 관찰하고, 단세포동물과 다세포동물을 연구하고, 뇌의 보상기능 이상으로 나타난 중독질환을 추적하면서 얻은 결과는 상당한 통찰을 제공했다. 특정 질환 환자들을 분석한 자료, 동물 모델, 뇌 영상, 단세포와 신경망에서 얻은 데이터는 우리가 의사결정을 내리는 방식, 즉 행동을 바꾸기 쉽거나 그렇지 않은 까닭의 밑바탕에 깔린 신경생물학적 원리를 밝히는 데 유용했다. 이런 원리에 비춰 행동을 선택하는 구조를 규명하는 데 있어 경제, 마케팅, 광고, 공중보건, 정책 분야 전문가들은 인간의 선택에 개입하는 외부 요인을 조사해서 어떻게 하면 행동을 우리가 원하는 방향으로 바꿀지 연구한다. 마지막으로 최근 수십 년간 행복 개념에 관심을 두고 연구를 진행한 결과, 단기 보상과 장기적 삶의 만족감 사이에 차이가 있다는 증거를 찾아냈다.

보상과 의사결정을 둘러싼 연구 결과는 참고할 수 있는 문헌만 해도 도서관 한 곳을 채울 만큼 많지만, 이 책에서는 뇌의 보상체계가 어떻게 그리고 왜 작동하는지를 밝히는 개념만 간략히 살펴보려고 한다. 뇌의 보상체계는 새로운 과학적 도구를 이용해서 앞서 발견한 사실을 토대로 퍼즐이 맞춰졌으니, 우리는 연대순으로 퍼즐 조각들을 살펴볼 참이다. 보상체계가 작동하는 방식을 이해하는 다양한 시선은 보상체계가 설계된 방식과 지구 환경에 나쁜 영향을 미칠 수 있는 행동 또는 선택의 관련성을 들여다보는 도구다. 인간의 뇌는 가장 중요하게 생각하는 것들의 우선순위를 바꿀 수 있을까? 만약 그렇다면 과연 어떻게 해야 할까?

환자에게서 알아낸 초기 증거들

수천 년 전 의사들도 사람들이 머리에 상처를 입으면 의식, 힘,

감각 등에 장애가 생길 수 있다는 사실을 알았다. 하지만 특정 뇌 부위와 심리적 기능(감정, 행동 조절, 판단력, 의사결정)의 관계는 비교적 최근까지도 알려진 내용이 없었다. 전두엽이 성격과 판단력에 중요한 역할을 한다는 사실은 피니어스 게이지Phineas Gage라는 한 철도회사 직원의 유명한 일화가 알려진 뒤로 관심을 받기 시작했다. 1848년, 철도회사의 공사감독으로 일하던 게이지는 현장에서 폭발이 일어나 길이 1미터가량의 쇠막대가 왼쪽 전두엽을 뚫고 지나가는 큰 사고를 당했다. 쇠막대는 그의 왼쪽 뺨으로 들어가서 눈 뒤를 지나 머리 정중앙을 뚫고 날아갔다. 게이지는 그 사고로 정신을 잃었지만 놀랍게도 곧 의식을 되찾았다. 쇠막대가 주요 혈관과 조직을 비켜간 덕분에 기적적으로 목숨을 건졌다. 당시는 항생제가 없던 시절이라 쇠막대 독이 머리에 염증을 심하게 일으켰는데, 게이지를 담당한 의사가 염증을 뽑아내는 치료에 적극 나서서 게이지는 안정을 되찾았다.

게이지는 건강을 회복하고 나서 성격과 행동이 달라지는 이상한 태도를 보였다. 게이지의 이런 모습을 보고 몇 년간 의학계에서 격렬한 논쟁이 벌어졌고, 뇌의 특정 기능이 대뇌피질 특정 부위에서만 작동하는지, 또 여러 피질 영역이 서로 대체될 수 있는지를 둘러싸고 다양한 논의가 시작됐다.[4] 의학을 포함한 과학 분야에서 구성원들이 격렬하게 논쟁한다는 것은 대개 사람들 사이에 정답을 찾을 수 없을 만큼 지식 격차가 있다는 의미다. 우리는 피니어스 게이지의 사례에서 대부분의 뇌 기능이 뇌 전체에 퍼져 있는 신경회로를 거쳐 작동한다는 사실을 알 수 있었다. 신경회로의 많은 부분에는 특정 기능을 발휘하기 위해 중복되는 영역이 관여하기도 한다. 그러나 동시에 움직임, 시각, 기억처럼 특정 임무를 정상적으로 수행하는 데 필요한 특정 부위도 존재한다. 게다가 우리 뇌는 놀랍도록 유연한 가소성이 있다. 즉, 뇌가 한 가지 기능을 상실하면 다른 뇌 영역이 잃어버린 기능을 인수하려고 다양하게 변화할 수 있다. 피니어스 게이지는 사고로 일부 뇌 기능이 손상되어 의욕을 잃고 성정이 급해졌다. 그러나 시간이 지나면서 어느 정도 예전 모습을 되찾을 수 있었다. 그가 손상 입은 뇌 부위는 판단력, 선택에 따른 평가, 보상회로 등에서 전두엽이 맡은 역할은 물론 우리가 뇌 가소성과 관련해 그동안 알게 된 내용이 일치한다는 증거를 보여준다. 이런 사례는 앞으로 보상체계가 얼마나 유연한지 이해하는 데 큰 보탬이 될 것이다.

보상생물학과 의사결정을 연결하는 결정적 단서는 파킨슨병 연구에서 나왔다. 파킨슨병은 운동장애 및 손발 떨림을 일으키는 신경질환으로, 미국에만 환자가 100만 명가량 있을 만큼 흔한 질병이다. 뇌간에 있는 흑질의 신경세포가 소실되면서 파킨슨병이 진행되는데, 19세기 말에 개량된 광학현미경으로 증상을 일으키는 뇌 부위를 확인했지만, 그때까지도 질환의 원인은 알려지지 않았다. 그러다 1960년대에 이르러 뇌의 화학적 신호가 주로 신경전달물질을 거쳐 전달된다는 사실이 밝혀졌고, 흑질 부위에서 신경전달물질인 도파민이 감소하는 현상이 파킨슨병의 주요 원인으로 드러났다. 연구를 이끈 학자는 뇌 기능을 이해하는 데 기여한 공로가 인정되어 노벨상을 받았다.[5] 흑질 부위의 도파민 결핍은 심각한 장애나 사망을 불러올 만큼 위험하지만, 도파민을 늘려 뇌 기능을 회복할 수 있는 치료법이 발견되면서 운동능력이나 언어 능력에 손상을 입은 환자들의 증세가 눈에 띄게 호전됐다.[6] 그러나 파킨슨병 치료에 담긴 기적 같은 효과에는 예상치 못한 부작용이 따랐고, 그 부작용을 연구하는 과정에서 보상회로를 둘러싼 뜻밖의 사실이 발견됐다.

일부 파킨슨병 환자는 약물을 복용하거나 전기자극으로 도파민을 늘려주는 치료를 받은 뒤에 부작용 증상의 하나로 다른 행동장애가 나타났다. 도박에 관심 없던 사람이 도박에 빠지거나, 쇼핑중독, 과잉 성욕, 수집 강박, 충동조절장애, 과잉행동, 목표지향적 활동 증가 등 다양한 행동장애를 보였다. 강박적으로 노래를 부르는 모습이 관찰된 적도 있다.[7] 일부 환자는 도파민을 늘리는 약물 자체에 중독되는 현상도 보였다. 이런 부작용은 왜 나타났을까? 이런 현상은 운동회로나 도파민 기능과 어떤 관련이 있을까?

해답을 찾으려면 신경계의 심리적 기능을 더 살펴봐야 한다. 도박을 하면서 내리는 주요한 의사결정 중 하나는 도박으로 얻을 수 있는 보상에 비춰 얼마나 위험을 감수할지 판단하는 일이다. 앞으로 살펴보겠지만, 사실 의사결정 기능에는 대부분 이런 평가가 들어간다. 그래서 병적 또는 강박적 도박이 나타나면 이런 요소를 판단하는 개인의 능력에 문제가 생겼다는 의미다. 그 원인으로 파킨슨병 치료에 쓰는 도파민이 지목됐다. 손상된 흑질 부위의 도파민 농도를 늘리는 치료가 파킨슨병 증상을 없애는 데는 도움이 된다. 하지만 손상되지 않은 다른 경로에 도파민이 과잉 공급되는 바람에 파킨슨병 치료를 받은 환자들이 도박에서 얻는 보상을 더 크게 느끼는 것은 아닐까? 또는 돈을 잃을 위험을 인지하기 어려워졌거나 돈을 잃는다고 해도 별로 신경 쓰지 않게 됐기 때문일까?

파킨슨병과 도파민, 충동행동 사이에는 설명하기 힘든 연관성이 있어 보였고, 뇌과학 분야에서 많은 전문가가 연관성의 고리를 찾아 나섰다. 북미 대륙에 사는 파킨슨병 환자 수천 명의 데이터를 모아 분석해보니 환자 중 13퍼센트 이상이 강박적 도박, 강박적 쇼핑, 폭식, 과잉 성욕 등 행동장애를 보였다. 환자들한테는 몇 가지 공통점이 있었다. 대부분 도파민 약물치료를 받았고, 나이가 비교적 젊은 남성 환자였으며, 캐나다보다 미국에 거주하는 이가 많았다. 도박문제로 가족력이 있거나 흡연자인 경우도 많았다. 이런 내용은 도파민 치료가 유전적 원인이나 환경요인을 지닌 환자들에게 더 문제가 될 수 있다는 점을 시사한다.[8] 우리가 어떤 행동을 하는 이유는 단순하게 설명하기 어렵다. 대부분의 행동은 경험과 유전적 특징을 토대로 형성된 뇌가 현재 우리가 속한 세계와 상호작용하면서 나타난다.

무척추동물, 설치류, 인간은 새로운 내용을 학습하기 위해 뇌 체계를 구성하는 방식에서 큰 차이를 보인다. 하지만 연구 대상으로써 충분한 유사점도 있어 기본 원리를 찾는 데는 도움이 된다. 일부 심리학자는 파킨슨병 환자들의 이상행동을 분석하기 위해 쥐를 대상으로 독특한 실험을 설계했다. 쥐들에게 도박을 가르친 다음, 파킨슨병 환자의 손떨림증을 치료할 때 쓰는 뇌 심부 자극술의 효과를 테스트한 것이다.[9] 쥐들에게 대체 어떻게 도박을 가르쳤을까? 쥐는 보상회로가 매우 정교하게 설계됐기에 먹이를 보상으로 주는 복잡한 선택실험을 학습할 수 있다. 연구진은 쥐에게 레버를 누르면 먹이가 나오는 장치를 주고 쥐의 행동을 관찰했다. 레버는 쥐들이 한 번 누르고 나면 한동안 꺼지는 시간이 서로 다르게 설정됐다. 쥐들은 시행착오를 거치면서 어떤 레버가 어떻게 작동하는지 파악한 뒤에 레버를 몇 번 눌러야 먹이를 최대한 많이 얻을 수 있는지 알아냈다. 말하자면 그 장치가 쥐들을 위한 완벽한 슬롯머신이 된 셈이었다. 쥐가 레버를 너무 빨리 누르면 다음 먹이를 얻기까지 기다리는 시간이 더 길어지는 불이익이 있었다. 연구진은 파킨슨병을 치료할 때 표적이 되는 쥐의 뇌 부위를 자극한 뒤에 쥐가 레버를 너무 빨리 누르는 충동행동이 증가하는지 관찰했는데, 한 번에 선택할 수 있는 레버가 여러 개일 때는 충동행동이 증가했지만, 한 번에 선택할 수 있는 레버가 하나밖에 없고, 한 번 누르고 나서 꺼지는 시간이 길 때는 충동행동이 증가하지 않았다. 이런 결과는 경솔한 선택에 담긴 불이익이 비교적 가벼울 때 일부 파킨슨병 환자가 더 충동적으로 행동하고 더 큰 위험을 감수하려고 드는 특징과 일치했다.[10] 즉, 보상체계는 '모 아니면 도' 식이 아니라 상황에 따라 다르게 작동하도록 설계됐다.

또 다른 연구진은 뇌 심부 자극술을 받은 뒤에 도박중독이 나타난 환자들을 연구해서 특정 유전자와 보상회로 영역의 역할을 밝혀냈다.[11] 다른 연구팀은 우울증이나 강박장애가 있는 환자에게 뇌 심부 자극술을 시행하는 동안, 그 환자가 의식이 깨어 있는 상태에서 컴퓨터 카드게임을 하게 한 다음 보상회로에 관여하는 중요한 기댐핵 부위의 뇌세포 활동을 기록했다. 기댐핵 부위 신경세포는 보상 기대치와 실제 보상의 차이를 평가하기 위해 분화한 영역으로 밝혀졌는데, 병적 도박이 있는 환자라면 판단기능이 다르게 나타날 수 있었다.[12] 한편 진화행동과학자와 시장 전문가들은 건강한 대학생과 도박중독자를 대상으로 위험을 감수하는 행동과 호르몬의 영향을 연구해, 특히 젊은 남성들에게 파킨슨병의 부작용이 더 많이 나타나는 요인을 조명했다.[13] 몇몇 연구진은 피니어스 게이지의 사례처럼 전두엽에 손상을 입었을 때는 물론이고 다른 뇌 영역에 손상이 있을 때도 위험을 감수하는 행동이 증가하는 현상을 발견했다.[14]

이런 연구 덕분에 보상체계와 관련된 이상행동의 원인을 상당부분 알게 됐다. 유전자, 호르몬, 환경 등 많은 요인이 원인이 될 수 있고, 이상행동은 약물치료 등의 방법으로 조절할 수 있다. 이로써 파킨슨병 치료의 부작용인 병적 도박이나 다른 충동행동을 더 잘 이해하게 됐고, 그 부작용들을 좀 더 수월하게 예방하고 효과적으로 치료하게 됐다. 이들 연구 결과는 한 질병에서 나타나는 예상치 못한 요인이 뇌가 일반적인 상황에서 어떻게 의사결정을 내리는지 밝히는 데 실마리를 제공하고, 의사결정과 소비 과정에서 일어나는 행동이 신경학 관점에서 어떻게 구성되고 조절될 수 있는지 보여준다.

뇌 영상 기법을 이용한 보상생물학 연구

자기공명영상Magnetic Resonance Imaging, MRI 기법은 자기장으로 세

포조직의 분자를 일시적으로 정렬한 다음, 시간이 지나면서 그 분자가 정렬을 벗어날 때 발산하는 파동을 감지하고, 조직 사이의 미세한 차이를 삼차원 이미지로 변환해서 결과를 컴퓨터 영상으로 보여준다. 일반적인 뇌 MRI는 각기 다른 방식으로 세포조직에 영향을 주는 다양한 전자기펄스 시퀀스를 포함한다. MRI 장치가 작동할 때 시끄러운 소리가 나고 촬영시간이 오래 걸리는 이유는 전자기 코일이 진동하기 때문이다. 방사선 전문의는 각 세포조직의 패턴이 무엇을 의미하는지 공부하기 때문에 MRI 영상에서 나타나는 혈전, 종양, 감염의 차이를 구별할 수 있다.

MRI 기술의 혁명은 뇌구조뿐 아니라 뇌 영역이 각각 어떻게 서로 연결되고 작동하는지 밝히는 중요한 통찰을 제공해왔다. 보상체계 연구에서 광범위하게 사용하는 MRI 스캔 유형 중 하나가 '기능적 자기공명영상functional Magnetic Resonance Imaging, fMRI'이다. 뇌는 특정 부위가 활성화되면 그 부위로 흐르는 혈류가 증가한다. 혈류의 미세한 차이는 영상으로 변환할 수 있는데, fMRI는 활성화된 부위를 다른 부위보다 밝게 보여준다. 이런 식으로 특정 운동기능이나 인지 처리에 관여하는 뇌 부위가 시각화된다. 외과의사는 환자의 뇌종양 수술을 계획할 때 뇌종양이 있는 부위가 환자의 손과 관련되면, 환자가 손가락을 움직이는 동안 촬영한 fMRI 영상으로 손가락 움직임에 관여하는 주요 부위를 파악하고, 그 부위를 피해서 종양을 제거한다. 대체로 뇌 기능은 제각기 특정 영역에 개입하는 경향이 있지만, 개인차가 있으므로 환자마다 뇌 영역이 개입하는 정확한 위치를 파악하는 것이 중요하다.

언어 구사와 같은 사고 프로세스도 운동 프로세스와 같은 원리로 fMRI에서 구현할 수 있다. fMRI 장비로 뇌를 촬영하는 동안 환자에게 알파벳 A로 시작하는 단어를 떠올리게 하면, 그 작업을 처리하는 부위의 혈류가 미세하게 증가해서 다른 뇌 영역과는 다른 색으로 처리되고, 결과가 영상으로 구현되어 언어 신경망과 관련된 부위를 확인할 수 있다.

인간의 보상체계를 연구할 때는 피험자들에게 의사결정이 필요한 과제, 현금을 보상으로 얻는 도박, 컴퓨터게임과 같은 정신활동을 수행하게 한 다음 뇌 기능을 촬영하기도 한다.[15] 이때 사용하는 MRI 유형이 '휴식상태 MRI resting-state MRI, rsMRI'다. rsMRI는 뇌 영역 간 활동의 연관성을 측정해서 어떤 기능이 서로 연관되고, 어떤 부위가 기능적으로 연결될 수 있는지 알아낸다. 양전자 단층촬영법 Positron Emission Tomography, PET과 단일광자 단층촬영법 Single Photon Emission Computed Tomography, SPECT은 대사작용이 활발한 부위에 집중되는 방사성 동위원소를 활용한다.[16] 그밖에도 인간의 보상체계에 관여하는 뇌구조와 신경망, 외부환경의 복잡한 상호작용을 이해하는 데 다양한 기술이 이용된다. 뇌 영상 기법은 음악, 명상, 약물, 사회적 영향, 공감, 의사결정, 플라세보, 불안, 스트레스, 부모와 자녀의 상호작용, 환경문제 등 기타 여러 인지적, 정서적 처리 과정이 뇌에 미치는 효과를 연구하는 데 쓰인다. 보상생물학에서 앞으로 살펴볼 내용은 대부분 이 유형의 연구에서 가져왔다.[17]

하지만 이들 연구에는 오류가 있다.[18] 뇌를 촬영한 영상에서 밝게 표현된 부위가 뇌에서도 실제로 밝아지는 것은 아니다. 뇌에 생긴 아주 작은 변화가 컴퓨터로 처리되어 모니터에 그렇게 표현될 뿐이다. 따라서 영상 결과를 행동, 심리적 기능 측면에서 어떻게 해석하는가, 이 지점에는 논란의 여지가 있다. 그렇더라도 여전히 수많은 과학자가 뇌 영상 기법에 기대어 살아 있는 인간 뇌의 보상체계를 연구한다.

단일세포 기록을 활용한 연구

우리는 지금까지 뇌 영상 이미지가 국부적 수준에서 뇌 기능을 어떻게 보여주는지 살펴봤다. 과학자들은 그다음 연구로 넘어가 세포 단계에서 보상체계, 학습, 의사결정이 일어나는 방식을 이해하기 위해 단일세포의 미세전극 기록을 분석해서 개별 신경세포가 어떤 특정한 임무를 수행하도록 설계됐는지 알아냈다. 미세전극 기록은 개별 세포가 기능하는 방식과 의사결정 같은 '신경사건neural event'에 영향을 미치는 모든 요인을 이해하는 데 중요한 자료다. 예를 들어 시각신경에 있는 어떤 세포는 선과 방향에 반응하고, 어떤 세포는 색에, 어떤 세포는 움직임에 반응한다. 이들 세포가 고등명령을 처리하는 세포로 각 정보를 보내기에, 얼굴처럼 복잡한 패턴을 인식할 수 있는 것이다. 기억에 남은 정보의 연결고리는 우리가 누군가를 보고 친숙한 얼굴인지 아닌지를 순식간에 인식하게끔 이끄는데, 이 기술은 생존에 매우 유용하다.

마찬가지로 세포 수천 개의 미세전극 기록은 우리가 새로운 내용을 학습하고 의사결정을 내리는 동안 세포 각각의 역할을 보여준다.[19] 뇌가 학습을 돕기 위해 보상체계를 이용하는 주된 메커니즘 중 하나는 '보상 예측 오류' 신호를 전달하는 도파민 신경세포와 관련 있다. 여기서 말하는 오류는 실수가 아니다. 보상 예측에 오류가 있을 때, 즉 기대치보다 보상이 더 크면 도파민 신경세포가 활성화되고 도파민 분비량이 증가한다는 뜻이다. 이런 보상 예측 오류는 유기체가 음식에 담긴 신호의 연관성을 학습하는 동기가 된다.[20] 보상으로 활성화된 도파민 신경세포는 일시적으로 도파민 분비량을 늘리고 인지, 판단, 행동, 환경 적응하기 같은 중요한 신경 기능을 작동시킨다.[21] 이런 현상은 자극반응 조건화(종소리를 들려주고 나서 먹이를 주어 종소리와 먹이를 연결 짓게 하는 학습), 도구적 학습(행동에 상벌을 주며 되새기게 하는 학습), 강화 학습(시행착오를 거쳐 외부환경과 상호작용하며 목표를 이루게 하는 학습)에서 기대한 보상이 실제보다 클 때 일어난다.[22] 다른 도파민 신경세포는 뇌가 정보를 인지하고 처리하도록 설계된 매우 복잡하고 전문화된 방식으로 작동하며, 어떤 자극이 보상이나 처벌 신호를 보낼 확률이 얼마나 되는지와 같은 자극의 상대적 중요성이나 특징에 반응한다. 물론 불쾌한 정도에 반응하는 도파민 신경세포도 있다.[23] 행동과 관련된 선택이 어떻게 평가되고, 어떻게 의사결정이 내려지는지를 알아보기 위해 '단일세포 기록 single-cell recording'을 활용한 연구들은 나중에 더 자세히 살펴보겠다.

　전기화학적 탐침을 이용한 연구기법은 단일세포 기록법을 보완해서 실험 대상자가 보상(음식)을 받거나, 이런저런 상황을 해결하거나, 다른 동물과 맞닥뜨리거나, 중독성 약물을 복용하거나,

뇌 심부 자극술로 치료를 받는 등의 상황에서 특정 부위 신경전달 물질의 농도 변화를 추적할 수 있다.[24] 한 가지 눈여겨볼 사례는 수컷 쥐와 암컷 쥐가 교미할 때 도파민 변화를 관찰한 연구다. 연구팀은 수컷 쥐를 수용적인 암컷 쥐에게 인도해서 짝짓기를 하게 했을 때 수컷 쥐의 보상회로에서 도파민 농도가 변화하는 추이를 관찰했다.[25] 다른 보상적 행동과 마찬가지로 이 실험에서도 쥐들이 보상적 행동 자체보다 기대감에 차 있을 때 도파민 분비가 더 활발해지는 결과를 보였다. 도파민성 보상은 진화 과정에서 잠깐만 지속하도록 설계됐다. 이런 연구 결과는 우리 행동 중 많은 부분이 환경에 좋지 않은 영향을 미치는 이유를 설명하는 데 상당히 과학적인 근거가 된다.

환자들의 뇌세포 활동을 관찰하는 신경 기록은 일반적으로 의사들이 치료 목적으로만 사용하도록 제한하지만, 환자가 동의하면 연구자들도 활용할 수 있다. 한 연구팀은 파킨슨병 환자들이 도박성 컴퓨터게임을 하는 동안 보상회로를 구성하는 중요 부위인 선조체에서 도파민이 어떻게 분비되는지 측정했다.[26] 행동만 놓고 보면 파킨슨병 환자들은 '쥐 도박' 실험에 참여한 쥐들과 비슷한 행동을 하는 것으로 관찰됐지만, 도파민 변화에는 약간 차이가 있었다. 환자들이 금전적 선택을 내릴 때 일반적으로 동물 도박을 실험한 연구에서도 관찰할 수 있듯이 꼬리핵에서 분비되는 도파민 농도는 실제 보상이 단순히 기대치보다 큰지 작은지에 따라 달라지지 않았다. 그보다는 환자가 보상으로 무엇을 얻는지 그리고 다른 선택을 내렸다면 받을 수 있는 가장 좋은 보상이나 가장 나쁜 보상이 실제 보상과 얼마나 차이 나는지가 도파민 농도에 영향을 미쳤다. 이런 결과는 파킨슨병 환자에게만 해당할 수도 있지만, 인간 고유의 특징일 수도 있다. 다시 말해 인간은 동물과 달리 생각하는 능력이 있어 기대치보다 좋은 보상을 받더라도, 그보다 더 좋은 보상을 얻을 수 있었다는 사실을 알면 기분이 나빠지기도 한다. 물론 우리가 동물보다 탐욕스럽고 시기심이 많기 때문일 수도 있다.

인간의 질병, 뇌 영상 기법, 단일세포 기록에서 뽑아낸 정보로 어떻게 하면 인간의 보상체계를 이해하는 큰 틀을 제공할 수 있을까? 중독은 의사결정, 보상, 소비와 관련된 장애를 일으킬 수 있는 심각한 건강문제 중 하나다. 그래서 일부 학자는 기후위기를 해결할 단서를 중독 현상에서 찾았다. 이제 살펴볼 내용은 지금까지 언급한 모든 접근법을 통합하는 마지막 의학적 사례다. 이 연구를 토대로 정상적인 보상체계는 어떻게 작동하는지, 의사결정에 영향을 미치는 요인은 무엇인지 알아보려고 한다.

보상체계가 망가지면 중독이 일어난다

만약 보상체계가 건강한 뇌의 정상적인 기능이라면, 중독은 해로운 약물이나 다른 자극으로 얻는 보상이 개인에게 행동에 나서는 강력한 동기가 될 때 일어난다. 기후위기를 중독에 비유하는 비평가들도 있다. 요컨대, 오늘날 기후위기는 결국 우리에게 위해를 끼칠 화석연료와 소비에 인류 전체가 서서히 중독된 대가라는 얘기다. 그들은 일상에서 우리가 하는 행동 가운데 중독과 비슷한 과소비의 특징을 찾아냈다.[27] 우리는 이런 발상을 평가하기 위해 임상에서 말하는 중독의 정의와 신경계 맥락에 더 직접적으로 맞아떨어지는 행동의 증거들을 찾아볼 수 있다. 도박이나 쇼핑처럼 비약물성 행동중독을 의미하는 이른바 '행동성 중독behavioral addiction'은 인간의 소비행동과 중독의 접점을 찾는 데 도움이 됐다.[28] 사람들은 왜, 어떻게, 어떤 행동에 중독될까? 이런 메커니즘은 일상에서 우리가 하는 행동과 관련 있을까? 아니면 대다수 고소득 국가에서 '일상화된 소비 과잉'과 관련 있을까?

중독장애는 우리 사회와 건강에 지대한 영향을 미치므로 많은 학자와 전문가들의 연구 주제가 되곤 했다. 중독의 생물학적, 사회적 원인을 둘러싸고 수많은 이론이 등장했지만, 대부분의 학자는 여러 요인이 서로 영향을 주고받는다고 가정한다.[29] 우리 보상체계는 대단히 보편되고 아주 오랜 시간에 걸쳐 진화했다. 가재, 초파리, 벌레, 꿀벌 같은 동물들도 인간이 중독되는 물질에 똑같이 빠져들기에 신경모델의 역할을 할 수 있다.[30] 특정 뇌 부위에서 여러 물질이 유전 명령을 어떻게 바꾸는지 보여준 연구 결과들은 중독을 극복하기 어려운 이유를 설명하는 데 도움이 된다.[31]

지금까지 살펴봤다시피 보상체계는 우리에게 만족감을 선사하기 위해서가 아니라, 생존하고 살아가는 데 필요한 것들을 학습하려고 만들어졌다. 대개 중독성 물질은 정상적인 보상처럼 느껴지는 감각의 강도를 높이는 방식으로 작동한다. 일단 시작은 그렇다. 그러기 위해 정상적인 보상 메커니즘을 약리적으로 과도하게 작동시킨다. 이를테면 오피오이드나 다른 수많은 중독성 물질은 도파민 작용을 끌어올린다. 일반적인 학습에서는 일단 연관성이 학습되고 나면 도파민 신호를 받는 보상 예측 오류가 감소하면서, 다시 새로운 내용을 학습할 수 있는 상태가 된다. 그런데 중독성 약물이 들어가면 도파민 농도가 보상 연관성을 학습하고 나서도 한참 후까지 증가한 채로 부자연스럽게 남는다.[32] 이런 상태가 되면 뇌가 갑자기 늘어난 보상성 화학물질을 상쇄해서 본래 균형을 되찾으려고 노력한다. 뇌는 우리 내부환경에 변화가 생겨도 기능적으로 건강한 상태를 유지할 수 있도록 변화에 적응하게끔 설계됐다. 하지만 시간이 갈수록 이런 변화들은 역효과를 일으킨다. 약물 자체가 주는 보상효과는 감소하고, 약물을 복용하지 않으면 불쾌감이 증가한다.

신경과학자들 사이에는 중독을 분석한 다양한 이론이 있지만, 이론 대부분이 행동 변화의 원인을 뇌회로의 기능 변화에서 찾는다. 한 이론은 약물(또는 사람, 장소, 사물 등)로 생기는 연관성을 학습해서 활성화된 뇌회로가 의식적으로 통제하지 않고 무의식적인 습관에 따라 행동을 점점 지배하는 과정을 중독으로 정의한다.[33] 습관은 신경망 패턴이 보상과 거듭 연결되면서 견고해진 현상이다.[34] 일부 학자는 습관과 목표지향적 행동을 구별한다. 중독에 그 두 요소가 모두 존재하기 때문이다.[35] 진화는 반복(또는 과잉 학습)으로 형성된 습관을 일부러 바꾸기 어렵게 설계했다. 여기에는 개인이 경험을 거듭하며 쌓은 습관이 생존에 유리하게 작용한다는 중요한 교훈이 담겼기 때문이다. 하지만 마약처럼 부자연스러운 보상으로 뇌에 각인된 막강한 연결은 시간이 갈수록 역효과를 일으킨다. 담배를 끊으려고 노력해본 사람이라면 잘 알 것이다. 오랫동안 담배를 피운 사람들은 담배를 끊어야 몸에 좋다는 사실을 논리적으로 수긍하지만, 담배와 얽힌 추억의 장소, 사람, 물건이 언제든 흡연 욕구를 자극한다. 이런 일은 니코틴 같은 중독성 물질이 몸에서 완전히 사라진 뒤에도 마찬가지다. 그 시점이 되면 중독성 물질 자체가 아니라 뇌에 각인된 '연결'이 흡연 욕구를 일으킨다. 그래서 흔히 중독 치료 프로그램에서는 '완치'라는 단어 대신 '회복 중'이라는 표현을 쓴다. 중독으로 보상체계에 생긴 변화는 매우 오랫동안 지속되거나 영구적일 수 있기 때문이다. 무언가를 갈망하는 상태는 매우 끊기 어려운 비정상적인 연결이 뇌회로망에 존재한다는 의미다. 바로 그래서 물질이 중독성을 띠게 된다.

어떤 물질이나 행동이 중독으로 분류되려면 처음에는 보상효과가 있어야 한다. 그리고 시간이 갈수록 동일한 효과를 얻기 위해 더 많은 양과 횟수가 필요해지는 내성이 생겨야 하며, 다른 활동을 하는 시간이 줄어들고, 심지어 대인관계나 삶의 목표를 해칠 수 있는데도 중독된 행동을 하며 보내는 시간이 점점 늘어야 한다. 그러다 보면 통제력이 부족해지고 중독성 물질이나 활동을 향한 충동이 강해지며, 중단하면 금단현상이 생긴다.[36]

도박이나 쇼핑도 중독 범위에 포함될 수 있을까? 과학자들은 약물이 아닌 행동이 중독 범위에 들어갈 수 있는지 규정하기 위해 행동 기준을 설정하고 여기에 걸맞은 중독 현상의 증거를 다양하게 끌어모았다. 1980년대부터 중독 특징을 보이는 비디오게임 이용자들을 관찰한 보고서가 나오기 시작했다. 그후 전 세계 여러 나라에서 도박이나 새로운 유형의 강박적 행동들에 중독되는 정도를 측정하는 도구를 다양하게 개발했다.[37] 습관성 비디오게임 중독은 청소년과 젊은 남성에게 많이 나타난다. 다른 행동성 중독자들처럼 비디오게임에 빠져든 사람은 정상적인 생활이 힘들 정도로 게임에 몰입하는 경향을 보일 수 있다. 수면이나 식사를 포함한 기본 생활이 불규칙해지고, 아이 있는 부모가 게임에 중독되면 양육에도 소홀해진다. 게임을 하지 못하면 불안과 초조함이 심해지고, 게임을 하고 싶은 욕구가 더 강해진다. 게임중독은 주의력결핍과다행동장애ADHD가 있는 아동, 다른 중독 전력이 있는 사람, 도파민성 약물로 치료받은 경험이 있는 파킨슨병 환자, 도박에 쉽게 빠져드는 성향이 있는 사람에게 더 나타나기 쉽다는 보고도 있다.[38] 비디오게임이 생물학 관점에서 왜 보상이 큰지는 5장에서 자세히 알아보자.

세계적으로 영상중독이 증가하고 있어, 신경과학자들이 다양한 뇌 영상 기법을 동원해서 게임중독과 인터넷중독을 연구하기 시작했다. PET 기법을 활용해서 비디오게임에 참여한 실험군의 뇌를 촬영한 영상을 보면 도파민 분비량과 보상회로에서 변화가 있었다. 또한 대조군과 비교해 실험군의 특정 뇌 영역 부피가 변했고, fMRI 영상에서 뇌 활성화 패턴이 달라졌다.[39] 이런 연구 결과를 해석할 때는 주의해야 하지만, 연구 대부분이 보상체계의 기능 변화를 보여주어 문제가 되는 행동성 중독의 생물학적 특징을 시사한다. 종합해보면 중독을 연구한 실험은 보상체계가 망가진 사례를 분석해서 보상체계가 어떻게 구성되고, 보상체계의 기능에 실제로 영향을 미치는 요인이 무엇인지 밝히는 데 중요한 정보를 제공한다.

지금까지 뇌의 보상체계를 연구할 때 사용하는 임상적 배경과 연구방법, 접근방식에 대해 살펴봤다. 이제 이러한 내용을 토대로 인간의 보상체계가 어떻게 구성되고, 학습과 의사결정 과정을 돕는지, 특히 기후변화 및 소비와 관련된 선택 측면에서 짚어보려고 한다. 또한 오늘날 인류의 보상체계는 어떻게 다르고, 최근 인류사에서 우리 삶의 방식에 일어난 눈여겨볼 만한 변화들과는 어떻게 상호작용하는지, 나아가 뇌 자체가 쉽게 바뀔 수 있는지도 더 깊이 들여다볼 것이다.

인간의 보상체계는 어떻게 작동하는가?

'보상체계'를 정의하는 방식은 보상체계를 이루는 구성요소와 보상의 정의도 포함해서 학자마다 조금씩 차이가 있다. 보상을 설명하는 일반적인 정의 하나를 들어보면, 보상은 유기체가 생존에 필수적인 요인을 효과적으로 마련하는 가장 좋은 방법을 선택하도록 유기체에게 동기를 제공하는 체계다.[40] 이런 정의는 동물의 보상체계를 연구하는 사람들에게 매우 적절하다. 그래서 연구자들은 실험을 통해 동물이 음식(또는 중독성 물질)을 보상으로 얻기 위해 목표지향적인 행동을 드러내려는 노력을 조작한다. 인간이라면 보상 개념을 좀 더 확장해서 생각해볼 수 있다. 이를테면 단순히 쾌락으로 인지되는 보상과 기능이나 생존에 더 중요한 의미가 있는 보상을 비교해서 어느 쪽이 특정 뇌회로를 더 활성화하는지 추가로 연구해볼 수 있다.[41] 앞으로 인간의 보상체계 이야기를 계속하는 동안, 보상체계가 어떻게 행동에 영향을 미치고, 어떻게 환경위기를 불러올 수 있는지 더 깊이 알아보려 한다.

그렇다면 보상체계에서 말하는 '체계'란 무엇일까? 우리가 거주하는 공간에는 난방체계, 전기체계, 배관체계가 있듯이, 동물은 호흡, 순환, 소화, 운동, 신경 조직을 조절하는 호흡계, 순환계, 소화계, 운동계, 신경계가 있다. 즉, 생리학에서 말하는 체계는 특정 기능이나 목적을 위해 함께 작동하는 해부학적 요소의 집합을 가리킨다. 마찬가지로 신경계 안에는 시각, 청각, 운동, 신경내분비 등 뇌 기능을 위한 체계가 있고, 이 모든 체계는 신경세포와 그 구조체로 채워진다. 이들 체계는 흔히 피드백 고리와 폭넓게 분산된 입력, 네트워크끼리의 혼선, 광범위한 출력을 가지고 마치 집에 있는 온도조절 장치가 난방체계와 배관체계를 동시에 조율하듯 서로 조율하며 작동한다. 그래서 개별 신경세포나 신경 경로는 전체 구조의 한 부분으로써 여러 다른 체계에서 이용할 수 있다.

보상체계의 구성 개념은 계속 발전한다. 변연계의 경우 최근 새로운 발견이 더해지면서 구성요소끼리의 기능과 상호작용을 설명하는 이론이 일부 수정되기는 했지만, 널리 쓰이는 용어인 만큼 들어본 사람이 많을 것이다. 변연계는 대뇌와 간뇌의 경계에 있는 뇌구조인데, 원래는 후각처럼 부가적인 기능과 함께 주로 감정을 담당하는 부위로 알려졌다. 일반적으로 냄새는 기억, 특히 정서적 기억을 불러내는 강력한 자극제가 될 수 있는데, 이는 변연계가 후각과 관련 있기 때문이다.[42]

변연계의 각 구성요소는 단순히 감정을 통제하는 차원 이상으로 복잡하고 광범위하게 상호작용하며 보상체계와 밀접하게 얽힌다. 학습, 감정, 동기, 의사결정, 이와 관련된 인지 과정을 지원하기 위해 변연계와 보상체계가 함께 작동한다고 한다.[43] 한 쌍으로 된 변연계는 뇌척수액으로 채워진 뇌실을 측두엽 앞부분부터 감싸며, 양쪽 관자놀이에서 약 2.5센티미터 뇌 안쪽에 위치한다. 변연계에는 공포나 두려움을 조절하는 아몬드 모양의 편도체, 기억을 담당하는 해마, 두 해마를 연결하는 신경섬유 다발인 뇌활, 시상하부에서 좌우대칭을 이루는 유두체 등이 있다(61페이지 그림 2 참조). 특히 변연계 구조는 맨눈으로도 쉽게 관찰할 수 있어, 초기 뇌과학자들은 그 기능과 역할을 직관적으로 이해했다. 변연계 구조의 특징이 인상적인 만큼 시각으로 연결성을 명확하게 확인하기 어려운 다른 뇌 부위들에 비해 기능을 한결 수월하게 파악할 수 있었다. 지금은 많은 학자가 익히 알려진 변연계와 중뇌 변연계가 합쳐져 통합적인 보상체계를 구성한다고 설명한다.

보상체계가 작동하는 모든 방면에서 중요한 역할을 한다고 알려진 구조 중 하나는 대뇌반구 깊숙이 있는 측좌핵*이다. 그래서 뇌과학자들 사이에서도 측좌핵의 기능과 역할은 오랫동안 수수께끼였다. 측좌핵은 변연계처럼 눈에 확 띄지 않는데다 독립된 구조로도 보기 어렵다. 신경외과 의사들조차 정확히 어디에 있는지 제대로 설명하지 못한다. 측좌핵이 비록 눈에 띄지는 않지만, 신경계가 설계된 원칙에 딱 들어맞는 완벽한 위치에서 효율성과 유연성을 최적화하도록 설계됐다.[44]

측좌핵을 영어로 'nucleus accumbens'라고 하는데, 우리말로 해석하면 '핵 옆에 있는 것'이라는 의미여서 이름마저 중요해 보이지 않는다. 정식 명칭인 'nucleus accumbens septi'는 '중격(구조를 분리하는 얇은 막) 옆에 있는 핵'이라는 뜻인데, 이렇게는 잘 부르지 않는다. 측좌핵은 명칭으로나 이해도 측면에서 오랫동안 애매한 위치에 있었지만, 과학기술이 발전하면서 보상회로를 담당하는 핵심 구조로 밝혀졌다.

보상체계를 구성하는 또 다른 주요 구조는 뇌간 중뇌 부위에 있는 '복측피개 영역'과 '흑질 치밀부'다. 여기서 말하는 흑질은 파킨슨병 환자를 언급할 때 등장한 그 흑질이다. 복측피개 영역이나 흑질 치밀부와 같은 뇌구조 명칭은 해부학적 기준면(92페이지 그림 3 참조)을 토대로 이들 구조가 뇌 어디에 위치하는지, 현미경으로 보이는 생김새가 어떠한지 등의 정보를 담는다. 실제로 뇌구조 명칭은 해당 기능이 밝혀지기 한참 전에 붙여졌기 때문에 대개 눈

---

* 기댐핵, 측중격핵, 중격의지핵, 대뇌측좌핵 등 여러 명칭으로 번역된다. ─ 역자주

에 보이는 특징을 표현한다. 복측피개 영역과 흑질 치밀부는 앞서
도 언급했듯이 보상과 운동기능을 담당하는 중요한 신경전달물질
인 도파민이 생성되는 곳이다. 이들 구조를 보여주는 중뇌 단면도
는 사람 얼굴과 흡사해서 의대생들이 쉽게 기억한다. 파킨슨병에
관여하는 흑질 치밀부는 좌우 한 쌍으로 눈썹처럼 생겼고, 복측피
개 영역은 미간 위치의 넓은 V자 모양이며, 운동협응을 담당하는
적핵은 사람 눈 같은 생김새로 복측피개 영역 좌우에 있다(93페이
지 그림 4 참조).[45]

　　복측피개 영역 및 흑질 치밀부가 다른 뇌구조들과 어떻게 상
호작용하는지 살펴보면 우리가 끊임없이 변화하는 환경 속에서
새로운 내용을 계속 학습하고, 환경에 적응하고, 잘 기능할 수 있
도록 이들 구조가 얼마나 훌륭하게 진화했는지 알 수 있다. 일반
적으로 복측피개 영역은 측좌핵 부위의 보상회로와 주로 상호작
용하고, 흑질 치밀부는 기저핵을 거쳐 주로 운동계에 개입한다.
앞으로 살펴보겠지만, 이렇게 상호작용하는 부위가 나뉘면 좋은
점이 있다. 복측피개 영역과 측좌핵의 연결성은 보상기능에 필
수적인 역할을 하는 '중뇌 변연' 회로를 구성하는 데 도움이 된
다. 여기서 말하는 중뇌는 복측피개 영역과 흑질 치밀부가 있는
뇌간 중뇌 부위를 가리킨다. 그밖에도 복측피개 영역과 흑질 치
밀부는 다양한 뇌회로와 광범위하게 상호작용하고, 피드백을 주
고받으며, 저들끼리도 서로 작용한다. 특히 의사결정을 담당하는
전두엽과 다른 뇌 영역에 입력을 제공하기 위해 대뇌피질의 많
은 부분에서 광범위하게 상호작용이 일어난다. 그래서 일부 학자

90

는 보상체계 전체를 더 정확하게 표현하기 위해 '중뇌피질변연계 mesocorticolimbic'라는 긴 이름을 쓰기도 한다.[46] 도파민 생성을 담당하는 인간의 뇌 부위들은 비록 크기는 작지만, 동물과 비교하면 세포 수가 50만 개 이상 많고, 모든 연결망과 피드백 고리를 아우르며, 뇌 영역 전체에 걸쳐 매우 촘촘하게 연결된다.[47] 이런 내용은 독특한 개개인이 살아가는 복잡하고 변화무쌍한 세상 속에서 우리가 생존하고 살아가는 데 필요한 요소를 가르치기 위해 보상체계가 얼마나 중요한 역할을 하는지 이해하는 데 도움을 준다.

생각해보면 보상과 운동기능이 연결될 수 있다는 사실은 굉장히 합리적이다. 왜냐하면 우리가 특정 행동을 해서 생존에 유리한 보상을 얻을 수 있다는 점을 학습할 필요가 있다면, 보상체계는 그 사실을 우리에게 가르쳐야 하고, 운동계는 보상을 가져다주는 행동을 우리가 학습할 수 있도록 반복해야 하기 때문이다. 이유식을 처음 먹는 아기들이 시간이 흐를수록 얼마나 효율적으로 음식을 잘 집어 먹는지 생각해보라. 그래서 복측피개 영역과 흑질 치밀부가 서로 가까운 위치에서 도파민을(학습을 돕는 글루타메이트 같은 다른 신경전달물질도 같이) 분비하며 함께 작동하는 것이다. 이들 구조는 내외부 환경에서 일어나는 매초 단위 변화에 정교하게 반응하고, 다른 보상체계와 상호작용하는 과정을 조절한다. 이런 뇌구조에서 나오는 신경세포는 한순간에 수많은 연결을 이룰 수 있다. 그래서 우리는 한번 미끄러진 경험이 있는 곳을 지나갈 때는 일부러 의식하지 않아도 더 조심스레 걷게 된다.

도파민은 특정 신경세포의 축삭돌기에서 분비될 때 학습한 결

그림 3 뇌구조를 설명할 때 사용하는 해부학적 기준면* 도식

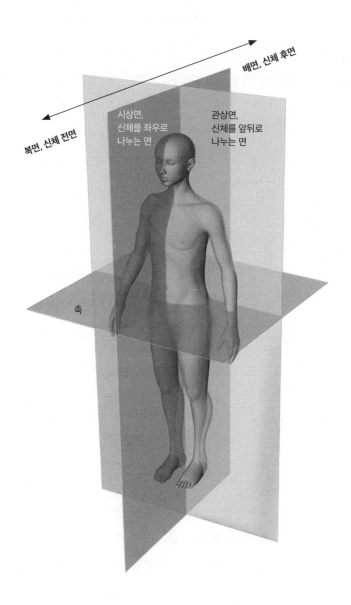

배면, 신체 후면

복면, 신체 전면

시상면,
신체를 좌우로
나누는 면

관상면,
신체를 앞뒤로
나누는 면

축

---

*   신체를 해부학적으로 나눈 단면 – 역자주

그림 4 중뇌 단면도

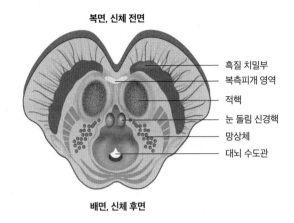

복면, 신체 전면

흑질 치밀부
복측피개 영역
적핵
눈 돌림 신경핵
망상체
대뇌 수도관

배면, 신체 후면

보상체계를 좌우하는 신경전달물질인 도파민은 두뇌 깊숙이 자리한 복측피개 영역과 흑질 치밀부에 있는 신경세포에서 생성한다. 중뇌 단면도는 사람 얼굴과 비슷한 모양새다. 움직임을 담당하는 '적핵'은 눈, '흑질 치밀부'는 눈썹, '복측피개 영역'은 콧등 위치에 있다. 입 자리에 있는 대뇌 수도관으로 뇌척수액이 흐른다.

과로서 일어나는 특정 자극에 대응해서 함께 발화할 확률을 높이기 위해 보상체계에 있는 신경망 고리끼리 서로 부드럽게 연결되도록 작동한다. 그 결과 뇌는 무엇이 보상을 가져다주는지 학습한다.[48] 예를 들어 식당에 가면 곧 음식을 먹는다는 의미고, 감자튀김이 맛있는 음식이라는 것을 학습하게 된다. 단일세포 기록은 이 과정을 뇌에서 어떻게 처리하는지 보여줬다. 보상 프로세스에 관여하는 도파민 신경세포는 우리가 마주하는 무언가의 유용함, 즉 그 순간 주관적으로 판단하는 유용함이 기대치보다 큰 정도에 비례해서 발화한다. 보상 예측 오류가 일어나는 원인은 도파민을 분비하게 만드는 요인의 감각적 특성과는 거리가 멀다. 그보다는 자극을 받아들이는 주체(인간 또는 동물)에게 자극이 그 순간 얼마나 가치 있고 없는지가 중요하다. 뇌 전체에 퍼져 있는 각기 다른 신경세포는 이 복잡한 작업을 해내기 위해 신경세포 각각에 제공되는 입력의 특징에 따라 다르게 반응하도록 특화됐다. 여기에는 신경세포를 연결하는 수많은 시냅스도 포함된다. 이 모든 연결이 작동하기에 도파민 신경세포가 외부에서 오는 감각 입력을 받아들이고, 유기체의 내부 상태를 감지하며, 기억 속 정보들에 접근할 수 있다. 뇌 신경망의 복잡한 계산능력으로 유기체는 잠재적 이득을 인식하고, 특정 순간에 하는 특정 선택의 가치를 평가하고, 선택의 결과를 행동으로 옮기며, 거기서 얻은 피드백으로 새로운 것을 학습하고, 학습한 내용을 저장할 수 있다.[49] 신경세포는 대개 경제학 분야에서 무언가의 가치를 판단할 때 활용하는 원리의 계산공식을 따르는데, 이런 수학적 원리는 인공지능 분야에서 기계학습* 모델로 곧잘 응용한다.[50] 이렇게 유사한 지점들은 우리가 잠재적으로 환경에 이로운 행동을 선택할 수 있다면 뇌 기반의 '효용계산'을 비교할 때 의미가 있을 것이다.

보상체계를 이루는 중뇌 변연계의 구조들은 제각기 기능해야 하는 방식에 맞춰 상호작용한다. 특히 좌우 측두엽 앞쪽에 있는 해마는 새로운 기억을 형성하는 데 결정적인 역할을 한다(61페

---

* 데이터를 활용해서 기계가 스스로 학습하게 하는 기술 – 역자주

이지 그림 2 참조). 오른손잡이 성인은 왼쪽 해마에서 언어 관련 기억을 처리하고, 오른쪽 해마에서는 시각기억과 공간기억을 처리한다. 이런 구조는 다른 보상체계가 '보상'이라고 지정하는 대상을 우리가 기억하게 해서, 그 기억을 떠올리는 상황을 다시 만났을 때 그대로 행동할 수 있게끔 한다. 그래서 패스트푸드 매장을 생각하면 감자튀김이 떠오르고, 뒤이어 입에 침이 고이는 반응이 나타나는 것이다.

해마 앞부분에는 손가락 한 마디만 한 편도체가 있다. 편도체는 감정적 사건에 얽힌 기억을 학습하고 두려움, 공격성, 동기부여, 보상을 처리하는 데 중요한 역할을 한다.[51] 공감과 신뢰를 형성하는 일에 관여하며, 위험이 도사리는 곳을 판단하는 기능도 한다.[52] 1장에서 살펴봤듯이 편도체는 박테리아 표면에 있는 감각 분자처럼 보상과 위험이 동시에 일어날 때 내릴 수 있는 판단을 조정하고, 부정적인 결과가 생겼을 때 보상과 위험의 관련성을 학습하게끔 한다.[53] 우리가 길을 걷다 한번 미끄러진 경험이 있는 곳에서 몸이 저절로 반응하는 것은 바로 편도체 덕분이다.

뇌는 어떻게 의사결정을 내릴까?

대뇌피질 가장 바깥층이라 할 수 있는 신피질 앞부분은 보상을 평가하고, 판단하고, 결정하는 데 관여하는 중요한 부분이다. 이 부위는 어떤 감각 입력이 보상과 관련 있는지, 어떤 행동이 어떤 결과를 일으키는지 학습한 다음, 선택의 상황에 놓였을 때 그 요인들을 고려해서 어떻게 반응할지 결정한다. 이 과정은 대부분 무의식적으로 진행된다. 대개 사람들은 본인이 어떤 결정을 왜 내렸는지 설명할 수 있지만, 그 선택에 개인의 의식이 미친 영향은 아주 미미하다. 그렇다면 선택을 학습하는 방식을 결정하는 요인은 무엇일까? 그 요인은 환경을 고려하는 행동에 개입하는 의사결정에 어떤 영향을 미칠 수 있을까?

우선 전두엽부터 살펴보자. 전두엽은 눈썹 뒷부분에서 정수리까지 이어지는 부위에 있는 대뇌피질이다. 피니어스 게이지가 쇠막대로 관통당한 부위가 바로 전두엽이다. '전전두엽' 영역은 전두엽에서 이마와 가장 가깝다. 부위마다 맡은 역할은 조금씩 다르다. 전전두엽 중앙 부위는 동기와 관련된 행동, 즉 어떤 일을 하고 싶게 만드는 데 관여하고, 측면 부위는 충동성을 억제하는 행동 조절에 더 많이 끼어든다.[54] 피니어스 게이지가 사고 이후에 충동성이 늘고 의욕이 줄어드는 변화를 겪은 것은 전전두엽 부위가 손상됐기 때문이라고 설명할 수 있다.

전대상피질은 좌우 대뇌반구를 연결하는 백질을 아치형으로 감싸는 부위인데, 적절한 자기 통제 정도를 보상가치와 연결해서 판단한다(61페이지 그림 2 참조).[55] 예를 들어 우리가 어떤 음식을 얻기 위해 위험을 어느 정도로 감수할지는 상황에 따라 달라질 수 있다. 배가 얼마나 고픈지, 먹여 살려야 하는 자식이 있는지, 감수해야 하는 위험이 어떤 종류인지, 그 위험으로 과거에 어떤 경험을 했는지, 위험을 감수하고 얻은 음식이 무엇인지, 그때 얻을 수 있는 음식의 양이 어느 정도인지와 같이 어떤 순간에 어떤 행동을 할 것인지를 판단하는 데는 경험과 동기에 담긴 수많은 요인이 관여한다.[56]

의사결정 과정에서 보상이 맡은 역할의 중요한 특징 중 하나는 보상가치가 일정하지 않다는 점이다. 무언가가 보상으로서 얼마나 가치 있는지는 당사자인 동물이나 사람이 보상을 받는 시점에 따라 그리고 그 보상으로 과거에 어떤 경험을 했는지에 따라 달라진다.[57] 보상가치는 상황에 따라 극적으로 변할 수 있다. 아무리 좋아하는 음식이 눈앞에 있더라도 다른 음식을 배불리 먹고 난 뒤라면 그다지 끌리지 않는다. 더 극단적인 사례도 있다. 뇌 영상 자료를 보면 거식증 환자의 뇌는 음식을 먹을 때보다 먹지 않을 때를 더 큰 보상으로 인식한다.[58] 이런 사례는 생존에 가장 기본요소인 음식조차 보상가치가 상황에 따라 완전히 달라질 수 있음을 보여준다.

그렇다면 뇌는 가능한 행동 범위에서 내린 선택이 다른 선택보다 보상이 클지 아닐지 어떻게 판단할까? 뇌는 그렇게 기능할수 있는 놀라운 계산체계를 갖췄다. 전전두피질에 있는 특정 안와전두피질의 신경세포는 서로 다른 선택들의 상대적 '보상가치' 또는 '효용성'에 따라 다르게 발화한다.[59] 정교한 판단을 내리려면 세포는 수많은 다른 신경세포에서 정보를 얻어야 한다. 그래서 다른 보상이 있으면 그 보상을 위해서도 발화한다. 다시 말해 안와전두피질 신경세포는 가능한 여러 보상을 놓고(이를테면 원숭이가 바나나를 먹을지 사과를 먹을지 결정하는 상황처럼) 어떤 선택을 내릴지 최종적으로 결정하는 다른 부위에 정보를 보내는 역할을 한다. 이 신경세포가 어떤 것이 바나나고 사과인지는 알려주지 않는다. 그 일은 다른 세포가 한다. 대신 안와전두피질 신경세포는 현재와 과거의 경험에서 얻은 모든 입력을 토대로 특정 순간에 획득한 보상이 얼마나 유용하고 가치 있는지 알려준다. 한 동물이 어떤 보상을 얼마나 좋아하는지는 그 동물이 행동을 일으키는 과업을 수행하는 동안의 선택으로 나타난다. 일단 어떤 보상을 선택해서 얻고 나면 안와전두피질 신경세포는 그 사건에도 반응한다. 만일 시간이 흘러 새로운 보상이나 불이익이 생겨서 상황이 달라지면 다시 반응을 바꿀 수 있다. 신경계의 이런 조율방식은 매우 효율적이다. 이렇게 하면 동물의 뇌는 내외부 환경에서 얻은 정보를 죄다 모아서 자신에게 익숙한 보상이든 아니든, 그 보상을 놓고 유용한 판단을 내릴 수 있다. 이런 방식으로 선택의 가치를 계속 보완할 수 있으면 동물의 유연성과 적응력이 높아진다. 전전두피질의 다른 부위에 있는 신경세포들은 동물이 어떤 선택을 가장 덜 선호하는지, 어떤 보상을 얻기 위해 얼마나 적극적인지, 그밖에 고려할 수 있는 수많은 다른 요인을 암호화한다.[60]

이른바 '경제적 선택' 행동과 그 본바탕인 신경계를 둘러싼 중요한 사실 중 하나는 우리가 내리는 선택이 절대적으로 옳지 않다는 점이다. 선택을 결정하는 판단은 주관적 평가에 달렸고, 평가는 과거와 현재 상황이 차곡차곡 쌓이면서 달라진다.[61] 우리가 어떤 행동을 선택할 때 대개는 특정한 방향으로 선택을 평가하는 경향이 있지만, 상황에 비춰 평가가 달라지도록 설계됐다. 뇌는 목표를 실현할 때까지 시간을 오래 끌지 않고 재깍 선택을 내리도록 설계된데다, 미래에 받을 보상도 미리 생각할 수 있는 능력을 갖췄다.[62] 이렇게 유연하기에, 뇌는 의사결정 과정에서 기후변화와 같은 새로운 위협도 고려할 수 있다. 그러나 판단에 담긴 상대적 중요성은 많은 요인의 영향을 받는다. 물론 기후법안에 투표하는 정치인들도 모든 작용의 입김을 받는다. 정치적 의사결정에 영향을 끼치는 요인은 3장과 8장에서 더 자세히 알아보겠다.

일부 학자는 지그문트 프로이트의 이론에 기대어 의사결정을 지원하는 뇌 시스템이 크게 두 가지로 나뉜다는 개념을 널리 알렸다. 하나가 주로 연관성과 경험적 발견을 토대로 신속한 판단을 내리는 데 관여하며 더 반사적이고, 자동적이고, 무의식적인 시스템이라면, 다른 하나는 더 느리고, 더 의식적이고, 규칙을 토대로 하며, 합리적이고, 신중한 시스템이다.[63] 이 개념은 우리가 주관적으로 경험하는 '인지적 사건'과 '사고'의 일반적 맥락을 구별하고, 사람들이 직면한 선택을 고려해 세운 초기 가정과 판단이 틀릴 수 있다는 점을 지적해준다는 의미에서 유용하다. 하지만 신경계 맥락에서 보면 뇌 기능이 두 가지 상반된 시스템으로 운영된다고 보기에는 훨씬 복잡하다. 앞서 살펴봤듯이 신경망은 서로 비슷하거나 중복되거나 상호의존적으로 연결되고, 복잡한 구조 안에서 수많은 일이 동시에 일어난다. 우리가 무언가를 심사숙고하는 중이라고 생각할 때조차 명백하되 미묘한 수많은 입력과 상호작용이 고민의 결과가 나오는 과정에 영향을 미친다. 이 과정은 즉시인지 서서히인지 명확하게 구분되지 않는 시간 단위에서 일어날뿐더러, 어떤 순간에도 우리 뇌는 거의 모든 부위가 작동하기에 단 두 가지 시스템만 관여한다고 보기는 어렵다. 그렇다고 해도 우리는 어떤 결론에 '성급하게'도 '신중하게'도 도달할 수 있다는 점을 경험으로 알고 있다. 게다가 시스템을 나눈 이런 구분은 직관적이고 실질적으로 타당하다. 한 가지 분명한 사실은 우리 뇌가 스위치처럼 껐다 켰다 할 수 있는 구조가 아니라는 점이다. 정상적인 상황이라면 뇌는 절대 꺼지지 않는다. 신경계에서 일어나는 과정은 시간 단위로 분리할 수 있는 일련의 사건이라기보다 매우 조직화되고 연속하는 기능적 사건의 집합이다.

이처럼 인간의 보상체계를 살펴본 많은 연구 결과를 참고하면, 인간의 보상체계를 환원주의나 결정론으로는 설명할 수 없다. 다시 말해 인간의 보상체계는 유전적으로 완전히 고정되지도, 전적으로 예측 가능하지도 않다. 오히려 유동적이고 우리가 세상에서 쌓는 경험과 상호작용한다.[64] 보상을 과학적으로 이해하는 시선은 이타주의, 용기, 심미적 감상, 자기 결정권, 영적 태도와 같은 인간의 더 차원 높은 특징과 가치를 개념으로 정리하는 다른 여러 방식과 다르지 않다. 다만 여기에는 인간 본성의 다양한 차이를 '뇌 안'에서 벌어지는 일들의 언어로 설명할 수 있고, 그 일들마저도 외부 세계와 어떻게 상호작용하는지와 맞물려 있다는 사실이 전제로 깔린다. 뇌가 설계된 방식은 모든 방면에서 우리 의사결정에 관여하고, 기후변화에 영향을 미칠 수 있는 사람들의 판단에 개입한다.

마지막으로 일상에서 뇌가 작동하는 방식을 들여다보면서 이 장을 마무리하겠다.

점심시간, 뇌에서 벌어지는 일

당신이 직장에서 보내는 하루를 잠시 생각해보라. 낮에 근무하는 직장이라고 가정하고 이야기를 시작하겠다. 당신은 매일 거의 같은 시각에 점심을 먹을 것이다. 오후 1시라고 해보자. 오늘 아침, 당신은 늦게 일어나 아침을 먹지 않고 출근했다. 점심시간이 가까워질수록 자연스럽게 먹거리를 생각한다. 읽고 있던 서류에서 '롤아웃(roll-out, 신상품 발표회)'이라는 단어를 보는 순간, 갑자기 달콤한 롤빵이 생각난다. 그러다 어떤 서류철을 뒤적인 뒤로는 감자튀김이 눈에 선하다. 서류철 색이 노릇노릇한 감자튀김 빛깔과 비슷해서다. 점심시간이 되려면 아직 30분이 남았지만, 그 안에 끝낼 수 있는 일은 하지 않고 10분 만에 마칠 수 있는 일을 한다. 그러고 나서 커피숍에 자주 함께 가는 직장 동료 자리에 들러 잡담을 나눈다. 이때 뇌에서는 어떤 일이 벌어지고 있을까?

신경계를 시각적으로 좀 더 자세히 묘사해보자. 신경계는 아주 조그맣고 수많은 세포로 구성되고, 세포들은 다시 솜털같이 가느다란 가지가 여러 갈래로 뻗어 나와 다른 세포와 수없이 연결된다. 이 소립자 세계 세포들은 저마다 맡은 일이 있다. 우리가 낮에 업무를 처리하는 동안, 뇌 밑부분에 있는 시상하부 세포들은 혈액 속에 든 당분과 염분의 농도가 적절한지 체크한다. 어떤 세포는 가지를 계속 뻗어 배가 고픈지 아닌지를 확인하고, 목 부위에 있는 압력센서로 혈압이 적절한지 점검하며, 동시에 수많은 다른 생리적 요인을 관찰한다. 우리 안팎에서 벌어지는 일들은 시시

각각 변한다. 아무리 뛰어난 장비가 있더라도 뇌가 건강을 지키기 위해 기계적으로 하는 일들을 낱낱이 밝히지는 못한다. 이렇게 다양한 정보를 읽는 세포들은 수집한 정보를 도파민 신경망을 포함한 여러 부위로 보내고, 정보를 받은 도파민 신경망은 다시 여러 선택지의 장단점을 전문으로 비교하는 측좌핵, 전전두엽, 전대상피질로 신호를 전달한다.[65] 인체가 호르몬 네트워크와 수용체를 거쳐 배고픔을 느낄 때 그 피드백은 우리가 학습한 음식의 보상가치를 높인다.[66] 동시에 그 부위들은 해마가 보내는 입력도 받는다. 해마는 어제 직원회의에서 직장 상사가 당신에게 현재 진행하는 프로젝트 보고서를 빨리 작성하라고 채근한 기억에도 접근할 수 있다. 해마와 편도체의 세포들은 우리가 평생에 걸쳐 얻는 연관성의 정보를 제공하고(이를테면 당신이 늘 같은 시각에 밥을 먹는지, 점심시간이 대개 좋은 기억으로 남는지 등), 새로 온 직장 동료가 오늘 점심식사 자리에 올 수 있다는 말을 들은 기억도 무의식적으로 떠올린다.[67] 그동안 중뇌에서 도파민 생성을 담당하는 복측피개 영역과 흑질 치밀부의 세포들은 예상되는 보상과 현재 보상을 평가하고 조절해서 행동을 구성하기 위해 신경전달물질을 소량 분비한다. 그리고 진화 과정에서 설계된 대로 생존에 유리하게끔 선택하고 수정한 유전자의 지시에 따라 도파민 분비량과 배분을 결정한다.[68] 지금 이 부위들은 당신 몸에 영양분이 필요하니 적절한 일을 하자고 요구하는 입력이 들어와서 음식을 떠올리는 생각을 적극 보상하는 중이다.[69] 그렇게 당신의 내외부 세계를 감지해서 도파민 제어센터에 끊임없이 보고하는 수많은 신경세포가 서로 주고받는 정보를 읽고, 그 과정이 원활해지도록 돕는다. 감각기관이 당신 몸에 연료가 필요하다고 신호를 보내면 도파민 작동 세포는 과거 음식 보상과 관련된 신경 경로에 압력을 넣기 시작한다. 그래서 따끈따끈한 빵이나 바삭한 감자튀김 생각이 보상과 행동의 동기를 제공하고 거미줄처럼 복잡하게 얽힌 신경망의 다른 부위에서 배고픔이 심해지는 활동을 일으킨다. 하지만 우리는 동물이 아닌 사람이므로 사회적 보상만으로도 충분히 동기부여가 되도록 진화했다. 이를테면 상사가 나를 어떻게 생각하는지, 동료가 나를 어떻게 평가하는지, 맡은 업무를 제때 끝내지 못하면 어떤 곤란한 일이 생길지와 같은 고민거리도 중요하다. 당신은 알아차리지 못하지만, 그 순간 당신의 전전두피질은 활성화된 모든 신경 경로가 보내는 신호에 휩싸여 점심시간에 어떤 음식을 먹을지 기대하며 그 음식이 새로운 맛일지, 익숙한 맛일지 궁금해하는 등의 수많은 입력을 평가한다.[70] 이 모든 다양한 입력을 행동에 필요한 운동 결과로 바꾸는 번역기 역할을 하는 것이 바로 특징 없는 모양새의 측좌핵과 그것을 감싼 복부 선조체다.[71] 이렇게 해서 당신은 가까운 과거와 먼 과거의 경험, 개인의 고유한 유전적 성향에 따라 얼마간 시간이 지나면 컴퓨터 모니터를 끄고 점심을 먹으러 나갈 것이다. 점심시간을 얼마나 길게 보낼지, 내일은 어떤 일을 할지 결정하는 과정은 오늘 내린 결정이 가져온 결과의 영향을 받는다. 당연히 여기에는 우리가 의식적으로 기억하는 과거와 우리가 기억하지는 못하지만 우리의 현재 모습에 영향을 미친 과거의 경험에서 쌓인 거대한 데이터뱅크도 포함된다. 오늘 점심 메뉴가 특별히 좋았는지, 동료와 보낸 시간이 즐거웠는지, 점심시간이 평소보다 길어졌지만 일을 제시간에 끝냈는지 등의 요인은 안와전두피질과 측좌핵에서 도파민 분비량을 조금 늘리는 결과로 이어져 상황에 얽힌 기억과 행동을 이끄는 동기를 연결하는 작업을 강화할 것이다. 이 모든 상호작용이 우리에게 어떤 영향을 미치는지는 과거 경험, 유전자, 성별, 그밖에 우리를 독특한 개인으로 만드는 다른 많은 요인이 보상체계가 어떻게 만들어지고 조절되는지에 끼치는 진화적 영향에 달렸다.[72] 점심 메뉴로 나온 음식을 바닥에 쏟았는가? 함께 있던 동료가 언짢은 말을 했는가? 점심시간을 너무 길게 보내서 오늘 할 일을 제대로 마무리하지 못했는가? 그렇다면 편도체와 전대상피질이 관여해서 다음에 또 비슷한 상황에 놓였을 때 부정적 결과를 예측할 수 있게끔 돕고, 점심시간을 떠올릴 때 느끼는 보상가치를 그전보다 약간 줄이려고 신경전달물질을 내보내거나 수용체 하위 유형의 수를 늘릴 것이다.

우리는 끊임없이 새로운 정보를 학습하도록 설계됐다. 그래서 상황이 바뀌거나 규칙이 달라지면 다시 새로운 정보를 학습할 준비를 한다. 기대를 벗어나는 새로운 경험은 다음에 비슷한 상황에서 어떤 선택을 내려야 할지 판단할 수 있도록 새로운 흔적을 남긴다.[73] 긍정적 사건과 부정적 사고는 모두 뇌세포에 미세한 변화를 일으키며 흔적을 남기고, 그 흔적은 도파민 작동망이 앞으로 우리가 내릴 의사결정을 조절하는 방식에 영향을 미친다.[74]

3

인간 고유의 보상

어떤 보상은 인간에게만 가치 있다. 쥐와 바퀴벌레도 인간과 비슷한 보상체계를 갖췄지만, 존재하는 모든 생물을 위협할 만큼 지구의 화학작용을 뒤흔든 책임은 인간에게만 있다. 우리가 지닌 능력과 보상체계는 동물과 다르다. 동물보다 큰 전두엽, 고도로 발달한 언어능력, 복잡한 사회구조, 뛰어난 적응력 덕분에 일부 보상은 인간에게만 가치 있다. 그래서 인간 고유의 보상을 연구하려면 동물에게도 적용되는 보상을 연구할 때와는 다르게 접근해야 한다.

1장에서 비유한 타임라인으로 본다면 우리가 지금 이야기하는 생물학적 체계는 수백만 년의 진화 과정을 거쳤지만, 불과 수천 년 전 시작한 현대사회, 즉 40일간의 여정에서 겨우 마지막 몇 발자국에 해당하는 시대에서 사용되고 있다. 지금부터는 동물과 다르게 인간만이 경험하는 보상에 어떤 것들이 있는지, 뇌는 그 보상을 어떻게 처리하는지 이야기해보려고 한다. 이번 장에서 우리가 살펴볼 내용은 인간에게만 가치 있고 환경을 둘러싼 의사결정과도 관련 있는 보상인 돈, 친사회적 행동, 성취감, 새로움, 익숙함 등에 관한 얘기다. 이런 보상에 문화 학습이 어떻게 영향을 미칠 수 있는지도 추가로 짚어보려 한다. 만약 이런 보상이 기후변화에 어느 정도 영향을 미쳤다면 우리가 보상이라고 여기는 대상은 얼마나 한결같은지, 만약 달라질 수 있다면 어떻게 가능한지 알아야 한다.

돈

인간에게만 보상으로 작용하는 첫 번째 대상은 '이차적 보상'과 관련 있다. 이차적 보상이란 음식이나 물처럼 생존에 필수인 일차적 보상을 얻는 능력과 단단히 얽히며 그 자체로 보상이 되는 대상을 말한다. 이차적 보상의 가장 좋은 예가 '돈'이다. 돈의 보상가치는 학습될 뿐, 돈 자체가 본질적으로 인간에게 보상이 되지는 않는다. 하지만 배가 고플 때 롤이라는 단어를 보면 빵이 떠오르고 노란색을 보면 감자튀김이 생각나듯이, 우리 뇌는 이차적 보상에 의미를 두게끔 학습하도록 만들어졌다.

　돈은 인간에게 보상가치가 있는 대상을 분석하는 연구에서 편리하게 사용하는 도구 중 하나다. 돈은 쉽게 수량을 셀 수 있고, 대부분의 사람에게 어릴 적부터 의미가 있으며, 돈을 벌거나 쓰는 조건을 실험 상황에서 수월하게 조작할 수 있다. 게다가 대개는 강력한 동기부여가 된다. 나는 임상에서 아이들이 수술을 받고 제대로 의식을 회복하는지 확인할 때 매우 신뢰하는 방법이 있는데, 바로 5달러짜리 지폐를 보여주고 아이가 손을 뻗는지 지켜보는 것이다. 돈을 향한 인간의 욕망은 생존의 필요를 넘어서고, 인류 역사에서 오래도록 강력한 동기로 작용하며 역사적 발전과 발견을 이끌어왔지만, 동시에 기후변화를 일으킨 인간의 행동 선택과 사회경제 시스템을 앞당기기도 했다.

경제적 행동을 분석하는 연구에서는 대부분 인간과 돈의 관계를 살피기 위해 세포와 신경망 단계에서 물리적으로 뇌를 관찰하기보다 심리학 실험을 진행하며 인간이 어떤 의사결정을 내리는지 지켜본다. 실제로 우리가 관찰하는 인간 행동은 수없이 연결되는 신경망과 분비되는 신경전달물질을 정교하게 반영한다. 이제 우리는 신경망이 어떻게 연결되고, 신경전달물질이 어떻게 분비되는지가 행동을 분석하는 연구에서 참가자들이 제각기 보여주는 가치판단과 선택의 토대가 된다는 사실을 안다. 특정 환경에서 특정 그룹 사람들이 어떤 행동을 선택하는지 실험해보면 어떤 경향성을 발견할 수 있는데, 이 점은 신경계가 보상 유형에 따라 어떻게 반응하는지 밝히는 추가 단서를 우리에게 제공할 수 있다.

연구자들은 주로 게임이론을 적용해서 보상 역할을 하는 돈과 인간 행동의 관계를 추적해왔다. 최후통첩게임, 독재자게임, 죄수의 딜레마 같은 고전적인 경제학 의사결정 게임은 다양한 실험 상황에서 돈, 협상, 공정성, 협력, 벌칙을 앞에 두고 인간이 드러내는 행동을 연구하는 토대를 제공했다.[1] 최후통첩게임은 두 사람이 한 짝이 되어 돈을 나눠 가지는 실험이다. 한 사람이 실험 주최자에게 돈을 일정 금액 받아서 다른 사람에게 몇 대 몇으로 나누자고 제안하면 그 사람은 제안을 수락하거나 거절할 수 있다. 응답자가 제안을 수락하면 그대로 돈을 나눠 가지지만, 거절하면 두 사람 모두 돈을 한 푼도 가질 수 없다. 순수하게 이성을 따른다면 응답자는 제안을 항상 수락해야 한다. 제안을 수락하면 많든 적든 돈을 벌 수 있지만, 거절하면 돈을 전혀 받지 못하기 때문이다. 하지만 실제 상황에서는 응답자가 제안받은 금액이 너무 적다고 판단하면 수락을 거절하는 확률이 높게 나타난다(이런 결과는 서로 이익을 주고받을 수 있는 기회가 없을 때도 마찬가지다). 예를 들어 제안자가 100달러 중 10달러만 제안하면, 응답자는 10달러를 받지 못할지언정 제안자 또한 한 푼도 얻지 못하도록 제안을 거절하는 경향이 있다.

연구자들은 게임을 변형한 형태로도 활용한다. 참가자의 출신 문화권이나 성별을 달리해서 결과를 비교하거나, 결과에 영향을 미치는 요인을 분석하거나, 제안자를 바라보는 응답자의 인식을 조작할 수 있다. 이런 실험에서는 참가자가 사람 대신 컴퓨터 화면을 상대로 게임에 참여하도록 해서 상호작용에 영향을 줄 수 있는 요인을 조작하기도 한다. 이를테면 연구자들은 응답자가 특정 상황에서 보일 수 있는 반응을 알아보기 위해 제안자 역할을 사람이 아닌 컴퓨터 프로그램으로 설정해두고 미리 만들어놓은 다양한 종류의 제안을 응답자에게 제시한다.

독재자게임은 인간의 경제적 행동을 연구할 때 자주 사용하는 또 다른 도구다. 최후통첩게임과 규칙은 비슷한데, 응답자가 제안에 반응할 수 없다는 차이가 있다. 독재자게임에서는 제안자가 설정된 자원을 응답자(또는 수령자)에게 일방적으로 분배할 수만 있다. 그래서 제안자의 분배 행위에 영향을 주는 요인을 이해하는 데 초점을 맞춘다. 제안자가 경제 이득을 놓고 반드시 합리적으로 돈을 분배하지는 않기 때문이다. 독재자게임은 출신배경이 서로 다른 사람들이 제안자의 배분 행위에 어떻게 반응하는지, 또는 참가자들이 처한 상황이나 상대방에 대한 인식을 조작했을 때 어떤 효과가 나타나는지를 비교하는 연구에 활용할 만하다.

세 번째 게임인 죄수의 딜레마는 두 사람이 서로 협력해야만 가장 이익이 되는 상황에서 자신에게 이득이 많은 쪽을 선택하는지, 아니면 상대방과 협력하는지를 알아보는 도구다.[2] 이 게임은 기후문제처럼 이기심과 협동심이 충돌하는 상황에서 다른 나라나 집단 사이에서 벌이는 협상의 결과를 예측하는 도구로 쓰인다.[3]

경제학자나 심리학자들은 돈을 둘러싼 사람들의 의사결정에 영향을 미치는 요인을 연구할 때 주로 이런 도구를 활용한다. 사람들이 반드시 경제 이득을 극대화하는 선택만 내리지는 않는다는 점에서 게임 기반 연구는 돈(또는 돈과 비슷한 다른 자원)과 관련된 사람들의 행동이 충분히 합리적이지 않다는 점을 보여준다. 이런 연구 결과는 경제이론에 큰 변화를 가져왔을뿐더러, 행동경제학과 '신경경제학neuroeconomics'을 포함한 경제학의 하위 분야를 확립하는 데 한몫했다. 경제적으로 가장 좋은 선택이 아닌 곳에도 돈을 쓰도록 사람들을 설득할 수 있다는 점에서 마케팅과 광고 분야에도 많은 영향을 미쳤다.

이런 연구는 사람들이 특정 행동을 하게끔 조건을 조작한다. 하지만 앞서 살펴봤듯이 사람들은 현실세계에서 실제로 어떤 판단을 내릴 때 서로 충돌하는 많은 요인의 영향을 받는다. 이런 연구는 농경사회, 수렵채집 사회, 어린아이, 심지어 침팬지도 대상으로 삼지만, 돈(또는 돈과 비슷한 자원)을 앞에 두고 오롯이 이성적인 행동을 보여준 집단은 없었다.[4] 이 말은 곧 신경계에 우리가 비슷하게 행동하도록 만드는 무언가가 존재할 확률이 높다는 의미다.[5] 실험에 참여한 집단의 대다수가 충분히 이성을 발휘해 경제적 판단을 내리지는 않았지만, 집단 간에 유의미한 개인차는 있었다. 따라서 사람들이 대부분 공유하는 특징도 있지만, 생활환경이나 개인 특성에 따라 행동에 차이가 존재한다고 할 수 있다. 뇌는 사람들을 무조건 특정 방식으로 행동하게 만드는 고착화된 구조가 아니다. 뇌에는 일반적 경향을 나타나게 하는 기본 메커니즘이 있지만, 이 체계는 타고난 개인차와 경험으로 얻은 개인차가 뒤섞여 움직인다. 우리 내부의 필요와 외부환경은 시시각각 변하므로 우리가 내리는 판단과 우리가 가치 있다고 생각하는 대상 또한 끊임없이 바뀔 수 있다.

경제적 선택 게임에 참여하는 동안 사람들 뇌에서 벌어지는 일을 알아내는 수단에는 단순히 사람들 행동을 관찰하는 수준을 넘어 뇌 영상을 촬영하거나, 전기적 기록장치를 이용하거나, 약물을 투여해서 뇌 화학물질을 조작하거나, 특정 뇌 영역에서 신경전달물질을 직접 측정하는 방법이 있다. 예를 들어 최후통첩게임에서 응답자들은 너무 적은 금액을 제안받으면 대개 거절하는데, 이유를 물어보면 대부분 제안받은 액수가 너무 적어서 기분이 나빴다고 대답한다.[6] 최후통첩게임을 진행하는 동안 응답자의 뇌를 fMRI로 촬영해보면, 공정하지 않은 제안을 받았을 때 응답자의 전전두피질은 물론 변연계와 관련된 영역이 활성화된다. 이런 현상을 두고 연구진은 사람들이 부당하다고 생각하면 이성적 반응보다 감정적 반응이 더 우세하게 나타나기 때문이라고 해석한다.[7] 응답자는 공정하지 않은 제안을 받으면 기분이 나빠져 제안을 거절해서 적은 돈이나마 벌 기회를 놓치지만, 동시에 공정하지 못한 제안자를 응징할 기회를 얻는다. 금전적 보상은 바로 이렇게 공정함이나 사회적 보상의 영향을 받을 수 있다. 또한 피험자의 심리 상태에 변화를 일으켜서 이런 경향을 조종할 수도 있다. 응답자가 상대방 제안이 얼마나 공정한지 판단하기 직전에 응답자에게 스트레스를 안겨서 응답자의 감정을 망쳐놓거나 듣기 좋은 말로 응답자의 기분을 띄울 수 있고, 감정을 조절하는 약물을 제공할 수도 있다.[8]

하지만 이쯤에서 근본적인 질문을 하나 던져보자. 우리가 경제적 판단을 내릴 때 뇌의 어느 부위가 관여하는지 안다고 해서 그렇게 행동하는 이유를 설명하는 통찰을 얻을 수 있을까? 만약 우리가 돈이 얽힌 판단을 내릴 때 반드시 이성적이지는 않다면, 게다가 일반적인 소비마저도 항상 합리적이지는 않다면 이유가 무엇이며, 우리 행동의 근본적 차원에서 무엇을 의미하는 것일까? 우리는 논리적이고 분석적이며 객관적인 뇌구조를 토대로 신중하게 의식적으로 행동할까? 아니면 우리 판단과 행동은 진화의 영향을 더 많이 받을까?

연구 결과를 보면 일차적 보상이건 이차적 보상이건 인간에게 보상으로 작용하는 대상은 뇌 영상에서 활성화되는 한 지점이 아니라 특정 신경 패턴을 강화하거나 약화하는 신경망이 특징을 짓는다. 인간 행동은 그저 수동적으로 일어나지 않는다. 신경세포와 신경망에서 살펴봤듯이 우리 뇌는 특정 유형의 사건에 반응하고, 특정 반응이 좀 더 비중 있게 일어날 확률을 높이도록 설계됐다. 이렇게 설계된 결과는 특정한 유전 형태로 드러나고, 우리가 살아온 과거와 현재 상황에 따라 수정되며 진화했다. 그중 우리 뇌가 작동하는 방식에 가장 큰 영향을 미친 주체는 우리 모두에게 공통으로 존재하는 진화의 역사다. 그런 점에서 우리가 진화한 방식은 일반적으로 개인 생존에 유리하도록 설계됐지만, 사회 전체를 위한 요인도 있을 수 있다.[9] 이런 진화적 토대는 수백만 년에 걸쳐 형성된 진화체계를 뛰어넘기 위해 많은 훈련, 인지적 노력, 대체 보상을 향한 각인이 필요하다는 사실을 의미한다. 이제 과학자들이 인간의 신경회로를 토대로 우리가 돈을 향해 드러내는 경향성을 어떻게 밝혀냈는지, 나아가 그 경향성이 기후변화와 어떻게 연관되는지 살펴보겠다.

보상가치에는 기대감이 작용한다

보상체계는 단지 어떤 대상이 절대적으로 우리에게 보상가치가 있는지 없는지를 알려주지 않는다. 대신에 우리가 얻는 보상이 기대치보다 큰지 아닌지를 체크하도록 설계됐다. 만약 10달러를 얻을 줄 알았는데 20달러를 받는다면, fMRI 영상에서 중뇌의 도파민 분비 중추와 여기에 연결된 측좌핵이 활성화된다.[10] 이 기능은 여러 신경회로를 거쳐 작동한다. 전두엽이나 전대상피질과 관련된 기억회로, 다양한 긍정적 또는 부정적 정서 처리나 회피 경험에 대응하는 편도체, 손을 뻗고 버튼을 누르고 동작을 조절하고 몸짓과 구두언어로 소통할 수 있게 해주는(여기서는 예상하지 못한 보상에 반응할 수 있게 하는) 운동회로 등이 여기에 관여한다. 신경회로가 어떻게 조화롭게 기능하는지 예시를 찾고 싶다면, 카드게임에서 뜻밖에 좋은 카드를 받아들고 '빙고'를 외치며 기쁨에 찬 표정으로 주먹을 불끈 쥐는 사람을 떠올려보라.

반면에 똑같이 20달러를 얻었지만 30달러를 기대했다면, 뇌에서는 완전히 다른 상황이 펼쳐진다. 이때는 복측피개 영역 신경세포가 도파민을 분비하지 않고, 실제로도 측좌핵의 도파민 수치가 감소한다.[11] 예상 밖의 보상에 반응하도록 특별하게 조정받는 세포도 있지만, 뜻밖의 실망에 반응하도록 조정되는 세포도 있다. 아무래도 예상된 보상에 반응하는 신경세포보다 긍정적이건 부정적이건 기대하지 않던 보상에 반응하는 신경세포가 훨씬 더 많은 것 같다.[12] 이렇게 설계된 방식은 환경이 바뀌면 거기에 적응하기 위해 새로운 내용을 학습할 수 있도록 돕는다. 다시 말해 뇌구조가 발화 패턴을 강화하는 성향이 있다는 것은 우리 행동이 예상 밖의 결과로부터 영향을 받으며, 다음에도 똑같은 행동을 반복하거나 회피하는 경향이 생긴다는 의미다. 만약 조상이 딸기 같은 먹을거리를 구하러 다니다가 우연히 한 장소에서 딸기를 발견했다면, 다음에도 비슷한 지형에서 딸기를 찾으려 할 것이다. 마찬가지로 우리가 자주 들르는 상점 세 번째 선반 구석에서 대폭 할인하는 상품을 우연히 발견했다면, 다음부터는 그곳에 갈 때마다 그쪽을 더 유심히 살펴볼 것이다. 심지어는 다른 상점에 가서도 엇비슷한 구석을 훑어볼 수도 있다. 이런 과정을 반드시 의식하지는 않을 수 있다. 말하자면 뇌는 우리의 생존 가능성을 최대한 높이는 데 필요한 모든 임무를 수행하는 중이다.

2장에서 살펴봤듯이 돈이 얽힌 특정 상황에서 도파민이 분비되는 현상은 당사자가 선택을 내리고 나서 돈을 얼마나 벌었는지, 만약 상황이 달랐다면 얼마나 벌 수 있었는지, 이 두 가지를 처리하는 과정의 산물로 보인다. 돈을 벌긴 했지만 더 많이 벌 수 있었다면 이득과 관련되는 도파민 분비량은 줄어든다. 반면에 돈을 잃었지만 더 많이 잃을 뻔했다면 도파민이 줄어드는 정도가 약하다. 이렇듯 인간에게 보상은 절대적 측면에서 뇌의 계산이긴 하지만, 다시 말해 실제로 무엇을 얻고 잃었는지에만 중점이 찍히지 않고 얻을 수 있었던 것 또는 얻어야만 했던 것을 알아차리면서 계산이 추가된다. 우리가 예전에 경험한 신경망에서 나오는 입력들은 신경회로 단계에서 안도감이나 실망감과 상관관계가 있다고도 볼 수 있다. 경제적 판단이 불러오는 결과를 학습한 뒤에 그 결과가

얼마나 좋게 또는 나쁘게 느껴지는지에 영향을 주니 말이다.[13]

타인과 비교하는 경향도 보상가치에 작용한다

신경계가 설계된 방식은 우리에게 이점을 제공하는 특징도 있다. 돈을 둘러싸고 뇌에서 인식하는 보상가치는 우리가 기대했거나 얻을 수 있었던 수준에 미련을 두는 행동뿐 아니라 주변 사람과 비교하는 성향에도 영향을 받는다. 똑같은 20달러를 벌었더라도 다른 사람이 같은 문제를 풀고 정답을 맞혀서 15달러만 받았다면 fMRI 영상에서 보상 반응이 더 많이 나타난다.[14] 같은 퀴즈를 푸는데 옆 사람을 제쳐두고 나만 정답을 맞히는 상황에서도 측좌핵이 활성화된다.(이때 상대방을 향한 개인 감정을 제거하기 위해 상대방은 나와 친분이 없어야 하고, 상대방 얼굴도 볼 수 없게 한다. 이 내용은 나중에 더 자세히 소개하겠다.) 이런 현상을 두고 우리는 '승자의 기쁨'이라고 하고, 잘난 척하기 좋아하는 사람들은 '내가 옳았다는 데서 느끼는 희열'이라고 표현하기도 한다.[15] 인간 본성에서 나오는 감정으로 볼 수도 있지만, 다른 영장류에서도 비슷한 경향이 관찰된다.[16] 이런 경향은 우쭐거리고 싶은 인간의 본성이라기보다 신경계가 보상을 처리하기 위해 진화한 방식 때문일 수 있다. 사람들은 대체로 문제의 정답을 맞히거나, 뜻밖의 행운을 얻거나, 기대치보다 많이 얻을 때 비슷한 조건에 있는 모르는 사람보다 자신의 처지가 낫다는 사실을 알면 거기서 얻는 보상가치를 훨씬 크게 느낀다.

일상에서 경험하는 일을 떠올려보면 이런 뇌의 작동방식이 그리 놀랍지 않다. 내가 아는 의사 중에는 남들이 부러워할 만큼 성공한 삶을 살면서도 만족하지 못하는 사람이 많다. 학교 다닐 때는 자신보다 공부를 훨씬 못했는데도 지금은 월가에서 크게 성공해 자신보다 아주 잘사는 대학 동창이 있어서다. 인간이 드러내 보이는 이런 성향은 기대효과의 일반적 현상을 설명하는 데 도움이 된다. 우리는 보상을 받으면 보상체계가 설계된 방식에 따라 잠시 만족을 느낀다. 하지만 더 큰 보상을 얻을 수 있었거나 다른 사람이 더 큰 보상을 받았다는 사실을 알아차리는 순간, 우리가 느낀 만족은 희미해지거나 오히려 부정적으로 바뀔 수 있다. 다시 말해 우리 인간은 우리가 진화해 갈라져 나온 다른 종들처럼 보상가치를 학습할뿐더러, 다른 방법을 시도했더라면 더 나은 결과를 낼 수 있었는지 기억하고 학습하도록 설계됐다. 쥐의 뇌와 마찬가지로 우리 뇌는 기대를 웃돌거나 못 미치는 보상을 의미하는 연관성을 거쳐 결과를 학습한다. 그러기 위해 뇌는 우리가 선택한 행동들의 결과를 바로바로 평가하도록 설계된 특별한 시스템을 동원하고, 평가한 결과를 과거 경험과 미래의 잠재 가능성과도 비교한 다음, 다양한 신경망을 이용해서 무수히 많은 미세한 신경 화학적 신호로 처리되는 방대한 정보 보관소에 저장한다.[17] 우리가 내리는 정말 사소한 결정도 뇌 전체의 신경망을 이루는 수많은 시냅스가 서로 정보를 주고받은 결과라 할 수 있다. 인간에게 돈은 배고플 때 찾는 음식이나 목마를 때 마시는 물이나 마찬가지다. 돈이건 음식이건 기본적으로 같은 신경망이 관여하기 때문이다. 과학자들은 구체적 보상과 추상적 보상을 처리하는 신경망의 특정 영역 같은 분화 조직들의 세부 메커니즘을 밝혀냈지만, 이렇게 통합된 프로세스는 앞으로도 우리에게 이점이 될 만한 요소를 끊임없이 찾는다.[18] 더 좋은 기회가 남았다는 사실을 우리가 인식하는 순간, 신경계는 도파민에 반응하는 보상의 크기를 계산하는 방식에 따라 점점 더 많이 얻으려고 행동을 자극한다. 우리는 이웃의 잔디를 깎아주고 용돈을 벌면서 뿌듯함을 느낀다. 하지만 그 기분을 만끽하는 건 한동네에 사는 다른 아이가 더 작은 잔디밭을 정리해주고 더 많은 돈을 받았다는 사실을 알기 전까지다.

친사회적 보상

지금까지 설명한 인간의 성향은 대부분의 사람이 일상에서 경험할 수 있는 부분과 일치할 확률이 높다. 하지만 인간이라고 항상 이기적으로만 행동하지는 않는다. 인간의 행동은 다른 많은 요인에 좌우된다. 우리는 타인을 먼저 생각하고, 친절을 베풀고, 관대한 마음을 지니며, 영웅적으로 행동할 때도 많다. 물론 사람들과 경쟁도 하고, 협력하기도 한다. 이런 특성 또한 인간이 개인으로서 그리고 사회 구성원으로서 생존하기 위해 우리 뇌가 진화해온 방식과 관련 있다.

우리는 저 혼자 모든 일을 해내려 할 때보다 여러 사람이 능력과 재주를 합쳤을 때 생존에 더 유리했기에 한 종으로서 협력할 필요가 있었다.[19] 누구는 도구를 조작하는 능력이 뛰어나고, 누구는 이야기를 곧잘 지으며, 누구는 문제해결력이 탁월하고, 누구는 사교성이 좋고, 누구는 대담함이 돋보이고, 누구는 타인을 돌보는 능력이 눈부시다. 인간에게 필요한 또다른 특징은 바로 타인을 배려하는 마음이다. 우리에게 배려심이 없었다면 지금쯤 매우 어려운 처지에 놓였을 것이다. 우리는 생존을 위해 한 개인으로서 다른 사람을 배려하기도 하지만, 집단으로서 배려심을 발휘해야 할 때도 있다. 우리에게 던져진 과업, 권한, 자원을 분배하기 위해 타인과 협력하려면 때로는 타협도 필요하다. 우리 자신의 요구나 선호보다 집단 전체나 타인의 의사를 우선해야 할 때도 있다. 인간을 포함한 동물은 자기 유전자를 보호하기 위해 유전적으로 관련된 개체에 이타적으로 행동하는 경향이 있지만, 그렇지 않은 개체에도 이따금 이타심을 보인다.[20]

그런데 인간이 이렇게 행동하는 데는 보상이 따라야 한다는 전제조건이 있다. 우리 뇌는 수백만 년의 진화를 거치는 동안 이타적 행동에 보상을 받는 메커니즘을 키워왔다. 용기, 공감, 끈기, 계산력, 쾌활함, 규칙 준수, 창의성 같은 특징은 인간의 다른 모든 특성처럼 사람마다 더 많이 나타나기도, 덜 나타나기도 한다.[21] 과학자들은 친사회적 행동, 평등주의, 배려심, 불평등 혐오, 협력 등 인간이 보이는 여러 유형의 행동을 연구해왔다. 친사회적 행동을 위한 활동이 한 개인에게 더 가치 있는 덕목이 되는 데는 확실히 어떤 신경 메커니즘이 작용하는 듯이 보인다. 어떻게 하면 이 과정을 실제로 확인할 수 있을까? 이 답변도 게임 기반 연구에 있다. 일반적으로 독재자게임은 신경 기반을 이해하는 연구에서 활용하고, 죄수의 딜레마는 협동심을 들여다보는 연구에 쓰인다.

인간의 특징인 배려심을 연구하는 방법 중 하나는 사람들에게 자원을 나누는 방식을 조종하는 게임을 이용하는 것이다. 이때도 편리하게 수량을 셀 수 있는 자원으로 '돈'을 주로 활용한다. 한 연구진이 피험자로 참여한 두 사람에게 돈을 나눠준 다음, fMRI로 뇌 특정 부위가 어떻게 활성화되는지 알아봤다. 그들은 돈에 얽힌 불평등이 해소될 때 보상회로가 활성화되는지 확인해보고 싶었다. 만약 그렇다면 처음보다 나중에 돈을 더 많이 받을 때만 보상을 느낄까?[22] 이 실험에 참여한 두 사람은 처음에 각각 30달러를 받았다. 그런 다음 한 사람은 50달러를 보너스로 받았고, 다른 한 사람은 보너스를 받지 못했다. 그뒤로 한 번 더 방법을 달리해서 돈을 나눠주고 그들의 뇌를 촬영했다. 한 번은 보너스를 받은 사람에게 돈을 더 많이 주어 덜 공평하게 만들었고, 또 한 번은 보너스를 받지 않은 사람에게 돈을 더 많이 주어 더 공평하게 돈을 나눴다. 연구진은 일반적으로 돈을 나누는 방식이 더 공평할 때 피험자의 보상회로(측좌핵과 전전두피질)가 활성화된다는 사실을 발견했다. 이런 현상은 앞서 살펴본 대로 다른 사람이 자신보다 더 많이 얻을 때 사람들이 부정적으로 반응하는 결과와 반대인 듯이 보일 수 있다. 하지만 이 실험에서는 뜻밖의 소득으로 '불평등이 사라지는 상황'을 연구했다는 점을 눈여겨봐야 한다. 피험자들은 이 실험에서 과제를 수행하고 돈을 번 것이 아니라 실험 설계자에게 단순히 돈을 건네받았을 뿐이다. 이 결과는 매 순간 보상의 크기를 평가하는 수많은 보상회로 중 공평함에 긍정적으로 반응하는 회로가 있는가 하면 불공평함에 부정적으로 반응하는 회로가 있다는 사실을 의미한다.

다른 사례로 한 연구진이 피험자들에게 도파민 수치를 높이는 약을 건네주고 독재자게임에 참여하게 했더니, 피험자들이 자기 몫과 똑같이 돈을 나눠 상대방에게 건네는 경향을 보였다. 이런 결과는 보상이 도파민 호르몬의 영향을 받아서 사람들이 공정하게 행동하고 자원을 똑같이 배분하게끔 하는 기능도 한다는 점을 시사한다.[23]

그렇다면 금전적 이득과 타인을 배려하는 마음이 충돌할 때는 어느 쪽 힘이 더 우세할까? 신경생물학의 다른 많은 연구 결과와 마찬가지로 상황에 따라 다르다. 우리 신경계는 한정된 시간과 조건에서 우리가 놓인 특수한 상황과 상태를 토대로 무엇이 가장 중요한지 판단한다. 학자들은 우리가 상상할 수 있는 거의 모든 질문과 변수의 해답을 찾는 실험을 설계했고, 그 결과는 항상 일관되진 않지만 대체로 우리가 돈이나 다른 자원을 놓고 결정을 내릴 때 신경계가 작동하는 일반적인 경향성을 보여준다. 금전적으로 풍족한 상황인가, 아니면 힘든 처지인가? 다른 사람을 책임져야 하는가, 아니면 자신만 챙기면 되는가? 미래를 생각하면 안정감이 드는가, 아니면 좌절로 어려움을 겪는가? 다른 사람과 잘 어울리는가, 아니면 혼자 고립된 상태인가?[24] 특정 호르몬이나 신경화학물질의 영향을 많이 받는가? 스트레스를 받는가, 아니면 평온한가? 이런 환경은 돈이나 다른 자원과 관련된 결정을 내릴 때 신경계가 작동하는 방식에 영향을 미치는 상황과 연결된다. 신경생물학 틀에서 보면, 이런 상황들이 개인 판단을 이끄는 수많은 작은 균형추로 작동한다. 여기서 보상체계는 저울 역할을 하며 추들의 무게를 합산해서 결과를 기저핵으로 보낸 다음 행동을 일으키게 한다. 하지만 유전적으로 볼 때 사람들 대부분은 자원이 부족하거나 자원을 얻기 위해 힘껏 노력해야 하는 상황에서 생존에 더 유리한 방향으로 행동하는 특성을 물려받았다.

성취감

인간과 일부 동물만 보상으로 인식하는 경험이 있다. 그중 하나가 풀기 어려운 문제를 해결하거나 과제를 완수했을 때 또는 어떤 결과를 일구었을 때 얻는 '성취감'이다.[25] 인간도 그렇지만 동물도 단지 결과를 달성했다는 그 자체만으로도 보상을 받았다고 느낀다.[26] 보상체계의 임무 중 하나인 새로운 내용을 학습하는 기능과 연관 지어 생각하면 매우 당연해 보이는 특징이다. 아기들이 찬장 문을 수없이 여닫으며 문이 열리고 닫히는 광경을 신기해하고, 모양 맞추기 상자에 알맞은 모양을 찾아 넣으며 함박웃음을 짓고, 수없이 넘어져도 다시 일어나 걷기를 연습하는 모습을 떠올려보라. 새로운 기술을 익히고, 취미로 하는 일의 실력이 늘고, 곤란한 처지에서 해결책을 찾을 때 기쁘지 않은 사람이 있을까? 연구자들은 실제로 이런 성향을 까마귀부터 원숭이에 이르는 동물한테서도 발견했다. 왜 이런 일들이 우리에게 보상으로 다가오도록 신경계가 진화했는지 이해하기는 어렵지 않다. 그래야 우리가 새로운 내용을 학습하고, 어려운 문제를 해결하고, 새로운 환경에 더 수월하게 적응할 수 있기 때문이다. 보상은 어떤 일을 끈기 있게 계속하도록 격려하는 동기에 직접 영향을 미친다.[27] 실제로 이런 사실을 확인하기 위해 fMRI로 뇌의 활성화 정도를 관찰해보면, 학급에서 우수한 학생일수록 어려운 과제를 해결할 때 더 많은 보상 감정을 느낀다.[28] 사회과학자와 정치철학자는 직업세계에서 느끼는 만족이나 불만족을 거론할 때 주로 성취감과 동기에 초점을 맞춘다. 일각에서는 이렇게 확실한 보상이 될 수 있는 성취감과 동기를 사람들에게 허용하지 않으면 그 일을 공허하게 만드는 처사나 마찬가지라고 말한다. 다시 말해 우리 뇌가 보상을 느끼도록 진화한 방식을 완전히 벗어나는 것과 같다. 이 책 서문에서 존 홀터가 실라스틱 인공 삽입물을 개발한 것도 아들 목숨을 구하려는 아버지의 헌신적인 노력과 더불어 바로 그 성취감과 동기가 있었기 때문이다.

역사를 살펴보면 돈, 경쟁심, 위험 감수, 성취감 그리고 이들 요인이 특정 성향 사람들에게 발휘하는 특별한 힘이 어떻게 기후 변화를 앞당겼는지 보여주는 사례가 있다. 미국의 저명한 기자 아이다 타벨Ida Tarbell은 1904년에 펴낸 저서 《스탠더드 오일의 역사 The History of the Standard Oil Company》에서 1800년대 말 신생산업인 석유업계가 강력한 보상으로 누린 성취감과 수익을 생생하게 묘사한다.[29] 이 책 등장인물들은 특히 높은 수익성을 갈망하고, 자신들의 성취를 확신하며, 도박 성향이 강한 사람들이 나타내는 특성을 구체적으로 보여준다. 이 시기 모험가들은 기존 성향에 더해 도파민성 약물을 투여했을 때 도박중독으로 발전할 위험이 큰 파킨슨병 환자의 일부 특징을 그대로 드러낸다.

아이다 타벨은《스탠더드 오일의 역사》에서 이렇게 말했다.

> 모든 험난한 농가와 모든 빈곤한 개척지에는 행운의 부름에만 귀를 쫑긋 세우고 자신이 가진 모든 것을 석유 채굴권에 거는 대담함과 에너지를 지닌 자들이 있었다. 그들이 즉시 행동에 나선 것은 잘한 일이었다. 석유가 발견됐다는 소식이 알려지자마자, 오하이오, 뉴욕, 펜실베이니아의 수많은 농장과 마을에서 자신의 몫이 될 수도 있는 행운을 거머쥐기를 열망하며 야심에 찬 젊은이들이 쏟아져 나왔고, 동부 지역에서는 돈도 많고 사업 경험도 풍부한 사람들이 큰 주식회사를 만들어 수천 에이커에 달하는 땅을 사들여서 계곡, 하천, 산비탈 할 것 없이 어디든 유정을 뚫었다.······ (중략)
>
> 유정을 뚫고, 석유 생산에 필요한 탱크, 배, 파이프라인을 건설하고, 석유 가공 공정을 조정하고 개선하는 법들이 알려지면서, 석유사업에서 생길 수 있는 문제들을 해결하기 위해 애쓰는 사람들도 나타났다. 젊고, 혈기 왕성하고, 수완이 좋고, 어려움에 아랑곳하지 않으며, 기회를 갈망하는 그들은 매년 새로운 생산물에서 빚과 부를 뽑아냈다.

새로움

새로운 자극이나 변화가 우리에게 보상이 될 수 있다는 사실은 심리학자, 아동발달학자, 작가, 철학자들이 오래전부터 알려왔다. 최근에는 새로움과 보상생물학을 직접 연결하는 연구가 진행되면서 새로움과 보상의 연관성과 그 연관성이 개인에 따라 어떻게 다르게 나타날 수 있는지 새롭게 규명했다.

가재처럼 단순한 생물도 앞서 설명한 보상체계의 기본요소를 모두 갖췄다. 가재에게 '새로움'이 보상으로 작용한다는 점은 가재가 주변환경을 탐색하는 시간을 관찰하면 알 수 있다.[30] 주변환경 탐색은 동물들에게 대단히 유용한 일이 될 수 있다. 포식자가 다니는 길목에 들어서지 않도록 위험을 감지하는 메커니즘이 함께 진화한다면, 탐색이 먹이를 찾을 확률을 높여주기 때문이다. 쥐와 토끼 같은 설치류부터 돼지와 원숭이 같은 포유류까지 모든 동물은 익숙한 대상보다 새로운 존재에 더 호기심을 느낀다. 아이건 어른이건 인간도 마찬가지다. 아이들이 새로운 대상에 더 관심을 보이는 것은 그런 심리가 새로운 내용을 학습하는 데 중요한 역할을 하기 때문이다. 교육학과 심리학 분야 연구 결과를 살펴보면 아주 어린 아기들도 이전에 본 것보다 처음 보는 것을 더 오랫동안 주의 깊게 쳐다본다.[31] 아이들은 일반적으로 새 장난감, 새 친구, 새 게임처럼 새로움을 긍정적으로 인식한다.

뇌는 어떻게 우리가 새로운 대상에 관심을 보이도록 유도해서 새로운 내용을 배우는 데 흥미를 느끼게끔 할까? 이때는 기억회로가 중요한 역할을 한다. 새로운 자극을 새로운 것으로 인식하려면 그 자극을 예전 경험과 비교해야 한다. 뇌는 이 작업을 대단히 능숙하게 처리한다. 사실 인간을 포함한 모든 동물의 뇌가 그렇다. 아주 오랜 시간에 걸쳐 우리 유전자에 새겨진 능력이다.[32] 일단 어떤 자극이 새로운 자극으로 인식되면 보상회로에서 도파민을 분비하고, 실제로 그 자극이 보상가치가 있는지 없는지에 따라 다른 신호들이 재빨리 뒤이어 나타난다.[33]

새로운 대상에 관심을 기울이는 긍정적 강화를 '각성반응'이라고 한다. 신경세포 중에는 이 작업을 맡은 특정 신경세포가 있다. 그 신경세포는 도파민이 분비되면서 실제로 행동과 학습을 일으킬 수 있도록 신경계의 다른 부분과 함께 작업한다. 흥미롭게도 피드백 고리와 복잡한 신호 경로에는 특수한 세포핵이 수십 개나 있기에, 신경계는 모든 가능성을 열어둔 방식으로 설계됐다. 이를테면 생존과 얽힌 다른 중요한 일이 동시에 발생하면 새로운 신호에 보이는 반응은 억제된다.[34] 다시 말해 새로운 대상은 대체로 우리에게 보상으로 다가오지만, 뇌는 생존에 중요한 다른 일을 제쳐두고 새로운 것에 관심을 빼앗기지 않을 만큼 매우 유연하다. 이 또한 학습 과정이다. 새로운 자극과 비교할 수 있는 경험과 연습을 거듭할수록, 그 작업에 더욱 능숙해진다. 우리가 살아가는 세계는 한 번도 본 적 없는 것들로 가득하다. 우리가 본 적 있는 다른 대상을 떠올리게 하는 것들도 있고, 이미 잘 알고 경험을 해봐서 좋았는지 나빴는지 학습한 것들도 있다. 보상체계는 그런 세상에서 살아가는 우리가 힘들이지 않고 새로움을 학습해서 생존력을 높일 수 있도록 섬세하게 설계됐다.

새로운 대상에 호기심을 보이는 정도 또한 인간의 다른 특성처럼 개인차가 있다. 아이를 키우는 부모나 학생을 가르치는 교사라면 누구라도 공감하리라. 어떤 아이는 새로운 것을 보면 뒷일은 생각하지 않고 신기해하며 머리부터 들이대는가 하면, 다가가기를 주저하고 신중한 모습을 보이는 아이도 있다. 인간이 지금까지 생존할 수 있는 비결 중 하나가 바로 다양성이다. 개인의 특성 하나하나가 개인이 살아가는 사회 안에서 최적으로 임무를 수행하고 적응하는 데 중요한 역할을 한다.[35] 한 부족의 모든 구성원이 인간에게 독이 되는 낯선 음식을 먹으면, 부족 전체는 지구 역사에서 영원히 사라지는 운명에 처할 것이다. 하지만 그중 몇몇이 새로운 것을 신중하게 받아들이는 성향의 소유자라면, 부족 전체가 사라지는 운명은 모면할 것이다. 마찬가지로 먹을거리를 구하기가 매우 어려워진 지역에서 대담한 성향의 누군가가 새로운 곳으로 모험을 떠날 수 있다면, 그래서 새로운 먹을거리를 찾을 수 있다면 그 종족은 계속 살아남을 것이다. 따라서 신중함과 대담함 모두 인간의 생존에 도움이 된다.

사람이 새로움에 얼마나 호기심을 보이는지는 행동을 점검해보면 측정할 수 있다. 새로움에 반응하는 정도를 확인하는 실험에서 높은 점수를 받은 파킨슨병 환자들은 도파민 체계를 활성화하는 약물을 복용하거나 처치를 받았을 때 강박적인 도박이 나타날 위험이 컸다. 아마 그들이 더 높은 기준선에서 출발한데다 추가된 도파민 작동제가 병리적으로 과잉반응을 일으켰기 때문일 것이다.[36] 실제로 특정 유형의 도파민 수용체를 보유한 사람은 다른 이보다 새로운 대상에 더 많은 관심을 보일 수 있는데, 이는 유전자가 행동에 담긴 많은 특징에서 어떤 역할을 한다는 증거로 볼 수 있다.[37] 신경과학자들은 감각 추구 성향이 강한 '감각 추구자sensation seeker'들이 있다는 점을 확인했다. 예컨대 기업가 성향이 강한 사람이나 중독자와 범죄자는 새로움에 이끌리는 경향과 더불어 위험한 행동을 하게 될 경향을 띠었다. 우리가 2장에서 살펴봤듯이 제어 과정, 모니터링 과정, 보상회로, 보상을 행동으로 바꾸는 과정에 관여하는 뇌구조의 활성화 패턴 차이는 각 개인의 생애에 걸쳐 나타날 수 있다.[38]

새로움에서 느끼는 보상은 확실히 소비와 관련 있다. 거실에 가구를 새로 들이면 적어도 몇 달간은 거실을 둘러볼 때마다 흡족한 기분이 든다. 그러다 몇 달이 지나면 또 새로운 구매 충동이 고개를 든다. 이번에는 새 카펫을 깔아 거실을 더 멋지게 꾸미고 싶어진다. 뇌의 보상체계는 우리가 언제나 새로운 환경에서 새로운 내용을 학습할 수 있도록 잠깐만 작동하는 특징이 있다. 기업 광고주와 마케팅 담당자는 인간의 이런 성향을 이용해서 우리에게 새로움이 필요하다고 끊임없이 설득한다. 물론 당연히 그 작업에는 끝이 없다. 그래서 광고주와 가구점 직원은 수입이 늘고, 회사 브랜드를 알리고, 경쟁자를 앞서나가고, 연말 보너스를 챙기는 보상을 얻는다. 하지만 그 보상이 지구를 더 건강하게 지키는 형태일 리는 없다.

익숙함

하지만 이쯤에서 이렇게 말하고 싶을 수도 있다. 나는 모든 것이 지금 그대로여도 좋다고 말이다. 나는 늘 마시는 커피가 좋고, 그 커피를 내가 가장 좋아하는 커피잔에 따라 마시는 것이 좋고, 샤워를 끝내면 내게 친숙한 낡은 목욕가운을 걸치는 것이 좋다. 나는 내 할머니와 할아버지의 유년시절부터 우리 마을에 있던 한 오래된 건물에 각별한 애착을 느껴서, 그 건물을 보존하자는 탄원서에 서명한 일도 있다. 우리 가족은 전통을 소중하게 생각하고, 나는 우리 아이들에게 매일 똑같은 책을 읽어준다. 사실 같은 책을 매번 또 읽으려고 드는 쪽은 아이들이다.

보상체계가 새로움에 더 이끌리도록 설계됐다면 왜 우리는 익숙함에서 편안함을 느낄까?

신경생물학에서 익숙함의 보상체계를 분석한 연구는 새로움의 보상체계를 밝힌 연구보다 드물다. 하지만 일부 연구가 충돌하는 듯 보이는 두 반응 사이의 복잡함을 둘러싸고 새로운 정보를 제공해왔다. 우리 뇌는 뛰어난 유연성을 갖추고 다양한 상황에 적응하도록 설계됐다. 쥐는 좁은 통 안에 일정 기간 가둬두면 스트레스를 받는데, 그러면 새로운 대상보다 익숙한 존재를 더 선호하게 된다. 이런 현상은 스테로이드 호르몬인 코르티코스테론corticosterone을 약물 형태로 쥐에 투여해도 나타난다.[39] 생존 측면에서는 당연해 보이는 결과다. 주변환경이 최적의 조건이 아니라면, 익숙한 경험을 붙드는 편이 더 안전한 선택일 수 있기 때문이다.

여기에는 다른 생물학적 요인과 문화 영향도 있다. 그동안 정치학, 경제학, 심리학, 신경과학을 포함한 여러 분야에서 익숙함과 새로움을 대하는 개인 간 차이를 이해하는 연구를 상당수 진행했다.

익숙함을 선호하는 경향은 나이가 들수록 두드러지는데, 아이들은 새로움에 더 강하게 반응하는 반면, 어른들은 그런 경향이 아이들보다 덜 나타난다.[40]

이런 연구 결과는 아이들의 발달을 이끄는 목표가 엄청난 양의 새로운 정보를 학습하는 데 있고, 새로운 것에 관심을 보이는 태도가 언어를 포함한 시청각 자극을 학습하도록 이끄는 중요한 부분이라는 사실과 일맥상통한다.[41]

무언가를 선호하는 경향은 어떻게 형성될까?

연구 결과를 보면 익숙함을 선호하는 경향은 새로움에서 얻을 수 있는 보상을 긍정적으로 생각하기보다 부정적인 결과를 걱정하는 성향이 강한 성격과 관련 있다.[42] 비슷한 의미에서 학자들은 사회가치와 정치적 행동이라는 넓은 맥락에서 볼 때 '진보주의자'는 일반적으로 새로운 경험과 관점에 더 개방적인 태도를 보이고, 불확실성과 모호함에 더 수용적인 태도를 보이는 사람이라고 규정한다. 반면 '보수주의자'는 안정성과 전통을 중시하고, 의사결정 과정에서 더 체계적이고 자기 판단을 고수하는 경향이 있는 사람으로 규정한다.

그렇다면 뇌 기능의 어떤 면이 이런 차이를 결정할까? 행동 경향성을 이야기할 때는 '유전적'과 '생물학적', 이 두 용어의 차이를 이해해야 한다. 어떤 행동의 특성이 '유전적'이라는 말은 타고난 특성과 관련 있다는 뜻이고, 이는 당연히 뇌가 작동하는 방식의 차이를 가리킨다. 예를 들어 특정 신경전달물질의 수용체가 우세하게 타고나면 그렇지 않은 사람보다 특정 환경에서 특정한 방식으로 행동하는 경향이 두드러질 수 있다. 그런가 하면 뇌는 무엇을 경험하냐에 따라 변하기도 한다. 그래서 행동 경향성이 환경이나 문화로 결정된다는 말은 생물학적이지 않다는 뜻이 아니라, 단지 뇌가 그 사람의 유전적 특징에 의존하지 않는 방식으로 환경에 따라 변화할 수 있다는 의미다. 물론 유전요인과 환경요인은 서로 영향을 주고받을 수 있다. 특정 유전자를 보유하면 환경과 경험의 영향을 받을 가능성을 높일 수 있는데, 학자들은 이를 '유전자-환경 상호작용'이라고 한다.[43] 특히 최근 급격히 발전하는 후성유전학epigenetics 분야 연구로 선천성과 후천성의 상호작용을 둘러싼 논의가 한층 복잡해졌다. 유전자가 어떻게 발현하는지에 개입하는 환경적 사건은 일반적으로 화학 과정을 거쳐 유전 명령이 어떻게 '읽히느냐'에 영향을 미친다. 그래서 다음 세대에 발현하는 특성과 행동에 영향을 줄 수 있다.

익숙함과 새로움에 작동하는 보상체계를 연구하는 실험은 주로 쌍둥이 가족을 대상으로 각자 견해가 보수주의와 자유주의 중 어디에 더 가까운지를 알아보는 방식으로 진행됐다. 일란성쌍둥이는 서로 같은 유전자를 공유하지만, 부모하고는 각각 절반씩만 공유한다. 학자들은 일란성쌍둥이의 이런 특징을 이용해서 유전과 환경의 역할을 파악하기 위해 쌍둥이 가족을 상대로 설문조사를 진행해 방대한 자료를 수집했다. 만약 쌍둥이 형제끼리 쌍둥이가 아닌 다른 형제나 부모보다 어떤 성향에서 더 비슷하다면, 그 성향은 유전적 근거가 되는 것이다. 반면에 어떤 성향이 유전요인보다 같은 환경에서 같은 경험을 하며 자란 환경요인과 더 관련 있다면, 우리가 마주하는 환경과 문화가 우리 행동을 형성하는 데 더 중요한 역할을 한다는 의미일 것이다.

어떻게 보면 당연한 결과겠지만, 자유주의 성향과 보수주의 성향은 유전적 차이로도, 환경적 차이로도 설명할 수 있다.[44] 이와 관련해서 뇌 기능과는 상관관계가 아직 밝혀지지 않았지만, 연구자들은 보상망 구조에서 일어나는 뇌의 처리 기능 차이와 유전으로 물려받은 신경전달물질의 하위 유형을 설명해줄 증거를 몇 가지 발견했다. 예를 들어 인지 조절이 필요한 조건에서 의사결정에 관여하는 전대상피질(61페이지 그림 2 참조)이 활성화되는 현상은 자유주의 견해와 관련 있고, 위협이 다가오면 공포심에 휩싸이게 만드는 도파민 수용체가 많은 특성은 보수주의적 인지 유형에서 나오는 '부정성 편향', 즉 변화를 위협이나 나쁜 징조로 인식해 거부하는 성향과 관련 있다.[45] 이런 차이는 환경문제를 바라보는 태도에 영향을 미칠 수 있다.[46]

새로움과 익숙함이라는 논제의 다양한 시각을 설명하는 데 도움이 될 만한 뇌 기능의 또 다른 측면을 이해하려면, 우리가 무언가를 선호하는 감정이 애초 어떻게 형성되는지 알아보면 된다. 이 내용은 농업부터 광고까지 다양한 분야에서 연구 주제로 다룬다. 먼저 농업 방면부터 살펴보자.

농업기술을 연구하는 학자들은 농가의 소득 증대를 위해 어떻게 하면 어린 가축들을 더 많이 먹이고, 더 빨리 키울 수 있을지 알고 싶었다. 그러려면 무언가의 선호도를 학습하는 성장 초기 단계에서 뇌 신경망이 어떻게 관여하는지 연구해야 했다. 선호를 드러내는 대부분의 행동처럼, 먹이를 선택하는 행동도 보상체계와 관련 있다. 새끼돼지의 먹이 선호도를 조사한 연구 결과를 보면, 새끼돼지는 대개 밀이 주원료인 담백한 맛 사료보다 단맛이 나는 감귤류 사료를 더 좋아했다. 하지만 몇 주 동안 두 사료 중 하나만 먹이면, 나중에는 자신에게 익숙한 사료를 더 좋아하는 경향을 보였다. 연구진은 새끼돼지의 대뇌에서 일어나는 대사작용의 변화를 알아보기 위해 돼지들을 마취한 다음, PET로 뇌를 촬영하는 동안 다양한 사료를 맛보게 하고 냄새를 풍겼다. 그 결과 단맛이 나는 사료를 먹고 자란 새끼돼지들은 담백한 사료를 먹고 자란 새끼돼지들보다 단맛 사료의 맛과 냄새에서 보상회로가 더 활성화됐다. 즉, 새끼돼지들이 사료를 선택할 수 있을 때는 평소 먹던 익숙한 사료를 더 좋아할 수 있지만, 단맛 사료에 익숙해진 새끼돼지들은 보상체계의 활성화에 추가로 힘을 얻었다. 이런 메커니즘은 일단 좋은 것에 익숙해지면 더 단순하고 수수한 것으로 돌아가기 어려운 이유를 설명해줄 수 있다.[47] 우리는 크림이 든 커피를 좋아하다가 크림 대신 저지방 우유를 넣은 커피에 끌릴 수도 있지만, 고열량 음식이 주는 보상가치를 극복하려면 시간이 걸린다. 잡동사니 없이 깔끔하고 검소하게 꾸민 집에 살다 보면 결국 안정감이 들긴 하지만, 한동안은 잡동사니가 그리울 수 있다. 최고 기량을 발휘하던 운동선수나 화려한 경력을 자랑하던 사업가가 은퇴 뒤에 겪는 허탈감이나 상실감도 보상 감소와 연관 있는 흔한 사례다. 복잡함보다 단순함이 좋아지려면 그에 맞춰 대체되는 보상이 힘을 얻기까지 시간, 노력, 연습이 필요하다. 그래서 사람들은 더 쉬운 방식을 선택한다. 우리가 '더 많은 자원'을 선호하는 경향은 우리 유전 코드에 새겨진 채 모든 영역에서 더 적은 자원에 익숙해지기 어렵도록 만들고 소비를 부추길 확률을 높인다. 이는 단지 자원뿐 아니라 성장 위주 경제구조를 지향하고 기후변화를 앞당기는 모든 활동에 해당한다.

새로움과 익숙함이라는 주제를 완전히 새로운 각도에서 살펴본 연구 중 하나가 대인관계를 다룬 실험이다. 만약 뇌가 익숙함보다 새로움의 가치를 더 높이 평가한다면, 우리는 왜 결혼생활이나 오랜 파트너십을 계속 유지할까? 뇌에서 얻은 증거 한 가지는 호르몬이 새로움과 익숙함에서 보상을 느끼도록 작용한다는 점이다. 신경전달물질로 작용하는 호르몬인 옥시토신은 가족 구성원을 결속하는 역할을 하는 듯이 보인다. 신체 접촉을 늘리거나 약물을 투여하는 방법으로 옥시토신 수치를 높여주면, 오랜 친구의 사진을 보면서 느끼는 보상의 강도가 올라간다.[48] 한편 진화 압력은 생존에 유리한 다른 생물학적 조절인자를 추가해서 보상가치를 조정했다. 우리 몸에서 분비하는 각종 호르몬은 무언가가 얼마나 보상이 되고 안 되는지를 체크하는 강력한 조절인자다.[49] fMRI

를 활용한 한 연구 결과를 보면 오랫동안 유지하는 행복한 결혼생활은 보상회로, 공감, 스트레스 완화와 관련 있다.[50]

새로움과 익숙함이 동시에 우리에게 보상가치를 안길 수는 없을까? 물론 가능하며, 일상에도 이를 증명할 만한 사례가 많다. 우리는 어릴 적 자주 놀러 다닌 친척 집과 비슷해 보인다는 이유로 어느 댁을 방문했을 때 유달리 편안함을 느낀다. 또 행복했던 과거 경험을 떠올린다며 특정 색을 각별히 좋아하기도 한다. 새로 알게 된 사람이 예전에 내가 좋아했던 친구와 유머감각이 비슷해서 더 호감을 느낄 수도 있다. 다시 말해 우리가 좋아하는 대상에는 새로운 면도 있고, 익숙한 면도 있다. 우리는 개인차(호르몬)나 상황 변화 같은 요인(스트레스)이 개입해 새로움에서 더 많은 보상을 얻기도 하고, 익숙함에서 그러기도 한다. 우리 뇌는 변화하는 환경과 새로운 요구를 성공적으로 탐색하는 데 최적화된 패턴을 인식하도록 돕기 위해 이런 관련성을 형성하도록 설계됐다.

문화 학습과 보상의 가치판단

앞서 살펴봤듯이 돈을 앞에 놓고 비합리적인 선택을 하는 것처럼 우리가 드러내는 경향성은 문화를 초월한다. 하지만 어떤 경향성은 개인마다, 문화마다 다양하게 나타나기도 한다. 조개 목걸이의 가치를 높이 사는 사회가 있는가 하면, 고급 자동차의 가치를 대단하게 치는 사회도 있을 것이다. 그렇다면 무언가가 우리에게 가치 있다는 점을 어떻게 학습할까? 확실한 답 한 가지는 어른들에게 배운다는 것이다. 우리는 학습하는 내용 대부분을 우리보다 나이 많은 어른들에게 배운다. 나이가 들면 친구나 동료에게도 배운다. 학자들은 이런 영향력이 어느 나이대, 어느 집단에서 단계를 옮겨가며 변화하는지 연구해왔다.[51] 사물에 가치를 입힐 수 있다면 행동에도 가치를 매길 수 있을 것이다. 이렇게 행동에 불어넣는 가치를 우리는 '문화가치'라고 한다.

우리는 정직, 충성심, 용맹함, 기술, 금욕주의, 사회성, 육아처럼 문화에 따라 달리 평가하고 실질적 정의를 논쟁할 수 있는 가치의 목록을 끝없이 읊을 수 있다. 값비싼 옷, 고급 자동차, 크고 화려한 저택을 소유한 사람이 존경의 대상이 되는 문화도 있지만, 어떤 문화에서는 그렇게 부를 과시하는 사람이 비난, 경멸, 심지어 배척의 대상이 되기도 한다. 똑같은 행동을 놓고도 어떻게 이렇게 가치판단이 극명하게 다를 수 있을까?

문화가치의 상반된 평가를 더 자세히 알아보기 위해 '고양이'를 예로 들어보겠다. 이런 장면을 한번 상상해보라. 오늘은 마을에서 큰 축제가 열리는 날이다. 당신은 가족과 함께 축제 현장을 즐기러 마을 광장으로 간다. 축제는 매년 열리는 마을의 큰 행사다. 마을 사람 모두 축제가 열리기만을 손꼽아 기다리고, 축제 날이 되면 모두 적극 참석한다. 축제 장소와 가까워지면 어디선가 동물 울음소리가 들리기 시작한다. 지난해 축제를 경험한 아이들은 그 소리가 무슨 의미인지 안다. 그래서 소리가 들려오는 곳을 향해 신나게 뛰어간다. 축제 장소에 도착하면 연기가 무럭무럭 피어오르고, 연기를 중심으로 마을 사람들이 둥그렇게 모여 축제 현장을 구경한다. 잠시 후, 그곳에 모인 사람들은 환호성을 지르며 열심히 무어라고 외쳐댄다.

당신은 본행사를 보기 위해 사람들을 비집고 들어간다. 거기에는 활활 타오르는 장작불 위로 고양이들이 꼬리를 묶인 채 거꾸로 매달려 있다. 고양이들은 산 채로 화형을 당하고 있다! 고양이들이 발버둥 치고 괴로워할수록 사람들은 더 즐거워하며 고양이를 죽이라고 더 크게 외쳐댄다.

어떤가? 끔찍하지 않은가? 산 동물을 이렇게 잔인하게 죽이는 행위가 어떻게 사람들이 환호하고 즐거워하는 축제의 대상이 될 수 있을까?

중세 유럽에서는 고양이를 산 채로 불태우는 축제가 꾸준히 열렸다. 사람들은 당대 최고 권력자인 종교 지도자들에게 고양이를 학대하면 사탄에게 고통을 주는 것과 같아서 가치 있고 정당하며 옳은 일이라고 설교를 들었다. 그래서 고양이가 괴로워하고 고통스러워할수록 악마를 더 확실하게 제압해서 물리칠 수 있다고 믿었다.[52] 얼마나 기괴한 일인가!

18, 19세기 유럽에서 고양이를 산 채로 불태우고 잔혹하게 학대한 현상과는 대조적으로(우연인지는 모르지만, 그 시기 유럽에서는 쥐를 매개로 전염되는 흑사병이 유행했다), 고대 이집트에서는 고양이를 숭배했다. 고양이를 신의 형상으로 표현하기도 했고, 가정에서는 가족의 한 구성원으로 소중히 대했다. 고대 이집트 사람들이 고양이를 이렇게 특별하게 대우한 것은 고양이가 쥐나 뱀을 물리

치는 유용한 역할을 해서였을 수 있지만, 당대 권력자에게 문화, 종교적 가치를 학습했기 때문일 수도 있다.[53]

일부 전문가는 인간이 권위자의 말을 따르도록 진화해온 측면이 있다고 지적한다. 환경에 적응하려는 목적과 맞닿는다는 얘기다. 만약 낭떠러지로 떨어지려 하거나 벌집에 손대려고 할 때, 뱀을 밟으려고 하거나 강물에 빠지려고 할 때 어머니, 아버지, 할머니, 할아버지 또는 다른 연장자가 '멈춰!'라고 말해주지 않았다면 우리는 살아 있지 못했을 것이다. 또한 어떤 음식은 먹어도 되지만 어떤 음식은 먹으면 안 되고, 어떤 행동은 그 사회에서 해도 괜찮지만 어떤 행동을 하면 무리에서 쫓겨나 혼자 살아야 한다는 점을 배우지 못했다면, 대단히 위험한 처지에 놓였을 것이다. 따라서 부모, 다른 연장자, 사회 지도자의 말을 따르는 경향이 있는 것은 생존과 직결된 중요한 사안이자, 뇌가 새로운 내용을 학습하는 주요 방식 중 하나였다. 어느 사회나 권위자에게 의문을 제기하기보다 복종하는 이들이 있긴 하지만, 대체로 사람들은 남의 말을 잘 믿는, 달리 표현하면 귀가 얇은 경향이 있다. 신경학에서는 이런 경향을 가리켜 권위자 말을 기꺼이 믿고 따르려는 보편된 특성으로 규정한다.[54] 반드시 그렇진 않지만, 이런 특징은 아이들에게서 많이 나타난다.[55] 어려서 학습한 내용은 기억에 오래 남는데, 특히 일탈행동을 했을 때 처벌을 받거나 심각한 고통에 휩싸일 수 있다는 생각이 더해지면 기억이 더욱 각인된다.[56] 하지만 성인도 그럴 수 있다. 내가 소속된 외과 분야에서는 의사 수련을 받는 동안 스승의 가르침을 있는 그대로 정확히 따르는 자세가 매우 중요하다. 그래서 어떤 의사들은 새로운 수술기법이 개발돼도 도통 받아들이지 못한다.

사람들은 이렇게 삶의 단계마다 다양한 상황을 경험하면서 무엇이 중요하고 가치 있는지, 또는 문화를 학습하며 어떤 사례들이 보상가치를 지니는지를 놓고 자신만의 견해를 세워나간다. 이런 학습 과정은 각 개인의 경험과 문화를 둘러싼 환경, 사회, 신념과 동떨어지지 않으며, 상당히 임의적인 형태로 나타날 수 있고, 우연한 요소의 영향을 쉽게 받는다.[57]

그렇다면 이런 신경생물학 지식은 환경에 영향을 주는 행동이나 소비와 어떤 관련이 있을까? 우리는 경쟁심도 있고, 협동성도 있다. 대개는 새로움에 끌리지만, 익숙함에도 눈길이 간다. 우리는 고유한 생물학적 요인의 영향을 받지만, 동시에 특정한 경험이나 문화 맥락에도 좌우된다. 어릴 적 학습한 선호도나 신념은 우리에게 깊이 각인될 수 있지만, 뇌의 적응력이 충분히 뛰어나기 때문에 그 선호도나 신념도 개인 인생에서 그리고 사회 안에서 달라질 수 있다.

따라서 영겁에 걸쳐 진화한 인간 뇌는 구조화된 방식이나 세상과 상호작용하는 방법에서 고유한 특성이 있는가 하면, 새로운 환경에 적응할 수 있게끔 설계됐고, 특정 유형의 영향을 받을 때 더 쉽게 변화하는 특성도 있다. 게다가 이 모든 면에는 보상체계가 개입해야 한다.

오늘날 우리가 살아가는 환경은 진화 역사의 대부분을 차지하는 시간대의 배경과는 사뭇 다르다. 1장에서 살펴본 진화의 시간에서 가장 마지막 영점 몇 초에 해당하는 인류세는 우리 뇌가 이전에 직면한 적 없는 완전히 다른 생존적 도전을 들이민다. 우리의 신경생물학 특성을 들여다보면 우리가 왜 환경 딜레마에 빠졌는지 설명하는 데 도움이 된다. 이런 부분은 환경 딜레마를 이해하는 중요한 배경지식이지만, 그 자체로는 앞으로 나아갈 길을 제시하지 않는다. 이 딜레마를 헤쳐나오는 데 의미 있는 방법을 찾을 때까지 계속 탐구해야 한다.

우리가 선택하는 행동이 돈이나 성취감 같은 보상과 관련된 인간 성향에 휘둘린다면, 그래서 지금 곤경에 빠졌다면 최악의 시나리오를 피하기 위해 행동을 돌이킬 방법이 있을까? 해답을 찾으려면 우리가 바꿔야 하는 행동이 구체적으로 무엇인지, 또 대체행동이 뇌 관점에서 보상가치를 지니게끔 만들 수 있는지 더 살펴봐야 한다. 무엇보다 우리가 행동을 선택할 때 환경과학이나 행동변화를 다루는 과학 분야에서 빌려올 만한 내용을 중심에 둘 필요가 있다. 우리는 환경을 덜 파괴하는 대체행동을 선택할 수 있을까? 사회적 보상과 공정의 힘을 끌어올려서 환경피해를 최소화하는 의사결정을 내릴 수 있을까? 우리 사회가 계속 빠른 속도로 변화한다는 사실도 고려해야 할 지점이다. 환경변화가 보상체계, 행동, 환경과 어떻게 영향을 주고받는지는 앞으로 더 살펴볼 참이다. 하지만 그보다 먼저 우리가 지금까지 다루지 않은 질문인 인간을 위한 또 다른 보상문제에도 답변을 내놓아야 한다. 바로 이 질문, '자연 자체는 보상가치가 얼마나 될까?'

4

바이오필리아와 뇌

내가 필라델피아의 어린이병원에서 레지던트로, 나중에는 신경외과 의사로 일할 때 봄이 돼 날씨가 따뜻해지면 점심시간마다 병원 직원 수백 명을 건물 밖에서 한꺼번에 볼 수 있었다. 병원 건물 뒤편에 콘크리트로 된 벤치가 있었는데, 그 벤치에 앉는 사람은 드물었다. 병동에서 쏟아져 나온 직원들은 병원 앞 혼잡한 도로를 건너 병원 맞은편에 있는 박물관 앞 잔디밭으로 몰려갔다. 사람들은 가파르게 경사진 잔디밭에서 빈틈이 보이는 곳마다 자리를 차지하고 앉았다. 공간은 넓은 편이 아니었고, 이용하기에도 썩 편하지 않았다. 경사가 져서 앉기 불편했고, 나무만 몇 그루 듬성듬성 서 있을 뿐, 잔디밭 앞이 도로여서 별로 볼거리도 없었다. 하지만 잔디밭에 앉아 있는 것 자체에 사람들을 끌어당기는 어떤 특별한 매력이 있었다. 그래서 우리끼리는 그 잔디밭을 '해변'이라고 불렀다. 20년 세월이 흘러 내가 지금 재직하는 보스턴 병원 불핀치공원 잔디밭에서도 같은 풍경이 펼쳐진다. 불핀치공원에는 수 세기에 걸쳐 하나둘 들어선 옛 건물과 새 건물 사이에 무려 약 4000제곱미터 크기의 비탈진 잔디밭이 있다. 그 땅은 우리 병원의 귀중한 자산이고, 병원 확장을 위한 부지로 사용될 수도 있지만, 아직은 잘 보존되고 있다. 사람들은 왜 그래야 하는지 그다지 깊이 고민하지 않는다. 마치 손대면 안 되는 신성한 장소인양 당연히 보존해야 한다고 생각하는 것 같다.

우리는 지금까지 음식, 돈, 새로움, 익숙함, 사회적 보상, 성취감같이 보상가치가 있는 대상을 이야기했다. 우리가 논의하는 주제는 넓은 의미에서 보면 뇌가 작동하는 방식에 관한 내용이다. 더 구체적으로 말하면 우리가 어떻게 보상을 처리하고 느끼도록 진화해왔고, 그 결과 오늘날 환경위기를 자초하는 행동들을 서슴지 않았는지를 둘러싼 이야기다. 우리 행동을 보면 자연을 퍽 중요하게 생각하지 않는 것 같지만, 일부 학자는 자연이 그 자체로 인간에게 보상가치가 있다고 주장한다.

하지만 그 말이 사실이라면, 왜 우리는 자연보호를 우선으로 생각하기가 그토록 어려울까? 아니면 우리가 자연을 사랑하는 마음이 특정 상황에만 해당하거나 특정 사람, 어쩌면 현대인들에게만 있는 성향일 뿐, 우리 유전자에 각인된 강력한 유전적 특징은 아니기 때문일까? 우리의 유전적 특징은 자연을 두려워하는 성향에 가깝거나 생존에 딱 필요한 만큼만 상호작용하는 쪽으로 더 기울지 모른다. 오늘날 다가오는 환경위기에 뇌구조가 어떤 역할을 했는지 알고 싶다면 이런 경향을 눈여겨봐야 한다. 그래서 이번 장에서는 바이오필리아 가설을 지지하거나 반대하는 증거를 형태, 빈도, 가변성, 효과 측면에서 살펴보고, 그 증거가 다음 장에서 다룰 행동 변화를 위한 전략에 시사하는 바를 검토하려고 한다.

바이오필리아 가설의 역사

'생명 사랑'을 뜻하는 바이오필리아*는 사회심리학자 에리히 프롬Erich Fromm이 인간은 자연의 생명체에 끌리는 본능적 특성이 있다는 점을 언급하기 위해 1964년에 처음 만든 단어다.[1] 그후 사회생물학자 에드워드 윌슨E. O. Wilson은 자신의 저서 《바이오필리아 Biophilia》에서 '인간에게는 유전적으로 자연과 그곳에서 살아가는 생명체와 소통하고 교감하려는 본능이 있다.'라는 가설을 주장하며, 바이오필리아 개념을 더욱 확대하고 발전시켰다.[2] 인간과 인간의 상호작용은 철학자, 행동과학자, 사회과학자 사이에서 오래전부터 논의된 주제이지만, 바이오필리아 개념은 인간이 식물, 동물, 풍경 같은 자연의 대상과도 상호작용할 수 있고, 거기서 위안

---

* 바이오bio는 '생명'을, 필리아philia는 '사랑'을 뜻한다. – 역자주

을 얻을 수 있다는 새로운 논의의 화두였다. 앞으로 이 책에서는 용어 바이오필리아를 육체건강, 행동건강, 건축 분야에서 사용하는 방식을 따라 사람 손으로 구축하지 않고 자연에서 생성한 환경과 그것을 이루는 구성요소를 의미하는 개념으로 다루겠다.

인간의 다른 특성과 마찬가지로 자연을 아끼는 마음도 사람마다 차이가 있다. 우리 경험에 비춰볼 때 어떤 사람은 자연을 아끼는 마음이 다른 사람보다 훨씬 커 보인다. 그런 차이는 유전적 특성 때문일까? 아니면 어린 시절 경험이 달라서일까? 그도 아니면 다른 이유가 있을까? 우리는 태어날 때부터 자연을 사랑하는 마음이 각인될까? 태어나서 처음으로 본 동물심리학자 콘라트 로렌츠Konrad Lorenz를 제 어미로 각인해버린 새끼거위들처럼 말이다. 만약 그렇다면 발전한 도시에서 자라서 훼손되지 않은 자연을 거의 체험하지 못한 사람들은 자연을 그렇게까지 소중하게 생각하지 않을 수 있다.[3] 에드워드 윌슨은 앨라배마와 플로리다의 늪지대와 숲을 누비며 자랐다. 자연 속에 사는 온갖 곤충과 동물을 벗삼아 도시의 번잡함과는 거리가 먼 삶을 살았다. 그는 어린 시절 경험이 자신의 과학적 견해를 형성하는 데 결정적인 영향을 미쳤다고 말한다. 하지만 에리히 프롬은 독일 대도시 프랑크푸르트에서 자랐다. 그의 가족은 학문 탐구와 탈무드식 교육을 중시했다. 그의 아버지는 와인 상점을 운영했고, 가족 전체가 가끔 시골로 휴양을 떠난 시간을 제외하면 에리히 프롬이 일상에서 자연을 가까이한 경험은 많지 않았던 듯하다. 물론 도시에서 성장한 사람도 자연을 좋아할 수 있다. 그러므로 자연을 대하는 마음가짐은 단지 어릴 때 자연을 가까이한 경험 문제는 아닌 것 같다.

바이오필리아가 생물학적 현상의 일부로 표현되는 인간 고유의 특성이라는 주장은 직접 검증하기 어려운 가설이다.[4] 증거 대부분은 간접적이고 연역적이지만, 학자들은 대체로 그 증거들에 설득력이 있다고 생각한다. 만약 자연이 인간에게 보상가치가 있고 유익하다는 증거가 있다면, 그 증거들은 환경을 보호하는 선제적 행동을 일으키는 요인과 연관될 수 있으므로 관련 논의를 살펴봐야 한다.

사람들이 자연을 선호한다는 보편된 증거 한 가지는 지역과 문화를 가리지 않고 풍경을 좋아한다는 점이다. 널리 알려진 연구 결과에 따르면, 사람들은 거주하는 지역과 상관없이 대부분 가장 마음에 드는 자연 모습으로 공통된 이미지를 선택한다. 우선 사람들은 대체로 건물 사진보다 풍경 사진을 훨씬 좋게 평가한다.[5] 둘째로, 사람들이 마음에 들어 하는 풍경 사진에는 공통점이 있다.[6] 일단 사람들은 높은 위치에서 아래를 내려다보듯이 찍은 탁 트인 풍경을 좋아한다. 지면은 키 작은 풀로 뒤덮인 푸른 초지고, 낮은 가지에 잎이 우거진 나무가 드문드문 서 있다. 그런 풍경에는 호수나 작은 물웅덩이가 있고, 동물이 등장할 때도 있다.

어떤가? 평화로워 보이지 않는가? 이런 풍경을 이른바 '사바나 풍경'이라고 한다. 과학자들은 진화 과정에서 우리가 그런 특징의 풍경을 생존에 유익한 대상으로 학습했기 때문에 긍정적으로 인식한다고 주장한다. 예를 들어 위에서 아래를 내려다보는 시야는 포식자나 적의 위치를 파악하는 데 유리하다. 나무나 풀은 먹을거리를 찾을 수 있는 환경이라는 의미일 수 있고, 잎이 우거진 나무는 그늘을 제공하는 쉼터가 될 수 있으며, 낮은 가지는 사나운 동물을 피해 달아날 수 있는 장소를 가리킬 수 있다.

일부 학자는 초기 인류가 수백만 년에 걸쳐 동아프리카 사바나 초원지대에서 생활하며 진화했기 때문에 우리가 특정 풍경을 좋아하는 특성을 우리 공통 조상에게서 물려받았을 수 있다고 주장한다. 로저 울리히Roger S. Ulrich 연구진은 이 개념을 확장해서 적당한 정도의 복잡함, 걸어서 탐험할 수 있을 만한 지형, 약간의 신비로움과 기대감을 암시하는 원근감, 낮은 잠재적 위협과 같은 풍경 특징은 진화심리학의 근거를 토대로 생존과 안전에 최적화된 조건을 상징하기 때문에 선호된다고 말한다.[7] 이런 특징은 우리가 아름답다고 여기는 공원이나 전원 풍경에서도 대개 찾아볼 수 있다. 조경사들은 위락시설이나 도시 건물의 정원, 대학 캠퍼스, 도로 경관을 디자인할 때 이런 데이터를 활용한다. 한편 부동산 시장에서 보면 멋진 정원, 해변, 호수를 바라볼 수 있어 아름다운 전망을 자랑하는 부동산의 시세가 높은 현상은 사람들이 거기에 기꺼이 돈을 쓸 만큼 가치가 있다는 증거다.

인간은 본능적으로 자연친화적이라는 바이오필리아 가설을 뒷받침하는 또 다른 증거는 바이오필리아의 정반대 개념에 해당하는 '바이오포비아biophobia', 즉 생명 공포증을 다룬다. 인류 진화 역사의 대부분 기간에 인간이 살던 자연은 보상을 얻는 원천인 동시에 위협의 대상이었을 것이다. 문화사학자와 연구자 들은 사람들 대부분이 뱀과 거미를 무서워하는 경향이 있다는 사실을 보여주는 증거를 찾았다. 뱀과 거미를 한 번도 본 적 없는 어린아이 또는 성인조차 기다란 뱀이나 시커먼 거미를 보여주면 깜짝 놀라 뒤로 물러난다. 이런 반응은 인간만이 아니라 개와 영장류 같은 다른 동물들에서도 나타난다.[8] 총, 전선, 오토바이처럼 인류 역사에서 훨씬 나중에 등장한 발명품은 대개 뱀과 거미보다 훨씬 위험하지만, 인간은 뱀과 거미를 봤을 때 훨씬 더 순간적으로 움찔하는 경향이 있다.[9] 뱀과 거미를 무서워하는 감정은 가장 흔한 공포증이다. 연구 결과를 보면 쌍둥이는 다른 가족보다 쌍둥이 형제나 자매끼리 특정 공포증을 같이 느끼는 사례가 수두룩한데, 이는 공포증의 유전적 근거를 설명하는 증거가 된다.[10] 연구자들은 이런 근거를 종합해서, 인간에게 생명 공포증이 있는 것은 특정 자극을 받으면 위험을 인지하도록 신경회로망이 진화했다는 주장을 뒷받침하며, 인간이 자연의 긍정적인 모습에 이끌리는 현상도 유전적 성향일 가능성이 있다고 말한다.

교육과 아동 발달 분야에서 발표한 연구 결과도 있다. 다양한 자료를 보면, 아이들은 자연과 야외에 있을 때 학습 효율이 높아진다. 스트레스도 덜 받고, 더 창의적인 모습을 보이며, 집중력이 높아지고, 더 활동적이고, 다른 사람과 더 잘 어울리고, 더 건강해진다.[11] 숲, 나무, 바위, 들판이 있는 자연에서 뛰노는 북유럽 유치원 아이들은 일반적인 놀이시설에 바닥이 평평한 여느 놀이터만 이용하는 아이들보다 운동기능과 인지기능이 더 발달했다. 자연 공간에서 놀이시간을 많이 보내는 아이들은 자연물에서 기능을 찾는 경향이 있다. 그 아이들에게 수풀은 요새나 궁전이 되고, 바위는 해적선이 되며, 비탈진 곳은 뛰어내리거나 기어오르는 장소가 된다. 아이들은 주로 이런 장소에 '독수리 둥지'나 '공주의 궁전'처럼 독특한 이름을 붙이며 논다.[12] 평평한 바닥에 놀이시설을 갖춘 여느 놀이터에서는 운동능력이 뛰어난 아이들이 대개 대장 노릇을 하지만, 자연에서는 창의력이 돋보이는 아이들이 그런 역할을 맡았다.[13]

많은 교육학자와 심리학자가 이런 연구 결과를 토대로 아이들은 자연을 체험하며 학습하도록 설계됐고, 동물과 마찬가지로 인간에게도 놀이란 세상을 배우고 신체적, 사회적 기술을 습득하는 수단으로 기능한다고 추정한다. 이를 뒷받침하는 증거로는 현대에도 남은 수렵채집 사회를 포함해 다양한 문화권의 놀이문화를 관찰한 연구 결과들이 있다.[14] 아이들에게 놀고 싶은 장소를 선택하라고 하면, 대부분 자연환경과 야외공간을 골라잡을 것이다(선택지에 인터넷게임이 없다는 전제에서 그럴 것이다. 이 내용은 다음 장에서 자세히 살펴보겠다). 어른들이 어린 시절을 떠올릴 때면 가장 많이 추억하는 장소 중 하나가 야외 놀이공간이다. 대개 모든 나이대 사람들이 가장 좋아하는 장소로 야외공간을 꼽는다.[15] 야외에서 할 수 있는 놀이는 단순하게 즐겁다. 아이들을 야외에서 자유롭게 놀도록 풀어줬을 때 아이들이 어떻게 노는지 떠올려보라. 바위를 타고 오르고, 언덕 아래로 구르고, 높은 데서 펄쩍 뛰어내리고, 나무 뒤에 숨고, 술래잡기를 하면서 연신 즐거운 비명을 질러댈 것이다(다쳐서 울기도 하지만 아이들은 그러면서 배운다). 요새도 꾸미고, 나뭇잎과 돌멩이와 계곡물로 수프를 끓이고, 자신들만의 비밀장소도 만들 수 있다. 이야기를 지어내어 다른 아이와 역할놀이도 할 수 있다. 에드워드 윌슨이 숲과 늪지대를 누비며 자랄 때 그랬듯이, 아이들은 어른들이 이래라저래라 하지 않고 자유롭게 풀어주면 성취감을 보상으로 경험하고, 자연이 허용하는 범위에서 자신들만의 세계를 창조한다. 그리고 자연은 원래 아름답다고 정확하게 표현한다.[16] 자연이 건네는 보상이 없다면 그렇게 하지 않을 것이다. 아이들을 관찰하면 바이오필리아 가설을 지지하는 증거를 찾을 수 있다. 아이들은 저 하고 싶은 대로 자유롭게 내버려두면 자연에서 노닐기를 더 좋아하고, 그 안에서 다양한 놀이와 새로움을 경험하고, 즐기면서 학습한다. 자연과 더불어 하는 놀이가 재밌다는 말은 곧 보상체계가 제 역할을 한다는 증거다.

자연과 집중력, 스트레스 완화

우리가 자연에 끌리는 것이 사실이라면 우리를 끌어당기는 실체는 무엇일까? '자연'을 어떻게 정의할지는 8장에서 자세히 다루기로 하고, 이번 장에서는 사람 손으로 구축하지 않고 자연에서 생성한 환경을 가리키는 넓은 의미의 자연을 둘러보겠다. 자연에서 보내는 시간을 긍정적으로 평가하는 사람들은 대체로 '마음이 평화로워진다. 마음이 안정된다. 기분전환이 된다. 기운이 회복된다.'라고 말한다. 일부 학자는 우리가 자연을 향해 긍정적인 반응을 보이는 것은 틀에 박힌 일과 대신 자연과 마주할 때면 힘들이지 않고 자연풍경의 전환요소에 집중할 수 있기 때문이라고 추정한다. 다시 말해 자연에 가까이 있으면 한 번에 오랫동안 특정 작업이나 학습 과제에 주의를 기울여야 하는 현대 생활의 정신적 노고에서 해방될 수 있다. 연구자들 말을 들어보면 현대 생활의 정신적 노고는 우리가 진화해온 역사 대부분 시기에 요구되던 능력과 거리가 멀다. 과거에는 끊임없이 변화하는 자연환경에서 살아남기 위해 주의력도 부지런히 대상을 옮겨다녀야 했다. 심리학자 스티븐 캐플란Steven Kaplan이 언급했듯이, "중요한 것과 흥미로운 것이 극단으로 분열된 현상은 현대세계에서만 일어난다".[17] 그는 자연과 마주하는 경험이 우리가 장시간 한 가지 과제에 집중할 때 경험하는 정신 피로를 줄인다고 말한다. 바뀐 환경에서 다양한 자극을 받으면 우리 뇌가 진화 과정에서 적응한 속도와 종류에 맞춰 관심을 집중할 수 있기 때문이다. 우리는 자연계를 매력 있고 흥미로운 대상으로 인식하게끔 타고났기에, 자연을 가까이할 때면 주의력에 관여하는 뇌 기능이 휴식시간을 얻는 셈이다.

자연에서 시간을 보내는 경험과 주의력의 관계를 연구한 또다른 분야는 주의력결핍과다행동장애ADHD와 관련 있다. 일부 학자는 ADHD를 겪는 아이들이 자연환경 안에 있으면 지극히 정상적으로 행동할 때가 많다는 점을 눈여겨본다. 다시 말해 자연을 마주할 때는 ADHD가 사실상 치료되지만, 본인이 좋아하지 않는 과제를 해결해야 하는데다 장시간 주의력이 필요한 교실환경에서는 증상이 더 두드러지게 나타난다. 저술가로 활동하는 리처드 루브Richard Louv는 ADHD의 특성 중 하나인 주의산만이 환경 때문

일 수 있다는 점을 지적하려고 '자연 결핍 장애Nature Deficit Disorder'
라는 용어를 만들었다. 그는 우리 일상공간이 주로 '구축'된 환경
에서 '구조화'된 활동이 일어나는 곳이므로, 자연에서 시간을 보
내는 경험이 적은 아이들은 자연세계에서 건강하고 정상적으로
성장하는 데 필요한 능력과 일상에서 행동을 제약받는 상황이 조
화를 이루지 못해서 어려움을 겪는다며, 이는 우리 신경계가 진화
한 방식과 현대 생활의 분리를 의미하는 또 다른 증거라고 주장한
다.[18] ADHD가 있는 아이들은 인간이 구축한 환경보다 자연과 함
께 있을 때 산만함, 충동성, 과잉행동이 대체로 줄어든다. 또한 다
른 활동을 했을 때보다 자연을 체험하고 나서 충동성과 산만함이
감소한다.[19] 주의력 문제가 없는 학생들도 자연을 즐기는 경험에
서 이점을 얻을 수 있다. 사회경제적 변수나 다른 요인을 감안하
더라도 교실에서 자연풍경이 바라다보이는 고등학교 학생들은 그
렇지 않은 학교 학생들보다 시험 성적과 졸업률이 높았다.[20] 도시
환경에서 공격성이 증가하는 현상은 주의력 저하와 관련 있으며,
녹지공간이 많은 지역일수록 낮게 나타났다.[21] 따라서 자연을 누
리는 경험은 장시간 주의력이 필요한 작업에서 벗어날 수 있게 해
주고, 그뒤 다시 집중할 수 있는 능력을 다지는 측면이 분명히 있
는 것으로 보인다.

어떤 학자들은 자연의 '치유력'을 눈여겨본다. 자연은 스트레
스를 풀어주는 힘이 있어서 우리의 신체적, 정서적 치유를 돕는
이점이 있다는 얘기다.[22] 학자들은 그 근거로 위협적이지 않은 자
연경관을 가까이하는 경험이 스트레스 대응력을 높인다고 주장한

다. 이를 확인하기 위해 연구진은 피험자들에게 (충격적인 산업재해 영상을 보여주며) 스트레스를 유발한 다음 일부에게는 자연풍경을, 다른 일부에게는 도시풍경을 보여주고 생리 변화를 측정했다. 그랬더니, 자연풍경을 본 집단은 스트레스 수치가 떨어졌지만, 도시풍경을 본 집단은 그렇지 않았다.[23] 연구진은 자연 속 뱀과 거미도 손쉽게 우리 시선을 끌지만 그렇다고 스트레스를 완화해주지 않는 것을 보면, 자연의 치유력이 주의력하고만 관련되지는 않을 수 있다고 말한다. 우리 뇌에는 자연의 긍정적인 모습에서 우리가 보상을 느끼게 하는 다른 무언가가 있는 것이 분명하다.

주의력이냐 치유력이냐, 이 문제는 서로 충돌하지 않는다. 두 논의는 각성, 집중도, 스트레스처럼 복잡한 신경계 프로세스를 측정하는 도구에서 차이가 날 수 있다. 주관적 평가 척도나 뇌파 측정 도구, 심박수 변화 측정기 등은 이런 논의에 통찰을 제공해왔다. 이를 발판으로 좋아하지 않지만 주의력을 요구하는 과제나 스트레스로 생기는 생리 변화를 해소하는 데 필요한 '에너지'를 낮추는 수단으로써 자연의 회복력을 설명하는 이론들이 나왔다. 실제로 머리를 쓰는 노력은 피로감과 스트레스를 안기는 활동으로 인식될 수 있고, 이는 곧 두뇌 '노동'을 의미한다는 과학적 증거가 있다. 예를 들어 가벼운 기억력 장애가 있는 환자는 지적 과제를 수행할 때 더 열심히 머리를 써야 한다고 주관적으로 판단하며, 실제로 fMRI 영상을 찍어보면 대조군보다 더 넓은 범위의 피질에서 과제를 해결하는 데 필요한 활성화가 나타난다. 말하자면 사람들은 대체로 머리를 더 써야 한다는 객관적 증거가 있을 때 필요한 지적 과제를 다루려면 정신적 노고가 따른다는 사실을 실제로 깨달을 수 있고, 그런 요구를 힘들고 스트레스가 많은 일로 인식한다.[24] 하지만 fMRI는 우리 뇌에서 일어나는 수조 개 활동을 있는 그대로 보여줄 뿐이기에, 왜 우리가 자연을 마주하면 기분이 좋아지는지 완전히 이해하기란 어렵다. 그렇긴 해도 다른 유형의 공간과 비교해 자연환경 속에 있을 때 스트레스와 주의력 정도를 측정해보면 자연은 우리에게 도움이 될 만한 효과가 있는 것으로 나타난다.[25]

바이오필리아 가설을 뒷받침하는 또 다른 연구 결과는 인간과 동물의 유대관계를 조명한다. 미국에서는 전체 가구 중 절반 이상이 반려동물을 키운다. 동물을 보살피려면 더 많은 비용과 에너지가 드는데도 동물과 함께 생활하려는 인간의 특성은 본능적으로 인간이 자연의 다른 생명체에 애착을 느끼고 유대관계를 맺으려 한다는 주장의 근거로 채택돼왔다. 인간은 산업화 사회를 지나고부터는 생존을 위해 동물과 직접 상호작용할 필요가 거의 없어졌지만, 그렇다고 동물을 그냥 외면해버리지 않았다는 점을 눈여겨봐야 한다. 수렵채집 사회와 농경사회에서 동물과 상호작용하고 상호의존하던 관계는 이제 수족관 관상어, 동물원 동물, 일반가정의 반려동물이 대신한다.

그렇다면 동물과 나누는 상호작용이 자연과 가까이 있을 때 얻는 이익만큼 도움이 될까? 그렇기도 하고, 아니기도 하다. 주의력 장애와 행동장애가 있는 청소년은 반려동물을 키우면서 문제행동이 개선됐고, 자폐증 아동도 언어 발달과 사회성 발달에 도움을 받았다. 이런 결과는 다른 치료법으로 효과를 보지 못한 아동들에게도 나타났다.[26] 반려동물을 기르면 사회성, 활동성, 건강한 생활, 행복감에 도움이 된다는 점이 많은 연구에서 밝혀졌지만, 방법론적 근거가 빈약하다는 비판도 있다. '가짜 동물'이 있을 수 없기에 약효를 검증할 때처럼 플라세보효과placebo effect를 확인할 수 없기 때문이다.[27] 반려동물을 길러도 행복감이나 외로움처럼 정신적, 신체적 요인에 담긴 긍정적 효과가 없거나 심지어 부정적인 영향이 나타난다는 연구 결과도 있다.[28] 그러나 그토록 많은 사람이 자진해서 동물을 기르고 있으니, 인간은 이유나 효과를 상관하지 않고 생존에 필요한 상황이 아닐 때조차 동물과 교감하려고 노력한다는 주장이 신빙성 없다고만 할 수는 없을 터다. 우리가 그런 행동 특성을 보인다는 건 그 안에 어떤 식으로든 보상가치가 있기 때문이다.

건강효과

환자의 회복을 돕기 위해 환자를 자연에 노출하는 치료는 기록된 역사만큼 오래된 일이다.[29] 환경심리학 분야 권위자인 로저 울리히는 1984년 세계적인 과학학술지 〈사이언스Science〉에 자연의 치유효과를 다룬 현대적 실험 결과를 세계 최초로 발표했다. 바로, 같은 병원에서 같은 의사에게 같은 수술(쓸개 제거 수술)을 받은 환자 그룹을 대상으로 한 가지 변수, 즉 벽돌벽이 보이는 병실과 커다란 나무들이 보이는 병실로 차이를 두고 회복률, 진통제 요구 횟수, 퇴원 날짜를 알아보는 실험이었다. 결과는 다른 모든 요인이 같을 때 나무 전망을 바라본 환자들이 벽돌벽을 쳐다본 환자들보다 진통제를 덜 요구하고, 평균적으로 하루 일찍 퇴원한 것으로 나타났다.[30] 이렇게 자연을 활용하는 치료가 환자의 회복에 효과를 낼 수 있다는 결론은 의료계에서 공식적으로 널리 인정하는 사실이었다. 그후 다른 연구 결과도 이 사실을 뒷받침했다. 갑상샘 수술이나 맹장 수술을 받은 환자들은 다양한 꽃과 화분이 놓인 병실에 입원했을 때 그렇지 않은 병실 환자들보다 평균적으로 회복 속도가 빠르고, 진통제를 덜 요구하며, 회복기간을 더 기분 좋게 평가했다.[31] 심장 또는 폐질환 환자들을 대상으로 한 연구 결과를 보면, 환자마다 차이는 있지만 넓은 자연 전망이 바라다보이는 병실에서 지낸 환자들의 신체적, 정신적 증상이 더 빨리 호전됐다.[32] 이런 연구 결과는 급성기 치료 병원, 정신건강 시설, 재활센터 등 많은 보건시설에서 치료정원, 원예활동 프로그램, 녹지공간 조성 프로젝트를 활발히 도입하는 성과를 가져왔다.

환자가 퇴원한 뒤에 자연을 가까이하는 개인 경험과 건강의 관계를 알아본 연구도 있다. 뇌졸중 치료를 받고 퇴원해서 대도시에 거주하는 환자 중 식물이 많은 환경에 사는 이들은 다른 위험요인을 조정하더라도 평균적으로 퇴원 후 5년간 사망률이 다른 환경에서 지내는 환자들보다 낮았다(식물이 많은 환경인지는 위성지도로 측정했다).[33] 한 연구진이 미시간 지역을 선택해서 나무에 기생하는 에메랄드 애쉬 천공충으로 병충해를 입은 나무와 심혈관

질환 및 호흡기 질환으로 사망한 환자의 연관성을 살펴봤더니, 병충해로 죽는 나무가 많을수록 해당 지역 환자의 사망률도 높았다. 연구진은 사망률이 증가하는 원인을 정확히 밝히지는 못했지만, 나무가 많으면 공기 질이 좋고 스트레스를 풀어주는 효과가 있으므로 이 부분과 어떤 식으로든 관련 있을 것으로 추정했다.[34] 현대사회의 이런 과학 연구 결과들은 고대시대부터 이어 내려온 자연의 치유효과에 거는 믿음을 상당히 일관성 있게 뒷받침한다.

문화를 비교한 다른 연구 결과를 보면, 조현병이나 다른 심각한 정신질환 사례에서 공업도시에 사는 환자들이 농촌에서 생활하는 환자들보다 예후가 좋지 않았다. 게다가 설문조사 결과도 농촌문화권에 사는 사람들보다 도시와 산업화된 환경에 둘러싸인 이들이 대체로 삶의 만족도가 낮은 것으로 나타났다. 우울증, 자살, 약물중독을 포함한 특정 유형의 정신질환은 현대사회의 인위적인 생활방식을 유지하는 사람들에게 더 흔하다. 학자들은 이런 결과를 놓고 바이오필리아 개념을 지지하는 증거로 해석한다. 나아가 우리가 자연이나 다른 생명체와 규칙적으로 상호작용하는 생활과 멀어질수록, 그러니까 우리가 더 잘 적응하도록 진화한 방식을 벗어날수록 우리가 맞이할 수 있는 잠재적 피해를 보여준다고 추정한다.[35]

또한 자연을 즐기는 경험을 인지능력과 기분에 영향을 미치는 변수나 정신질환 치료에 개입하는 수단으로 연구하기도 한다. 학자들은 도시의 녹지공간이건 자연환경이건 인간의 인지기능과 기분을 되살리는 측면이 있다는 증거를 찾았지만, 특정한 이점을 얻으려면 정확히 얼마 동안 어떤 종류의 자연에 노출해야 하는지는 아직 명확히 밝혀내지 못했다.[36] 타액으로 스트레스 정도를 측정한 검사 결과를 보면 자연환경에서는 20~30분 뒤부터 스트레스 수치가 급격히 떨어지는데, 이는 자연에 비교적 짧은 시간 노출돼도 스트레스가 풀린다는 의미로 해석할 수 있다.[37] 대개 정원 가꾸기나 자연을 이용한 치료법은 우울감과 불안을 다스리는 효과가 있다. 이렇게 치료받은 환자들은 증상이 호전되는 정도나 직장에 복귀하는 비율이 높았다. 군대나 교도소처럼 갇힌 곳에서 생활해야 하는 사람들에게 농작활동을 하고 결실을 확인할 수 있게 하면 목표의식, 협동심, 안정감이 높아지는 것으로 나타난다. 이런 연구를 진행할 때 객관적 측정도구는 자료 분석을 위한 훌륭한 과학지표가 된다. 하지만 사람들에게 듣는 호소력 짙은 증언 또한 인간이 느낄 수 있는 스트레스의 극단을 경험하는 이들에게 자연이 삶을 뒤바꿀 만한 보상을 제공한다는 점을 훌륭하게 입증한다.[38] 이런 결과는 가정폭력 피해자 쉼터의 원예활동 프로그램과 교정시설의 농장 운영 프로그램이 성공적으로 운영되면서, 프로그램에 참여한 사람들의 실제사례로 확인됐다.[39] 전향적 무작위 대조실험에서 얻은 증거를 보면, 도시 빈터를 녹지로 조성한 지역은 쓰레기만 치우거나 아무런 개입을 하지 않은 구역보다 우울하다거나 자신이 쓸모없다고 느끼는 사람의 비율이 거의 50퍼센트나 감소했다. 사회경제적 지위가 낮은 동네일수록 효과가 더 크게 나타났다.[40] 이런 결과는 강력하고 단순하며 비용 효율 높은 자연 활용 프로그램 사례들이 자연의 주된 이점을 실제로 보여준다는 것을 의미한다.

공중보건 효과

자연이 공중보건에 미칠 수 있는 이점은 다른 분야보다 밝히기 힘들다. 우선, 연구자들이 특정 질병이나 특정 생활환경을 비교할 수 있는 모집단을 확보하기 어렵다. 게다가 일상에서 자연을 체험하는 방식은 병실에서 자연경관을 볼 수 있는지 여부처럼 단순한 환경보다 훨씬 복잡하게 구성되기 때문에 자연에 노출하는 정도를 어떻게 규정하고 측정할지가 문제고, 건강지표에는 다른 많은 요인이 연관된다는 어려움도 있다. 하지만 상당 기간 연구 대상을 추적하는 종단연구, 설문조사, 인구통계학적 자료에서 관련 정보를 수집할 수는 있다. 그 결과 공중보건 차원에서도 자연 체험이 다양한 지역과 문화에 걸쳐 모든 나이대에서 사람들의 신체, 정신 건강과 대체로 연관성이 있는 것으로 나타났다.

스페인에서 아동 건강을 연구한 한 연구진은 공원이나 숲이 가까운 지역에 사는 여건과 비만, 과체중, 천식, 알레르기, 컴퓨터나 다른 전자기기 사용시간의 관련성을 조사했다. 연구 취지는 자연과 가까운 곳에 거주하는 경험이 건강에 미치는 이점과 단점(이런 주제의 논의도 간과해서는 안 된다)을 객관적으로 살펴보자는 데 있었다. 그 결과 위성지도로 판단했을 때 녹지공간이 많은 지역에 사는 아이일수록 영상매체 이용시간이 적었고, 과체중 비율이 낮았다. 숲과 가까운 곳에서 생활하는 아이들은 천식이나 알레르기 발병률이 높지 않은 반면, 공원 가까이에 거주하는 아이들은 알레르기 발병률이 약간 더 높았다.[41] 하지만 이런 인구 기반 연구에서는 실제로 아이들이 야외에서 얼마나 시간을 보내는지는 측정하지 않는다. 또한 녹지공간을 가까이하는 정도와 아이들 건강지표의 관계는 부모의 교육수준이 높을수록 밀접하게 나타났기 때문에 부모의 영향도 흘려넘길 수 없다. 이런 데이터는 다소 한계가 있긴 하지만, 도시나 개발 지역에 사는 아이들이 전자매체를 사용하는 시간이 길어지고 야외 녹지공간에 머물 기회가 줄어들면서 나타나는 문제를 줄이기 위해 의료 전문가들이 아이들에게 야외활동을 권장하고 나아가 '처방'하는 추세를 불러왔다.[42] 이 내용은 9장에서 친환경 어린이병원 프로젝트를 소개하며 더 자세히 살펴보겠다.

그밖에도 자연을 체험하는 정도와 건강에 미치는 이점의 관계를 보여주는 연구 결과가 여럿 있다. 한 예로, 집 안에 마당이 있거나 집 근처에 녹지공간 놀이터가 있는 저소득층 도시환경의 아이들은 야외 놀이시설이 없는 고층건물에 사는 아이들보다 평균적으로 인지기능이 더 높게 나타났다.[43] 청소년들은 안전한 녹지공간에서 야외활동을 하며 보내는 시간이 건강한 삶의 중요한 부분이라고 평가했고, 야외에서 신체활동을 하는 청소년들은 시간이 흐를수록 육체적, 정신적 기능에서 건강과 관련된 삶의 질이 높아졌다.[44] 핀란드 청소년기 여자아이들은 야외활동에 많이 참여하고 동물을 가까이할수록 삶의 만족도가 높게 나타났다.[45] 대학생들은 인공적이거나 추상적인 시각자극보다 자연이 선사하는 시각자극에 노출될 때 충동적인 선택을 적게 내렸다.[46] 덴마크에서는 10세 이전에 녹지공간을 가까이하며 자란 아이들이 다른 위험

요인을 고려하더라도 청소년과 성인이 됐을 때 대체로 정신질환 발병률이 낮은 것으로 조사됐고, 도시 아이들은 특히 더 낮았다.[47] 하루 30분 걷기를 실천하면 건강지표가 좋아지는데, 인공적인 도시공간보다 자연환경에서 걸어야 인지 측면에서 추가 이점이 있는 것으로 나타난다.[48] 한 연구진이 네덜란드에 거주하는 1만 명을 대상으로 조사했더니, 집 안에 있는 정원 같은 녹지공간을 마주하는 시간이 많은 사람은 스스로 평가한 육체적, 정신적 건강지표가 더 높았다. 특히 사회경제적 지위가 낮고, 집에서 보내는 시간이 긴 집단일수록 그랬다.[49] 자연은 수명과도 관련 있다. 녹지공간과 가까이 사는 노인들은 신체활동에 참여하는 비율이 더 높았고, 도시 지역 노인들은 가까운 곳에 공원이 있거나 주변환경에 식물이 많을수록 수명이 늘었는데, 이는 걷기나 사교활동 기회가 많기 때문으로 보인다.[50]

하지만 이런 긍정적 결과에도 예외가 있다. 캐나다 젊은층 인구를 대상으로 진행한 연구 결과를 보면 녹지공간을 가까이하는 삶과 정서적 만족감은 관련이 없었고, 소도시에서만 약하게 나타났을 뿐이었다. 심지어 싱가포르에서는 아무런 연관성을 발견하지 못했다.[51] 노르웨이에서 진행한 한 연구는 성인을 대상으로 자연환경에서 육체활동에 참여하는 빈도가 높은 요인이 무엇인지 알아봤는데, 어릴 때 자연에서 보낸 경험과 더불어 사회연결망의 하나로 다른 사람들과 함께 활동하는 능력이 가장 강력한 예측 변수로 떠올라서, 자연을 아끼는 본능적 애착보다는 양육과 사회활동 기회가 사람들 행동에 관여하는 중요한 요인임을 시사했다.[52]

한편 남아프리카공화국과 호주 일부 지역에서는 사람들이 공원을 안전하지 않은 곳으로 여기기 때문에 공원 근처에 살면 스트레스 지수가 높아지는 것으로 조사됐다.[53]

바이오필리아를 회의적으로 바라보는 시각도 만만찮게 존재한다. 일부 학자는 바이오필리아를 지지하는 주장에 체계적인 연구에 필요한 객관성과 대조군이 부족하기 때문에 개념과 증거의 논리성이 떨어진다고 비판한다.[54] 바이오필리아를 뒷받침하는 사례의 반례도 있다. 일부 지역 원주민들은 사바나 풍경보다 정글을 선호한다. 어떤 문화권은 독사나 위험한 뱀만 겁을 내고 여느 뱀은 무서워하지 않는 듯이 보이며, 인간과 가장 가까운 영장류인 침팬지는 뱀보다 거북을 더 두려워한다.[55] 또한 모든 사람이 탁 트인 자연경관을 좋아한다고도 할 수 없으며, 사람은 나이 들수록 익숙한 풍경을 선호하기도 한다.[56] 게다가 시골에서 도시로 이주하는 비율이 그 반대 상황보다 더 높은 현상은 어떻게 이해해야 할까? 물론 이 모든 사례와 반례는 무엇도 완벽하게 입증하지 않으며, 단지 인간 행동에 영향을 미치는 복잡한 요인을 지지하거나 반박할 뿐이다.

바이오필리아에 회의적인 또 다른 반대론자들은 유전자보다 사회적 학습과 문화가 자연을 대하는 사람들의 자세를 형성하는 데 더 중요한 역할을 한다고 판단하는데, 이때 그들 대부분은 편의성이 핵심 기준이 된다고 생각한다.[57] 이를테면 사람들은 기본 욕구를 충족하기에 필요한 만큼만 자연과 교류한다고 말할 수 있다. 자연은 지역에 따라 안정감보다 공포를 안길 때가 많고, 인류 역사를 통틀어 오랫동안 인간을 위협하는 대상에 더 가까웠을 확률이 높다.[58] 사람들은 맞닥뜨린 상황에 따라 인간의 단기 목적에 이로운 정도로만 자연을 이해하고, 중시하며, 자연과 교류한다. 만약 그렇지 않다면 자연을 한껏 보호하고 아끼기 마련이므로 '공유지 비극*'은 일어나지 않을 터다.

바이오필리아 가설을 비판하는 일부 의견은 인간이 직면한 상황에서 이득을 따지며 주도적으로 행동을 선택하기보다 유전자에 좌우된다는 생각을 불편하게 바라보는 시각에서 출발한 듯이 보인다.[59] 여기에는 신경생물학이 좀 더 구체적인 시각을 제공할 수 있다. 앞서 살펴봤듯이 뇌는 이분법적 논리로 접근할 수 없다. 뇌는 유전자에 휘둘리기보다 어떤 성향을 띨 수 있다. 다시 말해, 유전적이냐 아니냐로 설명할 수 없다. 사실 둘 다 맞는 말이다. 고정된 것은 문화나 환경이 아니다. 정작 우리가 고정된 쪽에 가깝다. 우리는 상황에 따라 바뀌고 적응하도록 설계됐지만, 그렇게 빨리 변할 수도 없고 우리 사회의 다른 영역들과 같은 속도로 달라질 수도 없다. 우리 행동은 860억 개 신경세포와 그 하나하나에 연결된 1만 개 시냅스 안에서 성향, 학습, 경험, 현재 상태가 어떻게 상호작용하는지에 따라 달라진다. 거기에 영향을 미치는 수많은 미세 요인은 어떤 순간, 어떤 행동이 불러온 결과에 따라 더 중요하

---

* 미국 생태학자 개럿 하딘Garrett Hardin이 주장한 개념으로, 지하자원·공기·물과 같은 개방된 자원을 두고 개인은 자기 이익에 따라 행동하기 때문에 결국에는 자원이 고갈된다는 내용이다. – 역자주

고 덜 중요한 순위가 매겨진다. 만약 바이오필리아가 모든 이에게 언제라도 가장 강력한 힘을 발휘하는 본능적 욕구였다면, 우리는 지금 다른 삶을 살고 있을 것이다. 종합해보면 지금까지 우리가 찾은 증거들은 다소 일관성 있게 사람들 대부분이 자연에 애착을 느끼고, 자연에서 보내는 시간이 학습과 정서에 이롭다는 점을 뒷받침하지만, 한편으로는 그 증거들이 개인적, 집단적 의사결정에 관여하는 다른 많은 우선순위와도 경쟁한다는 점을 보여준다.

환경우울증

만약 인류세에 닥친 위협이 수십 세기가 아닌 수십억 년 또는 수백억 년에 걸쳐 나타났다면, 신경계를 지휘하는 유전자 청사진이 오늘날 위기를 진짜로 인식하고 더 적절하게 긴급히 반응하도록 선택됐을지 모른다. 하지만 인간과 지구의 역사는 우연을 거듭하며 현재 상황에 이르렀다. 특히 인간은 뛰어난 인지능력과 문제해결력 덕분에 역사상 가장 성공한 '잡초 종weed species'이 되어 지구 전체에 뿌리를 내렸고, 아찔할 정도로 빠르게 번식했으며, 이 모든 일을 매우 짧은 지질시대에 해치웠다. 비교적 풍요로운 환경에서 성공을 거두었기에 우리는 그 성공을 긍정적으로 인식하는 경향이 있다. 그러니까 우리는 지금까지 살기 좋은 곳을 찾아서 잘 먹고 잘 입고 잘 살아왔다고 생각한다. 가파른 인구 증가는 대부분 고소득 국가가 아닌 지역에서 벌어지는 일이기에 고소득 국가 사람들은 내 눈앞에서 터지지 않는 현상을 위협이나 부정적인 사태로 인식하기 어렵다. 만약 당신이 미국 대도시 근교에 산다면, 인도 뭄바이나 아프리카 라고스에서 인구와 관련해 어떤 일이 벌어지는지 직접 겪어보지 못한다.

인구가 증가하면 토지 이용이 늘어서 또 다른 환경 부담을 일으키지만, 일인당 탄소 배출량이 가장 많은 고소득 선진국 사람들은 정작 이런 사실을 깨닫지 못한다. 인구가 증가하면 점점 많은 토지를 개발해야 하고, 점점 많은 생물을 지구에서 영영 사라지게 만든다. 하지만 사람들은 대부분 가까운 미래에 벌어질 결과를 미처 생각하지 못한다. 멸종은 거의 우리가 잘 알지 못하는 종에서 아주 천천히 일어난다. 우리 곁에는 여전히 다람쥐도 있고, 참새도 있고, 말벌도 있어서 회사나 집 안에서 많은 시간을 보내는 우리 대부분은 자연에서 일어나는 변화가 우리에게 보내는 경고신호라는 사실을 눈치채지 못한다.

이산화탄소는 또 어떤가? 우리는 대기 중 이산화탄소 농도가 인류 이전 역사보다 두 배 이상 증가했고, 20세기 중반에 태어난 우리가 지금까지 살아온 그 짧은 시기 동안 3분의 1배가 또다시 쌓였다는 사실을 알아차릴 만한 신체 장비를 갖추지 않았다.

어쩌면 우리는 생존하고자 무슨 일을 할 때 뇌가 우리에게 경고를 보내고 보상을 주도록 진화한 방식에 따라 앞으로도 제법 괜찮으리라 기대하는지도 모른다. 그래서 우리가 즉시 관심을 보여야 하는 일들은 사실 바쁜 일상에서 뒷전으로 밀려난다. 뇌가 설계된 방식에서 보면, 그런 일들은 그다지 중요하지 않기 때문이다.

그런데 심지어 여기 미국에서 살아가는 우리도 어디선가 주택단지 개발을 위해 나무를 베어 없애고 숲을 갈아엎는 모습을 보면 왜 막연하게 본능적인 불안에 휩싸이는 걸까? 해변에서 산책하는 동안 비닐봉지, 각종 쓰레기, 죽은 해양생물, 스티로폼 더미 사이를 헤치며 조심조심 발을 떼야 할 때는 또 어떤가? 우리가 운전하는 자동차 앞 유리로 멸종위기종인 제왕나비가 날아들 때, 기름으로 얼룩진 하천을 바라볼 때, 한창 추워야 할 북미 지역 2월 날씨가 초여름만큼 따뜻할 때는?

이런 현상을 두고 어른들만 이상한 감정을 느끼는 것이 아니다. 우리 동네에 사는 한 초등학교 2학년 여자아이의 엄마는 집 부근에 있던 커다란 상록수 여섯 그루가 잘려나간 광경을 보고, 딸아이가 온종일 눈물을 흘렸다고 내게 말해준 적이 있다. 리처드 루브의 저서 《자연에서 멀어진 아이들Last Child in the Woods》에서는 한 소녀가 이렇게 말한다.

> "그곳은 나만의 비밀장소였어요. 큰 폭포가 있고, 그 옆에 작은 개울도 있었죠……. 거기에 누워 나무와 하늘을 바라봤어요……. 아무런 방해도 받지 않고 정말 자유로웠죠. 저만의 공간이었으니까요……. 전 거의 매일 거길 찾아갔어요."
> 그러다 소녀의 얼굴이 어두워지며 목소리가 슬퍼졌다.
> "어느 날 숲의 나무가 모두 잘려나갔어요. 마치 제 몸 일부가 잘려나간 기분이었죠."[60]

요즘은 이런 감정을 가리켜 '환경우울증, 기후변화 우울증, 솔라스탤지어solastalgia*'라고 부르고, 심지어 '인류세 우울증'이라는 표현도 생겼다.[61] 기후변화와 생태계 파괴를 걱정하는 사람들이 이렇게 세계적으로 늘어나는 현상을 파푸아뉴기니, 호주, 스위스, 캐나다 등지에서 연구해왔다. 해수면 상승, 가뭄, 자연 산불과 같은 자연재해로 삶의 터전을 잃거나 생계를 위협받고 직접 피해를 본 사람들에게는 당연히 즉시 대책을 마련해주고 지원에 나서야 할 것이다.[62] 자연재해를 겪고 나서 삶이 위협받는 수준의 고통을 호소하는 증상을 '기후 외상 후 스트레스 장애'라고 한다.[63] 사람들은 자연재해를 직접 겪지 않고 단지 목격하는 것만으로도 기후 위기를 심각하게 받아들이고, 이재민의 어려움에 깊이 공감할 수 있다. 하지만 미래가 불확실하고 자신에게 아무런 정치적 힘이 없다고 생각하는 전 세계 수많은 젊은이가 양립할 수 없을 것 같은 환경 목표와 소비지상주의 생태계라는 딜레마 안에서 좌절감을 맛본다.[64] 일부 학자는 많은 사람이 이런 딜레마를 대하며 손을 놓아버리는 무기력감을 보이고 있고, 이미 퀴블러-로스가 말하는 애도 과정 5단계**에서 마지막 단계에 있다고 말한다.[65] 미래를 막연하게 걱정하는 상태는 앞으로 닥칠 위기나 재난을 우려하며 불안해하는 '외상 전 스트레스 장애'의 한 형태다.[66] 한 연구자

---

* 기후변화로 환경위기를 걱정하며 불안이나 우울 같은 정신적 고통을 겪는 증상 – 역자주

** 정신의학자 엘리자베스 퀴블러-로스가 제안한 개념으로, 인간은 커다란 상실을 대할 때 '부정-분노-타협-우울-수용'이라는 다섯 단계를 거친다고 한다. – 역자주

는 기후변화를 걱정하는 습관이 정신질환 차원이 아닌 현실성에서 출발하기에 오히려 적절한 대응을 앞당기는 이성적인 반응이라고 말한다.[67] 기후변화에 대응하는 정치적 행동을 촉구하는 새로운 청년단체인 '선라이즈 무브먼트Sunrise Movement'는 그런 현상이 사회적으로 확산하며 조직된 움직임의 한 형태로 볼 수 있다. 종합하면 환경우울증은 자연계를 위협하는 광경이 인지 측면은 물론 정서 측면에서도 인간에게 불안과 괴로움을 안겨준다는 의미이므로, 어쩌면 바이오포비아보다도 더 바이오필리아 가설을 지지하는 확실한 증거일 수 있다.

바이오필리아와 기후변화

인류 역사에서 가장 최근 시기를 제외하면 사실 우리는 자연에 항상 둘러싸여 있었고, 자연과 화합하며 살았다. 자연은 우리에게 먹을 것을 주고 쉴 곳을 제공하는 삶이자 쉼터였다. 초기 인류는 우리가 자연과 동떨어져 살리라고는 생각조차 할 수 없었을 것이다. 우리 뇌는 계속 자연 속에 있는 상태가 기준이던 시기에 진화했다. 그래서 자연과 분리될 때 경보음을 울리도록 진화할 필요가 없었다. 해양생물은 물 밖으로 나오면 죽는다. 그래서 물 밖으로 나오는 순간 온몸을 펄떡거린다. 우리는 해양생물처럼 우리가 자연과 분리될 때 우리에게 위험을 알리는 경고장치가 없다. 그렇다. 우리는 현대세계 사회시스템과 뛰어난 적응력 덕분에 자연을 전혀 마주하지 않고도 웬만한 기본 욕구를 모두 충족할 수 있다. 단기적으로는 그렇다. 게다가 자연계와 오랫동안 분리돼 살아가는 모습은 진화가 일어난 시간 범위에서 지극히 최근에 일어난 일이라, 우리 뇌는 자연과 분리된 사건을 놓고도 일산화탄소 중독, 플라스틱 독성물질, 기후변화 사안과 마찬가지로 경고장치를 만들 시간이 없었다. 자연은 당연히 우리에게 보상가치가 있고(그래서 우리가 자연을 찾아가 휴가도 즐기는 것이 아니겠는가?), 그것도 우리 삶을 뒤바꿀 만한 아주 강력한 보상이 될 수 있다. 하지만 자연이 건네는 보상은 대부분 우리가 눈치채지 못할 만큼 아주 미세하게 일어난다. 생존적 필요에 즉각 반응하는 도파민 보상이 아니다. 대다수 사람들에게 자연은 필요보다는 선택에 가깝고, 선물 같은 존재며, 신경계에 충격이 아닌 위안을 선사하는 주체라고 할 수 있다.

하지만 자연을 마주하고 자연과 교감하는 자세가 환경에 민감한 행동을 일으키는 촉매제가 될 수 있다는 증거도 있다. 일부 사람에게는 자연을 사랑하는 마음과 환경우울증이 둘 다 자연과 관련된 행동의 우선순위와 판단을 바꾼 중요한 요소였다. 어떤 사람들한테서는 이런 경향이 더 두드러지지만, 이유는 아직 정확히 밝혀지지 않았다. 일부 사람은 바이오필리아가 본인이 내리는 의사 결정의 상당 부분을 이끄는 원동력으로 작용한다. 그들에게는 바이오필리아가 행동에 변화를 일으키는 주된 동기다.

만약 우리가 자연을 정말 아낀다면, 왜 우리는 자연을 구하기 위해 선뜻 의지를 발휘할 수 없을까? 한 가지 이유는 우리 뇌에서 매초 단위로 내리는 판단에는 수많은 입력이 작용하고, 자연을 위한 마음은 그중 하나일 뿐이기 때문이다. 누군가는 본인 판단에 영향을 미치는 고려사항 수만 개 중에서 이런 요인의 힘이 우세할 테고, 또 누군가는 다른 고려사항들의 힘이 자연을 위하는 마음보다 더 막강할 것이다. 국회의원들을 생각해보라. 자연을 대하는 한 개인의 마음은 자신이 내리는 판단에 작용하는 한 가지 요인이 될 수 있지만, 최종 판단이 어떻게 나올지는 그 마음과 경쟁하는 수많은 다른 요인의 중요도에 따라 달라진다. 그 수많은 경쟁요인의 일부는 논리적이고, 일부는 부적절하며, 대부분이 무의식 영역에 속한다.

바이오필리아와 환경우울증을 인정하면 우리가 자연이나 자연파괴 문제에 본능적으로 반응하는 수준에서 행동에 나서는 단계로 바뀌는 데 영향을 줄 수 있다. 우리가 아끼는 대상을 보호하려는 마음은 특히 그 대상이 위험해질 때 강력한 힘을 발휘할 수 있다. 환경우울증 치료법을 연구하는 사례는 아직 부족하지만, 주도성 원리를 생각하면 우리에게 귀중한 대상이 위험에 처했을 때 그 대상을 구하려고 구체적인 행동에 나서는 방법이 도움이 될 만하다.

이런 배경지식이 개인적으로나 사회적으로 우리 삶의 방식을 바꾸는 사회운동에 한몫할 수 있을까? 다음 장에서 자연을 아끼는 마음과 자연에 이로운 행동을 둘러싸고 연구자들이 발견한 내용은 무엇인지 더 자세히 살펴본다.

한편으로 왜 자연을 아끼는 마음을 이용해서 자연을 구할 수 없는지를 해명하는 답변은 우리가 할 수 있는 일이 무엇인지 모를 때가 허다하다는 사실에서 찾을 수 있다. 우리가 어떤 행동을 바꿔야 하고, 그 변화가 자연의 어떤 측면에 영향을 줄지 모른다면, 행동과 결과의 관계는 불분명해진다. 사실 지구를 구하는 방책은 고사하고 우리가 사는 지역의 숲이 불도저로 파헤쳐지는 일도 막기 어렵다.

이 모든 요인이 어떻게 서로 영향을 주고받는지 제대로 이해하려면, 현대인의 삶이 뇌와 어떻게 상호작용해서 21세기를 살아가는 우리의 선택과 행동에 영향을 미치는지 헤아려야 한다. 그렇다면 환경 측면에서 개인으로나 집단으로나 가장 변화가 필요한 우리 행동은 무엇일까? 다음 장에서는 이런 이야기에 초점을 맞추려고 한다. 그러면 신경계를 중심으로 바이오필리아가 어떻게 환경 문제를 해결하는 열쇠가 될 만한지 이해할 수 있을 것이다.

2부   **21세기 뇌**

5

소비 가속화

한 남자가 아기를 유아차에 태우고 걸어간다. 아기 아빠인 남자는 빠른 속도로 걸으며 줄곧 이야기를 한다. 옆을 지나치며 보니 그가 말을 건네는 상대는 유아차 속 아기가 아닌 회사 고객이다. 그는 이어폰을 귀에 꽂고 고객에게 무언가를 열심히 설명한다.

한 IT기업 이사는 며칠간 바다 건너 세 나라를 여행하며 데이터 보안을 강화하는 새로운 소프트웨어 상용화를 지원하는 회의에 참석한다. 회의를 마치고 돌아온 그는 시차에 적응하기도 전에 대도시 고층 빌딩 16층 본사에서 꽉 찬 하루 일정을 소화한다.

초등학교에 다니는 아홉 살 된 한 여자아이는 학교에서 태블릿PC로 수업을 듣는다. 학교가 끝나고 집에 돌아오면 가상 애완동물을 입양해서 키우는 컴퓨터게임을 하며 채팅으로 친구들과 대화한다. 아이는 자신이 입는 옷, 가족이 구입하는 식품과 화장품 브랜드, 심지어 부모님이 학교에 데려다줄 때 타고 가는 자동차에도 확고한 취향이 있다. 아이의 취향은 주로 또래 친구나 TV, 사회관계망서비스SNS의 영향으로 형성된다. 또래 아이들 사이에서 유행하는 브랜드가 아니면 마음에 들지 않는다.

* * *

지금까지 우리는 수백만 년을 거치며 뇌가 어떻게 진화했는지 살펴봤다. 우리가 경험하는 보상의 기능과 유형도 알아봤고, 보상이 어떻게 새로운 내용을 학습하게 하고 동기를 제공하는지 짚어봤다. 방금 소개한 사례 세 가지는 환경위기를 불러온 신경생물학적 영향을 연구할 때 고려해야 하는 또 다른 요인, 즉 우리 뇌가 물질적으로 풍족한 산업사회에서 살아가는 일상과 어떻게 상호작용해서 '소비 가속화'를 더욱 부채질하는지 보여준다. 뇌는 우리가 일상에서 마주치는 환경에 끊임없이 적응해간다. 그런 의미에서 오늘날 고소득 국가의 삶은 확실히 뇌에 변화를 가져왔다. 이렇게 현대사회에 적응한 보상체계가 환경에 부정적인 영향을 미치는 행동을 점점 부추긴다. 이 지점을 위해 지금부터 뇌의 적응력이 얼마나 놀라운지 살펴보겠다.

인류의 조상에서 오늘날 인류에 이르기까지

인간 뇌가 진화해온 과정을 들여다본 연구는 역사적으로 대개 다음 단계를 거쳤다. 첫째, 선사시대 인간의 두개골 크기가 어떻게 달라졌는지 측정하고, 둘째, 선사시대에 사용한 도구를 비교해서 도구 사용 능력의 수준 변화를 추정하고, 셋째, 선사시대 환경을 토대로 초기 인류가 생존에 필요한 인지능력을 어떻게 바꿔갔는지 추론한다.[1] 하지만 더 최근에는 분자유전학이나 신경 촬영법 같은 과학기술이 발달하면서 뇌의 크기, 구조, 그밖에 복잡한 특징들에 영향을 미친 유전적 변화 추이가 밝혀져서 우리 뇌가 어떻게(또는 왜) 적응하고 변화했는지 새롭게 조명한다.

뇌가 어떻게 진화해왔는지 훑어보려면 무엇보다 '뇌 가소성'을 이해해야 한다. 뇌 가소성은 인간의 모든 역사를 이끈 인간의 매우 중요한 특징 중 하나다. 덕분에 인간 두뇌는 특정 기능을 맡은 뇌 영역을 필요에 따라 확장할 수 있다. 예를 들면 선천성 시각장애인은 대체로 청력이 뛰어난데, 이는 시각을 담당하는 뇌의 용적이 다른 감각에 배분돼 그 감각이 비시각장애인보다 더 발달하기 때문이다. 또 다른 사례로, 원숭이의 손가락 하나를 제어하는 뇌 영역을 외과적으로 절단하면 나머지 손가락을 제어하는 뇌 부위에서 응축이 일어나고, 응축된 부위 일부가 절단된 뇌 영역에 해당하는 손가락으로 다시 할당된다. 그래서 시간이 지나면 원숭이는 손가락을 거의 정상 수준으로 움직일 수 있다. 뇌졸중이나 사고로 뇌가 손상된 사람도 이런 방식으로 신체 기능을 회복할 수 있다. 모든 살아 있는 유기체는 스스로 치유할 수 있고, 변화하는 환경에 적응하는 놀라운 능력이 있다. 인간의 뇌는 이런 특성을 다양한 방식으로 활용한다. 우리가 종종 당연하게 여기는 그 특성은 사실 우리의 뛰어난 적응력을 의미한다.

질병이나 사고뿐 아니라 연습도 뇌를 변화시킬 수 있다. 운전 경력이 오래된 런던 택시운전사들은 공간지각을 담당하는 뇌 영역이 보통 사람보다 크다.[2] 반면에 내비게이션에 의지해서 길을 나서는 사람들은 지도를 보거나 시각적 단서로 길을 찾는 능력이 떨어지고, 공간 탐색과 관련된 뇌 영역이 줄어든다.[3] 또한 특정 악기를 다루는 능력이 뛰어난 음악가나 특정 운동능력이 탁월한 운동선수는 그 부문에 관여하는 뇌 영역이 다른 사람보다 크다. 엄지손가락으로 문자메시지를 보내는 행동도 마찬가지다. 엄지손가락으로 문자메시지를 자주 작성할수록 여기에 관여하는 뇌 신호가 점점 강해져서 행동이 더욱 능숙해진다.[4] 새로운 것을 익히고 무언가를 거듭 연습할 때 뇌에서 일어나는 물리변화를 뇌 가소성이라고 한다. 반대로 '사용하지 않으면 잃게 되는 이치'도 사실이다. 즉, 어떤 일을 잘했더라도 꾸준히 하지 않으면 나중에는 잘 못하게 된다. 2장에서 살펴봤듯이 뇌 가소성은 세포와 분자 단계에서 보면 새로운 연결을 강화하고, 새로 연결된 신경망을 강화하고, 자주 수행하는 활동에 개입하는 다른 신경세포와 주고받는 연결을 강화해서 그 과제에 관여하는 뇌 영역을 더 할당하는 메커니즘에 따라 일어난다.

그렇다면 왜 우리는 학습한 내용을 영원히 기억할 수 없는 걸까? 뇌 용량 때문에 그렇다. 뇌는 두개골 안에 들어갈 수 있는 크기여야 하고, 우리가 공급하는 영양분과 열량을 효율적으로 사용해서 작동한다. 그래서 뇌는 신경회로의 어떤 연결이 사용되지 않으면, 현재 배우고 맡은 일을 더 잘하게끔 새로운 연결을 만든다. 실제로 뇌는 새로운 연결을 만드는 일 말고도 새로운 세포가 오래된 세포를 대체하며 끊임없이 재생하게 한다. 앞서 살펴본 해마는 기억을 담당하는 중요한 부위지만, 해마에서 새로운 신경세포가 생겨나는 과정은 '망각'과 관련 있다.[5] 망각은 뇌 기능에서 대단히 중요한 역할을 한다. 우리가 컴퓨터 계정의 새 패스워드를 기억하는 것은 망각하는 능력이 있기 때문이다. 만약 무엇도 잊을 수 없다면 어떤 일이 벌어질지 한번 상상해보라! '삽화기억력*'이 좋은 사람들이 주로 그런 사례인데, 실제로 그들은 뛰어난 기억력을 장점으로만 생각하지 않는다.[6] 그보다는 내게 필요한 내용은 기억하고, 필요 없으면 잊어버리는 편이 훨씬 낫다. 우리가 평생 두뇌 하나로 인생을 그럭저럭 살아갈 수 있는 것은 쓸모없는 일을 잊어버리는 능력을 포함한 뇌 가소성 덕분이다. 그래야 충분히 효율적인 방식으로 뇌를 활용할 수 있기 때문이다.[7] 우리가 배우는 새로운 활동이나 정보는 어떤 식으로든 당연히 우리에게 보상으로 작용한다. 생존에 유리하다든지, 아니면 다른 이익이라도 있어야 한다. 그렇지 않으면 우리는 새로운 내용을 전혀 익힐 수 없을 것이다.

---

* 일상적인 일이나 개인 경험을 잘 기억하는 능력 - 역자주

보상은 뇌가 생존과 번식을 위해 무엇을 학습해야 하는지 알아내는 방법이다. 보상의 목적이 바로 거기에 있다.

우리가 인간으로서 능력을 발달시킬 수 있었던 것은 우연히 발생한 유전적 변화가 우리에게 이점을 제공했고, 그 이점이 세대를 거치며 계속 이어졌기 때문이다. 특히 인간의 뇌는 판단력, 분석력, 언어능력처럼 생존에 우위를 제공하는 기능을 주관하는 전두엽이 다른 동물보다 크다. 과학자들이 파킨슨병 환자를 관찰하며 보상체계를 밝히는 단서를 발견했듯이, 언어장애증을 일으키는 유전적 돌연변이와 조류하고 포유류의 의사소통 관계를 추적하며 인간의 언어 발달을 촉진한 변화의 여러 유형을 찾아낼 수 있었다.[8]

한편 뇌가 커지고 지능이 발달할수록 인류의 조상은 주변환경을 바꾸는 능력도 키워갔다. 과학자들은 인간이 주도한 생활양식의 변화가 결과적으로 새로운 사회 패러다임 안에서 가장 잘 작동할 수 있는 뇌의 적응 형태를 찾아가는 진화적 선택으로 이어졌다고 추측한다. 예를 들면 개인의 경험 정도에 따라 대뇌피질의 크기와 면적이 커지고 그 기능에도 변화가 생기면서, 도구를 사용하는 인간의 능력이 여기에 관여하는 신경회로를 더 확장하고, 그 결과로 도구 사용 능력과 언어능력이 더욱 정교하게 발달했을 것이다.[9]

이 이론에 따르면 인류의 뇌가 점점 커지고, 새로운 작업을 처리할 수 있도록 인접한 뇌 영역이 확장되는 뇌 가소성이 발달하면서 인간은 스스로 일으키는 진화 압력에 가장 잘 적응할 장비를 갖추게 됐다. 예를 들면 몸짓 대신 언어로 타인에게 정보와 기술을 효과적으로 전달하는 능력은 특정 집단의 생존과 번식에 이점을 제공했을 확률이 높다.[10] 이렇게 해서 뇌 가소성, 보상, 자연선택과 더불어 인간의 유전자에서 일어난 작은 변화들이 환경 요구를 해결하는 진화를 서서히 이끌었고, 여기에 다시 인간 자신이 개입해서 변화를 불러왔다.

변화 가속화

인간이 도구와 언어를 사용하는 능력은 각각 수백만 년과 수십만 년에 걸쳐 진화했다. 선사시대 문화와 사회 변화도 수천 년을 거슬러 올라간다. 오늘날 주요 종교들도 대부분 수천 년 전에 시작했다. 농업, 도시 생활, 농촌 생활, 대학, 도서관, 결혼, 양육처럼 대부분 사회에서 볼 수 있는 기본 제도와 관습은 형태에서 차이는 있지만, 초기 문명사회에도 분명히 존재했다고 할 수 있다.

과학과 그 소산인 기술은 서로 시너지를 내며 발전한다. 그래서 기술 분야의 변화속도가 다른 어느 때보다 빨라지고 있고, 이는 다시 문화 영역의 변화로 이어진다. 과학기술에서 부는 변화의 바람은 생물학적 진화보다 속도가 훨씬 빠르다. 덩달아 현대사회에서는 문화도 우리 뇌가 적응하는지와 상관없이 점점 빠르게 변해간다. 한 사람이 태어났을 때와 중년이나 노년이 된 이후의 삶을 비교했을 때 그 사이의 격차가 세대를 지날수록 점점 커지는 추세다. 과거에는 특정 사회나 집단에서 쓰는 언어와 새로운 용어가 느리지만 꾸준히 발전하면서 여러 세대에 걸쳐 비교적 일정하게 유지됐다. 하지만 요즘은 기성세대가 청소년 사이에서 몇 달 전에 유행한 은어를 이해하기도 쉽지 않다.

3장에서 살펴봤듯이 인간은 새로움을 좋아하는 만큼 익숙함에도 끌린다. 일부 학자는 후기산업사회에서 일어나는 변화의 속도가 무척 빨라서 사람들 뇌가 변화하는 사회에 적응하는 데 어려움을 겪는다고 말한다. 저술가이자 미래학자인 앨빈 토플러는 1970년에 아내 하이디 토플러와 함께 쓴《미래의 충격》에서 사람들이 현대사회의 변화속도가 지나치게 빨라서 막연한 불안에 휩싸여 점점 힘들어한다고 지적한다.[11] 하지만 그뒤로도 변화 가속화에는 불이 붙었다.[12] 더구나 앞서 지적했듯이 신경과학 맥락에서 보면, 스트레스나 긴장감이 높은 상황에서는 사람들이 새로움보다 익숙함을 선호한다.

뇌가 어떻게 가소성을 발휘해 변화에 적응하고 현대사회의 여러 변화가 어떻게 다시 소비 가속화에 영향을 미치는지 알아보기 위해, 수렵채집 사회과 현대 산업사회의 삶을 한번 비교해보겠다.

먼저, 수렵채집 사회를 생각해보자. 당신이 사는 곳은 동굴이나 움막일 것이다. 당신 가족은 그 안에서 다 같이 먹고 다 같이 생활한다. 당신의 하루는 해 뜰 무렵 시작하고 새, 동물, 바람, 물소리에 잠을 깰 것이다. 당신이 보고, 듣고, 냄새 맡는 대상은 모두 당신의 생활공간인 자연에 깃든 것이다.

당신은 이전 세대가 했던 활동을 하고, 주변 사람이 입는 옷과 같은 옷을 입는다. 그 옷은 당신 또는 당신 가족이 자연에서 구할 수 있는 재료로 지었다. 일을 하고, 배우고, 매일 임무를 처리하는 방식은 사람들이 기억하는 한, 몇 세대에 거쳐 전해 내려오는 형식을 그대로 따를 것이다. 당신은 다른 사람, 특히 가족 구성원 중 연장자나 집단 지도자의 언행에서 정보를 얻을 테고, 때로는 다른 집단 사람들에게서 구하기도 할 것이다. 당신이 사는 사회에는 출산, 질병, 사망, 배우자 선택, 양육, 처벌, 숭배, 잔치, 기근, 구성원 간 교류, 이동, 축하와 관련된 풍습이 있다. 입에서 입으로 전하는 이야기와 노래도 있다. 일 대부분은 집단 내부에서 공동으로 처리하고, 아이들도 그 과정에 동참한다. 당신은 태어나서 죽을 때까지 거의 가족집단 안에서 생활한다. 아이들은 어릴 적부터 어른들이 하는 일을 조금씩 익히다가 신체적으로 성인과 똑같이 일할 수 있게 되면 성인이 된다. 낮 동안은 대부분 밖에서 시간을 보내고, 해가 지면 잠을 자기 위해 또는 날씨가 궂거나 다른 위협이 있을 때만 집에 머무른다. 당신은 소속된 환경에 적합한 교훈을 가르치는 뇌 메커니즘을 거쳐 자연 풍경을 읽고, 타인과 교류하는 방법을 학습한다. 시간이 갈수록 처리하는 과제와 직면한 도전을 더욱 능숙하게 처리한다. 당신이 사는 사회는 사망률이 높고, 사람이 태어나고 죽는 일이 일상사다.[13] 간혹 장수하는 사람들이 있지만, 어릴 때 가족 구성원을 잃더라도 특별한 일이 아니다. 질병에 걸리거나 부상을 당해도 제대로 치료하지 못한다. 나이 어린 산모들은 종종 출산하다가 아기가 산도에 걸리는 바람에 과다 출혈로 매우 고통스럽게 사망한다. 아이들은 전염병에 한없이 취약하고, 상처로 생긴 감염, 맹장염, 편도염은 대부분 치명적인 질병으로 발전한다. 사람들은 거의 항상 배고픔에 시달린다. 게다가 육체적으로 힘든 일이 전부라서 비만한 사람은 아무도 없다. 사냥에 성공하거나 큰 수확이 있을 때는 공동체가 모두 모이는 축제일이 된다. 배고픔과 생존문제는 사람들의 정신활동과 육체활동을 이끄는 가장 큰 동기다.

이제, 당신이 오늘날 고소득 산업국가에 사는 중산층 가정의 일원이라고 가정해보겠다. 당신은 주택이나 아파트에 살 것이다. 당신의 하루는 해가 뜨기 전이나 해가 뜰 때 또는 해가 뜨고 한참 지나서 스마트폰이나 알람시계가 울리면 시작할 것이다. 당신 가족은 각자 다른 방에서 생활할 것이다. 당신이 주변에서 듣는 소리는 난방장치, TV, 라디오, 전자레인지, 냉장고 등 각종 전자기기에서 나는 소음과 길에서 들려오는 자동차, 사이렌, 비행기 소리 등이고, 당신이 맡는 냄새는 실내에서 배어 나오는 냄새, 향기를 내는 제품과 플라스틱 제품에서 풍기는 냄새. 당신은 집 밖으로 나가지 않고 온종일 실내에서만 시간을 보낼 수도 있다.

하루의 시작은 TV나 라디오 같은 전자매체로 전해 듣는 전 세계 각종 사건과 사고 소식으로 이따금 채워진다. 음식은 자연에서 온 재료인지 알 수 없는 형태일 때가 많고, 주로 찬장과 냉장고에서 손쉽게 꺼내 먹으며, 물은 정수기로 내려 마신다. 이런 일을 할 때 공동의 노력은 거의 필요하지 않다. 보통 집 안에는 화장실이 여러 개다.

가족의 생활환경은 대체로 분리된다. 출퇴근하는 사람들은 자동차나 지하철 안에서 또는 길에서 귀에 이어폰을 꽂고 거의 항상 무언가를 듣는다. 어린아이들은 부모의 차를 타고 학교에 가는 동안, 차 안에서 스마트폰을 본다. 그러다가 차에서 내리면 나이에 따라 흩어져 소속 학교 건물을 찾아 들어간다. 고등교육까지는 의무교육이며, 교육 과정이 십 년을 넘긴다. 부모 직장은 보통 다른 가족 구성원의 생활환경과 떨어져 있다. 아이들은 부모가 직장에서 어떤 일을 하는지 보지 못한다. 할머니, 할아버지, 이모, 고모 등 친척은 대부분 다른 지역에 산다. 지역사회 지도자들은 개인적으로 잘 알지 못하는 사람들이다. 어린아이들이 큰 병에 걸리거나 죽는 일은 흔하지 않다. 마취기술이 발달해서 대부분 통증 없이 수술을 받고, 감염병은 약물로 수월하게 치료한다. 치명적인 병에 걸리더라도 일반적으로 통증을 완화하는 치료로 다스린다. 사람들은 대부분 자연의 위력에서 안전하게 지내고, 생명을 유지할 만큼 물과 음식을 충분히 보유한다.

주변환경은 낮이건 밤이건 항상 빛으로 가득하다. 또한 전자매체로 전 세계 정보를 거의 끊임없이 보고 들을 수 있다. 감각 입력의 밀도가 매우 높은 오락물과 광고를 보며 지내는 시간이 길고, 피하기도 어렵다. 과학기술은 나날이 발전한다. 사람들은 대부분 주로 앉아서 생활하고, 실내에 머무는 시간이 길며, 평균적으로 하루의 90퍼센트를 실내에서 생활한다.[14] 행동규범은 빠르게 변하고, 사람마다 다양하게 나타난다. 우호관계는 상호의존적인 생존보다 공동의 취미생활이나 스포츠를 중심으로 맺어나갈 때가 많다. 진실과 거짓, 옳고 그름, 상황에 걸맞은 행동을 둘러싼 신념은 세대별, 개인별, 성별에 따라 차이가 있다. 종교가 다양하게 존재하며 종교 교리가 서로 충돌하기도 하는데, 이는 지리적 요인과 관련 깊다. 모든 사람에게 공통되는 가치는 거의 없다.

일을 하면 일정 기간을 두고 급여 형태로 보상을 받는다. 급여는 업무 성과와 맞물리지만, 수렵채집 사회의 보상과 비교하면 인과관계가 더 간접적이다. 인정이나 칭찬이 보상으로 작용할 수도 있지만, 그 또한 흔히 시간이 얼마간 지나야 가능하다. 새로운 기술은 대부분 순식간에 구식이 된다. 사람들은 대개 다른 나라에서 벌어지는 기아나 생존문제보다 자신에게 닥친 곤경을 해결하고, 돈을 벌고, 본인 미래를 계획하는 데 더 많은 정신에너지를 쓴다.

이렇게 우리 생활양식에 일어난 급격한 변화는 과학기술이 발전하고 선진국의 일인당 소비가 불붙은 시기와 맞물렸다. 우리는 과거 어느 때보다 많은 자원과 정보와 에너지를 소비하고, 많은 물자를 생산한다. 이제, 기술 변화와 생활양식에 불어닥친 변화가 어떻게 서로 연관되는지 살펴보기 위해 지금까지 연구된 현대인 삶의 세부사항을 몇 가지 짚어보고, 그것이 소비나 환경과 관련된 행동은 물론 뇌 가소성과 어떻게 얽혀드는지 알아보자.

아이들은 어떻게 시간을 보낼까?

학자들은 최근 수십 년에 걸쳐 아이들이 어떻게 시간을 보내는지 조사해서 어떤 변화가 있었는지 확인했다. 미국 대륙을 횡단하는

40일간의 여정에서 보면, 변화가 나타난 시간 범위는 인류세에 해당하는 기간의 극히 일부일 뿐이며, 이는 변화속도가 그만큼 빠르다는 의미다. 인간의 평균수명뿐 아니라 아동기와 청소년기로 규정하는 기간이 수렵채집 시대 이후 매우 길어졌다. 아동기의 사회적 개념은 후기산업시대 이후 크게 변화했고, 20세기 후반에 이르러 더욱 뚜렷하게 달라졌다. 4장에서 살펴본 학습과 진화 이론들을 떠올려보자. 아이들 뇌는 구조화되지 않은 놀이를 하며 새로운 기능, 협동작업, 대인관계 기술을 학습하도록 설계됐다. 미국 어린이를 대상으로 1981~1997년 사이에 나타난 변화를 조사한 자료를 보면 아이들이 자유롭게 노는 시간이 줄어들었고, 구조화된 활동을 하며 보내는 시간은 늘어났다.[15] 1997년 미국 어린이가 TV를 시청하는 시간은 주중에는 평균 1시간 30분, 주말에는 2시간이었다. 비디오게임을 하는 아이들은 25퍼센트에 그쳤는데, 그마저도 하루 평균 1시간 이내였다.[16] 2005년 미국 미취학 아동을 대상으로 전자매체 사용시간을 조사한 국가기관의 발표에 따르면, 미취학 아동은 평균 1시간 20분간 TV나 다른 영상매체를 시청했고, 5~6세 아동은 컴퓨터를 하며 보내는 시간이 평균 50분이었다.[17] 2009년 전 세계 16개국 어머니를 대상으로 설문조사를 실시했더니, 어머니들은 본인 어릴 적과 비교해서 지금 아이들이 자유롭게 노는 시간은 줄었고, TV를 시청하는 시간이 늘었으며, TV 시청이 자유로운 놀이시간의 대부분을 차지한다고 대답했다.[18] 2012년 자료를 보면 아이들은 하루 2시간 넘게 TV를 시청했고, 1시간 이상 다른 전자매체를 이용했으며, 미취학 아동은 평균 하루

4시간 TV를 시청했다.[19] 아이들이 TV를 시청하고 전자매체를 사용하는 시간은 부모가 비슷한 활동을 하며 보내는 시간과 상관관계가 있으며, 부모의 사회경제적 위치가 낮고 도시에 거주하며 아이들 방에 TV나 컴퓨터가 있는 집일수록 연관성이 높았다.[20]

스마트폰이 보급되고부터는 통신, 정보 수집, 오락 등을 위한 스마트폰 사용시간이 폭발적으로 늘어나서 전자매체 이용시간을 평가하기가 훨씬 복잡해졌다. 하지만 스마트폰 사용 연령층이 점점 어려지고 더 보편화하면서 전자매체 사용시간은 확실히 큰 폭으로 늘어난 듯이 보인다. 모바일 전자기기는 시간적으로나 공간적으로 이제 일상의 다른 모든 활동을 하는 틈틈이 이용하는 추세이기에, 특정 시간이나 장소에서만 하는 독립된 여가활동으로 보기 어렵다. 연구자들은 전자매체 이용시간이 아동 발달, 성인 행동, 중독, 사회적 유대감, 사회적 고립과 관련된 행동 변화에 미친 영향을 조사했는데, 결과는 복잡한 양상을 띠긴 하지만 대체로 긍정적인 영향보다 부정적인 영향이 많았다.[21] 게다가 부정적인 영향은 아이들에게만 해당하지 않았다. 놀이터, 박물관, 식당에서 자녀와 함께 있을 때 스마트폰을 사용하는 부모는 그렇지 않은 부모보다 아이에게 관심을 더 적게 기울이고, 아이와 상호작용하는 시간도 더 부족한 것으로 관찰된다.[22]

현대인이 휴대전화에 지나치게 의존하면서 드러내는 불안심리는 행동 강박이나 심지어 중독 범주로도 분류되는데, 이런 마음 상태를 '테크노스트레스technostress'라고 한다.[23] 원래 테크노스트레스는 1980년대에 직장에서 컴퓨터 사용이 일반화되고부터 새로운 기술을 받아들이는 데 어려움을 느끼며 직장에서 컴퓨터를 제대로 활용하지 못하는 사람들이 짊어진 정신적 부담감을 의미했다. 용어 하나가 새로운 기술을 향한 거부감을 의미하는 단어에서 새로운 기술을 일상생활에서 매분 단위로 사용하지 못할 때 느끼는 불안을 가리키는 단어로 바뀌었다는 것은 기술을 바라보는 사람들의 인식이 그동안 얼마나 달라졌는지 보여주는 독특한 현상이라고 할 수 있다. 사회에서 고립될 것만 같은 감정에 휩싸이는 고립 공포감은 성인에게도 나타나지만, 또래 집단의 인정에 집착하는 아이들과 청소년에게서 특히 두드러진다.

이렇게 변화가 쉴 새 없이 불어닥치는 바람에 미국 소아과학회를 포함한 단체들은 부모를 위한 권고사항을 보완해서 제공하는 데 애를 먹는다.[24] 아이들 방에 TV가 있는 비율은 과거에 비해 감소했지만, 스마트폰으로 소셜미디어에 접근하는 비중은 꾸준히 증가하고, 스마트폰 사용 연령이 점점 낮아지는데다 숫자도 계속 늘어나서 아이들 육체건강과 정신건강에 상당한 영향을 미친다.[25] 또한 기술 사용과 관련된 이런 변화는 맞벌이 부모, 비전통적 가족 구성, 24시간 뉴스 보도, 디지털 매체를 활용한 교육과 같은 다른 사회 변화와 맞물린다. 그래서 학교 과제와 학습, 놀이, 여가활동을 분리하기가 어렵다. 레고만 치워두고 숙제를 하면 되던 때와 비교해서 지금은 아이들에게 컴퓨터를 사용하지 못하는 채로 숙제만 하게 하기가 어렵다. 아이를 위해 무엇이 옳은 일인지 고민하는 부모에게는 컴퓨터가 있어야 숙제를 할 수 있다는 아이들의 항변이 또 다른 테크노스트레스다. 사실 부모들은 쌓인 문화 경험 안에서 도움을 받을 만한 구석이 하나도 없다. 그들이 겪는 어려움이 과거에 볼 수 없던 완전히 새로운 문제이기 때문이다.

최근 몇 년 사이 더 많은 미지의 영역이 디지털 논쟁에 가세했다. 소셜미디어를 이용해 정보를 수집하고 의도적으로 잘못된 정보를 광범위하게 전파하거나, 사람들 모르게 사고팔았을지 모를 개인정보나 인터넷 검색기록을 토대로 우리가 어떤 정보를 볼지 인공지능 기술이 결정해주거나, 소셜미디어 플랫폼에서 익명성을 보장하는 문제는 우리가 수많은 개개인에게 얻는 정보에 영향을 끼쳐 우리 인식과 사고와 신념을 조종할 수 있다.[26] 이런 상호작용을 연구하는 시도는 아직 시작 단계지만, 우리가 예측하지 못한 새로운 변화는 몇 년, 몇십 년 단위가 아닌 현재도 줄기차게 일어난다. 게다가 변화속도 자체가 다시 뇌와 상호작용해서 어쩌면 더 불안정한 방향으로 행동, 반응, 의사결정에 끼어든다. 물론 그 결과가 우리 역량을 확장하고 유용한 사회, 과학 발전으로 이어질 수도 있다. 결과 하나가 나타난다고 해서 또 다른 결과가 가능하지 못하리란 법도 없지만, 현재 일어나는 변화들은 선례가 없는 일이므로 우리가 어떤 이익을 얻는다면 거기에는 예측할 수 없는 대가가 따를지도 모른다.

전자매체와 주의력, 보상, 소비의 상관관계

보상회로는 주의력 및 기억회로와 밀접한 관련이 있다. 전자매체의 다양한 플랫폼은 현대사회에서 새로운 기술을 가르치기 위한 용도뿐 아니라 소비자 행동에 영향을 미치기 위한 수단으로도 사용된다. 물론 이런 효과는 성인에게도 의미가 있지만, 우리는 아동을 중심으로 이런 효과가 어떻게 나타나는지에 집중할 것이다.

자연계가 진화하는 동안, 특정 감각자극은 우리에게 생존과 직결된 가치가 있었다. 살아 있고 움직이고 소리를 내는 것은 먹잇감이나 포식자가 될 수 있고, 밝은색을 띠는 것은 먹어도 괜찮은 음식을 의미할 수 있다. 그래서 자연선택 원리에 따라 시각계가 점차 편향된 설계로 다듬어져서, 우리 시야에 움직임이 포착되면 뇌에서 그 움직임이 확대되는 효과가 나타나 자연스럽게 관심을 끈다. 파리 한 마리가 방에 있으면 파리를 의식적으로 쳐다보지 않더라도 계속 신경이 쓰인다. 연구 결과를 보면 살아 있는 것처럼 보이고, 갑자기 특이한 소리를 내고, 밝은색을 띠는 대상의 특징은 어른들뿐 아니라 아이들의 관심도 끄는 것으로 나타났다. 이런 작용은 우연히 일어나지 않는다. 눈, 뇌 그리고 주의력을 담당하는 신경망이 연결되는 방식이자, 그 연결이 특정 방향으로 편중돼 나타나는 기능이다. 그래서 갑작스러운 움직임처럼 생존과 관련된 자극은 신경계가 진화하며 형성된 지각회로에서 더 두드러지게 나타난다. 우리는 지각하는 능력을 당연하게 여기지만, 우리가 무언가를 지각할 때는 카메라처럼 사물을 있는 그대로 포착하지 않고, 신경계를 거치는 동안 관심을 기울여야 할 대상이 더욱 흥미롭고 더욱 뚜렷해진다. 신경계가 생존과 관련된 감각 입력을 어떻게 수집해서 처리하는지는 특정한 사냥전략을 보유한 파리부

터 설치류, 원숭이, 인간까지 다양한 종을 대상으로 연구해왔다.[27]

연구 결과를 보면 우리에게 들어오는 감각 입력이 세상과 관련해 명확하고, 이해하기 쉽고, 중요한 가치가 있는 내용을 새로운 정보로 제공하면 그 감각 입력은 보상가치가 훨씬 커진다.[28]

아이들 교육을 위해 전자매체가 널리 사용된 첫 번째 사례는 어린이 TV 프로그램인 〈세서미 스트리트Sesame Street〉다. 미국 공영 TV 프로그램으로 제작된 〈세서미 스트리트〉는 미취학 아동의 관심을 사로잡기 위해 빛, 움직임, 소리, 공간 등 다양한 감각자극을 합쳐서 독특한 캐릭터 인형들과 움직이는 알파벳, 숫자, 음악요소를 개발했다.[29] 이처럼 교육용 프로그램을 개발하는 사람들은 소리, 움직임, 색상, 기능, 맥락 관련성 등을 현실에서 일어나는 수준 이상으로 시공간 안에 몰아넣어서 여러 가지 주의 집중 요소를 전달수단 하나에 모두 합쳤다. 레이저포인터에 반응하는 고양이를 생각해보자. 레이저포인터는 살아 있는 어떤 벌레나 새에서도 볼 수 없을 만큼 밝고 강렬한 빛을 내뿜는다. 고양이는 여기에 본능적으로 반응하기 때문에 끊임없이 레이저포인터의 불빛을 잡으려고 시도한다.

초기 연구들은 〈세서미 스트리트〉와 같은 접근방식이 원래 의도대로 큰 성공을 거두었다고 평가한다. 대개 유치원에서 아이들이 교육활동에 집중하는 시간은 매분 단위로 측정된다. 하지만 〈세서미 스트리트〉를 시청하는 아이들은 한 시간짜리 프로그램을 보는 동안 80퍼센트 이상 TV 화면을 집중해서 쳐다봤다.[30] 학습은 우리가 무언가에 관심을 기울이고, 거기서 보상을 얻을 때 일어난다. 그래서 연구자들은 이런 TV 프로그램을 활용해서 사회경제적으로 불리한 위치에 놓인 아이들의 교육에도 활력을 불어넣을 수 있기를 기대했다. 한 연구기관은 〈세서미 스트리트〉를 활용해서 감각자극의 어떤 요소가 다양한 나이로 구성된 아이들의 관심을 사로잡는지 알아봤다.[31] 이런 자료는 교육 프로그램을 개발하기 위한 선의의 목적으로 쓰일 수 있다. 하지만 기업들이 아이들 시선을 끄는 광고를 제작하거나 나이 어린 잠재고객의 소비행동에 파고들려고 사용할 수도 있다.

또한 어릴 때 TV를 자주 시청한 아이들은 다른 방면에서 주의력이 떨어진다는 증거도 발견됐다.[32] 일부 교육자는 이런 의문을 제기했다. 만약 아이들이 춤추는 알파벳과 노래하는 털북숭이 캐릭터와 총천연색으로 치장한 오락성 학습에 익숙해진다면, 그 아이들이 자라서 밋밋한 흰 종이 위에 가만히 박힌 검은 활자를 집중해서 볼 수 있을까? 책 읽기가 비디오게임을 하거나 TV 광고를 보는 것보다 재미있을 수 있을까? 레이저포인터에 정신 팔린 고양이가 살아 있는 곤충을 쫓아갈 수 있을까? 아니면 레이저포인터에 익숙한 고양이들은 머리가 훨씬 똑똑해져서 실제 곤충을 더 잘 잡게 될까? 어쩌면 벌레나 새가 현대사회 고양이들의 흥미를 끄는 대상과 의미 있는 관련이 없을는지 모른다. 학습이 읽기와 연관성이 깊지 않다고 주장하는 사람은 없지만, 시각이미지를 이용한 새로운 학습은 현대사회에서 더 효과적이고 의미 있는 방식이 될 수 있다. 이런 모든 논의는 완전히 새로운 주제인데다 의존할 만한 기존 자료가 없어서 연구자들 사이에 논쟁의 불을 지폈고, 시시각각 변화하는 사회환경과 기술환경의 모든 면에서 다양한 연구를 시작하는 계기가 됐다.

〈세서미 스트리트〉와 유사한 감각자극의 특징이 있는 전자매체를 일찍부터 이용하면 행동 면에서 환경에 따라 아이들의 적응력을 키우거나 떨어뜨리는 변화를 일으킬 수 있다는 상당한 증거가 있다. 아이들이 이용하는 매체의 종류가 TV 방송에서 스마트폰과 디지털 정보로 바뀌면서, 관련 연구의 세부 내용에도 변화가 있다. 1970년에는 아이들이 평균적으로 4세 무렵부터 TV를 정기적으로 시청했지만, 지금은 4개월부터 전자매체를 보기 시작한다.[33] 이제는 심지어 생후 한 달 된 아기도 터치스크린을 사용하는 법을 쉽게 배운다.[34] 미취학 아동들은 유치원 과정에서 필요한 기술을 전자매체로 학습할 수 있지만, 그래도 2세 이전에는 양육자와 상호작용하며 더 잘 배운다.[35] 이런 이유로 미국 소아과학회는 2세 미만 아이들에게 전자기기를 아예 보여주지 말자고 권장한다.[36] 더 나이 많은 아이들은 전자매체를 이용해서 문제를 해결하는 방법이나 계획과 관련된 기술을 습득할 수 있는데, 일부 학자나 연구자는 이런 기술이 디지털 시대 직장에 잘 적응하도록 돕는 요소 중 하나라고 말한다.[37] 부모가 전자매체를 이용하는 시간과 전자매체를 대하는 인식은 자녀가 전자매체를 얼마나 사용하고, 부모가 이를 얼마나 교육에 도움이 된다고 판단하는지와 관련 있다.[38] '게이미피케이션gamification'이라는 용어는 오락 대상은 물론 학습 대상도 언제 어디서나 이용 가능한 게임처럼 바뀔 수 있다는 의미로 쓰인다.

하지만 다른 연구 결과를 보면 전자매체를 일찍부터 들여다본 아이들은 다른 활동에 집중하기 어려울 수 있고, 공격성이나 문제행동을 보일 수 있으며, 두통과 수면장애 같은 신체 증상을 더 많이 호소한다.[39] 이런 연관성을 불러오는 원인은 아직 정확히 입증되지 않았다. 연구자들은 잠재적 교란요인을 통제하는 연구를 다양하게 시도해봤지만, 전자매체에 노출되는 정도가 반드시 차이를 가져온다는 증거를 명확하게 밝혀내지 못했다. 하지만 설득력 있는 증거도 꽤 많다. 사회경제적 배경이 낮은 환경에 있는 생후 6개월 된 유아를 대상으로 연구한 결과에 따르면, 전자매체를 바라본 시간이 긴 유아들은 14개월이 됐을 때 교육 내용과 상관없이 인지 결과와 언어 결과가 상대적으로 더 좋지 않았다.[40] 한 유럽 연구진이 3000명 넘는 어린이를 2년 이상 추적한 결과, 취학 전 시기에 TV와 비디오 시청시간이 길수록 사회, 정서적 문제가 나타날 위험이 증가한다는 사실을 발견했다.[41] 중학생 400명을 대상으로 진행한 연구 결과에 따르면, 전자매체 이용시간이 긴 아이들은 시공간 능력이 더 뛰어나지만 시험 성적은 더 낮았다.[42] 또 다른 연구에서, 온라인게임에 중독 현상을 보이는 청소년들은 보상 회로의 기능 변화뿐 아니라 의사결정과 주의력에 관여하는 여러 피질 영역에서 두께 변화가 관찰됐다.[43]

이처럼 다양한 증거가 있는데도, 오늘날 가정에서 전자매체 이용시간을 줄이기는 쉽지 않고, 아이들은 더욱이 그렇다. 이런 어려움을 파악한 국가기관과 공공단체는 미취학 아동이 스크린 타임을 줄이도록 돕는 공중보건 프로그램을 도입해왔다.[44] 하지만 여전히 아이들은 영상매체로 보는 것들이 퍽 흥미롭다. 내가 일하는 진료실에서나 다른 소아청소년과 병원에서도 검사받을 차례가 된 아이들에게 게임을 끄도록 안내하는 일이 이제는 단순한 요청에 그치지 않고 거의 번번이 언쟁으로 번진다. 의사는 아이와 증상 이야기를 나눠야 하는데, 부모에게 게임을 제지당한 아이는 이미 기분이 몹시 상한 상태다. 아이들이 진료실에 책이나 인형을 들고 왔을 때는 이런 일이 드물었다. 오늘날 진료실에서 어려움을 겪는 건 요즘 아이들이 예전 아이들보다 원체 더 버릇이 없기 때문이 아니다. 그보다는 상업용 전자매체가 그만큼 보상과 주의력에 관여하는 뇌의 특징을 면밀하게 고려해서 설계됐다는 점을 증명한다고 할 수 있다. 바로 그래서 오늘날 우리는 과거보다 더 적은 물자로 생활하기가 힘들고, 매체중독을 피하기도 어렵다.

콘텐츠도 문제가 될까?

전자매체의 형식이 뇌의 정보처리, 주의력, 학습, 사회성 발달에 영향을 미친다는 연구 결과에 더해, 전자매체의 내용을 두고도 우려가 제기됐다. 그러니까 전자매체를 보는 시간뿐 아니라 전자매체의 내용(콘텐츠)도 아이들 발달 과정에 영향을 미칠 것인가? 2001년 한 장기 연구 프로젝트에서 유아기의 TV 시청이 청소년기 행동에 얼마나 영향을 미치는지 추적한 연구 결과를 보고했다. 연구진은 취학 전에 폭력적인 내용을 자주 시청하면 청소년기에 더 공격적인 행동을 드러낼 수 있다고 예측했다. 반면, 유아기에 교육 프로그램을 자주 쳐다보면 학교 성적과 참여도가 더 높게 나타날 수 있다고 추정했다. 이 결과대로라면 유아기에 본 영상의 내용이 나중에 아이 행동에 영향을 미친다는 결론을 내릴 수도 있었을 터다. 하지만 연구진은 공격 성향의 아이들은 공격적인 내용에 더 끌리고, 학구적인 아이들은 교육적인 내용을 더 즐기는 경향이 있을 수 있다는 점을 조심스럽게 지적한다.[45] 연구진은 유아기에 TV를 본 시간이 길수록 나중에 활동적인 일과 창의적인 노력에 들이는 시간이 더 적다는 결론을 뒷받침하는 근거도 몇 가지 발견했다. 그러나 이 연구 결과 또한 부모의 교육수준을 감안하더라도 상관관계가 인과관계를 의미하지는 않기에 '닭이 먼저냐, 달걀이 먼저냐'의 문제를 완전히 극복할 수는 없다. 예를 들어 활동성과 창의성이 적은 아이들은 참여하는 데 노력이 덜 드는 수동적인 매체를 선호할 따름일 수 있기 때문이다. 한편 TV, 게임, 소셜 미디어의 콘텐츠에 성별로 반응하는 차이를 알아본 연구도 여럿 있다. 대개 남자아이와 여자아이는 콘텐츠별로 반응에 차이가 있는데, 이는 성별 고정관념을 반영한 결과이자 통념을 더욱 굳히는 원인이 될 수 있다.[46]

따라서 영상매체 콘텐츠는 행동뿐 아니라 신념을 형성하는 데도 영향을 미칠 수 있는 것으로 보인다. 폭력적인 영상이 아이들 행동에 영향을 미친다는 충분한 증거가 있고, 주의력을 처리하는 과정과 산만함이 콘텐츠에 따라 달라진다는 연구 결과도 있다.[47] 한 연구진은 청소년들에게 폭력적인 비디오게임을 즐기게 한 다음 아이들 뇌를 fMRI로 촬영해서 보상회로가 활성화되는 모습을 확인할 수 있었는데, 특히 아이들이 게임에서 이길 때 보상회로가 가장 강하게 활성화했다.[48] 비디오게임은 이용자가 최대한 많은 보상을 얻도록 정밀하게 설계된다. 2016년 기준으로 미국 청소년 75퍼센트가량이 스마트폰을 소유한 것으로 집계됐고, 그중 50퍼센트는 자신이 스마트폰에 중독된 것 같다고 보고했다.[49] 또 다른 연구진은 아이들이 전자매체 이용시간을 줄이도록 유도하기 어렵다면, 적어도 아이들이 덜 폭력적이고 친사회적인 콘텐츠를 이용할 수 있도록 부모에게 도움을 주는 프로그램을 시도했다.[50] 이런 변화가 소비에 어떤 영향을 끼치는지는 나중에 더 자세히 살펴보겠다.

생애주기 변화, 세대 분리 현상, 청소년기를 둘러싼 논의

수렵채집 사회에서는 다양한 연령대 사람들이 하루 대부분을 함께 생활했다. 하지만 현대사회에 나타난 큰 문화 변화가 또 있는데, 바로 '세대 분리' 현상이다. 산업사회 노인은 자녀, 손주, 친척과 함께 대가족을 이루고 살지 않는다. 대부분 부부끼리 살거나, 혼자 지내거나, 요양시설에서 다른 노인들과 함께 생활한다. 아이들, 특히 청소년들은 깨어 있는 시간 대부분을 또래 집단과 함께 보내며, 가족이나 다양한 연령층으로 구성된 집단에서 시간을 많이 쓰지 않는다.[51] 세대 분리 현상이 의미하는 또 한 가지는 아이들이 학교에서 보내는 시간이 많아진다는 점이다. 학교는 아이들이 많고 어른은 적은 공간이다. 학교 밖에서 참여하는 사회활동과 여가활동 역시 대개 나이대가 나뉜다. 그래서 과거에는 아이들이 연장자의 행동을 관찰하며 직업적, 사회적 역할을 학습했다면, 지금은 학교 교실 안에서 받는 형식적인 교육이 그 기능을 대신한다. 게다가 문화규범과 가치관도 대부분 비슷한 나이대 안에서 학습한다. 사회학자와 교육자들은 그런 까닭에 또래 집단에서 받는 인정이 아이들한테 대단히 중요해졌으며, 구매와 소비 선택을 포함한 사회적 상호작용에도 큰 영향을 미친다고 지적한다. 청소년들은 공동체 어른들보다 또래 집단에서 받는 인정이 자신을 평가하는 가장 중요한 기준이 됐다.[52] 또래 집단과 자연스럽게 어울리고, 또래 집단 안에서 인정받고, 높은 사회적 지위를 목표로 같이 경쟁하면 청소년기에 극심한 압박감에 시달릴 수 있지만, 통제할 방법이 많지 않다.

과거에는 청소년이라는 개념 자체가 없었다. 아이들은 태어나서 신체적으로 어른이 될 때까지 죽지 않고 살아 있으면 그냥 어른이 됐고, 어른 역할을 맡았다. 상대적으로 길어진 아동기에는 인간이 지리, 사회적으로 활동 범위를 넓혀가면서 주변환경에 필요한 실제지식과 문화지식을 전수하기가 더 쉬워졌다. 경험과 사회적 상호작용을 토대로 기술, 지식, 패턴 인식, 보상회로, 기억, 판단, 태도를 변화시키는 인간의 놀라운 뇌 가소성은 다른 유인원보다 인간에게 더욱 뚜렷한 이점을 제공했다. 하지만 인류 역사를 통틀어 보면, 사춘기 이후 발달 기간은 지금보다 훨씬 짧았다.[53] 물론 과거에도 청소년기에 거치는 통과의례나 의식은 있었지만, 대부분 이차성징이 나타나는 시기에 맞춰 비교적 간단하게 끝났다. 청소년기를 뜻하는 영어단어 'adolescence'는 1500년대가 돼서야 처음 등장했고, 심지어 당시에도 사실상 성인 자격으로 공동체 삶을 시작한 젊은이 특유의 생각과 행동을 묘사하기 위해 쓰였다.

청소년기 뇌는 매우 독특하다. 3장에서 살펴봤듯이 뇌과학이 발전해서 이제 우리는 《스탠더드 오일의 역사》에서 묘사한 젊은 석유 사업가들처럼 모험을 즐기고, 사회적 지위를 추구하며, 짝을 찾고 싶어 하는 정서적 욕구가 10대 후반에서 20대 초반에 절정으로 치닫는다는 사실을 안다. 반면에 분별력, 충동 억제, 객관적 판단에 관여하는 뇌 부위들은(특히 신경세포끼리 정보를 주고받도록 돕는 미엘린 형성은) 20대 후반에서 40대 초반이 돼야 완전히 발달한다.[54] 이런 부조화는 젊은이들이 왜 이따금 무모하게 행동하고 위험한 선택을 내리는지 설명해준다. 뇌 영역의 발달 차이가 진화 과정에서 어떤 기능을 했는지 아직 말끔하게 밝혀지지 않았지만, 이런 부조화 때문에 젊은이들이 '논리적 사고'의 방해를 받지 않고 모험이 풍기는 매력을 좇아 고향을 떠나서 짝을 찾고 새로운 영역을 개척할 수 있다는 주장이 가설로 제기돼왔다. 잘못된 판단에 기댄 모험은 개인의 희생이라는 대가를 치르기도 하지만, 종의 분산과 확산 측면에서 보면 진화 과정에 꼭 필요한 기능이었다.[55]

산업화 이후에 청년기는 최소 10년에서 20년까지 길어졌다. 이 시기에 개인은 학업을 지속하거나, 가족의 지원을 받으며 살거나, 직업 경험을 쌓는다. 사회적 상호작용은 거의 비슷한 나이대 안에서 일어난다. 평균 초혼 나이와 출산 나이는 꾸준히 높아지고 있다.[56] 고소득 국가에서 길어진 청년기를 보내는 개인들은 종종 상당한 구매력을 지니는데, 이때 동료 집단이 구매 선택에 상당한 영향력을 발휘한다.

청년기 삶을 논의하는 자리에서 SNS의 위력 또한 빼놓을 수 없다. SNS에는 또래의 판단이 대규모로 빠르게 올라오므로 SNS 의 또래는 이른바 '메가-또래mega-peer' 기능을 한다.[57] 소셜미디어 는 반사회적 행동이나 건강하지 못한 추태도 일반화할 수 있는 데, 주로 젊은층이 이용하기 때문에 소셜미디어 안에서 그런 행동 을 다독일 수 있는 장년층이 영향을 미치기 어렵다.[58] 특히, 미디 어 속 캐릭터의 말투나 화법은 어린아이들에게 엄청난 영향을 미 친다.[59] 아주 어린 아이들은 간혹 슈퍼히어로와 자신을 지나치게 동일시해서 스파이더맨 같은 캐릭터 복장을 하고 높은 곳에서 뛰 어내리다 크게 다치기도 한다.[60] 과거 젊은이들은 현실에서 자신 이 아는 사람들 가운데 '롤모델'을 찾았다면, 지금은 흔히 온라인 속 인물이나 미디어 캐릭터가 롤모델이 된다.[61] 특히 세대 분리 현 상과 디지털 세계는 철저히 독립된 '젊은 세대 문화'를 불러왔다. 이런 문화는 과거에는 전혀 볼 수 없던 형태며, 각계각층 사람들 로 구성된 더 폭넓은 사회집단과 확실히 분리된다.[62] 긍정적인 시 각으로 보면, 디지털 세계는 시야를 넓힐 수 있는 좋은 관점과 역 할모델을 소개하기도 한다. 하지만 그런 순기능이 있는데도, 많은 부모가 미디어의 부정적인 영향에서 자녀를 보호하기가 점점 어렵다고 호소한다. 특히 어린 자녀들은 아직 뇌가 덜 발달해서 자기 조절력이 미숙한 단계고, 미디어 영향력은 광범위하게 자녀의 삶에 영향을 미쳐서 부모가 직접 관리하기 힘들어졌다. 그러나 흥미롭게도 부모가 자녀와 친밀한 관계를 형성하면 자녀의 전자매체 의존도를 낮출 수 있다. 사실상 세대 분리 현상의 부작용을 완화하는 방법인 셈이다.[63]

그렇다면 이들 변화가 소비에는 어떤 영향을 미칠까? 무엇보다 사회문화 영역과 과학기술 분야에서 일어나는 변화는 서로 상승작용을 일으키며 '젊은 소비층'을 타깃으로 삼는 거대한 상업기업의 발달을 이끌었다. 기업들은 긴 청년기를 보내는 젊은 소비자를 상대로 끝없이 소비를 부추기고, 무절제한 소비 습관을 길들인다. 기업이 젊은 소비층을 겨냥해서 상품을 판매할 때 상품이 건강에 좋건 나쁘건, 필요가 있건 없건 직간접으로 소비층의 구매욕을 자극하는 이미지를 끼워넣더라도, 정당하게 기업활동을 한다고 여긴다. 세계적으로 막대한 자원이 젊은 소비층에 집중되는 것은 그만큼 수익률이 높기 때문이다.[64] 어른도 마찬가지이지만, 어린이나 청소년은 자신이 보고 듣는 오락물이나 정보에 마케팅 요소가 들었다는 사실을 미처 알아차리지 못할뿐더러, SNS에 올린 본인 게시물이 기업 제품을 홍보하는 역할을 한다는 점도 채 깨닫지 못한다.[65] 사람들의 소비욕을 자극하려면 사람들이 갖고 싶어 할 만한 대상을 주기적으로 바꾸는 것도 한 방법이다. 여기에 동원되는 수법이 새로운 뉴스, 새로운 문화규범, 사람들이 선망하고 닮고 싶어 하는 새로운 유명인을 점점 짧은 주기로 내세우는 전략이다.

　물론, 디지털 문화에는 긍정적인 효과도 많다. 연구 결과를 보면 젊은 사람들이 긍정적으로 소셜미디어를 활용할 때 문화 다양성을 더 존중하고, 시민정신을 기르고, 정치활동에 적극 참여하고, 건강한 행동을 추구하고, 봉사 기회를 넓히는 등 순기능이 작동한다.[66] 더구나 인터넷 공간은 지역과 나이를 뛰어넘어 생각이 비슷한 사람들을 묶어주는 역할도 한다. '선라이즈 무브먼트' 같은 사회운동도 소셜미디어 기능이 한몫했다(이 내용은 8장에서 자세히 살펴보겠다). 더불어 소셜미디어는 교육 기회를 넓히고, 더 정확한 사실 정보를 얻고, 새로운 기술을 익히는 보조 수단이 될 수 있다.

　논의 핵심은 현대인의 삶에 일어난 변화들이 전체적으로 좋고 나쁜지를 따지자는 것이 아니다. 그보다는 인류세에 부유한 국가에서 지내는 삶이 사회적으로나 뇌 측면에서 소비 가속화에 기여하는 요인과 어떻게 서로 영향을 주고받는지 짚어보려고 한다. 지금까지 살펴봤듯이 다양한 형태로 나타나는 소비 가속화가 기후변화를 더욱 앞당긴다.

소비의 과거와 현재

초기 인류는 생산하거나 사냥하는 수단으로 현지에서 구할 수 있는 거리를 소비했고, 나중에는 여기에 사고파는 품목이 포함됐다. 버리는 것이 거의 없었고, 필요한 물자는 언제나 부족했다. 역사를 통틀어 부유한 사람 몇몇만이 자신을 드러내려고, 나아가 정치적 이익을 위해 과시소비를 했다.[67] 반면에, 오늘날 부유한 선진국 시민은 믿기 어려울 만큼 다양한 상품을 손쉽게 구할 수 있고, 전 세계에서 판매하는 상품을 온라인으로만 보고도 구매할 수 있는데, 이는 부유한 사람 몇몇만 해당하는 이야기가 아니다. 국경을 넘는 화폐 교환은 신용카드 번호를 적어 넣기만 하면, 더 간단하게 온라인에 저장된 비밀번호를 입력하기만 하면 가상공간에서 간단하게 처리할 수 있다. 소비는 개인 차원의 일일 때가 많아서 주위 사람이나 공동체 구성원이 소비를 앞두고 다른 사람이 어떤 선택을 내리는지 알지 못할뿐더러, 그 판단에 끼어들지도 못한다. 우리는 가까운 누군가가 고양이를 좋아하면 고양이 그림이 들어간 달력, 머그잔, 티셔츠, 장식품, 지우개, 손가방, 마우스패드, 수건, 장갑, 메모지, 슬리퍼 등이 필요 없어도 그냥 산다. 쓸려고만 하면 쓸 수도 있지만, 생존 목적과는 거의 관계없는 상품들이다. 한편 쓰레기는 우리가 사는 공간과 분리되기에, 우리는 버린 물건이 어떻게 처리되는지 눈으로 보지 못한다. 게다가 정교하게 다듬은 광고가 늘 우리를 따라다닌다. 광고는 주로 전자상거래 정보로 알아낸 방대한 데이터를 토대로 특정 고객층을 겨냥해서 관심을 효과적으로 끌어낼 수 있게끔 제작된다.

구매력을 지닌 집단 또한 시간이 흐르면서 달라졌다. 역사적으로(그리고 현대 비산업사회에서) 아이들은 가족이 먹을 음식이나 자신이 입을 옷을 결정할 권한이 거의 없었다. 무엇보다 선택 범위가 넓지 않았다. 사람들은 관습에 따라 가능한 범위에서 먹던 대로 먹고, 입던 대로 입었다. 반면, 오늘날 고소득 사회 아이들은 미디어와 또래 집단의 영향을 받아서 본인이 입을 옷이나 가지고 놀 장난감은 물론 가족 전체가 사용하는 전자기기, 자동차, 휴가지를 선택할 때도 의견을 제시한다.[68] 아이들이 구매 결정에 미치는 영향력은 가족 구성원 수, 자녀 수, 부모 직업 같은 사회경제적 요인과 문화요인에 따라 달라진다.[69] 청소년용 의류 같은 품목은 구매 선택에 영향을 끼치는 사람이 부모에서 또래 집단으로 큰 변화가 있었다.[70] 이런 추세가 세대 분리 현상과 '메가-또래' 효과와 시너지를 내면서, 오락물과 소셜미디어가 어린아이와 청소년들에게 미치는 영향력이 더욱 커졌다.

대중매체 광고는 어린아이들의 구매욕을 손쉽게 불러일으킬 수 있다. 당연히 우려하는 분위기가 확산했고, 부모의 관심을 촉구하는 목소리도 높아졌다. 더 큰 아이들이나 청소년들은 소셜미디어, 영화, 영상물에 등장하는 브랜드와 상품, 유명인과 또래 집단의 문화가 구매 결정에 영향을 미칠 수 있다. 특히 소셜미디어는 일대일로 사람을 설득하는 강력한 수단이 될 수 있다.[71]

온라인에서는 간접광고, 유명인, 소문난 멋진 배경을 이용해서 직간접으로 마케팅을 펼칠 수 있어 담배와 술처럼 건강을 해치는 상품을 규제하는 실태가 엉성하다.[72] 주류 마케팅은 젊은 사람들이 위험을 즐기는 성향을 이용하기도 한다.[73] 패스트푸드 업체들은 선물로 주던 장난감을 자체적으로 줄이고, 자사에서 판매하는 패스트푸드가 건강한 음식이라는 이미지를 광고로 포장한다. 하지만 아이들은 연상작용을 하는 보상체계 기능에 따라 패스트푸드 음식과 장난감을 짝지어 기억하며 지방, 소금, 설탕이 많은 패스트푸드 음식을 맛있다고 여긴다. 식품 원료는 자원이 부족하던 과거에 우리가 생존할 수 있게 해준 재료이기에, 우리는 거기서 보상을 느끼도록 진화했다.[74] 실제로, 가파르게 기술이 발전하고 사회규범과 행동규범도 달라지면서, 영어단어 'creepy'는 소셜미디어, 광고, 사생활처럼 완전히 새로운 영역에서 이들 개념이 현재 응용되는 방식과 옳고 그름을 가리는 우리네 역사 인식의 충돌을 의미하는 말로 쓰인다.[75]

사람들은 쇼핑을 왜 좋아할까? 3장에서 살펴봤듯이 우리를 행동하게 만드는 원인이자 결과인 성취감은 우리에게 보상으로 작용한다. 세상에는 일, 인간관계, 사회생활처럼 통제할 수 없는 요인이 많다. 하지만 쇼핑은 개인 의지에 따라 할 수 있는 일이다. 우리는 쇼핑할 때 선택의 결과를 바로 얻고, 새로운 물건을 손에 넣는다. 이때 우리는 자신에게 강력한 보상이 될 수 있는 '즉각적인 만족감'을 맛본다. 적어도 잠깐은 그렇다.[76] 다른 사람과 함께하는 쇼핑은 사회적 유대감도 제공할 수 있다.[77] 다른 장점으로는 우월감, 집단 소속감, 개인의 만족감 등을 들 수 있는데, 이런 감정은 우리에게 진화적 보상으로 작용하며 '신경마케팅neuromarketing*'이라는 새로운 분야에서 사용하는 도구를 거쳐 시각화될 수 있다.[78] 신용카드 빚을 포함한 부채는 쇼핑의 힘을 누르는 역할을 할

---

* 신경과학 분야 배경지식을 토대로 소비자의 심리와 행동을 분석해서 마케팅 전략으로 이용하는 기법 – 역자주

수 있지만, 일단 눈에 보이지 않아서 무시하기 쉽다.[79] 인터넷은 쇼핑의 장벽을 더욱 낮춘다. 쇼핑이 우리에게 보상으로 작용한다는 점은 임상 측면에서 볼 때 실제로 쇼핑에 중독될 수 있다는 사실로도 알 수 있다.[80] 다른 중독처럼 충동구매도 죄책감과 자기 질책이 뒤따르고, 이런 감정의 굴레에서 벗어나기 위해 다시 구매욕을 불러일으키기 때문이다.

쇼핑과 소비에서 얻는 보상은 삶을 파괴할 만큼 심각한 중독성은 없지만, 짧게 반복된다는 특징이 있다. 대개 현대인의 삶은 모든 종류의 소비를 겨냥해 낮은 수준의 중독을 조장한다고 믿는 사람들이 있다. 소비에서 얻는 보상은 쉽게 예측할 수 있고, 일관되며, 자주 일어날 수 있기 때문이다. 하지만 2장과 3장에서 살펴봤듯이 소비에서 얻는 보상은 우리 진화 과정에 비춰볼 때 잘못된 방식이며, 마약 같은 습관성 약물의 내성효과처럼 같은 양의 보상을 얻기 위해 더 많은 소비를 부추기기 쉽다.[81] 우리는 대자연이 진화세계에서 설계한 방식대로 보상을 얻기 위해, 어떤 행동을 하고 보상을 얻으면 그 행동을 반복하도록 진화했다. 힘들고 지쳤을 때 우연히 과일나무를 발견해서 열매를 먹으며 만족감을 얻고 나서 다음에 또 과일나무를 찾게끔 학습할 수 있었기 때문이다. 그러므로 특히 어릴 적부터 쇼핑에서 얻는 보상을 많이 경험하고 자랄수록 물건을 살 때 잠깐 얻는 강렬한 보상을 포기하기가 더 어려울 수 있다. 현대인의 삶은 모든 것이 풍족하고 기술과 연결되기에, 환경위기를 부채질하는 우리 행동이 인류 역사상 다른 어느 때보다 더 쉽고 자주 일어나도록, 또한 우리에게 더 짧은 보상이 되도록 몰아간다.

보상은 행복과 같은 의미일까?

지금까지 소비가 우리에게 보상으로 작동한다는 점을 살펴봤다. 그렇다면 보상을 받고 실제로 우리가 더 행복해질 수 있을까? 사람들 대부분이 가장 중요하게 생각하는 것 중 하나가 행복이기에, 소비가 주는 보상을 행복 차원에서도 짚어볼 필요가 있다.

앞선 논의에서 생존과 번식을 돕기 위해 아주 오래도록 진화를 거쳐온 뇌 메커니즘이 보상을 매개로 학습하게끔 설계됐다는 점을 알아봤다. 또한 오늘날 산업화 사회는 우리가 쌓아온 경험을 어떻게 변화시켰고, 과거와 달리 우리에게 어떤 보상을 줬으며, 무슨 보상을 더 우선하는지, 나아가 인류세로 접어들면서 우리 생활방식과 관련된 소비와 탄소 배출을 어떻게 부추겼는지 훑어봤다. 하지만 종합해서 볼 때 이런 부분이 정말로 우리에게 보상가치가 있을까? '보상'은 '행복'과 같은 의미일까?

행복을 연구하는 일반적인 방법 하나는 설문조사다. 연구자들은 설문조사에 참여한 사람들에게 삶의 만족도를 평가하게 한 다음 그 결과가 사회, 경제, 문화, 건강 분야와 어떤 관련성이 있는지 검토한다.[82] 특히 종단연구에서는 수십 년에 걸쳐 피험자들을 조사하고 관찰하면서 장기적으로 인간에게 가장 중요한 요소가 무엇인지 찾는다. 이런 연구 결과를 보고 우리가 알 수 있는 것은 삶

의 만족도는 물질적인 대상이나 일반적 의미의 성공보다는 목적의식이나 인간관계에서 출발한다는 점이다.[83]

　인간이 행복을 추구하는 행위는 인간 역사만큼 오래된 일이지만, 오늘날 생각하는 행복 개념을 연구하는 학문적 실험은 신경과학 분야의 최첨단 도구를 활용한다.[84] 그중 fMRI를 이용한 연구에서는 행복한 사람들이 자극에 달리 반응하는지 확인하고, 사람들이 행복하거나 슬픈 장면을 볼 때 사회적 배제가 포함된 게임을 할 때 자신이 추구하는 이상과 얼마나 동떨어져 있는지 고민할 때 뇌의 어떤 부위가 활성화되는지 등을 알아본다.[85]

　2장에서 살펴봤듯이 rsMRI(휴식상태 MRI)는 여러 뇌 영역에서 입력이 필요한 복잡한 기능에 관여하는 다양한 뇌 네트워크를 찾아냈다. 그중 '디폴트 모드 네트워크default mode network'가 가장 널리 알려졌다. 이 네트워크는 우리가 공상에 잠길 때 이는 생각의 종류에도 개입하지만 감정을 성찰하고, 과거 기억을 처리하고, 미래를 궁리할 때도 연관되는 듯이 보인다. 이처럼 서로 다른 네트워크가 정확히 무엇을 의미하고, 어떤 용도로 쓰이는지는 아직 많은 연구가 필요하다. 디폴트 모드 네트워크의 연결 이상은 우울증이나 조현병을 포함한 여러 정신질환에서 발견된다.

　한 연구진은 rsMRI로 행복하고 회복력이 건강한 사람들의 심리적 기능과 특성을 살펴봤다.[86] 또 다른 연구진은 강렬한 운동과 마음챙김 명상 훈련을 포함한 개인 노력이 뇌 영역끼리 주고받는 연결에 미치는 영향을 알아봤다. 운동이나 명상을 한 뒤에는 기억력과 인지력을 보여주는 객관적 지표가 개선됐고, 스스로 느끼는 기분, 자존감, 삶의 만족도도 향상됐는데, 이런 결과는 다른 뇌 영역의 연결 패턴에 동시에 일어난 변화와 상관관계가 있었다. 이는 운동이나 명상을 하면 성인 뇌도 새로운 기술이나 소임을 익힐 수 있도록 기능이 향상될뿐더러, 삶의 만족도를 높이는 기능과 상관관계가 있는 완전히 새로운 패턴도 획득할 수 있을 만큼 가소성이 충분하다는 뜻으로 해석된다.[87] 또한 이런 연구 결과들은 장기간 삶의 만족과 행복이 선사하는 보상과는 다른 생물학적 특성이 구매와 소비의 단기 보상에 있음을 시사한다. 보상체계는 의사결정과 행동에 관여하는 중요한 부분이며 생물계가 진화하는 동안 우리 생존에 결정적인 기여를 했지만, 우리를 행복으로 안내하는 길잡이는 아닐 수 있다. 앞으로 행동 변화를 둘러싼 논의를 살펴볼 때 이 점을 잘 기억해두기 바란다.

뇌의 변화와 인류세

뇌는 대단히 놀라운 기관이다. 뇌는 일상의 끝없는 도전에 담긴 무한한 다양성 안에서 섬세하게 조정될 수 있으며, 수많은 일을 처리할 수 있고, 다양한 환경에 적응할 수 있고, 인간의 삶과 관련된 매우 복잡한 일을 해결할 수 있다. 이런 뇌가 있어, 인류는 지구 전체 역사로 볼 때 눈 깜짝할 새에 눈부신 과학, 예술, 기술의 진보를 이뤄낼 수 있었다.

하지만 이렇게 놀라운 능력을 지닌 1.5킬로그램 안팎의 뇌에서 일어난 진화의 속도와, 순식간에 닥친 인류세의 도전을 헤쳐나가기 위해 우리에게 필요한 것 사이에는 상당한 간극이 있다. 우리는 기후변화와 환경위기에 대처하기 위해 인류 전체가 긴 안목으로 노력을 다하게끔 합심하기가 어렵다. 우리는 보상체계를 갖췄지만, 보상체계는 인류세가 시작하기 전 수천 년 동안 인간이 생활한 방식에 따라 설계되고 다듬어졌기 때문에 음식, 물자, 자극에서 강렬한 만족감을 얻도록 발달할 필요가 없었다. 물론 우리도 제동장치는 있다. 그래서 정말 배가 터질 만큼은 먹지 않는다. 하지만 우리에게 있는 브레이크는 상대적으로 힘이 약하다. 오늘날 우리의 무절제는 유례없는 풍족한 물자, 젊은층의 구매력 증가, 미디어가 '슈퍼 피어super-peer'로 기능하는 사회 변화를 이용해온 대량 마케팅 때문이다. 마케팅 분야는 권위자의 말을 고분고분 믿고 따르는 인간의 본성도 이용한다. 현대인의 소비를 낮은 중독에 비유하는 것은 결국 재깍 보상을 얻는 현대인의 삶과, 생물학적으로 가장 효과 있는 보상의 특징, 곧 상황에 따라 다르게 띄엄띄엄 일어나고 보상 크기가 작으며 예측할 수 없다는 특징 사이에 존재하는 부조화를 의미한다. 이런 부조화는 인간이 드문드문 얻는 만족감을 제외하면 불안, 따분함, 권태감, 비관, 행복하지 않다는 막연한 느낌으로 이어질 수 있다. 하지만 우리는 지금의 위기를 감지하고 이렇게 경고해줄 신경체계가 없다. "화석연료를 너무 많이 쓴다! 물자를 너무 많이 낭비한다! 중독성 오락물이 우리를 너무 많이 자극한다! 비상사태다! 지구가 위험하다! 항로를 변경하라. 지금 당장!"

우리는 보상회로의 약점을 뛰어넘어 관찰하고, 패턴을 인식하고, 내용을 분석하고, 미래를 예측하고, 목표지향적으로 문제를 해결하고, 사회관계를 활용하고, 사람들과 대화할 수 있는 능력을 이용해서 우리에게 닥칠 위기를 돌파해야 한다. 물론 이 위기는 생존과 직결된 사안이지만, 보상체계는 생존을 위해 배워야 할 내용을 가르치는 방법을 아직 터득하지 못했다. 생존을 위해 우리 행동을 수정해야 하는 일은 저절로 일어나지 않을 것이다. 따라서 우리는 아직 발휘되지 않고 숨어 있는 능력을 찾아내야 한다. 무엇보다 환경에 영향을 미치는 우리 행동 중 무엇이 가장 큰 문제인지, 나아가 인간 뇌에 깊이 각인된 행동 패턴을 바꾸려면 어떻게 해야 하는지 파악해야 한다. 그 해답이 다음 이야기의 주제다. 이런 얘기를 나눈 다음에야 우리가 놓인 환경 딜레마에서 되도록 짧은 시간에 빠져나오기 위해 이들 원리와 전략을 어떻게 적용할지 판단할 수 있다.

6

환경에 가장 해로운 행동

당신은 지금 숲속을 걷고 있다. 어두워지기 전까지 안전하게 지낼 곳을 찾아야 한다. 작은 강 앞에 이르렀고, 그 강을 건널지 말지 결정해야 한다. 세찬 물살 위로 나무 한 그루가 쓰러져 있고, 옆에는 커다란 바위가 듬성듬성 고개를 내민다. 당신은 그 강을 건너겠는가? 아니면 왔던 길로 되돌아가겠는가? 당신은 결정을 내리기 위해 나무가 얼마나 단단한지, 바위 간격이 얼마나 짧은지, 물살이 얼마나 센지 감각에 기대어 판단할 것이다. 그래서 손으로 나무를 밀어보기도 하고, 발로 눌러보기도 할 것이다. 강에 빠지는 사태를 대비해 수영 실력이 얼마나 되는지 떠올려보고, 강물이 얼마나 차가운지, 해가 지기 전까지 시간이 얼마나 남았는지 계산해볼 것이다. 이때 당신 앞에 놓인 곤경과 문제를 해결하기 위한 목표는 눈에 보이고, 손에 잡히며, 즉각 나타나고, 인지할 수 있는 유형이다.

이번에는 다른 상황을 상상해보자. 당신은 사람들과 조촐한 모임을 하고 있다. 그중 한 사람이 크게 기침과 재채기를 하며 손수건에 연신 코를 푼다. 그 사람 몸에 높은 확률로 존재할 바이러스는 당신 눈에 보이지 않지만, 보이지 않는 위협에 어떻게 대처해야 하는지 과거에 경험해보고 알게 된 수칙이 있다. 그래서 당신은 손수건을 든 남자와 적당한 거리를 유지하고, 그 사람과 나누는 악수를 교묘하게 피할 것이다.

하지만 기후변화는 이런 사례와는 완전히 다른 새로운 종류의 위협이다. 그 위협은 전염성 바이러스처럼 눈에 보이지 않을뿐더러 바이러스와 싸우는 상황보다 우리의 행동 변화와 위협의 인과관계가 훨씬 모호하다. 수많은 요인이 인과관계에 관여하고, 요인마다 행동 변화의 중심을 어디에 둘지를 놓고 나름의 강력한 논리가 있다. 석탄과 석유계 거물의 인지 부조화, 산업형 농업, 지나친 육식문화, 메탄가스, 정치 부패, 빈곤이 몰고 온 열대우림 파괴, 무분별한 토지 개발, 자본주의 경제체제의 단점, 불평등, 물 부족, 끝없이 더 많이 가지려는 욕망, 수질오염, 그밖에 많은 요인이 기후변화와 관련 있다. 물론 해결책도 무수히 많다. 개개인의 선택에도 변화가 일어나야 하고, 사회기반시설, 경제, 정치 등 사회 면에서도 대전환을 가져와야 한다. 환경문제는 한 가지 방법이나 전략만으로는 해결할 수 없다.

고소득 산업국가에서 살아가는 우리는 앞으로 닥칠 환경위기를 피하려면 변화가 필요하다는 사실은 잘 알지만, 변화하는 방법까지는 모른다. 이런 문제를 고민하고 있자니 머리가 지끈거린다. 이때 사람들이 보이는 반응 하나는 고민하기를 포기하고 최신 드라마를 보거나 양말서랍이나 정리하며 다른 데로 관심을 돌리는 것이다. 그래서 이번 장에서는 우리의 이런 성향을 극복하기 위해 우리 행동이 이산화탄소 배출량에 어떤 영향을 미치는지 알아보려고 한다. 인간 행동은 기후변화에 관여하는 요인 중 가장 큰 부분을 차지하며, 관련 연구활동도 활발하다.

뇌 관점에서 바라볼 때 우리 일상 활동과 탄소 배출의 관계는 신경계가 작동하는 방식에 특별한 도전을 제기한다는 사실을 기억해야 한다. 이산화탄소 자체는 사람들이 생각하듯 그렇게 우리에게 해롭고 더러운 오염물질이 아니다. 이산화탄소는 우리가 볼수도, 느낄 수도, 맛볼 수도, 냄새를 맡을 수도 없다. 게다가 이산화탄소 일인당 배출량이 몰고 오는 일은 대부분 우리가 직접 체험하는 범위 밖에서 일어난다. 우리는 인식할 수 없는 일로 괴로워하거나 보상을 얻도록 설계되지 않았다. 그래서 사람들은 어떤 행동이 탄소 배출량에 가장 큰 영향을 미치는지 정확히 모르거나 잘못 알고 있을 때가 많다. 이런 실태를 제대로 이해하려면 상당한 노력이 필요하다. 눈에 보이지 않는 호흡기 바이러스에 대처하는 조치는 우리에게 얼마간 익숙한 일이라 결과를 예측하기 쉽지만, 환경을 위해 들이는 노력의 결과는 파악하기 어렵기에 노력하고 싶은 의욕이 생기지 않을 수 있다. 하지만 우리의 어떤 선택이 환경에 가장 큰 영향을 미치는지 이해를 돕고자 탄소 배출과 우리 행동의 관계를 연구하는 학자들이 있다.

여기서 우리가 생각해볼 만한 딜레마가 또 있다. 모든 연구를 통틀어 학자들은 단순히 어떤 질문의 해답을 찾는 것이 가장 중요한가를 놓고 연구 주제를 결정하지 않는다. 그보다는 연구자들이 문제의 답을 찾기 위해 이용할 수 있는 연구방법이나 자원이 있는지가 중요한 기준이 될 수 있다. 그런 의미에서 개인의 행동 선택을 둘러싼 연구는 많은 면에서 학자들이 연구하기에 수월한 편이다. 시스템 요인과 비교해 전체 탄소 배출량의 어느 정도가 개인 차원의 행동에서 발생하는지처럼 기본적인 질문은 답변하기가 매우 어렵다. 우리는 일부 전문가가 이런 문제에 어떻게 접근하려 했는지도 살펴볼 참이다.

기후위기를 불러온 책임은 어디에 있는가?

대기 중 탄소 농도는 지구가 존재하고부터 크고 작은 변화가 있었지만, 대체로 균형을 유지했다. 식물에서 나오는 탄소는 계절 변화나 지구의 다른 화학적 변동에 따라 다양한 순환 과정을 거쳐 결국 대기, 바다, 지면으로 이동하기 때문에 대기, 바다, 지면으로 분배되는 탄소량은 수백만 년 동안 거의 균형을 유지했다. 변화는 오랜 시간에 걸쳐 아주 서서히 일어났기 때문에 종은 대부분 자연선택 과정에서 충분히 적응하며 진화할 수 있었다.[1] 기후변화와 대규모 멸종은 과거에도 있었지만, 비교적 느린 속도로 일어났다. 반면에 오늘날 우리가 마주한 문제는 석탄, 원유, 메탄, 기타 화석연료의 형태로 땅속에 묻혀 있던 탄소가 인간의 무분별한 에너지 사용으로 여태까지 균형을 벗어나 유례를 찾아볼 수 없을 만큼 빠르게 대기 중으로 방출된다는 데 있다. 방출속도가 무척 빠르다 보니 이산화탄소를 포함한 다른 온실가스가 인류세 이전 지구인 '지구 1단계'에서 예측할 수 있던 자연스러운 흐름대로 다시 흡수되지 못한다. 이런 불균형은 지극히 짧은 지질학적 시간 범위 안에서 일어나기에 생물계가 수천 년에 걸쳐 적응해온 모든 체계를 우리가 예측할 수 없고 생물이 생존할 수 없는 방식으로 혼란에 빠뜨리는 일련의 사건을 불러오며, 빌 맥키번이 말하는 '지구 2단계'로 몰아넣는다.[2] 대기 중 탄소 농도가 증가하고 지구 대기에 열이 쌓이는 현상은 말 그대로 수많은 생물이 적응할 수 없는 속도로 빠르게 일어났다. 그 결과는 현실에서 다양한 모습으로 드러나고 있다. 곤충 매개 질병이 더 넓은 지역으로 확산하고, 극심한 가뭄으로 대규모 이주와 자원을 둘러싼 갈등이 벌어지고, 100년에 한 번꼴로 발생하던 기록적인 폭우가 해마다 되풀이되고, 강한 바람과 건조해진 대기로 대규모 산불이 발생하며, 나라 하나만 한 초대형 빙하가 바다로 떨어져나간다.

1장에서 언급했듯이, 역사적으로 미국은 고소득 산업국가 가운데 대기 중 온실가스 배출량이 엄청나게 많은 국가 중 하나다.[3] 200년 넘게 이어진 대규모 산업 발전과 농업 발달이 온실가스라는 부작용을 함께 불러왔기 때문이다. 3장에서 살펴봤듯이 보상에 거는 기대와 실현이 변화를 더욱 부채질했다. 게다가 비교적 최근까지도 우리는 눈에 보이지 않는 결과를 알아차릴 수단이 없었다. 마치 새로 개발한 약이 시장에서 한동안 잘 사용되다가 나중에서야 누군가 약의 심각한 부작용을 알아내는 것과 같다. 그런데 화석연료를 약에 비유하자면, 사람들은 약의 효능으로 놀랄 만큼 풍요로운 삶을 살지만, 약의 부작용을 처음 겪는 사람들은 약의 효과를 본 사람들이 아니라 정작 약의 혜택은 받지도 못한 지구 반대편 사람들이다. 게다가 화석연료와 부작용의 인과관계는 많은 요인이 얽혀들 수 있어 처음부터 확실히 밝히기도 어렵다. 사람들은 이런 문제를 과거에 경험해보지 못했기 때문에 인과관계를 가볍게 생각하거나 무시해버리기 쉽다. 물론, 현상태를 유지해서 이득을 보는 특권층도 존재할 것이다.[4] 그런 까닭에 우리는 화석연료를 사용해도 환경위기와 관련 없다고 희망을 담아 생각하고, 의도적으로 무시한다. 결국, 문제를 인식하고 해결하고자 행동에 나서기까지 시간이 오래 걸린다.

중국은 어마어마한 인구수, 계속된 산업화, 급속한 경제성장으로 이산화탄소 배출량이 꾸준히 증가했고, 십여 년 전부터 연간 총배출량에서 미국을 앞지르기 시작했다.[5] 하지만 자연 흡수량을 넘어서는 이산화탄소는 대기 중에 쌓여서 수백 년간 머무르기 때문에 현재 지구에 퍼진 과잉 이산화탄소 대부분은 미국 책임이 가장 크다.[6] 더욱이 미국을 포함한 몇몇 고소득 국가의 국민 일인당 폐기물 발생량은 세계 최고 수준이다. 이렇게 자원 소비량이 많은 집단에 속하는 나라에서는 사실 개인이 어떻게 행동하는지가 매우 중요한 문제다. 지금부터 이 지점을 좀 더 자세히 살펴보자.

개인 행동은 환경에 얼마나 영향을 미칠까?

기업과 비교해서 개인이 환경에 미치는 영향이 얼마나 큰지 이해하려면 숫자로 따져볼 필요가 있다. 특히 여기서 우리가 초점을 맞출 대상은 고소득 국가에 사는 중산층 이상 개인이다. 에너지 소비량과 이산화탄소 배출량 대부분이 고소득 국가에서 발생하기 때문이다. 여기서 말하는 '개인'이나 '소비자'는 개인이나 가족 단위로 쓰는 재화나 용역을 구매하거나 사용하는 사람을 가리킨다.[7] 우리는 개개인의 결정이 본인이나 가족의 삶을 넘어 환경에도 영향을 미칠 수 있다는 점을 기억해야 한다. 그 차이를 구분하는 내용은 나중에 더 자세히 살펴보겠다. 일부 분석가는 개인을 가족 단위 소비자로 규정하는 맥락에서 개인과 기업이 배출하는 이산화탄소 양을 비교해보려고 시도했다. 하지만 이 작업은 절대 쉬운 일이 아니다. 역사적으로 학자들은 이런 연구를 진행할 때 사용하는에너지와 생산하는 이산화탄소를 분야별로 나눠 분석했다. 물론어떤 자료를 이용하냐에 따라 분야는 달라진다. 예를 들어 가장 일반적인 분류에는 '주거', '산업', '운송', '상업'이 포함된다.[8] 하지만각 분야에 정확히 어떤 자료가 들어갈지는 논란이 따를 수 있다.사람들이 출근할 때 이용하는 교통수단은 '개인' 범주에 들어가야할까? 아니면 '운송' 범주에 들어가야 할까? 개인이 가정에서 사용할 재화를 운반하는 처리는 어떤가? 미국 환경보호청은 자체 분석 자료를 작성할 때 '전기' 영역을 집어넣지만, 사실 우리는 생활 거의 모든 부분에서 전기를 사용한다.[9] 또한 의료 분야는 에너지 사용이 높은 범주라서 환경에 미치는 영향도 크다.[10] 이런 연구에서 범주를 나눌 때는 단순히 자료를 가장 쉽게 얻는 방법, 즉 일반적인 기록 보관 방식을 따를 때가 많다. 연구자들이 분야를 어떻게 나눌지는 결론에 영향을 미칠 테고, 가장 문제가 되는 우리의 일상 행동을 파악하는 데도 반영될 것이다. 예를 들면 세탁기를 생산하고 운반하는 데 드는 탄소 비용은 '소비자' 범주에 넣어야 할까? 아니면 개인이 사용하는 전기와 물만 소비자 범주에 넣고 나머지는 '산업' 범주에 넣어야 할까? 수명이 다한 세탁기를 폐기하는 데 사용하는 에너지와 토지는 어느 범주에 넣어야 할까?

일부 학자는 개인이 직접 통제할 수 있는 항목만 개인 범주에 넣기도 한다. 예를 들면 제조 과정은 우리가 직접 통제할 수 없는 부분이므로, 이런 항목의 환경비용은 개인 범주에 넣지 않고 산업 범주로 분류한다. 이렇게 분석하면 이산화탄소 배출량의 약 40퍼센트가 개인 선택에서 나온다.[11] 하지만 이런 접근방식에 반론을 제기하는 학자들도 있다. 그들은 소비자가 어떤 기업이 친환경 업체인지 아닌지를 따져서 구매 선택을 내릴 수 있기 때문에 소비자의 결정에 더 많은 책임을 묻는다. 예를 들면 미국에는 기업 제품을 환경 측면에서 평가하고 정보를 제공하는 '환경워킹그룹 Environmental Working Group', '굿가이드Good Guide', '던굿Done Good' 같은 단체나 인터넷 정보 사이트가 있다. 여기서는 특정 재화나 용역에 담긴 간접 측면, 이를테면 해당 재화나 용역에 필요한 에너지가 얼마나 들고 환경 유해물질을 얼마나 배출하는지와 같이 일상에서 사용하는 품목이 우리에게 도달하기 전과 사용된 이후 정보까지 담아서 자료를 제공한다. 따라서 최종 제품을 소비하는 개인은 본인 의지대로 제품을 선택할 수 있다면 해당 제품의 환경 측면에도 책임이 있다고 볼 수 있다. 이렇게 에너지 소비와 이산화탄소 배출에 영향을 미치는 소비자의 생활방식에 담긴 직간접 영향을 모두 고려하면, 미국의 에너지 이용과 이산화탄소 배출량의 80퍼센트 이상이 소비자 책임이 된다.[12]

에너지 사용량, 이산화탄소와 온실가스 배출량을 놓고 누구 책임이 더 큰지는 연구자들 사이에서 아직 정확히 일치된 의견이 없다. 우리는 편의상 기업과 개인이 각각 절반씩 책임이 있다고 가정하고 논의를 이어가보겠다.[13] 누구 책임이 얼마나 큰지를 떠나서, 단기간에는 개인의 행동 변화가 탄소 배출량을 줄이는 유일한 방법이라고 주장하는 연구자들도 있다.[14] 새로운 기술을 개발하거나 정부 정책이 변화하려면 시간이 정말 많이 걸리고, 특히 정부 간 합의가 필요한 정책 변화라면 더욱이 그럴 것이다.[15] 일부 전문가는 대체 에너지 생산 기술 개발, 새로운 에너지 기반시설 확충, 효과적인 국가 방침과 국제 방안 도입으로 급격한 지구온난화에 대응할 수 있을 정도로 탄소 배출속도를 늦추려면 개인의 행동 변화가 가장 중요한 전략이라고 말한다. 개인의 행동 변화는 거대한 석유화학 기반시설을 해체하거나 생활방식을 완전히 새롭게 바꾸지 않고도 할 수 있는 일이다. 그래서 그들은 개인 차원에서 할 수 있는 일을 지금 당장 실천하고, 많은 사람이 거기에 동참하도록 이끄는 일이 중요하다고 말한다. 한편 개인 단위보다는 정부 차원에서 사회기반시설과 지원책의 변화를 시도해야 한다고 주장하는 사람들도 있다.[16] 일각에서는 개인 수준의 변화가 도움이 될 수는 있지만, 뚜렷한 변화를 이룰 만큼 많은 사람을 동참하게 만드는 일이 현실적으로 불가능하다고 생각한다.

환경위기의 중대함을 고려하면 변화는 모든 방면에서 필요하고, 서로 밀접하게 영향을 주고받을 것이다. 만약 소비자가 적당한 가격 범위에서 이용할 수 있는 전기차 자체가 없거나 전기차 충전소가 부족하다면, 개인 소비자는 전기차를 살지 말지 결정할 수 없다. 또한 기업이 친환경 방향으로 경영 방침을 수정하고 싶어도 직원들이 호응하지 않거나 회사가 감당할 수 없을 만큼 막대한 비용이 든다면, 기업은 시도할 수 없을 것이다. 뇌 차원에서 행동 변화가 일어나려면 어떤 행동이건 순서에 상관없이 모든 수준의 변화가 필요하다.

'개인'이라는 단어 자체와 관련해 신경과학 맥락의 구분도 필요하다. 우리는 개인 생각이 바뀌는 것과 개인이 가정이나 주거 범위 안에서 내리는 선택이 달라지는 것을 동일시하는 경향이 있다. 수많은 사람이 "환경위기에 대처하려면 개인 행동이 바뀌어야 한다는 말은 번지수를 잘못 찾았다. 어차피 개인이 달라져도 충분한 영향을 미치지 못한다. 우리는 교통수단 같은 사회 전체 시스템을 정비해야 한다."라고 말한다. 당연히 개인 차원의 변화도 필요하고, 사회 수준의 변화도 필요하다. 그러나 뇌 관점에서 일어나는 변화는 특정 행동과 의사결정의 결과가 개인 당사자에게만 가닿건 많은 사람에게 영향을 미치건 관계없이 똑같은 메커니즘을 거친다. 그렇다면 여기서 좀 더 나아가 시스템 측면의 변화를 살펴보자.

한 나라의 교통시스템을 바꾸려면 무엇이 필요할까? 무엇보다 대규모 전환을 결정하고 실행할 만한 위치에 있는 사람들이 무엇을 우선순위로 정할지부터 생각이 달라져야 한다. 그들은 행동에 변화를 일으키고 중요한 조치를 실행하기 위해 내리는 의사결정이 우리에게 보상가치가 크도록 기후위기나 그 결과에 더욱 관심을 기울여야 한다. 사회 변화, 정치 변화, 의사소통, 사회운동, 문화 이동 분야 전문가들은 사회적 수단으로 어떻게 하면 아이디어를 전파해서 궁극에는 그런 가치와 행동규범을 충분히 많은 사람에게 전달할지에 집중한다. 전문가들은 문제가 되는 대규모 시스템을 개편하려면 정치, 경제적 의사결정기관의 어느 부문에서 어떤 개인들이 변화해야 하는지 연구할 수 있다.

하지만 사회 변화에 기여하는 각 개인의 신경계를 들여다보면, 이런 특정한 변화들도 다른 모든 변화가 일어날 때와 같은 방식으로 나타난다. 즉, 의사결정을 내리는 데 사용하는 모든 입력의 수많은 미세한 영향력이 다른 결정을 선택할 만큼 충분히 변화할 때 나타난다. 그 수많은 미세한 영향력은 한 개인이 본인 삶에서 내리는 결정에도 개입할 수 있지만 어떤 정당을 지지할지, 어떤 법안에 투표할지, 어떤 회사에 투자할지, 어떤 대대적 제도를 선택할지와 같은 결정에도 관여할 수 있다. 이 과정은 우리가 2장에서 살펴봤듯이 회사에서 점심시간을 얼마나 길게 보낼지를 결정하는 과정과 같다. 또는 독재자게임에서 돈을 얼마나 나눌지, 고양이를 괴롭힐지 숭배할지를 결정할 때 사람들이 사용하는 메커니즘과도 같고, 개인에게 자연이 얼마나 중요한지, 또래 집단의 압력과 마케팅이 우리 선호도에 얼마나 영향을 미치는지에 관여하는 메커니즘과도 같다. 이 과정은 탄소 배출의 결과를 알면 개인의 의사결정에 얼마나 영향을 미치는지와 우리 관심을 받는 사람들이 우리 의사결정에 동의하는지에 따라 영향을 받기도 한다. 더러는 탄소 문제 자체가 우리 의사결정에 전혀 또는 거의 역할을 하지 않거나 우연한 요소에 좌우된다(이 내용은 3부에서 자세히 다룰 것이다). 전전두피질에서 작동하는 평가 메커니즘은 결정이 내려지는 순간에 어떤 행동이 어느 정도로 보상가치를 평가받는지에 따라 환경에 이로운 결정을 지지할지 말지를 판단한다. 만약 행동 결과가 어떤 식으로든 사람들에게 보상을 주지 않으면 사람들은 달라지지 않을 것이다. 사회시스템을 대대적으로 전환하려면 그 방침이 폭넓게 사회 변화를 가져올 수 있을 만큼 영향력 있는 사람들에게 충분한 보상이 돼야 한다.

따라서 개인은 자신의 생활방식에 영향을 주는 개인적 선택과 판단을 내릴 수도 있지만 기업, 정책, 법규 차원에서 변화를 일으키는 의사결정을 내릴 수도 있다. 우리는 논의의 중심을 소비자 행동에 맞추겠다. 소비자 행동은 개인 선택과 탄소 배출을 둘러싸고 정량화하기 쉽다. 물론 개인이 영향을 미치는 다른 영역에도 소비자 행동에서 논의되는 것과 같은 요인들이 개입한다.

우리는 '얼마나' 달라져야 할까?

연구자들은 이 질문에 답변하기 위해 다양한 접근방식을 시도해 왔다. 복잡한 과정을 예측하는 학문은 기본적으로 현재 이용할 수 있는 데이터를 활용하면서 고도로 전문화된 합리적 추측을 거친다. 우리가 얼마나 달라져야 하는지, 즉 이산화탄소 배출량을 얼마나 줄여야 하는지를 알아내기 위해, 연구자들은 기후변화의 위험도를 평가하는 국제기구인 '기후변화에 관한 정부 간 협의체 Intergovernmental Panel on Climate Change, IPCC'에서 발표하는 정기 자료를 참고할 때가 많다. IPCC의 주요 임무는 '기후변화의 과학적 근거, 기후변화의 영향과 위험요소를 정기적으로 평가한 자료, 기후변화에 적응하고 기후위기를 완화할 수 있는 선택지'를 정부와 정책 입안자들에게 제공하는 일이다.[17] 그러기 위해 각 분야 전문가로 구성한 자문단 수천 명은 표준화된 절차를 거쳐 기후를 분석한 전 세계 수많은 연구 결과를 신중하게 검토하고 종합해서 정기적으로 보고서를 작성한다. IPCC는 온실가스 배출을 규제하기 위해 전 세계 197개 국가가 가입한 '유엔기후변화협약 United Nations Framework Convention on Climate Change, UNFCCC'의 자문위원회 역할도 한다. UNFCCC는 리우데자네이루(1992년), 교토(1997년), 파리(2016년) 등에서 체결된 주요 국제협약처럼 정상회담을 개최해서 지구온난화 규제를 위한 국제협약을 추진한다. 2007년에는 IPCC와 앨 고어 전 미국 부통령이 기후문제를 둘러싼 객관적인 정보를 취합하고 널리 알린 공로를 인정받아 노벨평화상을 공동수상했다.

IPCC가 수년간 활동하며 제공한 중요한 정보 한 가지는 정책 입안자들이 기후 대이변을 막기 위해 산업화 이전 수준과 비교해서 목표로 삼아야 하는 평균온도 상승 폭의 최대치를 예측한 자료다. IPCC는 지구 평균온도가 일정 수준을 넘어가면 인류의 안전을 담보할 수 없는 대재앙을 몰고 올 수 있다고 예측한다. 지구 온도가 일정 수준 이상으로 과열되면 지구온난화가 더욱 빨라져 다른 변화들을 불러오고, 결국 인간의 힘으로 되돌릴 수 없는 상황으로 이어져 지구에 생명체가 살 수 없는 환경이 될 수 있기 때문이다. 가속화 현상의 일반 사례는 지구 온도가 올라가서 극지방 빙하가 녹고, 뒤이어 해수면이 상승해서 더 많은 빙하를 녹이는 악순환이다. 얼음은 빛을 반사하지만 물은 빛을 흡수하는 성질이 있다. 그래서 지구온난화로 빙하에서 녹은 엄청난 양의 바닷물은 지구 온도를 더욱 빠르게 높이는 결과를 가져오는데, 이 일련의 과정이 '눈덩이 효과'다. 이밖에도 온난화 가속화를 부추기는 요인은 많다. 예를 들면 북극 영구 동토층에는 유기화합물 형태로 수천 년 이상 묻혀 있는 방대한 탄소 저장고가 있는데, 기후변화로 이 영구 동토층이 녹으면서 땅속 탄소가 대기로 방출되고 있다. 따라서 지구 온도가 상승해서 탄소 배출량이 증가하고 다시 지구 온도가 상승하는 악순환이 계속되면, 지구온난화는 인간이 막을 수 없는 단계에 이를 테고, 결국 지구는 생명체가 살 수 없는 환경이 될 수 있다. 이런 결과가 나타나는 것은 단지 지구 온도가 달아올라서라기보다 지구에 있는 생명체가 상호의존적인 연결망에 의지해서 살아가기 때문이다. 우리가 에어컨을 더 많이 사용하면 지구온난화를 해결할 수 없다. 왜냐하면 우리는 생명을 유지하기 위해 농작물을 기를 땅은 물론이거니와 생태계에서 얽히고설킨 모든 상호작용이 필요하기 때문이다.[18]

이런 데이터를 얻기 위해 학자들은 현재 일어나는 변화들을 일정 주기로 측정하고, 그 변화가 과거와 비교해 얼마나 다른지 분석한다. 최근에는 더 발전한 기술로 수십만 년 전에 만들어진 얼음핵 공기방울을 분석해서 긴 안목으로 대기 변화를 예측할 수 있게 됐다.[19] 과학자들은 이렇게 긁어모은 예측자료를 토대로 이산화탄소 배출량에 따라 미래에 일어날 수 있는 변화를 가늠하는 수학모델을 설계하고 지구 평균온도, 해수면, 강수량, 해빙 등을 추정한 자료인 '대표농도경로Representative Concentration Pathways'라는 다양한 기후변화 시나리오를 작성한다.[20] IPCC 전문가들은 그 시나리오를 토대로 급격한 지구온난화를 방지할 수 있는 권고사항이나 지구의 연간 평균온도 상승을 몇 도씨 이하로 제안하는 목표를 제시한다.

이렇게 자료를 작성하는 데 사용하는 연구방법이나 자료는 일반인이 이해하기 어렵고, 전문가들 사이에서도 논쟁의 대상이 되곤 한다. 일부 학자는 IPCC의 예측자료가 근거 없는 지구 종말 시나리오라며 불신하거나 지나치게 보수적이라고 비판한다.[21] 하지만 꾸준히 보완한 증거자료와 이를 토대로 제시한 목표치는 과학계와 정치계에서 인간 행동을 어떻게 바꾸고 지구 온도 상승을 어느 수준에 맞출지 연구하는 기준으로 꾸준히 활용한다. 과학 출판물은 대부분 지구온난화를 2도 이하로 제한하는 목표를 기준으로 작성하는데, 이 수치는 많은 학자가 적어도 지구온난화의 눈덩이 효과를 피할 수 있다고 믿는 한계선이다.

이 목표를 위해 사람들은 실제로 무엇을 어떻게 해야 할까? 해답은 찾으려면, 지구 평균온도 상승 목표치와 다양하고 방대한 규모의 인간 행동 퍼즐 조각을 채울 수 있는 복잡한 데이터를 분석하고 시나리오를 모형으로 만드는 작업이 필요하다. 이 분야 연구자들이 하는 일이 바로 이 작업이다. 연구자들은 계속되는 인구 증가를 고려할 때 평균온도 상승 목표치를 달성하려면, 전 세계 일인당 연간 탄소 배출량을 현재 5톤 수준에서 2.1톤까지 줄여야 한다고 추정한다.[22] 하지만 전체 탄소 배출량에서 큰 비중을 차지하는 미국과 다른 고소득 산업국가들은 현재 연간 일인당 탄소 배출량이 20톤에 달하므로 지금 수준의 10배 이상을 줄여야 한다. 이 말은 곧 우리 행동에 대대적인 변화가 일어나야 한다는 뜻이다. 그렇다면 우리는 이런 변화를 어디서부터 시작해야 할까? 그 변화는 우리 삶에 무엇을 의미할까?

개인이 이산화탄소 배출량을 줄이는 방법

대기 중 이산화탄소 농도를 줄이는 전략은 크게 두 가지가 있다. 대기 중 이산화탄소 농도는 이산화탄소 배출량과 흡수량의 차이로 결정된다. 따라서 이론상으로는 인간이 대기로 배출하는 양만큼 대기 중에서 없애버리거나, 인간 활동으로 배출되는 양을 0에 가깝게 줄이면 이산화탄소 농도를 안정화할 수 있다. 이 두 가지 접근법은 서로 충돌한다고 할 수 없다. IPCC 보고서를 보면 둘 다 중요하다. 하지만 어떤 접근법을 선택하는가에 따라 우리에게 필요한 행동과 의사결정의 강조점이 달라질 수 있다. 사실 이 문제는 그렇게 단순하지 않다. 이산화탄소 수치는 서로 밀접하게 영향을 주고받는 배출량과 흡수량의 변동에 따라 달라지고, 그중 일부는 인간 활동이 불러온 대기, 토지, 해양 변화로 이미 바뀐 상태이기 때문이다. 하지만 논의의 편의상 이 구조를 단순화해서 살펴보겠다.

먼저 이산화탄소 농도 변화 방정식의 작은 부분부터 생각해보자. 공기 중에 있는 이산화탄소를 간단하게 흡수해버리는 방법으로 문제를 해결할 수는 없을까? 행동 변화에 초점을 맞추고 있는 만큼 우리의 어떤 행동이 대기에 쌓인 이산화탄소의 흡수를 돕는지 생각해보자. 식물은 대기 속 이산화탄소를 흡수해서 잎과 줄기에 저장한다. 따라서 개인은 나무를 심고 숲을 가꾸고 목초지 같은 자연 생태계를 조성해서 식물의 탄소 흡수를 도와 대기 중 이산화탄소 농도를 줄일 수 있다. 식물은 일반적으로 낮 동안에 이산화탄소를 흡수하고 밤이 되면 이산화탄소를 배출하지만, 일부는 식물에 그대로 저장된다. 따라서 식물이 자라는 동안, 심지어 죽은 뒤에도 불에 타거나 유기체 대사작용을 거쳐 부산물이 탄소 형태로 다시 공기 중에 배출되지 않는 한, 탄소는 식물 안에 머무르기 때문에 대기 안에 있던 탄소가 토양에 격리 또는 포획될 수 있다.

그렇다면 개인은 '탄소 포획' 활동으로 이산화탄소 감축에 의미 있는 영향을 미칠 수 있을까? 이산화탄소 배출량의 무너진 균형을 되찾으려면 우리가 이미 대기에 배출한 이산화탄소 양을 상쇄할 만큼 광활한 토지에 자연 생태계를 조성해야 하지만, 개인은 대부분 그런 권한을 행사할 만한 어마어마한 토지가 없다. 그래서 대대적으로 자연 생태계를 조성하려면 더 집단적인 행동이 필요하다. 토지 이용 문제는 환경과학과 환경정책에서 중요하게 다루는 분야 중 하나다. 산림은 매우 효율적으로 탄소를 흡수하는 생태계의 중요한 부분이다. 하지만 경제와 인구 압력으로 산림이 빠르게 감소하고 있어, 환경운동가들은 정치적 수단을 동원하거나 환경보호 운동을 펼쳐서 산림 벌채를 막기 위해 상당한 노력을 기울인다. 어떤 의미에서 산림 벌채는 이중 피해를 안긴다고 할 수 있다. 나무를 대량으로 베어내 불태우는 과정에서 막대한 양의 탄소를 배출하고, 동시에 효율적으로 대기 중 이산화탄소 농도를 줄여주는 산림의 완충능력을 낮추기 때문이다.

일부 기업은 이산화탄소 저감 임무를 실천하는 방법의 하나로, 열대우림을 파괴해서 생산한 상품 대신 새로운 산림을 조성해서 제조한 상품을 판매한다. 거기서 얻은 영업이익은 다시 열대우림 보존과 산림 복구 활동에 기부한다. 우리가 구매한 초콜릿의 수익금이 환경보호 단체를 후원하는 데 쓰인다면 꿩 먹고 알 먹고 효과인 것은 틀림없다. 하지만 이런 방법은 개인이 할 수 있는 다른 노력에 비하면 이산화탄소 배출량 감소에 미치는 영향이 크지 않다.[23] 물론 친환경 초콜릿을 선택하는 행동도 나쁘진 않지만(수명주기를 분석해보면 이마저도 의문이 제기되지만, 그 이야기는 나중에 자세히 다루겠다), 우리는 식생활과 관련해 다른 선택을 내려서 환경에 더 큰 영향을 미칠 수 있다.[24]

"세상 모든 사람이 나무를 심으면 지구온난화 문제는 해결될 것이다."라고 말하는 사람들도 있다. 물론 그렇게 하면 우리는 나무를 심어서 새로움을 얻는 보상도 누리고, 지구를 위해 무언가 했다는 성취감도 맛볼 것이다. 하지만 문제는 그렇게 간단하지 않다. 다른 행동은 그대로 두고 나무 심기로만 기후위기를 해결하려는 시도는 실제로 큰 도움이 되지 않는다.[25] 말하자면 숲을 보호하고 새로운 산림을 조성하는 방식은 이산화탄소 안정화를 위해 할 수 있는 부차적인 행동이다. 물론 나무 심기는 좋은 일이고, 당연히 심어도 되지만, 나무 몇 그루를 심어놓고 우리가 할 수 있는 노력을 다했다고 생각해서는 안 된다. 우리는 다른 노력으로 더 큰 변화를 가져올 수 있다.

대기 중 이산화탄소 농도를 낮추는 적극적인 방책 한 가지는 '탄소 집진기' 같은 탄소 포획 기술을 이용하는 것이다.[26] 탄소를 포획하고 저장하는 이 기술은 화석연료 발전소에서 배출하는 탄소를 분리해서 지하 깊숙이 저장하는 방식이다. 실제로 존재하는 기술인데 아직 활발히 쓰이지는 않으며, 기술에 드는 전력 생산 비용이 크다는 단점이 있다. 하지만 향후 수십 년 안에 일어날 이산화탄소 과잉 문제를 해결하는 다양한 논의에서 이 기술을 거론한다. 탄소를 포획하고 저장하는 기술은 기존 발전소에 보강해서 넣기보다 새로운 발전소를 건설할 때 함께 구축하는 편이 더 쉽다. 그래서 전문가들은 향후 수십 년간 탄소 균형을 맞추려면 소비를 줄이는 방향이 더 중요한 역할을 하리라고 평가한다.

기후변화를 막을 대안으로 연구하는 지구공학적 접근법이 또 있는데, 바로 태양열을 반사하는 미세한 화학물질을 인위적으로 대기에 분사하는 방안이다. 이 방법은 기후 안정화에는 기여할 가능성이 있지만, 해양 산성화 같은 다른 환경문제는 해결하지 못한다. 기후 공학자가 아니면 현시점에서 이 방법을 실천하기 위해 개인 영역의 행동은 필요없을 것이다. 하지만 가까운 미래라면 얘기가 달라진다. 아직 검증되지 않았지만 효과가 좋을 수도 있는 새로운 조치라면 정부가 위험부담을 안고 모험을 감행해도 좋을지 평가하고 판단해서 행동해야 하기 때문이다. 만약 미세한 화학물질이 태양 빛을 지나치게 많이 반사해서 지구 전체가 겨울이 되면 어떻게 될까? 반대로 환경위기가 완전히 해결된다면? 우리는 의사결정에 관여하는 뇌 메커니즘과 여기에 영향을 미치는 미세한 가중치에 따라 우리 앞에 놓인 선택지의 가치를 판단해야 한다. 하지만 그 선택지는 과거에 경험해보지 못한 일이기에 뇌 메커니즘이 판단을 내리는 데 참고할 만한 선례가 없다. 지금까지 살펴봤듯이 우리 선택을 어느 한쪽으로 기울이는 데는 생물학적으로 새로움과 익숙함에 어느 정도로 친숙한지, 위험 감수를 얼마나 편안한 일로 받아들이는지, 부정적인 결과를 얼마나 두려워하는지, 사실에 입각한 자료에 얼마나 의존하는지, 판단을 내릴 당시 상황 전반이 어떠한지, 주변 사람들 의견과 그들에 대한 생각은 어떠한지, 우리 의견이 실제로 국민투표나 청문회에 어떤 영향을 미친다고 생각하는지, 오늘 아침에, 지난주에, 과거 수십 년 전에 우리가 또는 우리 조부모가 어떤 일을 겪었는지 같은 많은 요인이 관여하며, 그 판단은 상황에 따라 이성적이기도 하고 아니기도 한다.

케임브리지대학교 물리학 교수인 데이비드 맥케이David MacKay는 2009년에 출판한 자신의 저서《지속 가능한 에너지Sustainable Energy》에서 우리에게 가장 기초 정보인 '숫자'를 이용해 실제로 우리의 어떤 행동이 가장 문제가 되는지 규명하려고 했다. 맥케이 교수는 에너지, 기후변화, 행동 이야기를 하는 사람들이 흔히 저지르는 오류가 있는데, 듣는 사람이 무엇을 해야 할지 판단하는 데 도움이 안 되는 용어를 쓸 때가 많다는 점이라고 지적한다. 가령 우리가 버린 쓰레기로 축구장 크기 몇 배 넘는 면적을 채울 수 있다거나 경작지 개간을 위해 무려 매주 몇백만 헥타르의 숲이 사라진다거나 우리가 모는 자동차가 연간 몇십 톤의 온실가스를 내뿜는지 안다고 해서 우리가 어떤 행동을 바꿔야 할지 결정하는 데 도움이 되지도 않을뿐더러, 의미 있는 변화를 일구지도 못한 채 단지 혼란스럽고 죄책감만 안긴다.[27] 게다가 학교 교과서나 정부 기관 누리집, 환경단체 사이트에서 제시하는 방법을 보면 실제로 어떤 행동이 환경위기에 가장 큰 영향을 미치는지 알려주는 정보가 대개 일치하지 않는다는 문제도 있다.[28] 이를테면 재활용은 모든 기관과 학교에서 환경보호를 위해 권장하는 방법이고 실제로 얼마간 도움이 되기도 하지만, 우리가 일상에서 하는 다른 행동들과 비교하면 이산화탄소 감축에 미치는 영향은 아주 작다.

사람들은 대체로 지구를 위해 좋은 일을 한다는 말은 곧 특정한 행동을 하지 않는다는 의미라고 생각한다.[29] 이를 행동전략 용어로 바꾸면 행동을 '제한'한다고 표현한다. 하지만 행동을 제한하는 조치는 뇌 관점에서 보면 대체로 보상이 없는 일이다. 물론 사람들은 개인 성향과 경험에 따라 옳은 일을 하면 좋은 감정을 느끼는 보상체계도 작게나마 갖췄다. 하지만 이런 보상은 일상에서 내리는 거의 모든 의사결정에 큰 영향을 미치지 못한다. 많은 전문가 의견을 들어보면 우리는 환경보호를 위해 행동을 제한할수도 있지만, 행동을 '다르게 하는 방법'을 선택할 수도 있다. 이렇게 하면 우리는 생활방식에 큰 변화를 주지 않고도 상당한 에너지를 절약할 수 있다. 물론, 당신은 이렇게 말할 수 있다. "전 케일과당근만 있으면 돼요. 치즈버거나 아이스크림은 안 먹어도 괜찮아요." 하지만 이런 식으로 모든 문제를 해결할 수는 없다.[30] 미국을예로 들면, 일상에서 낭비가 지나쳐 단순히 낭비를 막는 정도로는별로 달라질 구석이 없는데다, 미처 우리가 깨닫지 못하는 낭비는그대로 남는다. 다음 장에서 우리 행동에 변화를 일으킬 방법을자세히 알아보겠지만, 우리가 지금 거론하는 행동들이 모두에게똑같이 해당한다는 얘기는 아니라는 점을 유의하기 바란다. 세상에는 차를 운전하지 않는 사람도 부지기수고, 공장에서 생산한 소비재 없이 자급자족하는 사람도 많다. 게다가 미국처럼 부유한 나라마저도 일상에서 선택의 자유가 거의 없이 근근이 먹고사는 사람이 상당하다. 따라서 우리가 이 논의에서 초점을 맞추는 개인은부유한 나라에서 평균소득 이상을 벌고 선택 재량권을 지닌 개인을 말한다는 점에 유의해야 한다. 어떤 행동이 탄소 배출에 큰 영향을 미치는지 알고 싶다면 '탄소계산기'를 이용해볼 수도 있다. 탄소계산기는 여러 버전이 있는데, 대부분 에너지 관련 회사나 미국 에너지부가 탄소 배출량과 에너지 소비량을 측정하는 도구를 온라인에서 제공한다. '탄소계산기'나 '탄소발자국 계산기'를 검색하면 탄소 배출 계산 프로그램을 여러 개 찾을 수 있다. 그 프로그램에서 전기 사용량, 가스 사용량, 차량 이용 정도 등 정보를 몇 가지 입력하면, 개인 상황에 맞춰 탄소 배출량을 줄일 방법을 확인할 수 있다.(사람들이 시간을 내어 탄소계산기를 이용해보도록 권유하는 일도 별개 문제일 수 있다. 이 내용은 행동 변화를 논의하는 자리에서 더 자세히 다루겠다.)

현시점에서 개인이 탄소 배출량을 줄이는 가장 좋은 방법은 에너지 소비를 자제하는 것이다. 전 세계에서 사용하는 에너지의 80퍼센트는 화석연료에서 나온다. 화석연료는 수백만 년 동안 땅속에 묻힌 식물이 높은 압력과 열을 받아 생성된 탄소 기반 화합물이다. 화석연료에는 상당한 탄소와 에너지가 저장돼 있다. 화석연료가 연료로서 효율이 뛰어난 이유가 바로 거기에 있다. 단위 부피당 많은 에너지가 응축돼 있다. 나무나 다른 식물을 불태워서 얻는 열과 에너지는 단위 부피로 비교했을 때 화석연료보다 훨씬 적다. 비행기 연료로 나무를 쓸 수 없는 이유도 그래서다. 운행에 필요한 에너지를 공급할 만큼 많은 양의 나무를 전부 비행기에 실을 수가 없다. 석탄, 석유, 천연가스 같은 화석연료는 인간이 배출하는 온실가스의 주범이다. 화석연료에서 나오는 에너지는 냉난방과 교통수단뿐 아니라 우리가 소비하는 모든 것을 생산하고, 사용하고, 폐기할 때도 쓰인다. 하지만 더 중요한 사실이 있다. 우리는 막대한 양의 에너지를 소비하는 것 못지않게 막대한 양의 에너지를 낭비한다. 이는 개인의 어떤 선택이 환경에 가장 큰 영향을 미치는지 이해하는 데 중요한 토대가 된다.

현재 인간이 배출하는 이산화탄소 양의 가장 많은 부분은 에너지원으로 사용하는 화석연료를 연소하는 과정에서 발생한다. 우리는 난방, 전기, 운송, 제조, 식품 생산 등 우리가 하는 모든 활동에서 에너지를 사용한다. 데이비드 맥케이 교수가 《지속 가능한 에너지》에서 던지는 핵심 질문은 '영국이 이산화탄소 배출량을 서서히 줄이기 위해 탄소 기반 자원이 아닌 재생 가능한 자원으로 영국의 에너지 수요를 맞출 수 있을까?'이다. 그는 여기에 대답하기 위해 재생 가능한 자원으로 생산할 수 있는 에너지 양과 영국인이 다양한 방식으로 소비하는 에너지 양을 계산해서 비교한다. 물론 그의 주된 목적은 재생 가능한 에너지를 공급하는 측면에서 사람들이 어떤 정책을 지지해야 가장 타당할지를 판단하는 데 도움을 주는 것이지만, 우리는 이 자료의 수요 측면에 집중해서 산업사회를 살아가는 사람들이 에너지를 얼마나 소비하는지 확인볼 수 있다. 풍력, 태양열, 지열, 원자력 같은 재생에너지원은 대부분 국가 전력망을 차지하는 비중이 화석연료보다 상대적으로 낮다. 하지만 재생에너지원의 사용 비율을 늘릴 수 있다면, 화석연료 사용 비율이 줄어들어 이산화탄소 배출량도 감축할 수 있다. 맥케이 교수가 제시하는 추정자료는 다른 과학적 자료나 정부 보고서와 더불어 이산화탄소 배출에 개인의 다양한 행동이 미치는 영향을 가늠하기에 유용한 정보를 제공한다.

맥케이 교수는 세계 평균 일인당 이산화탄소 배출량이 약 5.5톤이라고 추정한다. 2013년에 세계은행도 비슷하게 4.68톤으로 추정했다.[31] 평균치는 그렇지만, 실제로 국가 간 편차가 매우 크다. 앞서 언급한 대로 미국 일인당 연간 이산화탄소 배출량은 자료 출처와 측정 시기에 따라 차이가 있어도 20톤 언저리인데, 인도는 미국의 10분의 1 수준이다.[32] 국가 간 차이는 1970년대에 폴 에를리히Paul Ehrlich와 존 홀드렌John Holdren이 개발한 일반 공식으로 더 자세히 설명할 수 있다. IPAT 공식으로 알려진 이 방정식에 따르면, 인간이 환경에 미치는 영향Impact은 인구수Population, 소득수준Affluence, 기술수준Technology의 곱으로 나타낼 수 있다.[33] 이 공식에서 보면 미국은 환경에 미치는 영향이 클 수밖에 없다. 미국 인구수는 세계 인구와 비교해 엄청나게 많지는 않지만(세계 인구 약 80억 명 중 약 3억 3000만 명대), 국내총생산을 반영한 소득수준과 일상생활에서 에너지를 많이 쓰는 기술 의존도를 고려하면 환경에 미치는 영향이 세계 평균을 훌쩍 뛰어넘는다. 그렇다면 에너지를 많이 쓰는 활동은 무엇일까?

육상교통수단

육상교통수단은 개인이 이산화탄소 배출량에 영향을 미치는 큰 요인 중 하나다. 전체적으로 보면 사람과 물자가 이동하면서 인간이 대기에 배출하는 이산화탄소의 약 20퍼센트를 내뿜는다.

이 수치는 미국은 물론 세계적으로도 계속 커질 전망이다.[34] 운송 유형 중에는 육상운송 비율이 가장 큰데 해상, 철도, 항공운송과 비교하면 몇 배는 된다.[35]

자동차 운행은 이산화탄소를 많이 배출하는 활동 중 하나다. 게다가 우리가 자동차에 의존하는 비율은 늘어나는 추세다. 자동 차 판매량은 지난 30년간 전 세계에서 두 배 넘게 증가했다. 자동 차 보유 현황을 보면 고소득 국가가 인구 2명당 1명인 반면, 개발 도상국은 인구 10명당 1명인데 이 비율도 가파르게 증가하고 있 다.[36] 자동차 이용으로 환경이 입는 피해를 줄이는 가장 좋은 방법 은 무엇일까? 일부 전문가는 자동차 없는 삶을 대안으로 추천한 다.[37] 하지만 이 방안은 현실성이 없다. 대개 교통수단의 대안으로 제시되는 방책들은 자동차 여행이 제공하는 유연성과 편의성이 부족하다.

연구자들은 다양한 자료를 종합해 현재 수준에서 자동차를 이 용하며 배출하는 탄소를 줄이는 가장 효과적인 방안은 연료 효율 이 높은 차로 대체하는 전략이라고 주장한다. 자동차 함께 타기, 천천히 운전하기, 자동차 정비하기, 타이어 공기압 점검하기 같은 방법도 도움이 되지만, 연비 높은 차량은 이 모든 방법을 합친 것 보다 몇 배 이상 효과를 낼 수 있다.[38] 이 대안에 단점이 한 가지 있다면 사람들이 차를 새로 사야 한다는 것이다! 하지만 이렇게 주장하는 사람도 있을 수 있다. 우리가 하이브리드 차를 새로 산 다면 기름 소모가 많은 기존 차는 그대로 남을 테고, 누군가 그 차 를 운전하면 결과적으로 도로에 차량만 늘어나 탄소 부하를 더 끌어올리는 셈이 되지 않냐고 말이다. 물론 일리 있는 말이다. 하지만 시간이 지날수록 연식이 오래된 차량은 결국 폐기될 테고, 연비 효율이 높은 차량이 점점 많아지면 전체 탄소 배출량은 감소할 것이다.[39] 우리가 이 논의에서 사용하는 측정 단위는 각 개인에게 책임을 물을 수 있는 이산화탄소 배출량이다. 따라서 누군가 연비 효율이 높은 차량으로 바꿔서 개인이 배출하는 이산화탄소 양을 줄였다면, 그는 개인이 할 수 있는 일을 했다고 볼 수 있다. 이렇게 하면 예전과 똑같이 어디든 이동할 수 있으므로 자동차를 아예 없애는 방법보다 선택의 폭이 훨씬 넓어진다. 다시 말해, 행동을 아예 '제한'하지 않고 다른 행동으로 '대체'만 하는 것이다.

이제 사람들이 자동차를 구매할 때 어떻게 의사결정을 내리는지 생각해보자. 뇌는 환경을 위해 좋은 일을 하고 약간의 보상을 얻을 수 있다. 그렇다면 일상에서 내리는 수많은 의사결정의 이해득실을 고려할 때 자동차를 둘러싼 의사결정은 어떤 방식을 거칠까? 자동차는 소비 품목에서 중요한 비중을 차지하는 값비싼 물품이다. 그렇게 큰돈을 쓰는 일에 개입하는 많은 동기와 보상 중 상대적으로 뚜렷하게 체감되지 않는 연비 효율이라는 이성 중심의 보상은 환경문제를 해결하는 대책으로써 개인이 이바지할 수 있는 부분이 보잘것없게 느껴질뿐더러, 일상에서는 거의 알아차리기도 어려워 판단의 걸림돌이 될 수 있다. 연료비 절감도 보상이 될 수 있지만, 사람들이 자동차를 구입할 때 고려하는 요소들을 떠올려보면 비교적 덜 중요한 항목이다.

나는 예전에 연비가 5.1킬로미터퍼리터km/L인 SUV 차량을 구입한 적이 있다. 그 차를 사야 할 그럴듯한 이유가 있었다. 나는 직업상 끔찍한 사고를 당한 사람을 많이 만났고, 그 차를 살 당시에는 내 아이들이 아주 어렸다. 내가 선택한 제품은 철골 구조와 측면 에어백을 초기에 도입한 차량이었다. 7인승이라 손님이 와도 다 같이 탈 수 있었고, 응급상황으로 병원에 급히 가야 할 때는 어떤 악천후에도 끄떡없이 달릴 수 있었다. 물론 그런 이유도 타당성이 없진 않았지만, 그 자동차 회사는 우수한 성능으로 좋은 평가를 받는 기업이었고, 짙은 녹색의 투박한 외관과 자동차 지붕에 달린 루프랙이 야외활동을 좋아하는 내 취향을 정확히 사로잡았다. 내가 원래 타고 다니던 차는 수십 년 전에 학자금 대출로 마련했는데, 헤드라이트가 덜렁거려 꺾쇠로 고정해놓은 터라 동료 의사들에게 놀림거리였다는 이유도 한몫했을 것이다. 내가 그 SUV 차량을 선택한 데는 확실히 비이성적인 이유가 크게 작용했다. 어떤 의미에서 그 차는 당시 내가 추구하던 자아상, 즉 자녀의 안전을 걱정하는 부모이자 품질에 투자하는 소비자면서 어떤 상황에도 환자에게 달려가는 책임감 있는 의사라는 나의 이상적인 자아상을 다져줬다. 물론 자동차 회사들은 고객의 이런 욕구를 마케팅 전략으로 활용한다. 하지만 나는 기후변화를 심각하게 인식하면서부터 내가 내린 결정의 명백한 모순 때문에 마음이 점점 불편했다. 2장에서 살펴봤다시피 우리에게 보상으로 작용하는 것은 환경에 따라 또는 새로운 인지적 입력에 따라 보상이 되지 않을 수 있고, 심지어 혐오 대상이 되기도 한다. 음식처럼 기본적인 보상마저도 극단에는 그렇게 될 수 있다.[40] 그래서 연비 효율이 높은 차량에 다른 장점이 추가될 수 있다면 부가적인 보상이 될 만하다. 이를테면 연비 좋은 차가 외관도 멋지고 성능도 우수하다면? 휘발유 차량보다 가격이 싸다면? 그래서 육중한 금속 소재와 표준 변속기 대신 가볍고 공기역학적이며 LED 패널이 부착된 차량이 전형적인 SUV보다 긴 안목으로 보면 사실 야외활동에 더 적합하다고 사람들이 쉽게 인식을 바꿀 수 있다면 어떨까? 광고주들은 다 아는 사실이지만, 우리는 스스로 내린 선택에서 더 큰 보상을 얻는 경향이 있다. 자동차 제조업체와 영업직원들은 판매하려는 차량이 바로 고객이 원하는 제품이라고 설득하기 위해 고객에게 최선을 다할 것이다. 그들은 연비 효율이 아닌 자동차 판매 실적으로 보상을 얻기 때문이다.

전기차는 환경에 어떤 영향을 미칠까? 전기차는 내연기관차에 비해 확실히 오염물질을 덜 배출한다. 전기차가 환경에 미치는 영향 전반은 제조 과정(내연기관차도 마찬가지다)과 전기 충전소가 어디 있는지에 따라 달라진다. 프랑스를 예로 들면, 프랑스에서 생산하는 전기는 주로 원자력 같은 비화석연료 공급원에서 나오기 때문에 프랑스에 있는 전기차는 내연기관차보다 탄소 배출과 환경에 미치는 영향이 매우 적다.[41] 네덜란드는 풍력기술이 발달해서 전기차가 탄소 배출량을 낮추는 좋은 대안이 된다.[42] 전기 생산에서 석탄 화력발전소 비중이 높은 미국은 앞으로 석탄 의존도가 낮아지면 연비 좋은 내연기관차보다 이산화탄소 배출량이 적은 전기차의 이점이 커질 전망이다(지금도 이미 연비 낮은 차보다 훨씬 낫다). 석탄은 화석연료 중 이산화탄소 배출량이 가장 많다. 석유보다 심하고, 천연가스보다는 훨씬 심하다.

미국으로 시선을 돌리면 석탄 이용도는 주마다 차이가 있다. 캘리포니아주에서 전기차를 충전하면 내연기관차보다 이산화탄소 배출량을 훨씬 줄일 수 있다. 반면에 노스다코타주는 전기 생산의 94퍼센트를 석탄에 의존하기 때문에, 이산화탄소 배출총량으로 보면 내연기관차보다 전기차의 이점이 적다. 하지만 현재 새로운 에너지원으로 꾸준히 대체하고, 석탄 의존도도 확실히 줄어들고 있다.[43] 따라서 최근 모토인 '전기로 전환하기, 전력효율 높이기'는 운송에서 제조, 가정용 난방까지 우리가 사용하는 모든 에너지의 이산화탄소 배출량을 줄이기 위해 사회 전반에서 시도하는 전략들의 특징을 보여준다. 내연기관차와 비교해서 전기차의 제조 수명주기를 분석하려고 고려 중인 작업도 중요한 의미가 있다.[44] 이 모든 요인을 고려하면 전기차가 많아질수록, 특히 전력 소모가 크지 않고 풍력, 태양열, 수력발전, 바이오연료의 비중이 높은 전력을 이용하는 전기차가 늘어날수록, 일상적인 차량 이용에서 발생하는 이산화탄소 배출량에 확실히 의미 있는 영향을 미칠 것이다.[45] 그 영향이 얼마나 클지는 에너지 효율 개선과 기술 발달에 얽힌 수많은 요인, 오염물질 배출과 연비 기준에 관한 법규, 지역 전력 공급원 변화 등에 달렸다.[46] 소비자는 상충하는 여러 정보를 파악해야 하고, 일부 정보는 기업에서 제공한다. 우리는 기업의 의사결정을 이해하기 위해, 그들이 얻는 보상이 무엇인지 파고들 필요가 있다.[47]

중요한 것은 우리가 이동수단으로 자동차를 이용하는 행동은 이산화탄소 배출량이 매우 많은 활동 중 하나며, 개인 선택이 환경에 큰 영향을 미칠 수 있는 활동 중 하나라는 사실이다.

항공 여행

자동차 운행과 마찬가지로 항공기 운항 또한 해마다 평균 6퍼센트 성장률을 기록하며 가파르게 증가하는데다, 점점 많은 환경 전문가가 이산화탄소 배출량 감축 문제를 논의할 때 항공 여행을 중요한 요인으로 고려해야 한다고 주장한다.[48] 무거운 물체가 하늘에서 장거리를 이동하려면, 탄소 집약적 석유화학 액체연료 형태로 제공되는 많은 에너지가 필요하다. 비행기는 이산화탄소 말고도 다양한 오염물질을 대기에 배출하며, 비행기가 운항할 때 나오는 비행기구름도 지구온난화에 영향을 줄 수 있다.[49] 항공사는 항로를 최적화하거나 속도를 늦추는 등의 방법으로 비행기가 소비하는 연료를 줄일 수 있지만, 이런 대책이 경제성을 갖추려면 인건비 증가나 다른 경제요인과 균형이 맞아야 한다.[50] 한편 항공 휘발유와 제트연료처럼 항공기에 사용하는 연료도 이산화탄소 배출량에서 차이가 날 수 있다.[51] 농축 바이오연료가 대안이 될 수 있지만, 아직 개발 단계에 있다. 바이오연료가 항공사에 매력적인 선택이 되려면, 석유연료와 비교해 값이 싸거나 비슷한 수준은 돼야 한다. 게다가 바이오연료가 엄청난 양으로 소비되면, 환경에 나쁜 영향을 미치는 또 다른 문제가 발생할지도 모른다.[52] 수소연료 또한 발전 단계에 있고, 다른 영향이 있을 수 있다. 이렇듯 혁신적인 변화가 일어나려면 사회기반시설을 대대적으로 점검해야 하는 데, 기간이 수십 년은 걸릴 수 있다. 따라서 그동안 살펴본 이산화탄소 배출 문제의 다른 측면처럼, 지구 온도 상승을 2도 이하로 제한하는 목표를 달성하기 위해 단기간에 이산화탄소 배출량을 가장 효과적으로 줄이려면 소비자의 행동과 선택을 돌려세워야 한다. 현재 우리가 할 수 있는 최선의 노력은 비행기를 최대한 적게 이용하고, 탄소 보조금 프로그램에 참여하는 것이다. 하지만 항공 산업의 꾸준한 성장을 기대하는 항공업계로서는 항공기 이용을 제한하는 시도가 당연히 달갑지 않을 테고, 여기에 저항하거나 항공 여행을 계속하도록 고객들에게 보상을 제공할 수도 있다. 그래서 일부 전문가는 우리가 환경을 위해 다른 대안을 찾기 전까지는 개인 소비자들이 행동의 결과가 환경에 어떤 영향을 미치는지 제대로 알고 선택을 내릴 수 있어야 한다고 주장한다.[53]

탄소 배출량을 줄이기 위해 개인이 할 수 있는 선택 중 항공기 이용을 줄이는 결정은 상당히 의미 있는 일이다. 그래서 일부 저자는 항공기 이용을 '가장 큰 탄소 범죄'라고 주장하며, 특히 장거리 여행에 자동차를 이용하지 않는 점이 문제라고 말한다.[54] 대륙 간 비행이나 대양 간 비행은 편도여행만으로도 일인당 이산화탄소 2~3톤을 배출한다. 장거리 비행 한 번으로 현재 전 세계 일인당 연간 탄소 배출량인 5톤의 절반을 넘기는 셈이다. 그런 여행을 일 년에 두세 차례만 해도, 이미 심각할 정도로 높은 미국인 일인당 탄소 배출량인 20톤의 절반을 넘어선다. 게다가 2도 목표를 달성하려면, 우리는 일인당 2.1톤까지 탄소 배출량을 낮춰야 한다는 점도 잊어서는 안 된다. 이런 까닭에 탄소 배출 저감을 위해 개인

이 할 수 있는 행동지침을 만든 사람들은 항공 여행을 줄이는 항목을 거의 항상 챙겨왔다.[55]

하지만 우리는 직업상 해외에도 가야 하고, 더 넓은 세상을 구경하고, 더 많은 사람을 만나 새로운 것을 배우고, 우리가 아는 지식을 공유해야 하지 않냐고 말할 수 있다. 심지어 비행기 이용이 기후에 미치는 영향을 연구하는 학자들도 비행기를 타고 연구 세미나에 참석하지 않는가![56] 같은 이동거리로 본다면 비행기가 다른 교통수단보다 탄소 배출량에서 조금 낫다고 말하는 사람도 있다. 물론 틀린 말은 아니지만, 불필요한 장거리 여행을 조금이라도 줄인다면 상당한 영향을 미칠 수 있다고 일각에서는 말한다.[57] 그러기 위해 우리는 새로운 보상체계에 적응해야 할지도 모른다. 이를테면 업무에서 오가는 상호작용이나 가족모임을 위한 새로운 대안이 필요할 수 있다. 이 내용은 행동 변화를 위한 실천 방안을 다룬 3부에서 자세히 살펴보겠다.

주택

우리가 거주하는 주택과 건물의 냉난방 장치는 교통수단 다음으로 많은 에너지가 든다. 연구 결과에 따르면 난방 온도를 낮추고, 뜨거운 물 사용을 줄이고, 에어컨 온도를 약간 높게 설정하는 방법은 탄소 배출량을 줄이는 효과를 가져올 수 있다. 하지만 이런 행동 제한 전략보다는 우리가 거주하는 공간에서 발생하는 낭비를 줄이는 자세가 더 큰 도움이 될 수 있다.

주거환경에서 개인이 배출하는 이산화탄소 양을 낮추는 데 가장 큰 영향을 미치는 행동은 우리가 어떤 공간에 거주하는지 그리고 그 공간의 어떤 측면을 통제할 수 있는지에 따라 달라진다. 대체로 도시 지역에서 생활하는 사람들이 지역 거주민보다 탄소발자국이 적다. 도시에서는 육상교통을 이용한 장거리 이동이 상대적으로 적고, 난방 측면에서도 도시에서 흔히 볼 수 있는 주거 형태인 다세대주택의 에너지 효율이 높기 때문이다. 사면이 외벽인 집보다 한 면이 외벽인 집이 난방에 드는 에너지가 적다. 미국 주택의 약 3분의 2는 거주자가 소유하고 있다. 대개 건물 난방에서 많은 낭비가 발생하는데, 일부 자료를 보면 난방 에너지의 최소 30퍼센트가 새어나간다.[58] 그럴 만도 한 것이 노후 주택의 80퍼센트는 단열 처리가 부족한 상태로 추정된다.[59] 특히 추운 지역 노후 주택은 지붕 단열재나 이중창, 삼중창 같은 단열장치가 에너지 효율을 높이는 데 매우 중요한 역할을 한다. 주택에서 쓰는 에너지는 대부분 난방이 목적인데, 지붕이나 창문 주변에 틈이 있으면 그리로 많은 에너지가 샌다. 여러 국가의 자료를 종합해보면, 에너지 효율을 높이도록 주택을 보강하는 작업은 냉난방에 드는 에너지를 50퍼센트 넘게 낮출 수 있다.[60] 미국의 주택 단열 조치를 분석한 결과를 보면, 단열 보강 조치를 했을 때 에너지 사용을 평균 최소 20퍼센트까지 낮출 수 있다. 에너지 효율이 높은 냉난방 시스템이나 가전, 조명장치도 도움이 된다.[61] 이제는 가정용 컴퓨터도 에너지를 많이 쓰는 가전에 들어간다. 과거에는 컴퓨터가 먹는 에너지를 중요하게 고려하지 않았지만, 지금은 수많은 가정에서 컴퓨터가 남기는 탄소발자국이 다른 가전제품과 같은 수준으

로 조사된다.[62]

지구온난화 영향으로 앞으로는 난방보다 냉방의 에너지 부하가 더 높아지겠지만, 건물의 에너지 효율을 높이면 어떤 상황에서도 에너지 소비량을 낮추고 온실가스 배출량도 줄일 수 있다.[63] 사람들은 사용하지 않는 공간의 전등을 끄거나 난방 온도를 낮추는 등의 실천을 중요하게 생각하지만, 실제로 그런 행동방침은 에너지 절약에 미치는 영향이 훨씬 낮다. 그렇다고 도움이 되지 않는다는 말은 아니다. 개별적인 영향은 크지 않지만, LED 전구 교체처럼 비교적 실천하기 쉬우면서 많은 사람이 참여할 수 있는 일들은 전력망까지도 영향을 미칠 수 있다. 하지만 개인의 소비와 이산화탄소 배출량을 줄이는 것이 목표라면, 개인의 어떤 행동이 가장 문제가 되고, 그 행동을 바꾸기 위한 수단과 걸림돌은 무엇인지 알아야 한다.

음식

식품 생산과 농업 부문에서 배출하는 온실가스 양은 전체의 25퍼센트 이상을 차지한다.[64] 식품이나 음식은 사람들이 하루에도 몇 번씩 생각하는 대상이라 그런지, 기후과학처럼 딱딱한 쟁점에 비하면 사람들의 관심과 상상력을 한층 사로잡는 주제인 것 같다. 그래서 마이클 폴란Michael Pollan과 콜린 베번Colin Beavan 같은 작가들은 음식을 주제로 저술활동을 펼쳐 사람들에게 큰 호응을 얻었다. 《잡식동물 분투기》의 저자 마이클 폴란과 《노 임팩트 맨》의 저자 콜린 베번은 현지에서 재배하고 생산하는 로컬푸드가 이동

거리도 짧아서 더 신선하고, 생산과정에서 살충제 같은 화학물질을 더 적게 사용해 환경에 유익하며, 건강에도 좋다는 인식을 대중에게 심어줬다.[65] 폴란은 이런 신념을 간단명료한 문장에 담아 표현하기로도 유명하다. "진짜 음식을 먹되 너무 많이는 말고, 주로 식물을 먹어라.", "당신 할아버지가 음식으로 생각하지 않을 식품은 먹지 마라." 대규모 '산업형 농업'과 가공식품 제조업은 환경을 해치고 건강에도 악영향을 미친다는 이유로 최근 수십 년간 적잖은 비난을 사고 있다. 유전자 조작 식품은 해충과 살충제 저항성이 강해서 수확량이 늘었지만, 환경에(그리고 건강에도) 잠재적으로 좋지 않은 영향을 미친다는 논란이 끊이지 않는다. 오늘날 우리 식탁을 지배하는 수많은 가공식품, 정제된 당류와 지방, 과도한 육식이 환경과 건강을 동시에 위협하는 문제를 가리켜 일부 학자는 '식품-환경-건강 삼중 딜레마'라고 부르며, 지구온난화와 환경위기를 극복하기 위해 선결해야 할 과제라고 말한다.[66]

그동안 이 분야 연구활동이 활발했는데, 연구 결과 대부분은 환경을 파괴하지 않고 현지에서 생산한 식물 위주 식품일수록 산업형 농업에서 쓰는 엄청난 양의 물과 합성비료는 물론 온실가스 배출로 환경이 입는 피해를 최소화한다는 주장을 지지한다. 특히 소고기 생산은 환경에 미치는 영향이 크고 탄소 배출량이 많거니와, 미국인의 일반적인 소고기 섭취량은 이런저런 건강문제를 일으킬 수 있다고 알려졌다.[67] 소고기와 양고기는 콩과 식물과 비교해 단백질 1그램당 온실가스 배출량이 250배나 많다.[68]

운송, 주택, 소비재의 환경영향을 분석한 연구처럼 식품 연구에서도 생산-가공-소비-폐기에 이르는 수명주기 분석 개념을 점점 널리 활용한다.[69] 이런 접근방식은 식품을 위한 생산, 가공, 운송 과정이 얼마나 복잡한 공정을 거치는지 여실히 보여준다. 지역에서 소규모로 생산하는 유기농 식품과 대규모로 생산하는 여느 식품은 여러모로 차이가 있지만, 환경과 건강을 위한 이점은 한두 가지 결론으로 깔끔하게 정리할 수 없다.[70] 다양한 음식을 섭취하기 어려운 열악한 환경에서는 육식에서 필수영양소를 얻을 수도 있어, 채식 식단이 어디서나 무조건 건강에 좋다고만 할 수는 없다.[71] 이런 논란은 대부분 언론매체나 토론회에서 자주 거론해 일반인들도 잘 안다.

그렇다면 사람들은 음식, 건강, 환경이 얽히고설킨 이런 복잡한 현실에 어떻게 대처해야 할까? 한 가지 방법이 식품 라벨 제도다. 식품 라벨에는 흔히 영양정보가 담기지만, 생산이나 운송 과정에서 발생하는 환경영향 정보도 함께 제공하면 식품을 선택하는 소비자의 판단에 도움을 줄 수 있다. 미국 에너지 인증 시스템인 '에너지스타Energy Star'가 소비재 제품에 에너지 효율 등급을 매기듯이, 식품 라벨로는 가까운 지역에서 생산한 식품과 먼 나라에서 수입한 식품의 에너지 효율을 비교한 정보를 제공할 수도 있다.[72] 아직은 이런 정보가 상용화되지 않아서 사람들은 쌀이 밀보다 단백질 1그램당 온실가스 배출량이 5배가량 더 많다는 사실을 잘 모른다. 그런가 하면 식품 영양 부문에도 우리가 생각해야 할 또 다른 중요한 단면이 있다. 예컨대 어떤 음식은 온실가스 배출량이 많긴 하지만 우리에게 필수영양소를 제공하고 건강에도 유익해서,

소량으로만 소비한다면 환경에 미치는 영향이 크지 않다.[73] 이런 기준을 어떻게 정확히 측정하고 적용할지를 둘러싸고 이해관계가 얽힌 다양한 집단 사이에서 앞으로도 논란이 일 것이다.

인구수

인구 영역은 다른 어떤 요인보다 온실가스 문제에 끼치는 영향이 큰데, 연구단체나 정부기관에서 실천 항목으로 잘 언급하지 않는다. 하지만 2017년 세스 윈스Seth Wynes와 킴벌리 니콜라스Kimberly Nicholas는 환경과학 저널인 〈환경연구 회보Environmental Research Letters〉에 사람들이 실천할 수 있는 주요한 행동 네 가지를 제시하며 이 문제를 정면으로 다뤘다.[74] 두 저자가 계산해보니, 고소득 산업국가에서 한 가족이 지금보다 아이를 한 명 더 적게 낳으면 이산화탄소를 매년 58.6톤 줄일 수 있다. 이는 개인이 선택할 수 있는 다른 어떤 행동보다 효과가 큰 수치다. 그렇다고 아이를 아예 낳지 말라는 주장이 아니다. 한 명 덜 낳자는 얘기다. 하지만 그들도 자기네 주장이 정부 안내자료나 권고사항 또는 기후변화를 다룬 전문 텍스트에서 지금까지 한 번도 언급된 적이 없다는 점을 안다. 정부나 기관에서 제공하는 탄소계산기에는 출산 제한을 고려하는 항목이 없다. 이런저런 정치, 사회적 쟁점과 얽히기 때문이지만, 환경에 미치는 효과를 놓고 보면 두 저자의 주장은 생각할 거리를 제공한다.

환경에 가장 해로운 행동은 무엇일까?

우리는 지금까지 개인 소비자로서 이산화탄소 배출과 기후위기에 대응할 수 있는 여러 방법을 살펴봤다. 연비 효율이 높은 자동차나 전기차로 바꾸기(아니면 아예 없애기), 주거환경 에너지 효율 높이기, 가공식품보다 자연식품 먹기, 비행기 여행 연 1회 이상 줄이기(그리고 자녀 한 명 덜 낳기)까지, 우리는 이들 정보로 이제 무엇을 해야 할까? 우리가 행동을 선택하는 과정에서 보상이 어떤 영향을 미치는지 떠올리며 어떻게 하면 이런 배경지식을 행동에 적용할 수 있을까? 개인이 본인의 사회적 역할 안에서 회사, 기관, 투자, 정책, 법률을 둘러싼 결정을 내리다 보면 개인 영역에서 해낼 수 있는 수준보다 훨씬 광범위하게 환경에 영향을 미칠 수 있다는 점을 강조하고 싶다. 자신을 바꾸고, 나아가 타인까지 변화시키기란 대단히 힘든 일이다. 게다가 어떤 변화는 다른 변화보다 실행하기 더 어렵다. 다음 장에서는 행동 변화 전반에 걸친 연구활동과 구체적으로 환경보호에 필요한 행동 변화에 관해 더 자세히 알아보겠다.

3부   뇌를 바꾸는 전략

7

바꾸기 쉬운 행동 vs 바꾸기 어려운 행동

지금까지 우리는 생존에 유리하도록 설계된 보상체계와 함께 뇌가 어떻게 진화해왔고, 우리의 어떤 행동이 오늘날 환경위기에 가장 큰 영향을 미치는지 살펴봤다. 오늘날 우리 신경체계는 진화 과정에 있을 당시 환경과 비교했을 때 사뭇 다른 조건에서 작동하며, 급변하는 새로운 환경에 우리가 적응할 수 있도록 도와야 하는 상황에 놓였다는 점도 짚어봤다. 그렇다면 행동을 바꾼다는 건 얼마나 어려운 일일까? 우리에게 필요한 한정된 시간 안에 변화를 이루는 건 실제로 가능할까?

교육, 정신의학, 심리학, 공중보건, 비즈니스, 광고, 마케팅을 포함한 다양한 분야에서 인간의 행동 변화를 연구에 활용한다. 연구자들은 주로 신경과학에서 얻은 통찰을 활용해 어떤 종류의 행동을 변화시키기가 더 어렵거나 쉬운지, 나아가 행동에 변화를 일으키려면 어떤 전략이 더 효과적인지 밝히는 일반 원리를 찾아냈다. 우리는 다양한 맥락에서 일어나는 행동 변화를 추적한 이런 연구 활동을 정확히 이해해야 한다. 거기서 얻은 결과를 종합하면 환경을 위한 행동 변화에 더 구체적으로 적용할 수 있을 터다.

만약 우리 적응력이 그렇게 뛰어나다면 왜 행동을 바꾸기가 그토록 어려울까?

대개 우리가 행동 변화를 놓고 이야기할 때, 여기서 말하는 행동은 주로 사람들이 깊이 생각하지 않은 채 같은 방식으로 반복하는 '습관성 행동'을 가리킨다. 일부 행동과학자는 습관의 뜻을 평범한 대화에서 사용하는 의미보다 더 정확하게 규정하는데, 결과에 담긴 가치에 따라 행동 변화에 차이가 있는지로 습관과 목표 지향적 행동을 구별하기도 한다.[1] 하지만 다른 과학자들은 연속된 행동 중 적응성이 더 뛰어난 부분을 습관성 행동으로 규정한다. 예를 들어 어떤 상황에서 같은 방식으로 반복하는 행동 한 가지를 학습해서, 그 행동이 거의 무의식적으로 일어나면 습관성 행동으로 본다. 이때 상황이 달라지면 행동 변화가 일어날 수 있지만, 뇌 회로가 리셋할 시간이 필요하므로 시간이 걸릴 수 있다.[2] 이 책에서는 논의를 위해 사람들이 예전부터 해오던 방식으로 일을 처리하는 방법이자, 같은 방식으로 목표를 달성한 경험이 차곡차곡 쌓여서 특정 자극이나 상황에 대응해 안정적으로 일어나는 행동을 습관성 행동으로 규정한다. 예를 들어 우리는 집이나 직장에 도착하면 제일 먼저 특정 장소에 코트를 걸어두고, 그다음 자동차 열쇠를 어딘가에 두는 식으로 일상 행동이 정해져 있다. 무언가 결정을 내려야 할 때도 특정 방식으로 반응한다. 그 방식은 수많은 시행착오를 거쳐서 또는 권위 있는 인물이나 우리 자신의 경험에 비춰 특정 시나리오에는 특정 방식으로 행동이 나타나게끔 유도하는 의견과 선호도를 지니도록 학습한 결과다. 이런 과정을 일으키기 위해 우리 뇌는 어떻게 작동할까?

2장에서 살펴봤듯이 습관성 행동이 나오는 것은 거기에 관여하는 신경망의 연결이 쉽사리 변하지 않는 강한 패턴이 되게끔 특정 방식으로 뇌에서 신경망을 형성하기 때문이다. 이미 설명했다시피, 이런 메커니즘은 민달팽이부터 초파리, 인간에 이르는 모든 생명체에 사실상 똑같이 적용된다. 반복된 학습으로 형성된 행동은 오랜 시간 시행착오를 거치며 신경회로에 각인되도록 설계됐고, 현실에서 쌓은 경험이 토대가 된다. 대개 그런 행동은 우리에게 유익한 작용을 하기 때문에, 행동을 바꾸면 어려움이 따른다.[3] 예를 들어 코트를 어디에 걸지, 자동차 열쇠를 어디에 둘지와 같이 똑같은 상황에서 어떤 결정을 내려야 할 때마다 처음부터 다시 고민해야 한다면, 그 과정이 얼마나 비효율적일지 생각해보라. 우리는 진화의 설계로 빚어진 습관의 동물이다. 그래야 생존에 가장 적합했기 때문이다. 그래서 신경회로에 각인된 행동의 결과가 우리에게 이상적이 아니라는 새로운 증거가 나타났을 때, 특히 그 증거가 직접적인 결과로 즉시 나타나지 않을 때 행동을 바꾸기란 쉽지 않다. 신경회로에 각인된 행동을 바꾸려고 노력하는 시도는 진화의 힘을 거스르는 일이기 때문이다. 그러나 눈앞의 상황이 달라지면 꽤 능숙하게 습관성 행동을 바꾼다. 예를 들어 새집으로 이사 가서 얼마간 적응기간을 거치면 코트를 걸어두는 새로운 장소를 다시 습관적으로 떠올릴 수 있고, 좀 더 시간이 지나면 동네에 있는 새로운 상점을 마치 오랫동안 이용해온 단골처럼 편안하게 여긴다. 인간의 다른 특성과 마찬가지로 어떤 사람은 다른 사람보다 변화에 잘 적응한다. 새로움과 익숙함을 대하는 성향도 사람마다 차이가 있듯, 개인차는 우리가 종으로 생존하는 데 어떤 역할을 했을 가능성이 크다. 만약 가족 안에 새로운 생명이 태어나고, 자라면서 하나하나 책임을 맡고, 새로운 지도자를 받아들이고, 사랑하는 사람과 헤어지고, 나이가 들면서 이해력과 능력이 변하고, 그밖에 우리의 습관성 행동을 바꿔야만 하는 삶의 일반적인 변화에 제대로 대처할 수 없다면 어떻겠는가? 반면에 인간 무리 가운데 같은 방식으로 처리하는 일들에 각별한 애착심을 지닌 사람들이 없다면, 생존에 중요한 역할을 하는 역사와 문화 지식을 보존해서 다음 세대에 전달하는 능력이 없을지도 모른다.

우리는 대체로 새로운 환경에 적응하고 새로운 반응을 학습할 수 있다. 하지만 환경이 달라져서가 아니라 새로운 정보를 받았다는 이유로는 습관성 행동을 바꾸기 어렵다. 행동을 변화시키려면 우리가 얻는 보상이 달라져야 한다. 뇌 차원에서 볼 때 과거 방식은 상대적으로 보상이 적어야 하고, 새로운 방식은 보상이 커야 한다(또는 적어도 나쁜 결과를 피할 수 있어야 한다). 그래서 우리 감각이 행동을 바꿔야 하는 근거를 쉽게 인식하지 못하면, 새로운 방식으로 일을 처리하는 시도는 어려운 도전이 된다. 예수의 부활을 믿지 않은 제자나 빨간 망토 이야기의 소녀처럼 성경, 옛이야기, 이솝우화에는 자신이 보지 못한 일을 알리는 다른 사람의 말을 믿지 않은 사람들이 넘쳐난다. 우리 뇌는 입력되는 정보가 즉각 드러나지 않는 이론상의 위협이거나, 현재가 아닌 미래에 다가오는 위험요인이라면 정보를 덜 중요하게 인식한다. 개인적으로 잘 알지 못하거나 신뢰하지 않는 사람에게 들은 소식 또한 뇌는 새로운 정보로 쉽게 받아들이지 않는다. 정보의 진실성이 100퍼센트 확보되지 않으면 더욱이 그렇다.[4] 정치적 이유로나 금전적 목적으로 거짓 유포된 정보도 마찬가지다. 만약 우리가 중단해야 하는 행동이 그 자체로 보상가치가 크다면 문제는 더욱 꼬인다. 예를 들어 당신이 어릴 적부터 먹은 베이컨이 이제는 몸에 해롭다고 한다. 정말 그럴까? 베이컨이 얼마나 맛있는데, 더구나 우리가 늘 먹는 식품이 아닌가? 나쁘면 얼마나 나쁘겠는가? 베이컨은 그냥 단백질이다. 전문가라는 사람들이 지난번에는 달걀이 몸에 해롭다고 하지 않았던가? 흰 빵은 어떤가? 오렌지 주스는? 그럼 대체 뭘 먹으란 소린가? 그 전문가라는 사람들은 대체 누구인가? 이러니저러니 해도 결국 우리는 죽는다. 그러니 나는 그냥 평소대로 먹을란다. 사람들은 이렇게 생각하기 쉽다.

이처럼 변화를 거부하는 반응에 비춰볼 때 어떤 접근법이 어떤 맥락에서 행동을 바꾸는 데 효과적으로 작동하는지 이해하려면 우리는 어떤 증거가 필요할까? 이 내용은 8장에서 구체적으로 다루기로 하고, 이번 장에서는 긍정적 강화, 대안, 문화 변화, 사회적 학습, 인지 부조화, 넛지전략을 연구한 사례를 훑어보며 행동이 달라지도록 돕는 일반 원리를 알아보자.

긍정적 강화 vs 부정적 강화

신경계는 긍정적 자극(보상이 있는 자극)과 부정적 자극(혐오스런 자극)에 모두 반응하고 그 결과를 학습하도록 설계됐다. 우리가 맞닥뜨리는 모든 좋고 나쁜 요소에 효과적으로 대응할 수 있는 메커니즘이 필요하기 때문이다. 행동심리학의 대가인 B. F. 스키너와 동료들은 1950년대에 쥐와 비둘기를 대상으로 새로운 행동을 학습하게 만드는 방법을 연구해서 행동 변화와 보상의 관계를 파헤쳤다. 스키너 연구진은 쥐에게 지렛대를 누르면 먹이가 나온다고 가르쳤고, 비둘기에게는 특정 단추를 쪼면 먹이가 나오도록 훈련했는데, 이때 먹이는 더러 나오지 않기도 했다. 왜냐하면 실험에 쓸 먹이를 특정 장치로 하나하나 만들어야 했는데, 비둘기가 버튼을 누를 때마다 먹이를 줄 만큼 충분히 마련할 수 없었기 때문이다. 여하튼 실험 결과로, 그들은 꾸준한 보상보다 드문드문 주는 보상이 행동을 강화하는 효과가 훨씬 뛰어나다는 점을 발견했다(그런 의미에서 행동과학의 혁명과도 같은 발견은 완전한 우연의 산물이었다).[5]

이렇게 동물실험을 진행하며, 우리는 작고 띄엄띄엄하며 변동성 있는 보상이 특정 행동을 강화하고 새로운 임무를 학습하는 데 가장 효과적이라는 사실을 알 수 있었다. 현실세계에서 진화가 일어나는 조건도 마찬가지다.[6] 인류의 조상은 먹을거리를 찾으러 다니다가 실패해도 계속 도전했을 테고, 창을 더 날카롭게 벼리거나 나무에 더 높이 오를 도구를 만들며 이런저런 방법을 시도한 끝에 과일을 따고 열매를 찾고 사냥에 성공할 수 있었을 것이다.

또한 학습된 행동이라도 보상과 연결이 끊기면 소멸할 수 있다는 점을 동물실험으로 밝혔다. 쥐 실험에서 쥐가 지렛대를 눌러도 먹이가 나오지 않으면, 쥐는 지렛대 누르는 행동을 멈췄다. 우리가 행동과 보상의 연관성을 잊을 수 없었다면, 행동의 결과로 얻는 보상이 사라져도 그 행동을 계속하느라 시간을 낭비했을 것이다. 하지만 어떤 행동이 나와 동떨어진 곳에 실재하는 위험이나 미래에 일어날 만한 가상의 위협을 불러오더라도 끊이지 않고 보상과 단단히 연결되면, 적어도 단기간에는 그 행동을 바꾸기 쉽지 않다. 지금 우리가 해결해야 할 사안인 기후변화가 바로 여기에 해당한다. 이 문제는 잠시 후 자세히 살펴보겠다.

사람마다 긍정적 강화와 부정적 강화에 반응하는 정도가 다른 것은 분명하다.[7] 하지만 대체로 습관성 행동을 수정하거나 새로운 행동을 학습할 때 처벌보다는 보상이 훨씬 효과적이다.[8] 교육 현장에서는 교실에서 문제행동을 다독이거나 학습에 어려움을 겪는 학생들과 일대일로 상호작용해야 할 때 긍정적 강화를 곧잘 활용한다.[9] 교실에서 학생들이 바람직하지 않은 행동을 하면 친구들의 관심을 사거나 원하지 않는 과제(또는 어려운 과제)를 회피하는 보상을 얻는다. 하지만 바람직한 행동에 긍정적 보상이 즉시 따라오면, 문제행동을 효과적으로 줄일 수 있다. 연구 결과에서도 양육자는 대체로 부정적 참견보다 긍정적 개입을 선호하는 것으로 나타났다. 즉, 사람들은 돌보는 대상에게 처벌과 칭찬을 둘 다 할 수 있는 상황에 놓이면 처벌보다 칭찬을 더 선호했다.[10]

긍정적 강화가 부정적 참견보다 행동을 더 효과적으로 바꾸는 사례는 교육 현장뿐 아니라 실생활의 다른 영역에서도 흔히 찾아볼 수 있다. 병원에서 일하는 의료진은 감염을 예방하기 위해 환자를 만나기 전후에 손을 씻어야 한다. 하지만 손 씻기를 깜박 잊었다고 질책하기보다 손을 씻었을 때 긍정적인 피드백을 보내면 손 씻는 행동을 더 효과적으로 학습하게 된다.[11] 공중보건 연구에 따르면, 건강의 위험신호를 줄이기 위해 몸에 좋은 음식을 먹거나 운동을 챙겨야 한다고 말만 하기보다 보상을 함께 제공하면 행동 변화를 일으키는 효과가 더 좋다.[12] 기업들은 소비자가 하루에 일정 걸음 이상 걸으면 이모티콘이나 다른 긍정적인 피드백을 보상으로 제공하는 장치를 앞다투어 개발한다. 산업 현장에서는 안전 규정을 지키는 일처럼 근로자에게 필요한 행동을 교육할 때 긍정적 강화를 활용하면 가장 효과적이다.[13] 또한 기업은 직원들이 충성심을 발휘해 능동적으로 일하며 보람을 느끼는 기업문화를 만들고자 할 때 직원들을 향한 격려, 인정, 상사의 긍정적인 피드백을 가장 중요하게 생각한다.[14]

뇌에서는 이런 일들이 어떻게 일어날까? 보상과 처벌을 처리하는 신경계는 서로 겹치기도 하고 별개로도 존재하지만, 흥미롭게도 우리는 처벌보다 보상의 양에 더 민감하게 반응한다.[15] 동물과 인간을 대상으로 연구한 결과를 보면, 인간과 동물 모두 긍정적 피드백과 긍정적 강화의 양에 비례해서 학습이 다져진다. 행동을 일으키는 데 개입하는 운동계, 의사결정에 관여하는 전전두피질, 보상회로의 연결도 긍정적 강화가 작동하는 동안 단단해지는 것으로 나타난다.[16] 따라서 보상은 새로운 정보를 더 쉽게 학습할 수 있도록 돕기도 하지만, 습관성 행동을 중단하고 새로운 행동을 더 쉽게 익히도록, 즉 행동 변화가 일어나도록 거들기도 한다.

인간 행동 중 생물적 욕구와 관련되거나 내성이 생기는 습관은 더욱이 바꾸기 힘들다. 여기에 해당하는 대표적인 사례가 과식과 중독이다.

한 가지 분명한 사실은 과식이나 중독 같은 문제행동은 사람들에게 정보만 제공해서는 바꾸기 어렵다는 것이다. 이런 행동은 신경 패턴이 뇌에 깊이 각인되기에 심지어 부정적인 결과를 얻더라도 지속되는 특징이 있다. 이런 행동이 주는 보상은 주로 강력하고 즉각 나타나며 그 행동과 직접 연결되지만, 부정적인 결과는 즉각적이거나 직접적이지 않을 때가 많다. 사람들이 과식으로 얻는 보상은 즉시 나타나서, 기본 욕구인 식욕을 채워준다. 하지만 부정적인 결과는 즉각적이지 않고 서서히 다가오며, 개인적으로 잘 알지 못하는 전문가를 거치는 일이 많고, 심지어 그 결과가 100퍼센트 확실하지도 않다. 그래서 사람들은 '우리 가족 중 당뇨병에 걸린 사람이 없으니 나도 괜찮을 거야.'라고 쉽게 생각한다. 중독성 행동은 시간이 흐를수록 보상효과가 떨어지고, 부정적인 결과가 더 뚜렷해지는데도 쉽사리 끊을 수 없다. 수많은 과학자가 중독은 신경회로가 망가져서 생긴다고 설명한다. 2장에서 살펴봤듯이 신경계는 중독을 일으키는 물질과 함께 작동하도록 설계되지 않았다. 이런 물질은 신경계의 섬세한 균형을 깨뜨릴 뿐이다. 중독은 약물중독이 가장 흔하지만 과식, 도박, 쇼핑, 게임도 중독된다.

그렇다면 과식이나 중독 같은 문제행동에서 어떻게 하면 효과적으로 벗어날 수 있을까? 여기서도 즉각 나타나는 긍정적인 보상이 핵심 역할을 한다. 오래가고 이론적인 보상이 아니라, 개인이 놓친 보상을 재깍 대체할 수 있는 보상 말이다. 사례 대부분에서 사회적 보상, 즉 꾸준히 긍정적 강화와 격려를 제공하는 사회 지원 시스템이 큰 역할을 한다. 사회 지원 시스템은 지원 대상자가 단계마다 작은 목표를 설정하게끔 안내하고, 목표를 이루면 적절한 보상을 제공한다. 3장에서 살펴본 대로 성취감을 보상으로 활용하는 제도다.[17] 문제행동을 바꾸고 싶을 때 다방면에서 동시에 접근하는 방법도 도움이 된다. 이를테면 과식문제를 해결하기 위해 식습관을 고치는 프로그램과 운동을 병행하게 하는 식이다.[18] 중독문제에는 사회적 보상 제공하기, 제한전략보다 대체전략 활용하기(니코틴 패치, 약물중독 치료제, 건강에 좋은 음식 먹기), 습관성 반응을 부르는 환경 차단하기(약물중독자들과 어울리지 않기, 식습관을 바꾸는 시기에는 대형 슈퍼마켓의 자극적인 음식 판매대 방문을 자제하기), 관련된 문제행동을 같이 다루기 같은 방법을 적용하면 효과가 좋다.[19] 소문난 체중 감량 프로그램이나 '중독 치료 12단계 프로그램'에서도 이런 방법을 활용한다. 행동 변화를 일으키는 생물학적 원리에서 알 수 있는 사실은 결국 보상체계도 상황에 따라 달라질 수 있다는 점이다. 예전에는 아니었는데 지금은 보상으로 작용하는 대상이 될 수도 있고, 새로운 보상이 오래된 보상을 대체할 수도 있다. 극단의 사례지만, 2장에서 살펴봤듯이 거식증 환자 뇌를 fMRI로 촬영해보면 거식증 환자는 음식을 먹지 않을 때 보상체계가 활성화한다.[20] 3장에서 언급한 중세시대 고양이 사례에서도 살펴봤듯이 사람들이 신뢰하는 권위자의 영향력은 무려 수백억 개 시냅스에서 나오는 입력에 가중치를 매겨서 우리가 보상으로 여기는 대상이 상황에 따라 달라지게 할 수 있다. 심지어 그 보상이 우리의 실질 이익을 거스를 때도 마찬가지다.

파괴적인 보상을 '좋은' 보상으로 대체하는 원리는 약물치료 프로그램에서 실제로 활용한 사례가 있다. 이른바 '자장가 프로젝트'로 불린 이 방법은 사회 지원과 경제 지원이 뒷받침되지 않으면 그 자체로는 성공하기 힘들 수 있지만, 훌륭한 전략을 얼마나 잘 활용하느냐에 따라 마약 같은 강력한 중독성 보상도 좋은 보상으로 대체할 수 있다는 점을 증명한 놀라운 사례다. 이 프로그램은 겉으로는 별것 없어 보이지만, 앞선 장에서 뇌의 보상체계와 관련해 알게 된 배경지식과 정확히 동일한 선상에 있다. 자장가 프로젝트는 마약성 진통제인 오피오이드에 중독된 임신부와 작곡가가 팀을 이뤄 태어날 아기를 위해 자장가를 만드는 프로그램이다.[21] 이 프로젝트에 참여한 임신부는 지원단과 함께 앞으로 태어날 아기를 위해 가사를 썼고, 작곡가는 가사에 곡을 붙여 자장가를 만들었다. 직접 쓴 가사, 그 노랫말에 공감해주는 작곡가 그리고 아름다운 음악이 줄 수 있는 정서적인 힘은 임신 중에 호르몬이 변화하고, 부모가 되는 모든 사람이 경험하듯 아기와 정서적 유대감을 튼튼하게 맺을 수 있도록 아기를 향한 깊은 보호본능이 샘솟고, 나아가 마약의 보상을 대체할 만한 새로운 보상으로서 강력하게 작동했을 것이다. 또한 그 여성들은 마음이 흔들릴 때마다 직접 만든 자장가를 부르며 마음을 다스릴 수 있었던 점도 보상으로 다가왔다고 말한다. 그들은 카네기홀 무대에 서서 직접 만든 자장가를 부르며 본인들의 목표를 공개 선언했고, 사람들에게 뜨거운 응원을 받으며 보상의 힘을 더욱 키웠다.[22] 자장가를 만드는 과정 자체로는 마약중독을 치료할 수 없을 것이다. 그러나 다른 신경생물학적 보상을 변화의 동기로 활용할 수 있고, 중독성 물질을 갈망하도록 이끄는 물리적 공간에서 벗어나 사회 전체가 공유하고 지지하는 환경으로 들어갈 수 있다면, 이런 프로그램도 행동 변화를 일으키는 훌륭한 중간 전략이 된다.

자장가 프로젝트는 행동 변화를 위한 전략이 어떻게 강력한 보상을 다른 보상으로 대체할 수 있는지 보여준다. 아직은 이런 전략이 얼마나 효과를 거둘지 확실하지 않거니와, 정확한 자료를 얻기까지 더 많은 연구와 시간이 필요하다.[23] 하지만 행동을 바꾸기 어려운 중독이나 비만 같은 문제는 아무리 세심하게 지원해도 다시 원래 상태로 돌아가기 쉽다. 당근전략이건 채찍전략이건 뇌 회로에 깊이 각인된 부자연스러운 작동 과잉을 극복하기는 쉽지 않다. 작동 과잉으로 일어나는 행동이 개인과 사회에 더없이 부적

절하더라도 마찬가지다.[24]

　그래서 일부 학자는 행동을 돌이키기 힘든 마약이나 비만 같은 중대한 사안에는 반드시 사회가 개입해야 한다고 말한다. 트랜스지방을 규제하고 설탕이 많이 든 음료에 세금을 매기는 방침이 정부 차원에서 비만을 줄이려는 개입에 해당한다. 담뱃갑에 경고 문구를 넣거나 담배광고 자체를 금지하는 조치도 마찬가지다. 중독성 물질을 불법으로 규정해야 하는가의 문제는 한 세기 전에 미국에서 시행된 금주법보다 오래된 논쟁이다. 전문가들 의견을 종합하면, 중독된 행동은 다루기 힘든 문제고 사회 지원과 긍정적 강화 대체재도 포함해서 다방면의 치료가 필요하지만, 그래도 바꾸려면 숱하게 실패한다. 그래서 형사상 제재나 강제로 접근성 자체를 줄이는 사회적 해결책이 필요하다고 주장하는 사람도 있다. 사회 차원의 해결책도 먼저 새로운 규정부터 마련해야 하기에 사회 구성원의 인식, 우선순위, 선택이 얼마나 달라질 수 있는가가 관건이다. 변화를 선택하는 결정은 우리가 학습한 메커니즘을 거쳐 뇌에서 일어나는데, 그 메커니즘도 우리가 법안에 서명하는 국회의원인지, 제품을 판매하는 상점 주인인지, 새로 부과된 세금이 적절한지 아닌지를 판단하는 소비자인지에 따라 달라진다.

행동 변화와 문화 변화

3장에서 살펴봤듯이 우리는 생존전략의 하나로 권위자 말을 고분고분 믿도록 진화했다. 어떤 인물을 권위자로 볼지는 개인 상황, 공동체 영향, 다양한 사고를 받아들이는 정도, 권위자로 불리는 사람의 신뢰도에 따라 달라진다. 특정 행동이 변화하려면 행동과 결과의 인과관계, 정보 출처 신뢰도, 옳고 그름을 가리는 집단의 확고한 신념을 넘어설 수 있어야 한다. 집단 구성원이 공유하는 이런 믿음을 우리는 '문화적 신념' 또는 '문화가치'라고 한다.

뿌리 깊은 문화가치와 충돌하는 행동 변화를 시도한 인상적인 사례 한 가지는 2014~2016년 서아프리카를 휩쓴 에볼라 유행 사태에서 찾아볼 수 있다. 에볼라는 전염성이 매우 강하고 치사율이 높은 바이러스로, 에볼라에 감염된 사람이나 에볼라로 사망한 사람의 시체를 접촉하면 전염될 수 있다. 당시 서아프리카에서 에볼라바이러스가 급격하게 퍼진 이유는 아프리카의 뿌리 깊은 사회 풍습과 장례문화하고 관련 있다. 아프리카는 역사적으로 식민시대를 거치며 독특한 경제, 종교, 정치적 문화를 형성했고, 이런 문화가 사회체제를 유지하는 데 중요한 역할을 했다. 서양 제국주의 침탈을 막는 과정에서 발달한 아프리카의 일부 풍습과 문화 덕분에 해당 지역주민에게 일정 정도 자체 통제권이 돌아갔다.[25] 이 시기 발병한 에볼라바이러스로 감염자가 최소 28만 명, 사망자가 1만 1000명 나왔다. 계속되는 확산을 막으려면 특단의 조치가 필요했고, 무엇보다도 바이러스 감염을 퍼뜨리는 행동을 바꿔야 했다.

공중보건 당국은 에볼라 확산을 막는 주된 조치의 하나로 라디오와 방송매체를 동원해서 주민들에게 권고사항을 알렸다.

첫째, 감염된 사람을 격리하고 중앙 의료시설인 에볼라 치료소

로 보내 치료받게 하기

둘째, 감염 가능성이 있는 사람과 접촉하지 않기

셋째, 사체를 씻거나 만지는 장례풍습 중단하기[26]

에볼라바이러스로 피해를 본 서아프리카 지역에서는 으레 개인이 병들고 죽거나 하면 그 사람이 사회규범을 어겨서 어떤 잘못을 저질렀다든지 망령이나 산 사람의 저주가 있었기 때문이라고 여긴다.[27] 죽은 조상이 가족에게 해를 끼치는 건 죽은 이의 빚을 말끔히 청산하지 않았거나 장례절차를 제대로 밟아서 적절한 방식으로 시체를 매장하지 않았기 때문이라고 생각했다. 게다가 지역주민들은 과거 식민시대의 불행한 경험 때문에 구호활동을 위해 파견된 서양 의료진을 불신했고, 잘못된 정보와 소문이 퍼지면서 의료 인력이 구호에 나서기조차 쉽지 않았다. 일부 지역에서는 외지 사람들이 일부러 바이러스를 퍼뜨렸다거나 병원에서 죽은 환자의 혈액과 장기를 빼내어간다고 믿었고, 정부와 의료진이 아픈 사람들을 돌보는 데는 시커먼 속셈이 있어서라고 넘겨짚었다. 일례로, 그들 눈에는 서양 의료진이 들이닥치는 곳마다 병이 따라다니는 것처럼 보였다. 그러니 그들이 질병을 퍼뜨리지 않았다고 어떻게 보장할 수 있겠는가? 에볼라 확산세가 계속되자 의료진의 대응능력이 한계를 넘어섰고, 쏟아지는 감염 신고로 관리 당국 전화가 불통이 됐으며, 위중한 환자들도 치료를 거부당했고, 시체를 제대로 수습하지 않아서 며칠씩 방치됐다. 상황이 이런데도, 현지인이 의료진에 보이는 불신과 거부감은 줄어들지 않았다.[28] 이럴 때 "사람들이 어떤 행동을 하는 데는 다 그럴 만한 이유가 있다."

라고 말하는 게 아닐까?

그러던 차에 현지 주민들은 바이러스에 감염된 사람들이 병원에서 조기에 치료받고 회복하는 모습과 의료진마저 병에 걸리는 상황을 지켜보며 외부 의료진을 향한 불신을 서서히 풀었고, 시간이 갈수록 음모론도 점차 사라졌다. 특히 도시 지역에는 정식교육을 받은 사람이 많았고, 출산과 다른 의료 지원을 위해 파견된 외부 의료진과 함께한 경험이 있었기에, 이미 그들 사이에 얼마간 신뢰가 쌓여 있었다. 그래서 외부 의료진이 시도하는 이런저런 조치가 효과를 낼 가능성도 보이기 시작했다. 현지인들의 행동을 바꾸기 위해 시도한 효과적인 전략 중 하나는 타 문화를 이해하고 존중한다는 의미의 '문화적 겸손' 원리를 활용하는 방법으로, 지역사회 지도자에게 동의와 협조를 요청하고 함께 대응책을 논의했다. 이처럼 협력관계를 형성하는 접근방식은 과학적 근거를 토대로 감염 예방과 통제에 필요한 목표를 달성했고, 동시에 현지 관습과 필요를 존중하는 전략을 세우는 데도 큰 효과를 발휘했다.[29]

공중보건 의료진은 인류학자의 주선으로 지역사회 종교 지도자들을 만나 장례풍습 변경을 승인해 달라고 부탁했다. 이런 태도는 보건당국에서 권장하는 장례 절차인 안전한 거리에서 장례를 지켜보고, 유해를 화장하고, 장례 절차의 일부 기능을 특별한 의식으로 대체해서 장례를 치르는 등의 변화를 현지인이 더 적극 받아들이는 데 한몫했다.[30] 이렇게 사회적 학습을 위한 조치로, 현지인들은 죽은 이를 사후세계로 인도하는 일정한 절차를 따르지 않아서 가족이 해를 입을까 두려워하는 마음을 극복할 수 있었다.

그렇다면 감염 증상을 보이는 사람과 접촉하지 말라는 권고는 어땠을까? 에볼라바이러스 감염 증상을 호소하는 아이의 엄마가 있다고 가정해보자. 아이는 시간이 갈수록 고열, 구토, 설사, 탈수 증상이 심해질 것이다. 그런 단계면 얼마든지 주변 사람들에게 바이러스가 전파될 수 있다. 아이 엄마는 어떻게 아이를 보살필 수 있을까? 아이가 혼자 아파하도록 내버려둬야 할까? 아이가 에볼라에 감염된 것이 맞다면, 아이 엄마는 자신도 감염돼 죽을 수 있고, 자신이 죽고 나면 남은 가족은 더 힘든 삶을 살리라는 것을 알 터다. 하지만 아픈 아이를 내버려두라는 요구는 거의 모든 문화에서 아이를 돌보는 사람이라면 본능인데다 사회적으로 강화된 행동을 거스르는 억지다.

　　이 사례는 행동 변화 방침이 현실적이어야 하는 이유를 보여준다. 비만인 사람에게 적게 먹으라고만 할 수 없듯이, 아픈 아이를 돌보는 부모에게도 '아이와 접촉하지 말라.'라고만 할 수 없다. 그래서 행동을 제한하기보다는 대체할 행동을 제시해줘야 한다. 아프리카 현지인인 한 엄마는 이렇게 말했다. "제 아이나 남편이 아플 때 제가 그들을 내버려두고 접촉하지 않다니, 불가능한 일이에요. 전 그럴 배짱도 없고, 그러고 싶지도 않아요."[31]

　　에볼라로 고통받는 현지인들은 바이러스 감염 위험을 줄이면서 가족을 돌볼 방법을 원했다. 의료진과 지역사회 지도자가 함께 머리를 맞댔다. 바이러스 전파를 차단하는 장갑과 방호복이 제 역할을 하겠건만, 병원에서 쓸 여유분도 없는 상황이어서 일반인에게 나눠줄 생각은 아예 할 수도 없었다. 그래서 비닐봉지와 비옷을 활용하는 대안을 생각해냈다. 의료진과 지역사회 지도자들은 캠페인을 벌여서 비닐봉지와 비옷으로 감염자의 체액을 차단하는 방법을 주민들에게 보여줬다. 이렇게 행동전략을 궁리해서, 현지인들이 가족을 위한 기본적인 돌봄 의무와 애정을 내던지지 않고도 자신을 보호하는 방법을 제시했다. 사람들은 비옷이건 뭐건 뒤집어쓸 만한 것으로 자신을 보호하며 아픈 사람들을 병원에 데려갔고, 이동 중에는 택시운전사나 다른 사람들을 감염시키지 않으려고 노력했다. 전염병이 휩쓸고 간 지역에는 재건이라는 또 다른 사회경제적 도전이 기다리고 있었다. 가족을 잃은 아이들과 전염병에서 살아남은 사람들을(일부 사람은 그들을 불편한 시선으로 바라보기도 했지만) 사회로 다시 통합하는 일도 큰 숙제였다. 이 사례에서 우리는 행동에 변화를 일으키려면 문화 특수성을 고려해야 하고, 동시에 새로운 지식을 토대로 새로운 목표를 이루려면 문화 내부에서 변화가 일어날 수 있도록 도와야 한다는 점을 알 수 있다.

인지 부조화와 부정

전염병 유행처럼 심각한 위기상황에서는 확실히 상반된 동기 사이에서 충돌이 일어날 때가 많다. 하지만 그런 충돌은 일상에서도 일어난다. 인간은 사회적으로 동기부여가 되는 동물이기에, 사람들 대부분이 타인의 인정과 평가 형태로 강력한 보상을 얻으며,

보상이 있을 만한 이런저런 사회활동에 참여한다.[32] 하지만 상황에 따라 이런 행동이 '인지 부조화'로 이어질 수 있다. 인지 부조화는 신념이 행동과 상충할 때 나타나는데, 그러면 사람들은 대개 행동을 신념에 맞추기보다 신념을 행동에 맞춘다. 대표적인 사례가 흡연이다. 니코틴은 중독성이 강한 물질로 익히 알려졌다. 하지만 사람들은 흡연 욕구와 흡연에 대한 신념이 충돌하는 인지 부조화가 일어나면 흡연을 중단하기보다 신념을 바꾼다. 그래서 공중보건 발표자료나 담뱃갑 경고문에서 흡연의 유해함을 알리는 정보를 읽게 되면 "아직 확실히 밝혀진 건 없어.", "이런 건 과장된 정보야.", "우리 할아버지는 담배를 피우시고도 92세까지 잘 사셨어."라고 말한다.

사람들은 신념에 맞춰 행동을 바꾸기가 몹시 까다롭거나 힘들면 변화를 단념하기도 한다. 심리학적 방어기제의 한 형태인 이런 행동은 '부정denial'이나 '구획화compartmentalization*'의 특징을 보일 수 있다. 그래서 사람들은 행동에 맞게 신념을 바꾸거나 번거롭고 힘든 일 대신 쉽게 해치울 수 있는 다른 일을 한다. 도시마다 네일숍이 넘쳐나는 건 체중 감량과 운동이 실천하기 어려운데다 행동에 많은 변화를 요구하는 일임을 반영하는 현상일 수 있다. 왜냐하면 네일숍에서 손톱 관리를 받는 선택은 쉽게 아름다움을 얻을 수 있지만 힘든 변화를 요구하지 않기 때문이다. 우리는 종종 무

---

* 심리학 용어로, 자신에 관한 긍정적 정보와 부정적 정보를 뒤섞지 않고 구획을 나눠 저장한다는 의미다. – 역자주

의식 차원에서 이런 선택을 내린다. 집을 대청소해야 하는데 양말 서랍장만 정리한다거나 내일 치를 중요한 시험을 앞두고 책상 청소에만 몰두하는 것도 그래서다.

인지 부조화는 직업을 위한 역할이 직업 영역 밖에서 개인의 가치관이나 신념과 상충할 때도 일어날 수 있다. 이때 사람들은 신념과 직업적 역할을 분리해서 생각하려는 경향이 있는데, 일부 학자는 이런 구획화가 현대 산업사회에서 흔히 볼 수 있는 딜레마라고 말한다. 만약 당신이 경쟁을 해치는 불공정한 영업행위로 내모는 회사에서 일하는 직원이고, 불공정한 영업행위를 한 대가로 회사에서 보상을 얻는다고 가정해보자. 당신은 법이 허용하는 범위 안에서 영업에 나서기 때문에 그 정도는 괜찮다고 생각하거나 경쟁에서 앞서려면 어쩔 수 없다고 판단할 수 있다. 게다가 회사에서 '최우수 직원상'을 받고 직원 휴게실에 당신 사진까지 걸린다면, 당신이 생각하는 옳고 그름의 기준과 회사 영업방식이 살짝 충돌한다고 해서 회사를 그만두기는 힘들 것이다. 수많은 사람이 외부 요인으로 어쩔 수 없이 행동을 돌이켜야 하는 순간이 오기 전까지 인지 부조화인 채로 살 수 있다. 부도덕한 영업행위로 공공의 비난을 사서 회사 영업에 큰 타격을 입거나 새로운 법이 제정돼 빠져나갈 구멍이 막혀버릴 수도 있다. 개인의 다양성을 고려할 때 만약 정도에 어긋나는 행동을 무척 싫어하는 사람이라서 부당한 영업행위를 고발하는 선택에서 더 강력한 보상을 얻고, 회사 권력보다 도덕의 권위에 더 충성하고, 위험 무릅쓰기를 그다지 꺼리지 않는다면 인지 부조화가 다른 해법을 찾아서 '내부 고발자'

가 나올 수도 있다!

넛지전략

2008년 경제학자 리처드 탈러와 법학자 캐스 선스타인은 공동저
서인《넛지》에서 '선택 설계자'의 부드러운 개입은 사람들의 의사
결정에 영향을 미쳐서 바람직한 방향으로 행동 변화를 이끌 수 있
다고 주장했다.[33] 행동경제학과 심리학 연구가 토대인 넛지이론은
기본적으로 우리가 내리는 선택들은 이성적 요인보다 이런저런
즉흥 요인의 영향을 받는다는 인식에서 출발했다. 넛지이론을 주
장하는 사람들은 넛지이론의 심리학적 원리가 특별히 새롭진 않
지만, 사람들 행동을 예측 가능한 방식으로 바꾸고 싶을 때 활용
할 만하다고 추천한다.[34] 그들은 선택을 제시하는 방법을 조금만
바꾸면, 선택 범위는 그대로 둔 채 사람들이 그네들 건강과 행복
을 위해 바람직한 선택을 할 수 있도록 영향을 끼칠 수 있다고 말
한다. 넛지전략은 '자유주의적 개입' 또는 '비대칭적 온정주의' 원
리를 따른다. 말하자면 사람들이 더 나은 선택을 내리도록 유도
하되 그들이 스스로 동의해서 결정하게 하는 것이 핵심이다.[35] 넛
지는 대개 무의식 차원에서 개인 선택에 영향을 준다. 넛지전략
을 활용한 좋은 예를 학교 식당에서 찾아볼 수 있다. 학교에서 일
하는 영양사들은 학생들이 몸에 좋은 음식을 스스로 선택할 수 있
도록 과일과 채소는 학생들이 가져가기 쉬운 곳에, 정크푸드는 찾

기 힘든 구석에 둘 수 있다. 사례가 또 한 가지 있는데, 기업에서는 퇴직연금제도의 기본값을 '옵트 인opt in*' 방식 대신 자동 가입 제도인 '옵트 아웃opt out**' 방식으로 설정해서 연금저축을 더 많이 넣도록 유도한다. 마찬가지로 운전면허증을 갱신할 때 '옵트 아웃' 방식으로 장기 기증에 더 적극 동의하도록 사람들을 유도한 사례도 있다. 넛지의 핵심은 사람들이 더 나은 선택을 내리도록 유도만 할 뿐, 강요하지 않는다는 데 있다. 사람들이 더 나은 선택을 내릴 가능성만 높인다. 그래서 넛지전략은 나에게 가장 바람직한 선택이 무엇인지를 타인이 판단하고, 그 판단을 기준으로 사람들의 선택을 제한하는 권위주의적 규제에 반대하는 이들이 더 쉽게 수용하는 행동 변화의 수단이 될 수 있다.

넛지전략은 행동에 변화를 일으키는 메커니즘으로 뜨거운 관심을 받았다. 특히 선택 범위는 그대로 두고 적은 비용과 노력으로 특정 행동을 선택하게끔 섬세하게 영향을 미치기 때문에 상당한 매력이 있다. 선택의 순서와 상대적 접근도를 어떻게 배열해야 사람들 행동에 깊숙이 영향을 미칠 수 있는지를 관찰한 연구사례가 많이 있다. 광고주와 마케팅 담당자는 오래전부터 넛지기법을 곧잘 활용해왔다. 슈퍼마켓 계산대 옆에 충동구매를 일으키는 상품을 진열한다든지 1+1이나 2+1 같은 '덤 상품' 마케팅을 펼친다.

---

*　전화나 이메일 또는 유료 서비스를 제공할 때 수신자의 허락을 받은 경우에만 발송하는 방식 - 역자주

**　수신자가 데이터 수집 거부를 명시했을 때 정보 수집을 중단하는 방식 - 역자주

더 최근에는 기본값 옵션 변동, 물리적인 환경 변화, 자극 변화, 넛지가 명시적이거나 공개적인지 아니면 다른 기법을 동원해야만 사람들 선택에 영향을 미치는지 등을 토대로 넛지전략의 다양한 형태와 유형을 분석하는 연구도 진행하고 있다.[36] 넛지는 새로운 정보를 특별히 공지하지 않고도 활용할 수 있다. 착시를 살짝 이용해서 커브 길 과속을 방지하는 도로 안전장치를 강화하거나, 방글라데시 시골 마을 사례처럼 학생들이 화장실을 이용하고 나서 손을 씻을 수 있도록 세면대까지 발자국 표시를 남기는 방법 등이 있다.[37] 넛지기법이 슈퍼마켓, 식당, 학교, 여가시설에서 음식을 둘러싼 사람들의 의사결정에 미치는 효과를 분석한 연구활동도 폭넓게 진행됐는데, 넛지기법의 활용도에 따라 사람들 선택에 상당한 영향을 미치는 것으로 조사됐다.[38]

하지만 넛지기법을 비판하는 목소리도 있다. 일부 전문가는 넛지가 실제로 효과가 없다거나 사람들 선택을 무의식적으로 조종한다는 이유로 넛지전략이 권위주의적이며, 개념이 확실하지 않고, 윤리에 어긋난다고 주장한다.[39] 미국, 영국, 캐나다, 호주, 덴마크에서 구성된 정부 정책 행동 자문단은 넛지 개념이 국민을 과잉 보호하는 국가나 전체주의 정치 이념에 해당하므로 정보 기반 민주주의와 양립할 수 없다고 주장한다. 넛지전략이 깨닫지 못하는 사이에 사람들의 행동을 조종할 수 있고, 스스로 내리는 선택이 어떻게 외부 영향을 받는지 생각해보거나 판단할 기회조차 박탈한다는 이유에서다.[40] 여기에 반대편 사람들은 개인이 내리는 선택은 맥락의 영향을 받을 수밖에 없으므로 차라리 더 건강하고 더 바람직한 방향으로 맥락을 이끄는 것이 낫다고 주장한다. 시장을 움직이는 힘과 광고는 사람들 행동을 건강하지 못한 방향으로 유도할 때가 훨씬 많다고도 말한다.[41]

대규모 집단을 대상으로 넛지전략이 건강에 미치는 장기 효과를 측정하기란 더욱이 어려운 일이다. 장기 효과에는 행동을 결정하는 요인이 훨씬 다양하게 관여해서, 사람들 선택이나 건강에 담긴 결과를 장기간 추적하기 어렵다.[42] 특히 문화가 넛지전략에 영향을 발휘할 수 있다. 일본은 다른 선진국들에 비해 비만율이 낮아 공중보건 분야에서 많은 관심을 끈다. 일본의 비만율이 낮은 까닭은 동질화된 뿌리 깊은 문화가치가 미국처럼 건강과 영양 면에서 선택의 자유가 압도적으로 많은 문화와 비교해 단순한 넛지전략 이상의 영향력을 발휘하기 때문일 수 있다. 일본 학교에서 점심 급식은 의무고, 영양사가 신중하게 계획을 세워 모든 학생에게 같은 메뉴를 제공한다. 점심시간은 단지 쉬는 시간이 아니라 학생들이 일본 전통문화와 영양, 위생, 예절을 배우는 교육 과정의 하나로 통합된다. 일본 기업들은 대체로 직원들에게 매년 건강 검진 프로그램을 의무적으로 제공하고, 비만처럼 건강상 이상 징후가 나타나면 사후 조치를 지원한다. 그러는 편이 길게 보면 비용 절감 효과가 더 크기 때문에 기업들은 노력을 기울이고 비용을 투자한다. 반면에 미국처럼 단일화된 사회규범이 없고 더 이질적인 문화에 선택의 자유가 많은 환경에서는 비만문제를 해소하는 독립된 전략으로 넛지기법만 간단히 활용해서는 충분하지 않을 것이다.[43]

넛지전략은 이런저런 논란이 불거지긴 하지만, 행동 변화를 위한 효과적인 방책이 될 것으로 보인다. 물론, 변화 지속성이나 건강의 장기 효과는 아직 정확히 입증되지 않았다.[44] 그러나 행동 변화 대책으로서 넛지전략은 제도 차원의 수정을 거치며 더 폭넓게 더 많은 사람의 행동을 바꾸는 수단으로 눈길을 끌고 있다.

이번 장에서 우리는 바꾸기 수월하거나 어려운 우리 행동이 무엇인지, 우리가 행동을 둘러싼 의사결정과 선택을 내리는 과정에서 보상체계의 구조와 기능이 어떤 역할을 하는지, 나아가 다양한 맥락에서 행동을 효과적으로 바꾸는 전략과 접근방식은 무엇인지 알아봤다. 다음 장에서는 지금까지 논의한 행동 변화 전략들을 어떻게 하면 환경위기를 벗어나는 데 구체적으로 적용할 수 있는지 살펴보려고 한다.

8

환경을 위한 행동 변화 전략

이제 잠시 우리 여정을 멈추고 숨을 고르면서 지나온 길을 한번 되짚어보자. 여기까지 오느라 쉽지 않은 여정을 소화해야 했다! 우리는 신경과학과 신경해부학 지식을 잠깐 학습했고, 의사결정 과정에서 보상체계의 역할을 살펴봤으며, 바이오필리아 가설의 타당성을 평가했고, 뇌 기능과 현대사회, 소비 가속화가 어떻게 서로 영향을 주고받는지 알아봤다. 온실가스 증가에 가장 많은 영향을 미치는 인간의 행동을 짚어봤으며, 행동 변화에 도움이 되는 전략들도 훑어봤다. 우리는 마침내 사바나 초원을 내려다볼 수 있는 위치에 서게 됐고, 점점 심각해지는 기후변화와 미래를 직시할 수 있게 됐다. 그렇다면 여기서 다시 앞으로 나아가기 위해 이제

무엇을 해야 할까?

이번 장에서는 구체적으로 기후변화와 환경위기에 대응하는 행동과 사고 변화를 위해 어떤 전략이 시도됐는지 살펴볼 것이다. 우리는 지금까지 알게 된 지식과 이 분야 전문가들이 밝혀낸 사실이 행동을 더 효과적으로 바꾸고 더 나은 길로 나아가는 데 유익한지 평가해보려고 한다.

효과적인 행동 변화를 위한 첫 단계는 우리가 다루는 사안의 성격이 강을 안전하게 건너는 일처럼 실체가 있는 문제나 전염병을 막는 일처럼 실체가 없는 문제와 근본적으로 다르다는 점을 이해하는 것이다. 기후변화는 완전히 새로운 범주의 문제다. 이제이 쟁점과 관련해 그동안 우리가 무엇을 알아냈고, 대응하기 위해어떤 전략을 개발해왔는지 살펴보자.

인류의 생존을 위협하는 '거대한 도전'

환경 연구와 행동 변화를 위한 접근법은 환경문제의 본질과 범위를 파악하는 과학적 시선과 나란히 발전해왔다. 1962년에는 레이첼 카슨Rachel Carson의 환경 분야 고전서인 《침묵의 봄》이 출간됐고, 사람들은 카슨이 말하는 스모그, 쓰레기, 도시 파괴, 하천오염, 야생동물 감소 등의 현상을 목격할 수 있었다.[1] 1968년에는 인구 과잉과 자원 고갈 문제를 지적한 독일 생물학자 파울 에를리히의 《인구 폭탄The Population Bomb》이 출간됐다.[2] 1970년 제정된 '지구의 날Earth Day'은 위스콘신주에서 상원의원으로 활동한 게이로드 넬슨Gaylord Nelson이 캘리포니아주 샌타바버라에서 발생한 거대한 기름 유출 사고를 목격하고 여기에 대응하는 움직임으로 시작됐다. 그 무렵 미국 안팎에서는 인구 증가와 환경파괴의 관계를 깨닫는 조짐이 확산했다. '지구의 날' 운동을 기획한 사람들은 평화운동이나 인권운동에서 그렇듯이 특정한 날을 지정하고 젊은이들이 대규모 운동을 주도하게 만들어서 대중의 관심을 환경문제로 끌어올 수 있기를 바랐다. 궁극에는 이런 노력이 대중의 반응을 모아들여서 정치적 변화로 이어질 수 있다. 당파를 가리지 않는 지원과 하버드대학교 학생 데니스 헤이스의 주도로 시작된 '지구의 날' 운동은 환경을 겨냥해서 대중, 정부, 산업 지도자들의 관심을 불러일으켰다. 이처럼 성공적인 흐름의 하나로 1970년 12월에 미국 환경보호청이 설립됐고, '대기정화법'과 '수질오염방지법' 등 환경오염 방지법이 제정되어 환경보호를 위한 대대적인 변화가 법규로 자리 잡았다.

당시 미국은 환경문제로 쓰레기, 대기오염, 수질오염, 인구 증가, 식량과 에너지 고갈 문제에 집중했다. 지구온난화와 기후변화는 감각으로 뚜렷하게 알아차릴 수 있는 스모그 현상이나 산업폐기물과 달리 심각한 위협으로 인식하지 못했다. 환경심리학 분야가 생기고, 다양한 환경연구 저널이 창간되면서 행동 변화를 둘러싼 연구도 본궤도에 오르기 시작했다.[3]

그후 20여 년에 걸쳐 환경에 영향을 주는 인간 행동을 추적하는 다양한 연구활동이 이어졌다. 7장에서 살펴봤듯이 증거 대부분은 환경 영역을 점점 알아간다고 해도, 개인 행동이 환경에 더 바람직한 방향으로 바뀌는 효과는 미미하거나 별다른 영향이 없다고 시사했다. 하지만 다른 배경에서 시도한 행동 변화 기법들은 대중교통 활성화, 에너지 사용 줄이기, 재활용하기 같은 목표행동을 끌어내는 데 성공했다. 특히 행동 변화를 위한 직접 보상, 경쟁, 목표 설정, 공개 실천 약속 등이 담긴 사회 지원은 행동을 바꾸려고 교육만 시행할 때보다 더 효과를 발휘한다고 확인됐다.[4] 하지만 예비실험에서 환경위기의 영향과 행동 변화의 맥락 변화가 뚜렷하게 드러나면서 추가 접근이 필요하다는 점도 명백해졌다.

그후 수십 년간 인류세로 완전히 접어들었고, 온실가스가 차곡차곡 쌓여서 일으킨 기후변화가 지구 전체와 생태계를 위협하는 대단히 중대한 사안이라는 고통스러운 깨달음을 얻었다. 쌓인 온실가스는 수질오염이나 대기오염처럼 눈으로 직접 볼 수 없어서 해결하기가 더 어렵다. 환경 쟁점은 간단히 풀어갈 수 있는 문제가 아니었다. 환경보호를 위해 가장 중요한 행동 변화는 '거대한 도전'이자 '고약한 난제'라는 인식이 점점 부인할 수 없는 현실이 되어갔다.[5]

이런 도전은 한 가지 사건이나 일차원 문제에서 출발하지 않는다. 더 정확하게 말하면 다양한 흐름과 변화가 서로 영향을 주고받으며 문제를 일으키고, 그 결과가 다시 원인에 작용해서 또다른 문제를 불러온다. 환경문제는 집단에는 불리하게 작용하는 무언가가 개인에게는 유리하게 작용하는 사회적 딜레마도 안고 있다. 예를 들면 탄소 배출량이 많은 생활방식은 집단에서 보면 문제의 원인이지만, 개인에게는 이득과 편리함을 가져다준다. 다시 말해, 또 다른 버전의 '공유지 비극'이 되는 셈이다.[6] 우리 사회에는 현상태를 유지하려는 경제, 기술, 정치적 요인도 대단히 강력하게 작용한다. 우리가 해결해야 하는 이 거대한 도전은 담배를 끊는 차원과는 비교할 수 없을 만큼 대단히 어려운 일이 됐다. 달 탐사선 프로젝트처럼 어딘가에 깃발을 꽂으면 모두가 얼싸안고 승리의 기쁨을 만끽할 수 있는 성격의 문제가 아니다. 장기간에 걸쳐 다양한 사람이 다양한 맥락에서 다양한 행동을 변화시켜야 하는 과업이다. 때로는 우리에게 깊이 각인된 습관성 행동과 의사결정 과정을 거스르도록 보상체계를 완전히 바꾸기도 해야 할 것이다. 어떤 의미에서 보면 우리가 시도하려고 하는 행동 변화는 개인이 본능적으로 이해할 수 없고, 개인이 꼭 신뢰한다고 볼 수 없는 사람들이 진실인지 확인할 수 없는 근거를 들어 설명하는 문제의 영역이며, 심지어 수많은 사람이 변화가 필요한지조차 확신하지 못하는 일이다. 게다가 우리는 다른 방법을 제안할 과거 경험도 없다. 이 거대한 도전을 헤쳐나가려면 개인, 기관, 경제, 정부 차원의 변화가 필요하다. 공공 이익을 위해 때로는 자기희생을 감수하거나 적어도 일상 행동과 우선순위도 바꿔야 할 것이다. 자원을 보유한 사람들은 자원이 없는 사람들을 대신해 변화에 더욱 앞장서야 하겠지만, 변화를 향한 의지는 여러 방면에서 저항에 부딪힐 것이다. 따라서 인간 행동의 복잡함을 고려해 우리가 그동안 겪어보지 못한 성격의 문제를 다룰 완전히 새로운 방법론을 개발할 필요가 있다.[7]

'거대한 도전'을 해결하려면 우리는 도전을 일으킨 원인인 가치, 문화, 경제, 정치적 요인으로 다시 돌아가야 한다. 이 화두는 커다란 전략 하나보다 종합선물 세트 같은 다양한 접근법이 필요하다. 게다가 이런 성격의 문제는 본질상 완벽하게 해결되지 않아서, 기술 혁신처럼 과학과 사회 차원의 새로운 전환이 일어나기 전까지 그럭저럭 버텨내는 수밖에 없다. 전문가들이 말하는 지구 온난화의 눈덩이 효과를 막으려면 장기간에 걸쳐 체계적인 변화도 필요하지만, 현시점에서 가장 중요하고 시급한 중간 단계의 단기간 임시 변화도 있어야 한다.[8] 우리가 시도하는 개입들은 근거로 삼을 데이터가 불충분할 때도 부지기수일 것이다. 그러나 해결하기 어렵다고 해서 실패할 이유가 되지는 않는다. 지금처럼 문화, 과학, 기술 방면의 변화가 속도를 내며 불안감을 조성할 때가 잦은 상황에서는 해결하기 어려워 보이는 문제를 만나면 자연스럽게 회피하고 싶은 마음이 든다.[9] 5장에서 살펴봤듯이 회피 반응은 현대 선진국일수록 심하게 나타난다. 장기간에 걸쳐 행동을 바꿔가야 하는 성가신 문제를 잊게 해주는 오락거리가 끊임없이 등장하고, 단돈 몇 푼으로 오락거리를 언제든 이용할 수 있기 때문이다. 이렇게 보면 모든 상황이 참으로 모순이다. 우리는 환경보호를 위해 무언가를 하고 싶어도 무엇을 어떻게 해야 할지 잘 모를 때가 많다.[10]

우리는 왜 소를 잃기 전에
외양간 고치기가 어려울까?

기후변화를 해결하기 위해 우리가 행동에 나서기 어려운 이유가 또 있는데, 대개 인간은 문제를 예방하기보다 사후에 처리하는 방식을 더 편하게 생각하기 때문이다. 생각해보라. 우리는 몸에 이상 증상이 생긴 후와 비교하면 독감 예방 주사나 대장내시경 같은 예방 조치 앞에서 더 머뭇거리지 않는가? 인간의 이런 특성은 뇌가 작동하는 방식과 관련 있으며, 환경을 위한 우리의 행동 변화 전략과도 얽힌다. 지구 탄생에서부터 지금까지 진화가 일으킨 사건의 상대적 시간 범위를 빗대어 표현한 샌프란시스코와 뉴욕을 잇는 40일간의 여정에서 보면, 현생인류가 지구에 처음 나타난 건 여행 종착지까지 2분 30초를 남겨둔 지점이고, 인류세와 산업사회가 시작한 건 타임스스퀘어 한복판에 엄지발가락이 닿은 그 찰나의 순간이다.

초기 인류는 뱀, 거미, 포식자, 폭풍우와 같은 갑작스런 위협을 감지하는 신경계 메커니즘이 잘 발달했지만, 먼 미래의 위험을 인지하거나 알려줄 만한 메커니즘은 없었다. 전염병이나 독성물질처럼 눈에 보이지 않는 위협과 자신 행동이 환경에 미칠 법한 장기 영향에 대해 아는 지식이 없었다. 만약 무리 중 누군가 보이지 않는 미래의 위협을 눈치챌 수 있었다고 해도, 그 위협을 다른 사람에게 입증하거나 알릴 수단이 없었다. 게다가 확인할 수 없는 잠재 위협을 피했다고 해서 얼마나 보상을 얻겠는가? 보상이 있으려면 잠재 위협을 피했다는 사실을 알아차려야 한다. 배가 고플 때 먹는 음식이라는 보상에 비하면 잠재 위협을 피한 데서 오는 보상은 훨씬 부차적이다. 3장에서 살펴봤듯이 우리는 위험을 피하고 나서 이타주의, 성취감 또는 '내가 옳았음을 확인하는 희열'을 보상으로 느낄 수 있다. 하지만 위험을 피한다고 해도 그 위험이 가정에 가깝거나 시간과 거리상 동떨어져 있으면, 자신이 경험해봐서 잘 아는 위험을 피하려고 보호장구를 만들고 은신처를 마련할 때보다, 그리고 그 결과가 자신에게 직접 영향을 미칠 때보다 훨씬 보상이 적을 것이다.[11]

기후변화와 환경문제가 특히 힘든 도전인 이유는 현상 자체도 그렇거니와 해결책이 우리의 즉각적인 감각 인식이나 보상체계의 작동원리와 상당히 동떨어지기 때문이다. 기후변화는 이미 명백하게 벌어지고 있는 일이지만, 고소득 선진국에 사는 대다수 사람에게는 현실적으로 잘 와닿지 않는다. 기후변화를 인식한다 해도 당장 해결하려고 나서기보다 지금부터 예방하면 된다고 생각하는 경향이 있는데, 이런 마음가짐이라면 환경문제의 우선순위는 낮아질 수밖에 없다. 물론 환경문제를 바라보는 사람들 인식이 많이 바뀌고는 있지만, 우리는 생리적으로 이산화탄소를 감지하는 감각기관이 없을뿐더러 기후변화의 직접 피해를 경험하는 일이 흔치 않다. 직접 피해를 보는 사람들은 대부분 잘 모르는 이들이고 폭풍, 가뭄, 폭염, 화재처럼 좀 더 직접적인 영향을 끼치는 재해가 발생해도 우리 행동을 문제 삼기보다는 자연이나 외부 요인 탓으로 돌리기 쉽다.

또 한 가지 문제는 지구 온도 상승을 2도로 제한하는 목표가 사람들에게 그렇게 대단한 일로 와닿지 않는다는 점이다. 2도 정도 변화는 우리가 일상에서 늘 경험하는 일인데다 온대 지역 사람들은 2도쯤 기온이 올라가도 괜찮지 않을까 하고 생각할 수 있다. 지구 평균온도가 그만큼 상승하면 얼마나 큰 영향을 미칠지 이해하려면 상당한 지식이 필요한데, 그렇게 배경지식을 얻는다고 해서 우리에게 돌아오는 단기 보상이 얼마나 될까? 대부분 마음만 더 불편해질 뿐이다.[12] 이러하니 사람들이 즉시 보상을 얻을 수 있는 일에 에너지를 쓰고, 환경위기를 부르짖는 사람들 말을 모른 척하거나 믿지 않으려고 들기가 더 쉽지 않겠는가? 2도 차이가 얼마나 큰 변화를 일으키는지 사람들은 대부분 알지 못한다. 우리가 직접 겪어보지 못한 일이고 익숙한 개념이 아닐뿐더러, 어느 순간에 이르면 그 모든 상황에 회의가 들 수 있다. 게다가 우리가 삶의 다른 영역에서 환경 목표를 거스르는 행동으로 많은 보상을 얻고 있다면 인지 부조화가 일어나기 쉽고, 그러면 인지 부조화를 해결하려고 노력하기보다 손쉽게 행동에 맞춰 신념을 바꾸려고 할 터다.

당신이 홍수나 허리케인으로 직접 피해를 겪었고, 재해가 기후변화 때문이라고 믿는다고 가정해보자. 이런 상황에서도 당신은 발전기를 구입하고 배수용 펌프와 더 튼튼한 셔터를 설치하며 자연스럽게 목표지향적 반응을 드러내보일 수 있다. 우리가 사태를 예방하는 방법은 피해를 입고 나서 대비책을 마련하고 다음번 피해를 줄이는 식이다. 하지만 연비 높은 차량으로 교체하는 방법은 어떤가? 비행기 여행을 한 번 줄이는 방법은? 이참에 채식주의자가 되는 건 어떤가? 이런 방법이 길게 보면 더 유익하다는 사실을 안다고 해도, 뇌가 그렇게 해서 자신을 단기간 보호할 수 있을지 의심할 가능성이 크고, 거기서 얻는 보상이라고 해봐야 거대한 바다에 떨어지는 물 한 방울처럼 느껴질 수도 있다. 사회 보상 면에서도 사람들 찬사보다 비웃음을 걱정해야 할 수 있다. 하물며 허리케인이 지나가고 나면 당신은 풍력발전 세금 감면 정책을 지지하는 국회의원 후보에게 표를 주겠는가, 아니면 당신이 사는 지역에서 허리케인 피해를 빨리 수습하도록 도와준 후보를 선택하겠는가? 당신 뇌는 실체가 있고 즉각 나타나며 직접 인지할 수 있는 보상을 당신에게 제공한 사람한테 마음을 주기가 훨씬 쉽다.

이처럼 우리 뇌는 명확한 생존 목표를 위한 행동과 연관성을 학습하도록 잘 설계됐다. 뇌는 환경위기 같은 위협을 인식하거나 거기에 대응하도록 요구하는 진화 압력에 좌우되지 않았다. 그 위협은 주로 우리가 알지 못하는 사람에게서 경험이 아닌 언어로 전달되는 정보며, 전체 역사로 볼 때 비교적 최근에 그보다 훨씬 오래된 보상체계 위에서 일어나고 있다.[13]

행동 변화는 누구 몫인가?

IPCC의 예측과 계산이 사실상 모두 옳다고 가정해보자. IPCC는 기후변화에 대응하는 특별한 조치가 없다면 향후 수십 년간 지구온난화는 매우 위험한 수준에 이를 테고, 이런 추세를 안정화하려면 21세기 상반기에 이산화탄소 배출량을 최대한 낮추는 것이 관건이라고 예측한다. 또한 현재 배출되는 온실가스는 대부분 선진국 책임이 크고, 2도 수준의 평균기온 상승 목표를 달성하려면 미국을 기준으로 현재 일인당 연간 탄소 배출량인 20톤의 10배 이상을 줄여야 한다는 주장도 사실이라고 해보자.[14] 그리고 고소득 산업국가에서 배출하는 전체 탄소의 절반가량은 개인의 일상 활동에서 나오고, 나머지 절반은 개인이 직접 통제할 수 없는 활동에서 나오는 것이 확실하다고 치자. 그렇다면 확실히 우리에게 변화가 필요해 보인다. 하지만 무엇을 어디서부터 시작해야 할까?

우리에게 익숙한 다른 문제들과 달리, 기후 쟁점은 누가 어디까지 무엇을 책임져야 하는지 대체로 명확하지 않다. 선진국 사회 대부분에는 우리가 지금까지 봐온 중대한 위협을 처리하고 대응하는 일이 직업인 사람들이 있다. 이를테면 나라마다 질병을 담당하고, 자연재해를 복구하고, 국가 간 전쟁을 억제하는 기능을 담당하는 기관과 사회기반시설이 있다. 물론 새로운 형태의 위협이 나타날 수 있지만, 우리는 대체로 질병, 자연재해, 전쟁 같은 난관이 우리에게 위협으로 다가온다는 점에 동의한다. 즉, 이런 문제들이 발생했을 때 어떤 결과가 나올지 우리는 쉽사리 상상할 수 있고, 사전에 조치가 필요하다는 점에 대부분 동의한다. 게다가 대체로 우리는 권위자로 인정하는 인물의 지시를 받을 때(심지어 지시가 잘못된 정보를 전달할 때도) 기꺼이 따르는 경향이 있다.

그렇다면 기후변화를 예방하는 일은 누가 책임져야 할까? 일부 학자는 환경을 고려한 행동 변화 영역을 사람들의 활동 범위에 따라 개인 영역, 공공 영역, 기관 영역, 환경운동가 영역으로 나눈다.[15] 또한 연구 결과를 보면 사람들은 환경문제와 관련해서 사회심리학적 특징과 사회인구학적 특징에 따라 개인 소비자, 환경시민(이를테면 환경단체에 가입하는 활동), 정책 지지자로 행동한다.[16] 일각에서는 행동 변화 영역을 거시 수준(정치/경제), 중시 수준(산업/기업), 미시 수준(개인 소비자)으로 나누기도 한다.[17] 마지막으로, 환경에 영향을 주는 행동은 직접 행동(산림파괴)과 간접 행동(환경과 관련된 행동에 영향을 미치는 법률 제정)으로 나눌 수 있다. 이런 구성과 분류와 이론은 다양한 학문과 관점이 토대가 됐으며, 여기서 실제로 무엇이 효과적일지를 둘러싼 연구와 분석 활동은 더 복잡한 과정을 거친다. 사실 행동 변화에 중대한 영향을 미치는 정책에서 전환을 가져오려면 이 모든 영역을 아우르는 연구가 실행돼야 한다.[18]

6장에서 살펴봤듯이 선진국에서 배출하는 탄소의 절반가량은 개인생활과 밀접한 관련이 있다. 일부 전문가는 대대적인 변화에는 시간이 훨씬 오래 걸리므로 기술, 산업, 사회기반시설, 제도가 확실하게 마련될 때까지 '미시' 수준의 전략을 개발하는 것이 변화를 위한 지름길이라고 주장한다.[19] 새로운 기술을 개발해서 상용화하면, 궁극에는 개인 차원의 변화도 필요할 것이다. 그런 의미에서 미시 수준의 변화는 좋은 출발점이 될 수 있다.

하지만 개인 단위의 변화가 기후변화처럼 크고 중대한 사안에 미치는 영향은 분명히 한계가 있다. 그래서 일부 전문가는 포괄적으로 접근하지 않고 개인에게 초점을 맞추면 잘못된 방향이라고 말한다. 물론 개인 차원의 작은 변화도 쌓이면 상당한 영향력을 발휘할 수 있을 터다. 어떤 학자들은 기후위기를 완화하는 개인 수준의 행동 변화는 '사회적 딜레마'를 일으킨다고 지적한다. 난방 온도를 낮추면 사회 차원의 에너지 절감에는 도움이 되지만, 추위를 감당하는 건 개인 몫이다.[20] 실제로 기후변화를 완화하는 수많은 행동 변화가 개인에게 부정적인 영향을 미치지는 않는다. 하지만 '개인 영역에서 스스로 달라지지 않는 사람들의 변화를 이끌어내는 건 누구 책임인가?' 하는 문제는 이 분야에서 제대로 논의되지 않는다. 예를 들어 당신은 당신 개인 차량을 선택할 때 환경문제를 고려해서 연비나 배터리 성능을 꼼꼼하게 따질 것이다. 그런데 옆집 사람은 출퇴근용으로 연비 낮은 대형 SUV를 타면서 기후변화를 설명하는 논리가 모두 가짜라고 생각한다면, 당신은 어떻게 받아들이겠는가? 인간 다양성을 고려할 때 타인의 변화를 이끄는 주체는 누가 돼야 할까? 또한 그 방향성과 유인책을 제공하는 일은 누구 역할일까? 기후변화가 고약한 문제인 데는 바로 이런 이유도 있다.

한 전문가는 이렇게 조심스러운 분석을 내놓았다. "우리는 이미 우리가 해야 하는 일을 하는 데 필요한 기술과 지식을 보유하고 있다. 우리가 그 기술과 지식을 잘 활용하기만 하면, 우리는 향후 50년간 기후변화를 적정 수준 아래로 통제할 수 있다. 그동안 우리는 탄소 기반이 아닌 새로운 에너지원을 개발하고 보급하는 데 에너지를 쏟을 수 있을 것이다. 이를테면 우리가 이미 아는 방법으로 에너지 낭비를 줄이고, 이미 존재하는 기술로 차량 평균

연비를 높이고, 이미 생산하는 친환경에너지를 더 늘리고, 우리가 이미 보유한 탄소 포집 기술을 제대로 활용하고, 지금부터 삼림 벌채를 완전히 중단하면 우리는 상황을 안정적으로 유지할 수 있을 것이다."[21] 이처럼 낙관적인 예측이 적중할지는 기관과 정부 차원의 협력, 정책 변화, 기업을 위한 인센티브, 일반 대중의 적극적인 참여와 협조가 얼마나 가능한지에 달렸다. 지금 같은 상황이 계속된다면, 결국 비용 측면에서 변화를 가져오는 편이 나중에는 더 이익이 되리라고 많은 전문가가 예측한다. 하지만 경제모형을 토대로 사회, 경제, 건강 부문에 기후변화가 영향을 미쳐 발생하는 비용을 분석하고, 의미 있는 수준의 경제 유인책을 마련하기 전까지는 누가 어떻게 사람들의 참여를 끌어낼지가 여전히 어려운 과제로 남는다.[22]

대중의 참여를 끌어내는 일은 과학자, 환경운동가, 정책결정권자, 정부 지도자의 몫이라고 생각하는 사람들도 있다.[23] 환경 목표를 달성하는 데 필요한 규제, 정책 변화, 연구자금은 정부기관과 입법기관의 결정에 달렸고, 그들의 결정은 환경문제를 대하는 공직자 개개인의 시각과 다른 문제의 우선순위를 따를 것이다. 연구자들은 의사결정에 개입하는 요인이 무엇인지 알아내기 위해, 개인의 경제적 행동 연구에 활용하는 게임이론 기법(독재자게임, 최후통첩게임 등)을 응용해서 기후변화 정책을 협상하는 기관과 정부의 행동 예측모형을 설계한다.[24] 일부 국가에서 친환경 정책을 더 많이 개발하고 국민 참여를 더 많이 끌어내는 것은 뇌구조가 다르기 때문이 아니다. 사람들의 의사결정과 사람들에게 영향을 줄 수 있는 사회정치적 유인책을 더 세심하게 마련했고, 사회 각층에서 사람들에게 보장된 선택의 범위가 넓기 때문이다.

입법기관은 변화를 따라가야 할까, 앞장서야 할까?

민주주의 사회를 연구하는 정책 분석가들은 환경문제를 해결하기 어려운 이유 중 하나로 선출직 공무원에게는 당선이 주된 동기로 작용하는데, 선거주기가 지극히 짧다는 점을 지적한다. 정치적 동기는 환경과 관련된 획기적인 결정을 끌어내는 데 단단히 한몫해왔다. 미국 전 대통령 리처드 닉슨은 1970년 뉴욕에서 열린 '지구의 날' 첫 행사에서 자신의 경쟁상대인 정치인이 수많은 대중 앞에서 연설하는 모습을 보고 자극을 받아 환경보호청 설립을 서둘러 추진했다.[25] 물론 정치인이 정계에 발을 들여놓을 때는 대의를 향한 신념이 있었을 것이다. 그러나 사회 전체의 장기 이익을 위해 잠깐이나마 유권자들에게 '희생'을 안길 수 있는 정책은 정치인이 직업을 유지할 확률을 높여주지 않는다. 이 점은 정치인이 유권자와 정치 후원자 들에게 달갑지 않은 변화를 가져올 만한 기후변화 완화정책을 지지하기 어렵게 만드는 이유가 된다.[26] 유권자도 그렇거니와, 정치인도 수십 년 또는 수백 년 이상 지속하는 장기 문제를 해결할 두뇌 능력이 특출하지 않을뿐더러, 민주주의 정치제도는 대부분 장기 사안보다 단기 문제에 더 관심이 많다. 앞서도 언급했듯이, 인간 행동 특성상 인간은 문제를 예방하기보다 사후에 처리하는 방식을 더 편하게 생각한다.

설문조사 결과를 보면 기후변화를 우려한다고 답변하는 유권자 비율이 높지만, 그들은 투표할 때 경제, 안보, 사회 정책의 더 시급한 문제를 다루는 정치 후보자를 선택하는 경향이 있다.[27] 3장에서 살펴봤듯이 개인의 정치 성향은 신경생물학적 요인과 교육환경에 따라 대체로 '자유주의'와 '보수주의'로 나뉘는데, 기후변화와 기후변화 정책을 지지하는 부분에서는 자유주의 정치강령과 좀 더 폭넓게 일치한다.[28] 흥미롭게도 유권자는 환경공약이 약하거나 없는 정당에 표를 주고 나면, 선거 이후에 기후변화를 회의적으로 바라보는 방향으로 생각이 바뀔 수 있다. 인지 부조화 원리에서도 볼 수 있듯이, 개인은 신념과 행동이 충돌할 때 신념을 행동에 맞추는 경향이 있기 때문일 것이다.[29] 유권자 행동과 환경 영향의 상관관계를 분석한 다른 연구자들은 기후변화의 영향이 눈에 띨 만큼 확대되면 공직자 물갈이로 이어질 수 있다고 예측한다. 유권자들은 개인 처지가 나빠지면 현직 공직자를 투표로 몰아내는 경향이 있는데, 기후변화가 진행될수록 자연재해, 경기 불황, 기후난민 증가, 식량난, 건강상 악영향 같은 기후변화의 직간접 영향을 유권자들이 피부로 물씬 느낄 수밖에 없기 때문이다.[30] 결국, 환경문제를 심각하게 받아들이는 유권자가 많아지면 정치인들도 따라가기 마련이다.

그러므로 환경 목표를 지향하는 선출직 공무원이 늘어나려면, 환경 목표를 우선으로 생각하고 환경정보에 민감한 대중이 많아져야 한다. 하지만 기후변화를 분석한 과학정보가 잘 받아들여지지 않고 실제 내용과 다르게 왜곡될 때가 많아 사람들 사이에서 의견 합의를 끌어내기가 쉽지 않다. 그래서 일부 연구자는 환경정책을 지원하는 정부 조치와 관련해 국가나 국제사회의 의견 합의를 기다리기보다 지역으로 깊숙이 파고드는 방식이 더 효과적일 수 있다고 제안한다.[31] 정치 후보자들은 일부 학자가 말하는 '후회 없는 전략No Regrets Approach'으로서 자신들이 내거는 환경공약이 일자리 증가, 경제 안정화, 에너지 절약, 녹지공간 증가, 대기환경 개선, 수질 개선처럼 단기간에 유권자들에게 눈에 보이는 이득을 제공할 때 더 성공적인 결과를 낼 수 있다. 유권자들은 환경 개선을 위한 특정 조치가 환경문제를 해결하는 데 별 도움이 되지 않는다고 생각해도, 자신에게 유익하고 많은 변화를 요구하지 않으면 그 조치를 지지할 가능성이 크다. 또한 넓은 지역을 아우르는 인구가 동의할 만한 정책을 찾으려 하기보다 특정 지역의 특수한 상황에 걸맞게 정책전략을 설계해야 더 효과적일 것이다. 예를 들면 해안에 가까이 살고 교육수준이 높은 사람일수록 환경정책을 지지하는 경향이 높다.[32] 자동차 이용에 탄소세를 부과하거나 재정 불이익을 주는 방법처럼 유권자 호감도가 낮은 조치는 환경 개선에 효과적인 방안이 될 수 있지만, 개인에게 많은 변화, 더욱이 개인이 만족하는 부분의 변화를 요구하면 시끌시끌한 논쟁을 일으킬 수 있다.[33] 앞서 살펴봤듯이 우리 뇌는 깊이 각인된 선택적 행동을 바꾸는 데 저항하도록 설계됐다. 특히 변화가 현재 만족스러운 생활과 관련되고, 변화를 요구하는 위협이 비교적 멀리 떨어져 있거나 다른 사람 책임으로 인식할 때는 더욱이 그렇다.

환경문제를 알리는 정치 메시지는 어떻게 표현하느냐에 따라 유권자가 메시지를 받아들이는 정도에 영향을 미칠 수 있다. 어떤 실체를 어떻게 표현하는가는 실체의 특성 한 가지를 반대 특성과 비교해서 강조하는 방법에 달렸다. 예를 들면 사람들은 대개 '지방 함량 25퍼센트'라고 표기한 햄버거보다 '살코기 함량 75퍼센트'라고 적힌 햄버거에 더 많은 돈을 지불할 것이다.[34] 환경 분야로 시선을 돌리면, 많은 경제학자가 화석연료 사용과 그밖의 탄소 배출 활동에 탄소세를 부과하는 방안은 탄소 배출량을 제한하는 효과적인 장치라고 주장한다. 비용이 그만큼 추가되기에 개인의 행동 변화를 더 쉽게 유도할 수 있고, 기업과 산업계에는 대체에너지 개발에 주력하는 동력이 될 수 있다. 현재 의무사항은 아니지만, 환경에 관심이 높은 소비자들이 이용할 만한 프로그램으로 '탄소 상쇄' 제도가 있다. 소비자가 탄소 상쇄 비용이 추가된 비행기 표를 구입하면, 소비자는 그 비용만큼 탄소 포집이나 대체연료 개발 비용에 기여할 수 있다. 그렇다면 소비자가 환경비용을 추가로 지불해야 할 때 그 비용을 '세금'과 '상쇄'로 표현하는 데는 비용을 받아들이는 처지에서 어떤 차이가 있을까? 약 900명을 대상으로 인터넷에서 설문조사를 실시한 결과를 보면, '공화당 지지자'라고 응답한 사람과 '지지 정당 없음'이라고 응답한 사람 들은 추가로 부담해야 하는 환경비용을 '상쇄'가 아닌 '세금'으로 표현했을 때 부담하기를 더 꺼리는 경향을 보였고, '민주당 지지자'들은 명칭과 상관없이 비슷하게 반응했다.[35]

환경위기를 해결하려면, 더 많은 정책결정권자가 환경문제를 바라보는 관점과 행동을 꾸준히 바꿔가야 한다. 2장에서 우리는 의사결정을 내릴 때 뇌에서 어떤 일이 벌어지는지 살펴봤다. 의사결정에는 의식과 무의식 차원에서 수많은 요인이 관여하고, 그 결정은 대개 불확실성을 포함한 예측이 담기므로 정보에 기댄 도박인 셈이다. 의사결정 과정에는 흑질 치밀부, 복측피개 영역, 전전두피질, 측좌핵, 전대상피질, 변연계를 포함한 모든 보상회로가 제 역할을 한다. 그렇다면 정책결정권자는 그의 보상회로에서 일어나는 수많은 일을 고려할 때, 환경을 위한 정책을 시행하는 선택이 그렇지 않은 결정보다 더 보상이 크다고 어떻게 뇌에서 판단할까? 거기에 영향을 미치는 요인은 말 그대로 수없이 많다. 유권자들의 다양한 시각, 재선에 미칠 영향, 선거공약과 자금 조달, 이 문제에 부친 사전투표 결과, 무엇이 옳은 일인지 가리는 개인 신념, 가족 의견, 최근 시위사건, 법안을 제출한 사람이 나와 경쟁관계인지 협력관계인지의 문제, 오늘 아침에 읽은 신문기사, 오늘 날씨, 이번 주에 본 영화, 최근에 받은 병원 진료 결과 등등. 이렇게 수많은 요인이 정책결정권자의 의사결정에 섬세하게 영향을 미친다. 결국 환경을 위한 정책이 더 많이 시행되려면, 그렇게 해야 더 보상이 커지도록 기후변화를 우려하는 시민, 기업 경영자, 정치 후원자, 전문가, 작가, 환경운동가, 동료, 정치 지도자가 이런저런 방법과 다양한 규모로 정책결정권자의 의사결정에 개입해야 한다.

기업의 사회적 책임

기업의 여느 비즈니스 활동에 필요한 변화가 기업과 산업계에 단기간 경제 손실을 안길 때는 어떻게 해야 할까? 기업과 산업계에서 내리는 결정은 환경문제의 나머지 절반, 즉 개인이 사적인 삶에서 직접 통제할 수 없는 부분에 큰 영향을 미친다. 대체로 한 기업 최고경영자는 이사회와 주주가 기업 이윤을 평가한 결정에 따라 보상을 얻고, 중간관리자는 상부 관리자에게 보상을 받는다. 기업과 지속 가능성이라는 주제는 기업윤리, 기업가정신, 교육, 기업경영을 다루는 수많은 책과 기사에서 거론하는 내용이다. 따라서 이 책에서는 이른바 '중시' 수준에서 발생하는 중요한 이슈를 이야기할 수 있을 정도의 개념과 일반 용어를 소개하겠다.

기업이 환경에 유익한 변화를 이루기 힘든 경제적 이유와 운영의 걸림돌은 많다. 예를 들면 많은 경제 분석가가 개인과 가정 부문에서 에너지 효율성을 높이는 대가로 에너지 수요가 줄어들수록 전력 산업계에서는 더 새롭고 더 친환경다운 기술을 채택해서 에너지를 생성할 동기가 감소한다는 역설을 지적했다. 왜냐하면 석탄과 석유화학으로 전력을 생산하는 기존 발전소는 수명이 길기 때문에 소비자 수요가 증가하지 않으면 발전소 교체 시기가 다가오기 전까지 기업들이 새로운 기술로 돌아가는 새로운 발전소를 세울 확률이 낮다.[36]

에너지 효율성을 높인 대가로 기업이 얻는 보상에는 기업의 운영방식이 영향을 미칠 수 있다. 만일 보상이 '분할 인센티브' 구조라면 에너지 효율성을 높이는 의사결정이 어려워질 수 있다. '분할 인센티브'는 사람마다 각자 목표 하나를 달성할 의무가 있는데 그들이 서로 목표에서 얻는 보상의 접점이 없을 때 작동한다. 예를 들어 건물 에너지 효율을 높이기 위해 비용을 투자하는 사람은 임대인이지만, 에너지 절약과 비용 절감이라는 이득은 임대인이 아닌 임차인에게 돌아간다. 상업 건설 프로젝트 대부분에는 건물 전체의 에너지 효율성을 감독하고 보상을 얻는 담당자가 없다. 배관 부서는 배관 일만 맡고, 벽체 부서는 벽체 일만 감독한다.[37] 게다가 자본비용을 담당하는 부서와 운영비용을 담당하는 부서가 각각 따로 있다. 건축 단계에서 에너지 효율성을 높이는 건축기법에 돈을 투자하면 긴 안목으로 운영비용을 줄일 수 있지만, 그만큼 자본비용이 증가한다. 만약 건설회사가 건물 매각에만 관심 있고 나중에 발생하는 운영비용은 아무래도 상관없다면, 건물 에너지 효율성을 높이는 추가비용으로 얻는 이득이 없다. 또한 건설회사가 자사에서 지은 건물을 매각하지 않고 오래도록 운영하더라도 건축 계획 단계에서 관계자들이 충분히 상호작용하고, 에너지 효율을 높이는 투자로 회사 지도부에서 얻는 경제 이익이 있으며, 그 이익이 직원들에게 의미 있는 보상으로 가닿아야만 에너지 효율을 높이는 환경 목표가 충분한 투자 동기로 작용할 수 있다.[38]

여기서 불거지는 일부 문제는 대체로 정보가 부족해서 발생한다. 만약 주택을 임대하려는 임차인이 그 집 에너지 효율이 높아서 다른 주택보다 난방비가 적게 든다는 사실을 안다면, 그래서 더 높은 집세를 감안하고도 나중에 그만큼 비용을 절감할 수 있겠다는 생각이 든다면 그 집을 선택할 확률이 높다. 하지만 소비자가 이런 정보를 얻기란 대체로 어렵다.[39]

기업들은 기업활동에서 현실적으로 지속 가능성을 높이기 어려운 구조적, 경제적 어려움이 있더라도 환경문제를 우려하는 흐름을 타고 지속 가능성에 대응하는 능력을 투자자와 소비자에게 증명하려고 방법을 모색해왔다. 최근 수십 년간 기업의 사회적 책임 개념이 널리 알려지면서 '기업이익', '환경 지속성', '사회적 책임'은 기업 실적을 평가하는 '3대 기본요소'가 됐고, 기업 연례 보고서에도 반영된다.[40] 일부 기업은 환경 목표가 기업 목표와 조화를 이룰 수 있고, 소비자의 신뢰도를 높여서 수익 향상으로도 이어질 수 있다는 점에 눈을 떴다.[41] 그래서 연구기관들이 운송, 항공, 여행에 이르기까지 기업의 우선순위와 지속 가능성의 관계를 분석해서 지속 가능성을 위한 전략을 배포한다.[42]

하지만 현실에서는 기업이익과 환경 지속성, 사회적 책임의 목표가 서로 충돌하는 사례도 많다. 최근 들어 일부 호텔은 '룸 클리닝' 서비스를 '옵트 아웃' 방식으로 바꾸고 고객이 원할 때 객실 청소를 거부할 수 있게 한다. 이렇게 하면 청소에 필요한 세제와 화학제품 사용을 줄일 수 있어 환경도 챙기고, 객실 관리에 드는 비용 절감으로 경제 이득도 얻는다. 하지만 청소 업무량이 일정하지 않아 수요 예측이 어려워지는 바람에, 정규직 청소 직원이 일용직으로 전환될 수 있고, 복지 혜택도 삭감될 수 있다. 게다가 객실 청소 주기가 하루에 한 번에서 3일 이상 길어지면 객실이

더러워지기 십상이어서, 청소 직원은 같은 월급을 받고 더 힘들게 일할 수밖에 없다. 호텔을 이용하는 고객도 자신이 잠재적으로 환경에 이로운 선택을 해서 청소 직원에게는 어떤 부당한 사회, 경제적 불이익이 돌아가고, 호텔은 얼마나 많은 경제 이득을 얻는지 정확히 알지 못할 것이다.

친환경 사업을 운영하면 기업 수익성에 어떤 효과를 미치는지 연구마다 내놓는 분석 결과가 엇갈린다. 이런 현상은 기업과 시장의 이질적 특성에 비춰보면 예상하기 어렵지 않다. 비교 분석한 자료 몇 가지를 보면, 기업 운영에 지속 가능성 정책을 도입할 경우 대체로 이익인 측면과 손해인 측면이 동시에 존재해서 전체적으로 보면 수익도, 손실도 없을 수 있다.[43]

그래서 일부 학자는 앞으로 적어도 몇십 년간은 온실가스 배출량을 대폭 감축해야 하는 중요한 시기지만, 그동안 시장의 힘이 현재와 같은 수준을 유지할 가능성이 크기 때문에 상황이 거의 바뀌지 않을 거라고 주장한다. 또한 부유층에서 철저하게 소비를 자제하지도 않을 거라고 말한다. 이런 시각에서 보면 '자연'을 개념적으로 해석하는 데는 심각한 문제가 있다. 자본주의, 사회 불평등, 토지와 자원 사유화, 토착민 삶터를 빼앗는 팽창주의, 이기적 사회경제 패러다임에 따라 무분별하게 파헤치는 자연 개발이 환경파괴의 근본 원인이기 때문이다.[44] 자본주의 체제는 자원을 소유할 권리를 보장하기에 자원을 지배하고, 착취하고, 오염하는 결과를 불러온다. 그래서 학자들은 자본주의 체제 자체가 토지와 환경자원을 불공평하게 착취하지 않는 더 건강한 정치체제로 전환되는 변혁이 일어나야만 진정한 환경변화를 기대할 수 있다고 말한다.[45] 나아가, 착취형 자본주의 체제 전반을 돌아보기보다 중산층의 소비행동을 문제 삼는 시선을 비판하고, 환경파괴를 바라보는 중산층의 불안에서 출발한 '환경보호주의'가 현재 주류 환경운동을 이끈다고 설명한다.[46] 지속 가능한 성장을 주장하는 대안적 경제모형인 '정상상태 경제 steady state economy' 이론은 궁극에는 삶의 질 향상을 지속 불가능한 성장과 연결해서 생각해야 한다는 논리에 도전을 제기해왔다.[47] 한편 개인의 변화보다 집단행동이 더 중요하다고 말하는 학자도 있다.[48] 민주주의 사회가 독재사회보다 변화속도가 더 느릴 수 있다는 주장도 제기된다. 민주주의 사회는 합의에 도달하기까지 시간이 오래 걸리고, 정치인들은 다음 선거 승리에만 골몰하며, 거대 다국적기업처럼 막강한 권력을 행사하는 이익집단이 너무 많기 때문이다.[49] 사회경제 체제 전반에서 변화를 끌어내려면, 활동 범위가 넓은 지도자의 역할도 눈여겨봐야 한다. 그렇다면 누가 나서서 그런 지도자들에게 변화를 촉구해야 할까? 그렇게 해서 얻는 보상은 또 무엇일까? 이 문제는 잠시 후 다시 살펴보겠다.

우리는 정치나 사회 변화를 거론할 때 중심은 결국 개인이라는 점을 기억해야 한다. 탄소 배출량이 세계 평균보다 몇 배나 많아서 IPCC의 목표를 달성하려면 10배 넘게 탄소 배출량을 줄여야 하는 사람이건, 사회·경제·정치적으로 사람들에게 영향력을 미치는 지도자건, 모든 사람은 기본적인 신경구조가 같다. 그 신경구조에 담긴 개별성에 따라, 그리고 어떤 경험을 거쳐 신경구조가 형성됐는지에 따라 세상에는 매우 다양한 사람이 존재하지만, 의사결정 주체로서 또는 변화 주체로서 우리가 작동하는 방식에 오늘날 기후위기가 도전을 제기한다는 사실은 누구나 똑같다.

미시, 중시, 거시 수준의 행동 변화 연구

여느 행동 변화 연구와 마찬가지로 환경을 위한 행동 변화 연구도 어떤 변수가 개인 피험자 집단의 특정 행동이나 태도에 영향을 주는지에 초점을 맞춘다. 특히 집단이나 정치 영역보다는 일상생활에서 개인이 내리는 선택을 주로 다룬다. 하지만 중시, 거시 조망도 미시 수준의 의사결정에 영향을 미치기 때문에 미시 단계에서 분석한 연구 결과는 다른 맥락과 맞닿는 지점에도 유용한 정보를 제공한다.

7장에서 살펴봤듯이 행동에 따라오는 보상이 강조되도록(또는 행동하지 않아서 생기는 위험이 강조되도록) 정보를 표현하는 방식은 심지어 무의식적인 메시지를 이용할 때도 환경을 생각하는 개인의 행동에 영향을 미친다.[50] 에너지 절약과 비용 절감의 효과를 가정용 계량기나 자동차 계기판 같은 장치로 즉시 피드백하면 나중에 피드백할 때보다 더 효과적인데, 이는 선택된 행동에 따라붙는 보상가치를 뇌에서 즉각 처리하는 방식과 일치한다.[51] 중독 치료와 마찬가지로 환경을 생각하는 행동 몇 가지에 동시 접근하는 방식과 집단 안에서 사회적 강화도 담긴 행동 변화를 시도하는 방식은 변화를 더 오래 유지하는 경향이 있다.[52] 이들 전략의 구체적인 사례는 나중에 자세히 살펴보겠다.

환경을 생각하며 행동을 바꾸게끔 개인 소비자를 자극하는 사례로서 '가정의 에너지 효율'은 다른 분야보다 더 집중적으로 연구됐다. 이 주제가 우리에게 흥미로운, 그러니까 보상가치가 있는 관심사가 될 만한지 지금부터 눈여겨 살펴보기 바란다. 소비자가 어떻게 의사결정을 내리고, 어떻게 행동을 바꿔가는지를 보여주는 신경학 기반 원리는 기업 임직원부터 국회의원, 정책 입안자, 미디어 인플루언서까지 많은 이의 의사결정에도 다양하게 응용할 수 있다.

가정의 에너지 효율을 높이기 위한 행동 변화

가정의 에너지 효율은 환경을 둘러싼 의사결정과 행동 변화의 다양한 현실적 측면을 다루는데다, 개인 선택과 집단 의사결정을 두루 현실적 측면에 담아내어 훌륭한 연구사례를 제공한다. 왜 그런지는 세 가지 이유로 요약할 수 있다. 첫째, 고소득 선진국에서 발생하는 탄소 배출량의 상당 부분을 주거용 에너지 부문에서 차지하는데, 낭비를 줄일 수 있는 사례가 다양해서 잠재된 보상가치가 있다. 다만, 매우 강력한 보상은 아니다. 보상으로 작용하는 비용 절감이 즉각 나타나는 실질적인 보상보다 가치가 작기 때문이다. 비용 절감은 이론상이고 미래에 일어나는 일이므로 보상가치가 실제보다 작게 평가된다. 여하튼 뇌는 그렇게 처리한다.[53] 아예 보상이 없지는 않으므로 연구 가치는 있다.

둘째, 가정의 에너지 효율 문제는 집주인, 전력회사, 정부기관, 환경과학자, 환경운동가, 제품 및 서비스 판매자 등 다수의 이해관계자가 얽혀서 현실세계의 복잡한 단면을 여실히 보여주는 좋은 사례다. 셋째, 가정의 에너지 효율은 환경과 관련된 행동 변화를 연구하는 활동이 체계적으로 진행된 분야 중 하나다.

사람들이 가정에서 에너지 효율성을 높이는 방법을 모색한 연구는 대개 전제가 이렇다. 가정에서 에너지 효율성을 높이기 위해 사람들이 실천할 수 있는 방법과 걸림돌을 연구자들이 알아낼 수 있다면, 더 많은 사람의 참여를 이끌어낼 수 있을 것이다.[54] 하지만 사람들이 실천 활동에 동참하도록 자극하는 주체는 누가 돼야 할까?

사람들에게 에너지 소비를 줄이도록 장려하는 대가로 누군가는 보상을 얻어야 할 것이다. 정부기관 직원들은 늘어나는 인구의 전력 수요에 대비해서 안정적으로 전력을 공급할 방법을 찾고 싶어 한다. 전력회사 임직원들은 고객 확충을 원하지만 그만큼 새로운 발전소를 건설하면 이윤이 줄어들 테니 고객이 일인당 에너지 사용량을 낮추기를 바란다. 마지막으로 환경정책 담당자와 기후변화 전문가 들은 환경 재앙을 막기 위해 기후변화 완화 대책이 절실하게 필요하다고 판단하고, 자신들이 맡은 직무 중 하나가 그런 대책을 마련하는 일이라고 믿는다. 이렇게 다양한 사람들이 가정에서 에너지 소비를 줄여야 하는 이유를 깊이 생각하지 않거나 보상가치를 느끼지 못하는 시민들에게 동기를 제공하는 역할을 한다. 그 첫 번째 단계로, 그들은 사람들에게 적절한 '동기'를 제공한다. 일부 개인은 환경을 우려해서 개인적으로 변화에 나서려는 동기가 높을 수 있는데, 그러면 동기는 별 문제가 안 되지만 변화를 실천하는 데 어려움이 따를 수 있다.

여기에는 3장에서 언급한 신경경제학 덕분에 우리가 알게 된 내용과 비슷한 점이 있다. 바로, 경제적 의사결정은 금전 이득을 놓고 볼 때 항상 합리적이지는 않다는 얘기다. 우리가 경제적 의사결정을 내리는 과정에는 사회적 상호작용, 타인과의 비교, 공정, 공감, 행동에 관여하는 뇌구조의 특성을 포함한 그밖에 수많은 요인이 작용한다. 그런데 에너지 효율 개선을 위한 연구는 마치 사람들이 행동하고 의사결정을 내리는 주된 동기가 경제적 이유인 것처럼 경제적 동기에만 초점을 맞춰왔다. 이런 방법은 앞서 살펴봤듯이 사람들에게서 행동 변화를 끌어내기에는 제한적이고 불완전하다. 왜 그런지는 다음 사례에서 살펴보자.

미국, 캐나다, 유럽, 중국의 정부, 지방자치단체, 전력회사는 최근 수십 년간 가정의 에너지 효율을 개선하고자 다양한 경제 지원을 제공했다.[55] 하지만 활용도가 매우 낮았다. 기관들은 제도를 이용하기 어려운 점이 걸림돌이라고 판단하고 사람들이 에너지 효율성 진단과 보수공사 지원 대책을 더 수월하게 활용할 수 있도록 다양한 방법을 시도했다.[56] 그들이 달성하려는 목표 행동에는 단열재 보강하기, 공기가 심하게 새는 틈새 보수하기, 오래된 창을 이중창이나 삼중창으로 교체하기, 난방과 온수 시스템의 에너지 효율 최적화하기, 에너지 효율이 높은 전등으로 교체하기 등이 담겼다. 기업들은 고객에게 에너지 효율성 진단 전문가들이 고객 집을 방문해서 에너지 효율성을 평가할 수 있도록 독려했고, 보수공사가 필요하면 사전에 확인한 우수 업체를 소개했으며, 공사비나 전기수도료 같은 공과금을 할인해주는 방식으로 보수공사에 들인 비용 일부를 집주인에게 돌려줬다.

정부 지원 대책은 이렇게 가정의 에너지 효율을 높이는 방법으로 도움이 되는 측면도 있다. 에너지 효율성 진단 전문가를 집으로 오게 해서 에너지 비용 줄이는 방법을 함께 찾는 방식은 가정에서 에너지 효율을 높이려고 고려하는 것조차 가로막는 장벽을 낮추는 효과가 있다. 하지만 조사해보니 정부가 지원한 보수공사의 10퍼센트만 에너지 효율을 높이는 개조공사였고, 나머지 90퍼센트는 어떤 식으로든 집주인이 집을 더 멋지게 꾸미는 공사였다.[57] 집주인은 집을 수리하면서 주방을 아예 새로 바꾸거나 방을 하나 더 추가하고 싶을 수 있다. 그러면 에너지 효율을 높여서 나중에 절감하는 에너지 비용은 부가적인 이득이 될지언정, 주된 이득은 되지 않을 가능성이 크다. 사실 줄어드는 에너지 비용을 체감하는 인지기능은 대부분 공사가 끝난 이후에, 즉 나중에 일어난다.[58] 이 말은 무엇을 의미할까?

'집'은 이성적인 개념이 아니다

공인중개 업체나 부동산 투자자가 아닌 이상, 집은 사람들에게 특별한 정서적 의미가 있다. 환경심리학에는 사람들이 자란 장소나 지금 사는 곳을 자신과 동일시하는 인간의 독특한 특성을 다루는 독립된 분야가 있다.[59] 집을 개조하는 일은 많은 사람에게 한 번으로 끝나는 일회성 행사가 아니라 과정이다. 사람들은 집을 꾸미는 데 엄청난 정신에너지, 시간, 자원을 쓴다. 집을 꾸미는 일은 특별히 노력하지 않아도 쉽게 동기부여가 되고 만족감을 누리게 해준다. 만족감을 얻고 자신을 드러내기 위해 집을 꾸미는 성향은 인간의 확고한 특성이다. 옷과 집은 다른 사람에게 자신을 표현하는 수단이어서, 많은 이가 매우 중요하게 생각한다.

하지만 에너지 효율은 어떨까? 물론 사람들도 에너지 효율을 끌어올리는 활동에 관심을 보이며, 실현했을 때 만족감을 얻는다. 하지만 다른 동기, 행동과학 용어로 표현하면 완전히 다른 목표지향적 행동을 위한 배경에서 그렇게 할 확률이 매우 높다. 예를 들어 주방에는 수납장과 아일랜드 식탁을 놓으면 더 좋을 테고, 거실 입구를 옮겨서 테라스로 이어지는 유리문을 만들거나 지하실을 작업실로 바꾸고 다락방을 손님용 침실로 꾸밀 수도 있을 것이다.

이런 일은 재미가 쏠쏠하다. 그래서 보상가치가 있다. 우리는 부정적 강화보다 긍정적 강화에 더 효과적으로 반응한다고 하지 않았던가? 집수리를 계획하고, 구상하고, 꿈꾸는 일은 생각만으로도 도파민을 다량 분비시킨다. 기본적으로 새로움을 얻는 것 자체가 큰 보상이다. 집수리를 계획하고 인테리어 잡지를 들춰보는 일은 어렵지 않다. 덕분에 에너지 효율을 높여서 에너지 비용도 약간 절감할 수 있고(그래서 사고 싶던 조명기구를 구입할 수도 있을 테고), 환경에 도움이 됐다는 뿌듯함도 느낄 수 있을 것이다. 보수공사로 집이 더 따뜻해지고 외풍이 더 잘 차단된다면, 게다가 새로단 창문이 보기에도 좋고 매년 새로 페인트칠할 필요도 없다면 더욱이 좋은 일일 테다. 에너지 효율을 높이는 방법과 외풍을 차단하는 효과가 가장 뛰어난 창문은 전력회사 직원이나 창틀 영업사원이 아닌 이웃에게 물어보면 좋다. 사람들은 아는 이에게 에너지 효율 높이는 방법을 전해 들었을 때 실천할 확률이 4배 더 높다.[60] 서아프리카에서 발생한 에볼라바이러스 감염 사태에서 살펴봤듯이 아는 사람에게 전해 들은 소식은 모르는 전문가에게 얻은 정보보다 더 큰 효과를 발휘한다. 나와 비슷한 사람들이 나를 긍정적으로 지지해주면 강력한 동기가 된다. 심지어 내가 살짝 질투하는 옆집 부부네 창문만큼, 아니 그보다 약간 더 멋지게 꾸미는 일이라도 그렇다. 이런 부분은 탄소계산기가 없어도 사람들이 대부분 이해할 수 있다.

가정의 에너지 효율을 높이는 이런 사례를 보면 환경과 관련된 행동 변화가 얼마나 복잡한 양상을 띠는지 이해할 수 있다. 우리가 집을 대상으로 느끼는 감정은 기업 대표가 자신과 사업체를 동일시하는 현상과 유사한 점이 있다. 사업체가 외부인에게 어떻게 보이고, 어떻게 기능하고, 어떤 평판을 얻는지는 의사결정 과정에 단순한 경제요인을 넘어서는 강력한 동기를 제공할 수 있다. 연구자들은 기후변화와 인간 행동의 관련성을 분석한 지식이 쌓이면서, 스스로 관점을 새로 조정하고 새로운 접근방식을 이용해서 인간의 의사결정에 영향을 미치는 요인이 무엇인지, 가장 효과적으로 동기를 제공하는 방법은 무엇인지 알아내야 했다. 이제, 연구자들이 이런 논점을 어떻게 연구했고, 그들이 찾은 결론으로 무엇을 얻을 수 있는지 살펴보자.

친환경적 행동의 예측 변수

감염병을 예방하기 위해 사람들에게 손을 씻도록 권장하고, 건강을 위해 운동을 장려하고, 피부 보호를 위해 자외선 차단제를 권유하고, 중독성 물질을 끊게 하는 일은 모두 행동 변화가 구체적이며, 결과가 당사자에게 직접 영향을 미친다. 하지만 환경에 영향을 미치는 행동은 한 사람이 바꿀 수 있는 유형이 다양한데, 그 모든 습관성 행동을 바꿔도 당사자에게 훨씬 덜 직접적이고 덜 즉각적인 영향을 미친다. 그래서 환경을 생각하는 행동은 바꾸기도 힘들고, 연구하기도 어렵다.

연구자들이 복잡한 행동 유형을 단순화하는 방법 한 가지는 예측모형을 만드는 것이다. 시장조사원들도 제품을 시장에 선보일 때 예측모형을 만든다. 자동차 회사 시장조사원은 새 차를 구입하려는 사람들을 대상으로 다른 회사 특정 모델보다 자사 특정 모델을 선호하는 사람들의 특징을 조사한다. 이 데이터를 종합하면 자사 브랜드를 좋아할 만한 사람들을 특정해서 마케팅을 진행할 수 있다. 마찬가지로 연구자들은 사람들에게 친환경적 행동을 전파할 때 어떤 사람이 변화에 더 적극적이고, 어떤 변화가 사람들 마음에 더 잘 와닿는지 예측하는 자료를 수집한다. 예를 들면 이타심, 인간이 아닌 다른 종을 대하는 인식, 책임감, 주체성, 자연과 인간의 관계를 바라보는 종교적 관점, 인간과 환경의 상호의존성에 관한 생각 등을 알면 특정 개인이 실천할 확률이 높은 친환경적 행동 유형을 예측하는 데 도움이 된다. 그래서 자연 생명을 소중히 여기는 사람들은 생물 다양성을 위협하는 사안을 맞닥뜨리면 더 큰 반응을 보일 수 있고, 이타심이 강한 사람들은 기후 정의climate justice* 쟁점을 들으면 더 동기부여가 될 수 있다. 하지만 자기 성장, 순응, 자기 훈련, 가족의 안전에 더 많은 가치를 두는 사람들은 환경문제를 덜 우선한다.[61]

친환경적 태도를 지닌 사람 간에도 친환경적 행동을 향한 '의지'와 '실행'에는 차이가 있다.[62] 이 차이를 해소하는 데 환경지식이 도움이 되는 것으로 보인다. 한 대규모 설문조사에 따르면 경제 사정이 좋고, 교육수준이 높고, 중년에 여성이면서(남성보다 여성이 약간 더 높다), 환경문제를 잘 알고, 이타적인 사람일수록 연비 효율 높은 차를 타고, 가정에서 에너지와 물 사용을 자제하고,

---

*   기후변화와 기후위기로 발생하는 피해가 사회 약자와 취약계층에 더 심각하게 돌아간다는 점을 인식하고, 피해를 줄이기 위해 지원하는 활동 – 역자주

고형 폐기물을 줄이고, 재활용에 능숙하고, 지역에서 생산한 음식을 먹고, 재생에너지를 쓰고, 항공 여행을 줄이는 등 친환경 활동에 적극 참여했다.[63] 한편 개인 경험도 중요한 역할을 한다. 홍수나 가뭄 같은 자연재해를 실제로 겪은 사람들은 그렇지 않은 이들보다 기후변화가 자연계에 미치는 영향이 크다는 정보를 더 굳게 믿으며, 기후변화를 완화하기 위한 실천에 참여하는 활동을 더 적극 지지했다.[64]

하지만 지지와 실천은 다른 문제다. 수많은 연구에서 조사해보니 사람들의 의지 표명과 실제 행동 간에 큰 차이가 있는 것으로 나타났다. 설문지로 사람들의 태도에 영향을 미치는 요인을 알아보는 방법은 현장조사로 사람들의 실제 행동이 어떤 영향을 받아서 변화했는지 관찰하는 방법보다 연구하기 더 쉽고, 비용도 더 적게 든다. 사실 가장 뛰어난 예측모형도 실제 측정할 수 있는 행동 변화와 절반가량만 연관성이 있다. 변화를 위한 사람들의 의지와 실천 사이에 차이가 있는 건 기후변화 문제를 머리로는 이해하지만, 귀찮은 변화를 실천하거나 죄책감을 느끼지 않고도 그렇게 하지 않는 이유를 얼마든지 만들어낼 수 있기 때문이다.[65] 앞서 살펴봤듯이 우리 뇌는 현재 우리 눈앞에서 벌어지는 일을 토대로 환경에 적응하고, 선택적으로 관심을 집중할 수 있도록 설계됐다.

친환경적 행동을 향한 의지와 실천 간에는 사회구조 문제로도 차이가 있을 수 있다. 예를 들어 우리는 대중교통을 이용하고 싶지만, 우리가 원하는 구간에 대중교통이 없거나 있어도 실용성이 떨어질 수 있다.[66] 그래서 사람들이 친환경적 행동을 실천하기 쉽도록 구조적 장벽을 줄이는 방안, 이를테면 재활용 분리 수거함을 회사 복도가 아닌 사무실마다 배치하는 아이디어가 사람들에게 더 많은 수고와 시간을 들이도록 요구하는 조치보다 효과적이다. 6장에서도 살펴봤듯이 환경문제에 관심이 많은 사람들조차 실제로 어떤 행동이 환경에 더 큰 영향을 미치는지 몰라서 별 의미 없는 활동에 노력을 쏟을 때가 흔하다.[67]

행동 변화를 위한 실천전략 사례

이렇게 친환경적인 행동 변화에 얽힌 복잡한 사정을 헤아리면서, 지금부터는 사람들에게 친환경적 행동을 독려하는 구체적인 전략 몇 가지와 효과를 살펴보겠다.

환경정보 전달

방금 살펴봤듯이 인식과 행동의 상관관계는 절대적이지 않지만, 많은 연구자가 행동 변화의 전제조건이자 기본 원칙은 정확한 정보라고 생각한다. 그래서 환경문제를 대하는 인식을 높이기 위해 어떤 방법이 사용되고 가장 효과적인지를 연구하는 분야인 환경 커뮤니케이션environmental communication이 등장했다.[68] 증거를 수집해보면 메시지는 추상적이지 않고 구체적일 때 또한 어떤 상황이 미래 또는 동떨어진 곳에서 벌어지는 일이 아니라서 사람들이 직접 공감할 수 있을 때 대중의 관심을 더 효과적으로 끌 수 있다.

우리는 지금까지 개인 뇌에서 일어나는 변화에 초점을 맞춰왔지만, 물론 개인은 수많은 사람이 공유하는 정보에도 영향을 받을 수 있다. 책은 대중이 의견을 형성하는 데 제 역할을 톡톡히 해왔다. 그런 점에서 특히 인상 깊은 책들은 방금 언급한 효과적인 메시지의 특징을 갖췄다. 레이첼 카슨은 《침묵의 봄》에서 얽히고설킨 살충제 위험성을 보여줬고, 무분별한 살충제 사용으로 어떤 결과가 일어날 수 있는지 알려줬으며, 해결할 수 있는 긍정적 방향을 제시했다. 빌 맥키번은 지구온난화를 다룬 첫 번째 대중서인 《자연의 종말The End of Nature》에서 점점 심각해지는 환경위기와 기후문제의 현실을 일깨웠다.[69] 맥키번은 그후 폭넓게 저술활동에 나서며 환경문제의 긴급함과 이 사실을 받아들이지 못하는 대중의 반응을 상세히 보도해서 단순한 저널리즘을 넘어 행동주의를 일으키는 결과를 몰고 왔다.[70]

환경변화에 악영향을 미치는 산업계의 부조리한 관행이 조명을 받은 건 환경변화의 결과를 사람들이 인식하기도 전이었다. 아이다 타벨은 《스탠더드 오일의 역사》에서 숱한 사람의 희생을 대가로 소수 권력자 손에 이익을 쥐여주는 불공정한 관행과 소수 지도자의 인지 부조화를 이렇게 묘사했다.

> 록펠러 사장과 동료들은 석유업자 단체가 중요하게 여기는 원칙들을 이해하지 못했고, 알려고도 하지 않았다. 어떤 사람들에게는 명백한 정의로 보이는 것이 많은 사람 눈에는 그렇지 않기도 한다. 훌륭한 사람으로 알려진 많은 이가 그랬다. 록펠러 사

장은 훌륭한 사람임에 틀림없었다. 클리블랜드에서 그보다 더 독실한 기독교인은 없었다. 그는 자신이 다닌 교회의 모든 활동을 젊은 시절부터 아낌없이 후원했다. 가난한 이에게 돈을 나눠줬고, 아픈 이를 돌봤으며, 그들의 고통을 보고 함께 눈물지었다. 게다가 그는 자신이 훌륭하다고 생각하는 많은 자선단체에 남몰래 돈을 기부했다. 단순하고 검소하게 생활했으며, 극장에도 가지 않고, 술은 입에도 대지 않았다. 많은 시간을 자녀 교육에 할애하며 경제 개념과 기부 습관을 물려주려고 노력했다. 그런 그가 철도산업에서는 부당한 특혜를 얻기 위해 할 수 있는 노력을 다했고, 그와 함께하지 않는 석유업계 종사자는 파산할 운명에 놓일 수밖에 없었다.[71]

아이다 타벨은 다양한 산업계에서 자행되는 기업 비리와 탐욕을 집중 조명해서 거대기업의 부정부패를 고발한 기자로 인정받았다. 그의 기사는 뜨거운 관심을 받으며 스탠더드 오일을 바라보는 대중의 시각을 돌려놨고, 특정 기업의 시장 독점을 반대하는 사회운동에 불을 당겼으며, 독점금지법과 식품 안전 규제 등 법률 제정에도 영향을 미쳤다.[72] 2012년 출판된 책《의혹을 팝니다》도 데이터를 조작하고 소비자를 기만하는 마케팅을 펼치며 담배산업과 화석연료 산업이 대대적으로 나선 허위정보 캠페인을 폭로했다.[73] 폭로로 정보를 전달하는 방식은 개인이 기업 이미지와 신뢰도에 기대어 해당 기업과 관련된 의사결정을 내릴 때 영향을 미치는 수단이 됐다. 책, 영화, 기타 매체를 거쳐 대중에게 정보가 도달하면 심지어 상당한 권력을 쥔 단체에도 대중이 등을 돌릴 수 있고, 집단행동의 마중물이 될 수 있다.

기후변화가 불러온 자연재해로 피해를 본 사람들 소식을 전하는 저널리즘과 방송 기사는 정치인을 내세운 추상적인 뉴스보다 사람들에게 더 강렬한 반응을 일으킨다. 또한 '심리적 거리감'을 좁히면 사안을 대하는 사람들의 태도를 더 효과적으로 돌려세울 수 있다.[74] 이미지 또한 중요한 역할을 한다. 일례로, 1968년 아폴로 8호에서 촬영한 사진 '지구돋이Earth Rise'는 우리가 공유하는 유한한 행성인 지구의 아름다움과 연약함을 새삼 깨닫게 하는 자료로 인정받는다.[75] 유빙에 갇힌 그 유명한 북극곰 사진처럼, 때로는 사진이 언어보다 더 강렬한 정서 반응을 불러일으킬 수 있다. 과학자와 전문가들이 설득력 있을 만하다고 여기는 이미지와 자료가 반드시 일반 대중의 반응을 이끌어내는 건 아니다.[76] fMRI로 관찰해보면 사람들은 환경을 파괴하는 사진에 감정적 반응을 보이고, 조난당한 동물에는 더 강렬하게 감정적 반응을 보인다.[77] 실험 조건에서 행동 변화를 호소하는 정서적 힘은 에너지 효율이 높은 전구를 사는 행동처럼 즉시 실천할 수 있는 선택과 결합할 때 더 커진다.[78]

과학적 사고와 친환경적 행동이 개인에서 더 넓은 사회집단으로 확산하는 과정은 대체로 '정보 습득-설득-채택', 이 3단계를 거친다. 새로운 정보는 대중매체로 전파되지만, 정보에 설득되는 과정은 주변 사람이 제공하는 입력에 달렸다. 새로운 행동을 받아들이는 채택은 그렇게 해서 얻는 이득이 있을 때 일어나는 경향이 있다.[79] 따라서 환경위기 문제를 단순히 아는 정도를 넘어 변화가 채택되고 사회에 전파되기 위해서는 개인이 체감하는 이득(보상)이 있어야 한다.

환경을 교육하고 행동에 변화를 줄 기회는 전자매체로 다양한 청중에게 제공되는데, 효과적인 기후교육은 5장에서 살펴본 여러 마케팅 전략을 활용할 수 있다.[80] 온라인 정보는 특히 수많은 사람이 어떤 견해를 지지할 때 사람들을 위한 기준으로 사용할 수 있다.[81] 환경에 초점을 맞춘 여러 사이트가 탄소계산기, 제품 분석, 기업 비교 등 정보를 제공하며, 일부 사이트는 사회정의 요소도 함께 다룬다. 하지만 실제로 그 사이트를 검색하는 건 개인 몫이다. 만약 당신이 새로운 청소제품, 새로운 옷, 새로운 소파를 사고 싶다면, 이들 사이트에서 환경을 이유로 들어 당신 선택에 영향을 미치는 정보를 찾을 수 있다.

한편 대중매체는 기후변화에 회의적인 시각이 뿌리내리는 데도 한몫했다. 이런 시각이 등장한 데는 석유화학 산업계, 보수주의 투자자, 정치경제적 이해관계가 서로 다른 사람들, 본인 분야 대다수와 의견을 같이하지 않는 소수 과학자가 영향을 미쳤다. 더욱이 '언론 자유'를 옹호하는 사람과 블로거들은 이런 시각을 전파하며 다른 영역에서 점점 일관성 있게 나타나는 과학적 합의에 의혹의 씨앗을 심었다.[82]

일부 비평가 말을 들어보면, 상반된 과학적 견해를 제시해서 언론 균형을 꾀하는 행동은 대중의 인식을 왜곡하고, 기후변화를 알리는 이미 숱하게 많은 사실적 증거를 토대로 도달한 과학적 합의를 훼손하는 역효과를 가져왔다.[83] 발견된 사실이 경제, 문화적 이해와 충돌하는 다른 과학 기반 분야와 마찬가지로 기후변화에 던지는 의문은 일부 집단이 과학적 연구법 자체의 원리를 흠집 내는 플랫폼 역할을 했다. 그런 집단은 검증할 수 있는 진실을 더 깊이 파헤치기 위해 설계된 과학 탐구의 고유한 특징인 끊임없는 자문과 반복 과정을 의도적으로 잘못 해석한다. 그들은 새로운 과학적 발견 안에 도사리는 미세한 논란거리를 이용해서 합의 전반을 의심하게 만든다. 과학은 완벽하지 않고, 과학자들도 그렇다. 하지만 과학은 새로운 지식을 찾기 위한 체계로서 현재 우리가 이용할 수 있는 가장 좋은 프로세스로 널리 인정받았고, 오랜 세월 굳건하게 자리를 지키고 있다.

기후변화를 연구하는 학자들은 환경에 유익한 '지식'과 '행동'의 격차를 좁히기 위해 대중이 쉽게 이해할 수 있는 증거 기반 해석을 적극 도입하려고 노력해왔다.[84] 효과적인 환경 커뮤니케이션과 행동 변화를 둘러싼 연구 결과에 따르면, 사람들에게 '사실'을 전달하기만 하는 방법은 지나치게 단순한 접근방식으로 효과가 없다. 이때도 정보를 표현하기에 따라 사람들 반응이 달라질 수 있다. 보상을 얻거나 위험을 피하는 대안이 드러나도록 정보를 표현하면 정보에 설득력이 실려서 행동 변화를 유도할 가능성을 높일 수 있다. 예를 들어 기후변화 쟁점을 사람들의 건강문제로 틀을 짜면 더 건강하고 활력 넘치는 지구를 만들기 위한 긍정적인 목표를 향해 사람들이 적극 참여하도록 유도할 수 있다.[85] 기업주들에게 산업폐기물을 줄이는 과정에서 상당한 비용 절감 효과를 얻을 수 있다고 알리면, 기후변화가 얼마나 중대한 사안인지 설득하지 않고도 환경을 챙기는 행동이 결과적으로 기업에 경제 이익이라는 긍정적 효과를 가져온다는 인식을 만들 수 있다.[86] 또 다른 예로 호텔업계는 수건을 매일 교체하지 않고 재사용하면 지구에 이롭다는 인식을 만들 수 있고, 특정 객실을 이용한 손님의 75퍼센트는 수건을 재사용했다고 안내해서 객실 이용객의 경쟁심을 자극할 수 있다. 그렇다면 여기서 호텔이 얻는 이익은 무엇일까? 기업 연례 보고서 사회적 책임 항목에서 긍정적 평가를 받을 수 있고, 우호적인 홍보효과를 누릴 수 있으며, 무엇보다 수건을 매일 세탁하고 교체하는 과정에서 발생하는 비용을 줄일 수 있다. 이렇게 목표를 조정하는 방식이 사람들의 행동 변화를 유도하는 가장 효과적인 방법일 수 있다(하지만 이런 방법이 윤리적인가를 놓고 논란도 제기된다. 고객이 듣는 정보가 사실이 아닐 가능성도 있다는 문제제기도 있다).[87]

일부 학자는 기후변화에 대처하기 위한 해법을 물리적 프로세스보다 사람들의 선택, 행동, 상호작용이 핵심으로 작용하는 사회적 프로세스로 구성할 필요가 있다고 강조한다.[88] '가이아 가설*', '전 지구' 개념, 심층 생태주의 패러다임 같은 개념과 수사는 인간과 자연의 변함없는 상호의존 관계를 표현하기 위해 고안됐고, 이런 맥락을 따라 일반 대중을 설득하는 작업은 우리가 도전해야 하

---

* 지구를 살아 있는 유기체로 보는 가설 - 역자주

는 일이다.[89]

실제적이고 의미 있는 행동을 안내하는 정보나 이미지도 중요하다.[90] 3장에서 살펴봤듯이 특정 상황에서 적절한 행동을 하면 문제를 해결할 수 있다고 믿는 자기효능감은 인간에게 보상으로 작용한다. 마음은 불편하지만 현실적인 해결책이 없는 사안들은 효과적으로 행동 변화를 끌어내지 못한다. 그러면 사람들은 아예 문제에서 손을 놓아버릴 수 있다. 기후변화를 위한 실천 방안을 도덕적 의무로 초점을 맞추고 인간의 효능감을 강조하면 환경과 관련된 '공감 쇠퇴' 반응을 줄일 수 있다.[91] 마찬가지로 사람들에게 환경을 챙기는 의사결정과 관련된 행동을 스스로 통제할 능력이 있다고 믿게 만드는 조치는 친환경적 행동을 유도할 수 있다.[92]

사회적 보상

일부 프로그램은 행동 변화 전략에서 얻은 일반 지식을 활용해서 환경에 유익한 행동 변화를 유도하는 노력을 안착시켰다. 우리가 지금까지 살펴봤듯이 기후문제를 해결하기 위해서는 행동 변화가 다양한 방면에서 일어나야 하고, 행동을 향한 의지가 아닌 실천이 따라와야 하며, 변화가 계속 이어져야 한다. 다시 말해 습관이 뿌리째로 바뀌어야 한다. 여기서도 긍정의 효과가 힘을 발휘한다. 환경에 유익한 행동을 실천하고 자긍심을 맛보는 사람들은 변화된 행동을 지속할 확률이 높다.[93] 소규모 단위로 다방면에서 친환경적 행동 변화를 실천하는 사례로, 에코팀Eco-Team 프로그램이 있다. 이 프로그램은 정보, 피드백, 사회 지원이 핵심인 행동 변화 전략을 토대로 가정에서 개인이 실천할 수 있는 친환경적 행동 변화를 돕는 제도다. 현재 2만 가구 넘게 참여한다.

에코팀 프로그램은 가구 단위로 팀을 짜서 진행하고, 팀 전체를 이끄는 대표가 있다. 프로그램에 참여한 팀은 8개월가량 정기적으로 모임을 열면서 자신들이 약속한 과제를 착실히 실천하는지 서로 확인하고 격려한다. 사람들 앞에서 목표를 선언하는 방식은 알코올 중독자 모임 같은 다른 환경에서도 흔히 활용하는 행동전략이다. 각 팀은 100여 개 항목 중에서 자신들이 실천할 만한 행동 6가지를 선택할 수 있다. 모임에서는 새로운 아이디어나 정보를 공유하고, 그동안 에너지 소비량, 물 소비량, 쓰레기 발생량 등에 변화가 있는지 확인해서 기록을 남긴다. 에코팀 프로그램에 참여한 팀들은 같은 지역에 있는 다른 팀과 결과를 비교할 수 있어 곧바로 피드백을 받는다. 달리 말해, 에코팀 프로그램에는 이른바 경쟁요소가 있다. 이 프로그램은 사람들이 격려와 지지를 보내며 서로 도움을 주고받는 환경에서 진행되기에 친목활동 기능을 한다.

에코팀 프로그램은 결국 얼마나 효과가 있을까? 정보를 전달하는 강의만 들은 사람들과 비교했을 때, 프로그램에 참여한 사람들은 환경을 생각하는 행동 변화가 훨씬 더 많이 나타났고, 2년 넘게 변화를 지속한 것으로 조사됐다.[94] 실제로 사람들의 행동 변화는 초기 목표를 넘어 시간이 흐를수록 더욱 확장하는 것으로 나타났다. 네덜란드와 영국에서 진행한 연구뿐 아니라 다른 유사한 소규모 개입 프로그램에서도 같은 결과가 나왔다.[95] 친환경적 행동을 분석한 일부 연구는 한 가지 행동이 관련된 다른 행동으로 '반응 일반화'가 일어나는지 조사했는데, 단일한 행동 변화를 대상으로 했을 때는 대체로 결과가 부정적이었다. 하지만 에코팀 프로그램 방식은 행동 변화가 여러 분야에 걸쳐 일어나는 특징이 있다. 에코팀 프로그램에서는 친환경 습관이 과거 나쁜 습관을 대체한 듯이 보였고, 환경을 대하는 태도가 비슷했던 다른 사람들과 비교했을 때 환경보호를 지지하는 정체성이 더 굳건하게 확립되는 것으로 나타났다.[96]

하지만 변화한 행동을 유지하려면 그 행동에 보상가치가 있어야 하고, 다른 행동을 선택했을 때보다 보상가치가 더 커야 한다. 사회적 보상이 유지되지 않으면 변화를 향한 의지도 흐지부지될 수 있다. 일부 연구자는 '리바운드 효과'를 눈여겨본다. 예를 들어 사람들은 환경을 챙기는 행동을 하면 마치 탄소발자국에 점수를 쌓아놓은 듯이, 다음에는 환경을 해치는 행동을 하고도 정당하게 생각한다. 그래서 하이브리드 자동차를 구입하고 나서 더 긴 장거리 운전을 한다든지 에너지 효율 높은 난방장치를 설치한 뒤에 난방 온도를 높게 유지해서 그동안 얻은 이익을 날려버린다.[97] 그렇더라도 사람들은 친환경적 행동 변화를 실천하기로 약속하고, 다른 사람과 목표를 공유하고, 공개 지지를 얻으면 변화한 행동을 더욱 굳히는 경향이 있다. 특히 변화한 행동에 재미요소를 보탤 수 있으면 더욱 좋다. 아이들에게 재활용을 가르칠 때 음료수 캔을 발로 요란하게 밟게 한다든지, 자동차 대신 도시철도로 출퇴근할 때 그 시간을 즐겁게 또는 생산적으로 보낼 방법을 찾아서 새로운 루틴을 만드는 식이다.[98] 기억하자. 우리는 보상이 없는 일은 하지 않는다.

민간 환경단체의 환경보호를 위한 노력도 사회적 보상 범주에 들어간다. 이들 단체는 흔히 환경보호 운동과 다른 동기를 결합해서 활동한다. 시에라클럽Sierra Club, 국제자연보호협회Nature Conservancy, 국립야생동물연합National Wildlife Federation, 오듀본협회 Audubon Society 등 여러 환경단체가 자연과 야생동물 보호라는 공동 목표를 위해 활동한다. 지역 지부가 많은 민간 환경단체는 회원들이 실천할 수 있는 공동과제를 제시하고, 단체 활동에서 가능한 사회 지원을 제공한다. 비슷한 접근법이 마을 단위로도 들어간다.[99] 애팔래치아마운틴클럽Appalachian Mountain Club, 세이브더베이 Save the Bay, 지역 단위 토지 신탁과 수로 관리 단체는 특정 지역이나 서식지에 초점을 맞춰 활동한다. 덕스언리미티드Ducks Unlimited 는 사냥꾼들에게 환경 협력 파트너십을 호소하는 방식으로 야생동물 서식지 보호를 위해 앞장선다.

마더스아웃프론트Mothers Out Front에서 활동하는 이들은 아이들 미래를 걱정하는 마음이 무엇보다 강력한 동기다. 이 단체는 어머니 모임을 주축으로 지역에서 일어나는 환경문제를 해결하는 일에 힘을 보탠다. 예를 들면 보스턴 일대는 지하 가스관 누출 문제가 심각해서 환경에도 좋지 않고 에너지 낭비도 엄청났는데, 마더스아웃프론트 소속 어머니들의 적극적인 노력으로 문제를 해결한 사례가 있다. 마더스아웃프론트 회원들은 그들끼리 도움을 주고받으며 대응전략을 공유한다. 지역 단위 모임은 주 정부 단위로 할 수 있는 프로젝트와 의안을 찾기 위해 협력하고, 주 단위 모임은 다시 국가 단위 프로젝트와 의안을 찾기 위해 협력하면서 개인 차원의 행동 변화와 함께 집단행동에도 나서서 정치 변화를 시도한다. 회원들은 이런 활동을 펼치며 인간관계, 공동체의식, 성취감, 리더십 개발, 긴 안목의 사회 발전에 이바지할 만한 정치 기술을 보상으로 얻을 수 있다. 따라서 이런 접근방식은 아이들 미래를 걱정하는 마음이라는 꾸준한 본능적 동기와 결합해서 다른 사람들과 함께 해결해야만 하는 눈앞의 고충을 처리하고 다양한 수준에서 환경을 챙기는 행동에 필요한 사회적 기술과 지원을 얻는다는 장점이 있다. 이 전략은 우리가 지금까지 살펴본 효과적인 행동 변화에 필요한 여러 요구사항을 훌륭하게 채운다.

환경보호기금Environmental Defense Fund과 참여과학자모임Union of Concerned Scientists은 과학적 자료를 토대로 환경 연구와 환경보호 운동에 참여하고, 회원들에게 환경에 유익한 활동을 위한 실질적인 지원을 제공한다. 이들 단체는 대부분 교육활동과 정치활동을 함께 진행하고, 일부 단체는 로비스트로서 그리고 법적 처리 과정의 고소인으로서 상당한 영향력을 발휘한다. 이밖에도 수많은 단체가 사람들이 서로 교류하며 공동책임, 주체의식, 옳은 일을 하는 것의 의미를 확인하는 방법을 제공하는데, 이런 요소는 행동 변화를 위한 강력한 동기로 작용할 수 있다.[100]

탄소정책

'탄소세'와 '탄소배출권거래제'는 온실가스 배출량을 줄이기 위해 마련된 거시경제 단위 조치다. 일부 실험적 프로그램은 중시와 미시 수준에서 탄소세와 탄소 거래 전략을 활용하기도 했다. 탄소세와 관련해서, 석유화학 제품이나 다른 온실가스 배출원이 시장에서만 비용으로 작용하는 건 아니라는 주장이 있다. 탄소 배출 비용을 계산할 때는 사회 전반에서 기후변화를 앞당기는 요인에 담긴 장기 비용도 포함해야 한다. 따라서 기업과 산업계가 값싼 석유화학 연료로 이익을 얻고 나중에 납세자가 환경비용을 부담하게 하기보다, 그들이 이용하는 탄소 배출 프로세스와 에너지원의 더 긴 수명주기 비용도 고려해야 한다. 마찬가지로 탄소를 많이 배출하는 생활방식을 선택하는 개인들도 그 선택으로 발생하는 장기 비용을 일부 부담해야 할 것이다. 탄소세 수입금은 대체에너지 개발과 도입, 기술 발전, 환경 복원, 폐기물 감소, 기후난민 지원, 자연재해 복구, 식량 재분배, 환경변화 완화 지원 등의 사업에 사용할 수 있다. 탄소세와 탄소 거래 제도는 많은 나라에서 확고한 지지를 얻어 실행하고 있지만, 미국과 중국에서는 저항에 부딪히기도 했다. 이 제도를 실행하면 현상태에 큰 변화를 가져온다는 의미이므로 정책 연구원, 산업계 대표, 정치인, 나아가 개인 차원에서 상당한 논란을 일으킬 수 있다.[101]

산업계에 적용하는 탄소세는 간단히 말해 기업이 탄소를 배출하면 비용을 내게끔 탄소 배출량 1톤당 매긴 세금을 가리킨다. 탄소배출권거래제는 기업이 정부에서 온실가스 배출권을 할당받아 사용하고, 남은 온실가스 배출권은 시장에 팔아 이익을 얻게 하는 제도다. 이 조치는 기업의 경제 인센티브를 환경 인센티브에 맞쉬 탄소 배출량을 줄이는 효과가 있고, 탄소 포집 기술 개발처럼 기업 차원의 노력을 유도하는 장점도 있다. 하지만 탄소세 도입을 반대하는 사람들은 기업에 과도한 부담을 지워 경제성장을 저해할 수 있고, 정부가 환경과 무관한 용도로 세금을 사용할 수 있어 원래 목적이 바랠 수 있다고 주장한다.

반면에 개인에게 부과하는 탄소세는 일반적으로 개인 소비자가 사용하는 연료나 에너지 요금에 적용되며, 자동차나 가전제품도 포함할 수 있다. 개인 탄소세는 이른바 '장기 이득을 위해 단기 손해를 감수'하는 시나리오다. 개인 탄소세 개념을 비판하는 사람들은 개인 탄소세가 실제 개인 책임이 아닌데도 개인에게 패널티를 떠넘기는 개념이며, 탄소세로 개인들이 직접 얻는 혜택이 없다고 주장한다. 게다가 기후변화 자체를 믿지 않는 사람들은 개인 탄소세를 부과하는 조치가 실제로 존재하지 않는 문제의 해법이라고 말한다. 소비자들은 어떤 활동으로 얼마나 탄소를 배출하는지 알지 못하기 때문에 개별 구매에 적용하는 개인 탄소세가 소비를 줄이는 효과가 반드시 있다고 할 수 없다는 주장도 있다.[102] 하지만 개인 탄소세를 지지하는 사람들은 더 많이 쓰는 사람이 더 많이 부담하는 방식의 세금은 가정에서 나오는 탄소발자국을 줄이는 직접 방법이라고 말한다.

일부 연구자는 개인 행동이 친환경 선택, 개인 건강, 개인 행복, 개인의 경제 안정을 향하도록 정확히 유도하려면 모든 요소가 보상을 안고 편리한 방법으로 서로 연결돼야 한다고 말한다. 이렇게 실험적인 시도로 나온 프로그램이 두 가지 있다. 하나는 호주에서 시행한 '노퍽섬 탄소 건강 평가Norfolk Island Carbon Health Evaluation' 프로젝트고, 다른 하나는 캐나다 브리티시컬럼비아주에서 시행한 '탄소-건강-사회저축 제도Carbon, Health, and Social Saving System'다.[103] 두 프로그램은 다른 배경에서 행동 변화를 유도하기 위해 성공적으로 활용하는 요소를 가져다가 개인의 건강과 행복을 직접 연결하고, 경제 인센티브를 약속하며, 사회규범과 보상을 동원하고, 탄소 이용권과 비슷한 탄소 신용카드를 제공한다. 이런 프로그램이 얼마나 대규모 집단을 대상으로 성공리에 확장될 수 있을지는 아직 더 많은 연구가 필요하다.

꿀벌 접근법

또 다른 접근법은 환경요인이 아닌 개인의 이득을 매개로 사람들의 행동 변화를 유도한다. 여기서는 행동 변화 전략의 '정보' 단계가 아예 필요 없다. '꿀벌' 접근법으로 알려진 이 전략은 사람들의 이기적 동기를 이용해서 행동 변화를 유도하는 것이 핵심이다. 예를 들어 기업주가 기업활동을 위해 새 건물을 지어야 한다면 이는 자신의 목적을 위한 일이지만, 에너지 효율이 높은 설계를 도입해서 나중에 운영비를 절감할 수 있다.[104] 건강을 위해 운동을 하고 싶어도 시간이 없다면 자전거로 출퇴근하는 방법은 어떤가?[105] 손님방 인테리어를 다시 하고 싶다? 그렇다면 독특한 스타일의 중고 가구를 들이면 돈도 절약할 수 있고, 특색 있는 물건을 찾아다니는 재미도 쏠쏠하고, 본인 인테리어 감각도 증명할 수 있다. 이때 물건을 재활용하면 환경에 이롭다는 사실은 알아도 그만 몰라도 그만인 부수적 이득이다. 이런 꿀벌전략은 진화와 행동 원리를 토대로 사람들에게 보상으로 작용하는 대상을 이용하며, 기본적으로 사람들이 자신도 모르는 새 환경에 이로운 선택을 내릴 수 있도록 행동의 틀을 짠다.[106]

여기서 같은 행동이라도 구체적 동기가 무엇인가에 따라 범주가 다를 수 있다는 점을 눈여겨봐야 한다. 만약 한 개인이 단열공사를 하려는데 경제적 여유가 없어서 다른 긴급한 일을 처리하지 않아야만 자금을 쓸 수 있는 상황이라면, 단열공사를 벌이는 행동은 사회적 딜레마가 된다. 단열공사를 위해 돈을 쓰면 사회에는 이익이 되지만, 개인적으로 가장 시급한 문제를 해결하는 행동이라고는 할 수 없다. 또는 그 개인이 환경을 소중하게 생각해서 단열공사를 우선으로 선택한다면, 더구나 경제적으로 그럴 여유가 있다면 단열공사에 돈을 쓰는 행동은 환경을 생각하는 개인 선택이 된다. 하지만 지구온난화와 상관없이 단순히 더 따뜻하고 안락한 집이 필요해서 단열공사를 단행하는 행동은 '꿀벌' 범주에 해당한다.[107]

친환경적 행동 변화를 유도하는 다른 전략처럼, 이기적 동기를 이용하는 전략도 변화를 유도하는 주체가 누가 돼야 하는지, 또는 어떤 체계적 프로그램이나 정책이 뒷받침돼야 하는지는 분명하게 설명하지 않는다. 정책과 소비자의 선택이라면 환경 목표는 일부러 숨기는 요인이 아닐 때가 더 많다. 환경 목표는 가정의 에너지 효율성을 높일 때 얻는 경제 이득처럼 가장 선두에 있는 보상은 아닐 수 있지만, 행동 변화를 위한 노력의 장점으로 꼽히는 소득이다. 꿀벌 접근법을 이용하는 다른 사례는 9장에서 더 자세히 알아보겠다.

부드러운 넛지 vs 강제적 규제

사회적으로 바람직한 결과를 불러오는 행동을 선택하도록 부드럽게 개입하는 넛지전략 또한 환경을 고려하는 행동 변화 전략으로 폭넓게 적용된다. 넛지전략은 상당한 학문 연구의 중심이 됐을뿐더러, 정부와 산업계에서도 다양한 방식으로 활용한다. 아일랜드에서 진행한 한 연구에서 전기 사용량이 최고조에 이르는 시간대에는 전기료를 더 많이 받고, 가정에 '스마트 계량기'를 설치해서 에너지 사용량을 바로바로 확인해 피드백을 받을 수 있게 조치했더니, 최대 전력 사용 시간대 전기 사용량이 줄어들었을 뿐 아니라 에너지 소비 전반도 감소했다.[108] 재생 가능한 친환경 에너지 사용을 기본값으로 지정하고 대체 공급업자로 변경하려면 여러 과정을 거치게 만드는 방법은 행동 변화 전략으로 매우 효과가 좋았다. 고객은 기본값을 선택해야 더 편리하므로 고객의 정치 성향이 다르거나 심지어 요금을 더 많이 물렸을 때도 같은 결과가 나왔다.[109]

연구 결과를 보면 친환경적 행동을 선택하자고 장려하는 사회 규범, 적절한 경쟁요소(다른 집들은 에너지를 더 적게 사용한다는 증거를 보여주는 방법 등), 제품의 에너지 효율을 알리는 라벨은 가정에서 환경과 관련된 행동을 개선하는 데 얼마간 효과가 있었다.[110] 캐나다의 한 연구진은 붉은 고기 섭취를 줄이려는 사람들의 의지를 다양한 방법으로 표현해서 메시지를 전달했는데, 사회규범으로 접근한 메시지(이를테면 "사람들은 환경에 미치는 영향을 적극 고려해서 식단에 변화를 준다.")를 받은 사람들이 가장 적극적으로 행동 변화를 고려했다.[111]

농업 분야에서는 스코틀랜드 농부를 대상으로 수질오염에 영향을 미치는 농법의 변화를 시도했는데 정보교육, 농업기술 조언자 방문, 농부들의 자율적인 제안, 새로운 농법 도입 지원 등과 같이 농부들의 자발적 참여를 유도하는 넛지전략을 활용했더니 강제적 규제를 도입했을 때보다 농부들의 참여율이 더 높게 나타났다. 농부들은 강제적 규제에는 부담과 저항감을 드러내는 반면, 넛지전략으로 행동 변화를 유도했을 때는 환경오염 문제에서 주인의식을 발휘하는 듯이 보였다.[112] 환경을 챙기는 실천을 놓고 농부들의 의지를 인터뷰했을 때도 주체성이 동기로 작용하는 부분을 확인할 수 있었다.[113]

하지만 일부 분석가는 환경과 관련된 행동을 바꿔가기 위해서는 넛지전략보다 강제적 규제가 더 필요하다고 말한다. 넛지전략만으로는 환경보호에 충분한 영향을 미치지 못할 수 있고, 어떤 이익을 얻을지 확실하지 않은 분야에서 변화를 거부하는 우리의 본능적 특성을 극복하기도 어렵기 때문이다.[114] 오늘날 경제요인은 친환경적 행동만 별개로 지원하기는 어려워 보인다. 그래서 사람들이 더 수월하고 더 낮은 비용으로 친환경 선택을 내릴 수 있으려면 규제 개입도 필요할 것이다.[115] 공중보건 분야에서 제기한 넛지전략의 문제점은 환경 분야에도 똑같이 적용된다. 넛지기법은 사람들 행동을 은밀하게 조작하므로 윤리문제가 있다는 뜻이다.[116] 넛지를 분석한 심리학 지식을 정확히 어떻게 정부 정책에 응용할지는 아직 충분한 해답을 찾지 못했지만 틀 짜기, 설득, 규범 생성 등의 원리가 담길 수 있다. 환경 분야에서 넛지전략이 성공하려면 일반 대중과 정부기관의 신뢰가 얼마간 쌓여야 한다. 특히 규범은 사람들이 상호작용하는 과정에서 형성되며, 정부는 그 상호작용을 더욱 촉진하는 역할을 할 수 있다.[117] 이렇게 다양한 분석을 종합하면, 결국 지금의 환경위기를 헤쳐나가기 위해서는 넛지와 규제가 모두 필요해 보인다.

자연은 그 자체로 우리 행동을 바꿀 수 있을까?

잠시 책 읽기를 멈추고 당신이 가장 좋아하는 장소를 한번 떠올려보라.

사람들에게 가장 좋아하는 장소가 어디인지 또는 어떤 곳이 보존할 가치가 있다고 생각하는지 물어보면, 지역과 문화에 상관없이 대부분 자신에게 익숙한 장소를 꼽는다. 특히 가족이 사는 집이나 그 근처를 지목하는 사람이 대부분이고, 자연과 가까운 장소도 비슷하게 많다. 사람들은 가장 좋아하는 곳으로 특정 장소를 꼽은 이유로 대개 그 공간이 편안하고, 휴식처가 되며, 재충전할 수 있기 때문이라고 답한다.[118] 사람들은 흔히 자신에게 익숙한 자연환경을 보호할 가치가 있는 곳으로 인식한다.

만약 우리가 4장에서 살펴본 바이오필리아 가설이 사실이라면, 그래서 인간이 본능적으로 자연에 끌리고 자연과 상호작용하며 보상가치를 느낀다면, 우리가 환경에 유익한 행동을 하고 얻는 보상 중 하나는 자연 자체를 즐기는 기회를 지키는 일이 될 것이다. 거꾸로, 자연에서 시간을 보내는 경험이 환경에 이로운 행동을 더 자주 일으킨다는 연구 결과도 있다. 그렇다면 단순히 자연을 마주하는 경험만으로도 그런 결과를 얻는다는 확실한 증거가 있을까? 만약 있다면, 그 효과는 기후변화를 피할 수 있을 만큼 의미 있는 결과로 해석할 수 있을까? 자연에서 얻는 보상이 사람들의 행동 변화를 이끌 수 있을 만큼 충분할까?

자연을 가까이한 경험이 친환경적 태도나 행동과 상관관계가 있다는 증거는 많지만, 친환경적 행동이나 태도가 나타나는 데 그 경험이 얼마나 많이 필요한지 같은 인과관계는 아직 정확히 밝혀지지 않았다.[119] 우선 이들 연구가 주로 어떤 방식을 거치는지 잠시 살펴보자. 조사기관에서 선정하는 피험자는 주로 대학생들이지만(예를 들어 방금 언급한 자신이 가장 좋아하는 장소를 질문한 조사는 3개 대륙 국가의 대학생이 대상이었다), 더 넓은 집단이 대상이 될 때도 있으며, 대부분은 온라인 광고나 정부 조사기관에서 대상자를 모집한다. 친환경적 태도를 알아보는 조사는 '나는 자연을 소중하게 여기고 자연을 보호해야 한다고 생각한다.', '나는 기후변화가 중대한 사안이라고 생각한다.' 같은 제시문에 응답자들이 얼마나 동의하는지 확인하는 방식으로 진행된다. 한편 친환경적 '행동'을 조사하는 설문에서는 응답자가 '재활용을 얼마나 적극적으로 하는지', '야외활동에 얼마나 자주 참여하는지', '자연보호 단체에 얼마나 기부하는지' 같은 질문을 던진다. 눈치 빠른 독자라면 이런 문장은 6장에서 살펴본 환경에 미치는 영향이 큰 행동 유형, 이를테면 보유한 자동차가 연비 효율이 높은지, 출퇴근에 대중교통을 얼마나 자주 이용하는지, 지난해 비행기 여행을 몇 차례 다녀왔는지, 일주일에 붉은 고기를 몇 회 이상 먹는지, 자녀가 몇 명인지 등의 행동 질문과는 성격이 다르다는 점을 이해할 것이다. 사람들이 이런 설문조사에 참여한다는 건 환경을 생각하는 좋은 사람이 되고 싶은 마음이 있다는 뜻일 뿐, 설문에 답변한 내용이 사람들 실생활과 일치하는지는 확인하기 힘들고, 실제 행동을 측정하기는 더욱이 어렵다.

　이런 연구 결과를 해석할 때는 '자연을 어떻게 정의할 것인가?'도 논점이 될 수 있다. 자연 개념을 어떻게 정의하는지는 개인과 지역마다 다를 수 있다. 미국, 캐나다, 호주에서는 많은 사람이 '자연'을 '황무지'로 연상하는데, 이는 그 나라의 역사나 문화 정체성과 밀접한 관련이 있다. 유럽, 인도, 북극에서는 지역 문화나 자연과 상호작용하는 방식에 따라 자연을 인식하는 태도가 다르게 나타난다.[120] 텃밭을 '자연'으로 볼 수 있을까? 도심 가로수는 어떤가? 농업 분야에서 일하면 '자연에 노출되는 경험'이라고 할 수 있을까? 울창한 산이 바라다보이는 고속도로를 달리는 운전은? 덩굴로 뒤덮인 도심 건물에서 지내는 삶은? 자연은 이렇게 상황에 따라 의미가 달라질 수 있는 개념이다. 일부 학자는 자연 개념을 일반적인 지리학 시선으로 가두면 사람들이 특정 장소에 간직한 특별한 감정을 무시하는 처사라고 주장한다. 자연과 연결된다는 의미는 자연요소를 포함하는 특정 장소와 연결 지어 설명해야 더 정확할 수 있다. 따라서 여느 방식으로 자연에 노출하는 경험만으로도 행동 변화를 효과적으로 끌어낼 수 있다는 생각은 지나치게 단순할 수 있다.[121]

자연이 친환경적 행동에 미치는 효과는 사회정의를 고려하면 더욱 복잡해진다. 토지 사용과 토지 소유권을 둘러싼 우선순위는 정부, 토지 소유자, 토지 사용자, 기업, 환경단체 사이에서 충돌을 일으킬 수 있다. 누군가 보호하려는 자연 안에서 경제적으로나 정치적으로 힘없는 사람이 생계를 유지한다면, 자연을 보호하는 행위가 누군가에게는 생계를 위협하는 일이 될 수 있다. 그래서 일부 학자는 자연과 환경보호에 담긴 과학과 문화 개념의 간극을 메우고, 환경위기 가속화를 막는 데 필요한 자연과 인간의 상호작용이 더 공정하고 올바르게 나아가게 하는 작업이 필요하다고 주장한다.[122]

자연 곁에서 지내는 경험

자연에서 보낸 시간 중 특히 어린 시절 경험은 친환경적 행동에 얼마나 영향을 미칠까? 이 질문은 상당히 연구가 잘된 주제 중 하나다. 해답을 찾기 위해 연구자들은 아이들에게 자연을 가까이한 경험을 질문하고 환경을 대하는 태도나 행동을 놓고 스스로 평가한 내용을 비교하는 방법으로, 자연을 즐긴 경험과 친환경적 행동의 관련성을 조사할 수 있다. 또는 캠프, 환경교육 프로그램, 야외활동 체험 등 다채로운 자연활동에 참여한 아동과 청소년을 대상으로 그런 활동 전후에 친환경적 태도와 행동이 어떻게 달라졌는지 질문해볼 수 있고, 교사에게 아이들을 관찰한 결과를 묻거나 재활용 빈도수 같은 특정 행동을 측정하게 할 수도 있다. 하지만 아이들을 장기간 관찰하면서 특정 행동이 어른이 될 때까지 이어지는지 추적한 연구는 거의 없다. 이런 한계를 극복하기 위해 일부 연구자는 거꾸로 성인을 대상으로 환경을 대하는 태도와 행동을 평가하고 자연과 가까이한 어린 시절 경험을 질문하는 방식을 활용해서 어떤 요인이 친환경적 태도와 행동을 형성하는 데 영향을 미쳤는지 알아내려고 한다.[123]

어릴 시절 숲에서 뛰어노는 경험이나 하이킹, 낚시를 하며 자연에서 보낸 체험과 활동이 환경을 대하는 태도, 자연에 친밀감을 느끼는 정도, 친환경적 행동의 빈도에 영향을 미쳤다는 증거는 있다.[124] 한 연구에서는 설문조사에 참여한 사람들을 대상으로 친환경적 행동을 위한 어떤 활동에 참여했는지 물었더니, 환경을 둘러싼 견해를 토대로 정치 후보자 지지하기, 지구의 날 대청소에 동참하기, 야외활동 참여하기, 지역 유기농 식품 섭취하기, 재활용하기, 퇴비장치 사용하기, 대중교통 이용하기, 자전거 타기 등의 답변이 돌아왔다. 이런 결과를 보면, 사람들이 친환경적 행동에 보이는 반응에는 그들이 실제로 어떤 활동을 실천하는가도 영향을 미칠 수 있다는 점을 알 수 있다. 응답자의 사회경제적 수준, 나이, 성별, 지역 같은 변수를 통제한 다른 측정 기준에서 보면, 어린 시절 자연에서 보낸 경험이 있다고 응답한 성인들은 추억 속 배경과 비슷한 환경에서 현재도 시간을 보내는 경향이 있는 것으로 나타났다.[125] 물론 이런 결과는 상관관계를 보여줄 뿐, 인과관계를 증명하지는 않는다. 어린 시절 자연을 가까이한 경험이 친환경적 태도와 행동을 형성하는 데 영향을 끼쳤다기보다는 자연에서 많은 시간을 보낸 아이일수록 자연을 좋아하는 성향이 심겼을 테고, 그런 태도가 성인이 될 때까지 이어졌을 수 있다.

연구방법론은 이렇게 다양하지만 바이오필리아 가설을 지지하는 연구에서건, 자연에 노출되는 정도가 친환경적 태도와 행동 형성에 미치는 영향을 조사하는 연구에서건 공통으로 발견되는 결과도 있다. 그중 하나가 구조화되지 않은 자연공간에서 구조화되지 않고 자유로운 놀이시간을 많이 보낸 아이일수록 자연을 소중하게 여기는 비율이 높다는 점이다. 자연공간이 대단히 거창한 환경일 필요는 없다. 사람들은 매일 또는 종종 들러서 자연을 관찰하며 천천히 시간을 보낼 수 있는 공간인 마을 뒷동산, 작은 공원, 숲, 집 근처 개울을 가장 많이 기억한다.[126] (에드워드 윌슨도 어린 시절 플로리다 늪지대와 숲을 배회하며 곤충을 관찰하고 자연을 경험하면서 많은 시간을 보냈다는 이야기를 떠올려보라.) 또한 연구 결과에 따르면 자연을 소중히 여기는 부모 곁에서 자란 아이들, 자연환경에서 가족과 함께 시간을 보낸 경험이 많은 아이들은 친환경적 태도와 행동이 형성될 확률이 높다.[127] 물론, 부모와 자녀가 자연을 소중하게 생각하는 유전적 성향을 공유할 가능성도 있다. 학습과 유전적 성향이 어떻게 조합되건, 자유로운 놀이시간과 탐구시간의 효과는 앞서 살펴본 신경생물학적 경향성과 일치한다. 말하자면 성취감에는 보상이 따르고, 아이들은 어른에게 새로운 내용을 배우는 경향이 있으며, 사회적 유대의 힘은 강하고, 자연은 그 자체로 보상가치가 있다.

하지만 이런 연구 결과에는 돌아봐야 할 점이 몇 가지 있다. 첫째, 자연에서 시간을 보낸 경험이 있다고 해서 모든 아이가 자연을 향해 좋은 감정을 느낀다고 대답한 것은 아니다(일부 연구에서는 많은 아이가 그랬다).[128] 특히 도시 지역 아이들은 자연을 무서운 대상으로 여기기도 했다. 그렇다고 그 아이들이 나중에 자연에서 보낸 경험을 소중하게 간직하지 않는다는 의미는 아니지만, 아직 거기까지는 연구가 되지 않았다.

둘째, 아이들이 어떤 배경에서 자랐는지도 영향을 미친다. 농촌에서 가족 농사일을 도우며 자란 아이들은 자연에서 뛰어논 경험만 있는 아이들만큼 휴식을 주는 공간으로서 자연을 바라보지는 않았다.[129] 산림업에 종사하는 스위스 성인을 대상으로 진행한 연구 결과에 따르면 자연 안에 머물면서 재충전하는 기분을 느끼는 이점이 더 적었는데, 아마도 산림업에 종사하지 않는 사람들이 자연환경에서 느끼는 해방감의 효과를 누리지 못하기 때문으로 해석된다.[130] 이런 결과는 사회정의를 다루는 논의에서 주류 자연보호 운동을 비판하는 주장과도 일맥상통한다. 말하자면 중산층이 주도하는 '자연보호'는 누군가 그 자연에서 생계를 위해 힘들게 일해야 한다는 사실을 깨닫지 못하고 그저 즐거움을 얻는 수단으로써 자연을 보호하려는 사람들의 욕망이 동기로 작동한다. 그런가 하면 지역은 그곳에 사는 사람들이 보기에는 휴양지만큼 매력적이지 않을 수 있지만, 환경에 일으키는 변화를 두고 지역주민이 보이는 거부감은 도시 사람들보다 더 강하다. 예를 들어 도시에 거주하는 사람들은 지역에 풍력발전기를 설치하는 문제를 더 개방적으로 생각한다.[131] 3장에서 살펴봤듯이 우리는 새로움에서도, 익숙함에서도 보상을 느낀다. 따라서 어떤 장소가 우리에게 익숙하다면 장소에 서린 강한 애착심이 그곳을 보존하려는 동기를 더욱 북돋을 수 있다.

4장에서 살펴봤듯이 도시환경 안에서 자연을 만나는 경험은 여러 장점이 있다. 그렇다면 그 효과가 사람들 행동을 친환경 방식으로 돌려놓는 데도 도움이 될까? 연구하기 쉽지 않은 주제이지만, 몇몇 연구자들이 상관관계를 일부 확인할 수 있었다. 영국에서 실시한 인터뷰 조사 결과를 보면, 도시 녹지공간을 마주한 경험이 아닌 시골 지역을 방문한 경험만이 친환경적 행동과 연결되는 것으로 나타났다.[132] 도시 학교 학생들을 대상으로 조류 생태를 관찰하고 학교 텃밭 가꾸기 활동에 참여하게 했더니 협동심이 증가하고, 마음이 더 차분해지며, 자연을 향한 친밀감이 증가한다고 학생과 교사 들이 평가하는 사례가 많았고, 그런 체험을 할 수 있는 환경을 학습능력이나 사회적 처지가 서로 다른 아이들이 평등한 위치에서 학교생활을 즐길 수 있는 배경으로 꼽았다. 하지만 긴 안목으로 친환경적 태도와 행동을 형성하는 데 어떤 영향을 미쳤는지까지는 확인되지 않았다.[133] 마찬가지로 학교 놀이공간이나 도시 자연경관은 행동 부문, 인지 영역, 자연을 이해하는 시선 전반에 장점을 제공한다는 증거는 있지만, 친환경적 태도와 행동에

미치는 장기 영향은 분명하지 않았다.[134]

증거를 종합하면 아이들은 자연에서 자유로운 놀이와 탐험으로 긍정적인 경험을 하며 자연의 소중함을 학습하고, 친환경적 행동과 자연보호 활동에 참여하며 성취감을 얻는 등의 방법으로 환경보호를 실천하는 사람이 되는 길을 가장 잘 학습할 수 있다. 이 과정은 대개 특정 장소, 집단, 동기와 연결되어 더욱 구체화된다. 또한 성인과 아이에게 모두 적용할 수 있는 사회적 학습과 생태심리학 원리를 따른다.[135] 빅슬러 연구진은 미국 공립중학교와 고등학교에 다니는 학생 2000명가량을 대상으로 어린 시절 경험한 활동, 학습능력, 자연을 대하는 감정, 친환경적 태도, 희망 직업 등을 설문조사했다. 그 결과 자연에서 시간을 보낸 경험은 자연에서 편안함을 느끼고 자연을 소중하게 여기는 마음과 상관관계가 있지만, 흥미롭게도 환경보호 운동에 보이는 인지적 흥미나 지적 관심은 반드시 그렇다고 할 수는 없었다.[136]

지금까지 언급한 연구 대부분은 상관관계를 증명했을 뿐, 인과관계를 확인해주지는 않았다. 개인이 어린 시절 경험한 무언가가 나중의 태도나 행동에 영향을 미쳤을 수도 있지만, 사람들은 어릴 적부터 좋아한 무언가를 어른이 돼서도 계속 아끼는 것일 수 있다. 이 두 가지를 구분해야 하는 이유는 연구자 대부분이 어릴 때 자연을 자주 경험할수록 성인이 돼서도 자연을 소중하게 여긴다고 가정하므로, 아이들을 자연과 가까이 지내게 하는 조치가 환경을 보호하고 에너지를 절약하는 사람으로 자라게 하는 좋은 전략이기 때문이다. 하지만 사람들 안에 원래 그런 성향이 없다면 이런 전략도 통하지 않을 수 있다. 이 지점을 확실히 알려면 대규모 집단 아이들을 대상으로 절반은 자연을 자주 체험하게 하고 나머지 절반은 통제한 다음, 수십 년간 추적 관찰하는 방법밖에 없을 것이다. 그런데 이렇게 하려면 시간과 비용이 너무 많이 들어서, 연구 대부분이 단기 관점으로 설계된다.

일부 연구자는 거꾸로 집단행동이나 정치활동에 적극적인 환경운동가들에게 초점을 맞추고 인구통계학, 교육, 직업, 사회경제적 변수를 기준으로 환경과 관련된 행동을 거의 실천하지 않는 사람들과 비교하기도 한다. 흥미롭게도 어린 시절에 자연을 가까이한 경험뿐 아니라 도시개발이나 다른 국토개발을 이유로 자신에게 뜻깊은 자연공간을 잃은 경험도 환경운동가들에게 영향을 준 공통된 기억이었다. 이런 점을 보면 이른바 환경우울증 같은 감정이 사람들을 적극 행동하게 만드는 계기로 작용할 수 있다. 책, 작가, 친구의 영향을 받아서 환경운동가가 된 사람들도 있고, 어린 시절 자연에서 시간을 보낸 경험은 거의 없지만 동료, 성인이 되어 자연을 알게 된 경험, 환경보호 단체의 영향을 받아서 환경운동가로 활동하게 된 사람들도 있다. 어떤 이들은 성장하는 동안 자연에서 인생의 큰 전환점이 되는 주로 영적인 체험을 한 뒤로 환경운동가가 됐다. 종합하면 환경운동에 적극적인 사람과 그렇지 않은 사람이 보이는 차이의 56퍼센트는 개인의 인생 경험으로 설명할 수 있었다. 물론 이런 결과가 '닭이 먼저냐 달걀이 먼저냐.' 식의 인과관계 문제를 말끔히 해소해주지는 않지만, 사람들은 환경운동가가 된 계기로 '삶의 경험이 중요한 역할을 했다.'고 생각한다고 볼 수 있다. 자연을 가까이하는 경험은 가족, 친구, 환경단체, 영향력 있는 작가와 더불어 사람들이 중요한 정보를 얻는 통로가 된다.[137]

하지만 자연과 야외활동을 좋아하는 성향이 있는 청소년이라도 방에서 나갈 때는 전등을 끄고 샤워시간을 줄이는 태도처럼 환경에 유익한 행동을 실천하는 일은 완전히 다른 문제다. 어른도 마찬가지다. 자연에서 하이킹 즐기기, 샤워시간 줄이기, 단열공사에 시간과 돈 들이기, 환경에 좋지 않다는 이유로 뉴욕에서 로스앤젤레스까지 가야 하는 출장을 마다하기로 직장 상사에게 밝히기 같은 행동과 자연의 분명한 관계를 이해하는 데는 상당한 인지적 노력이 필요하다.

그런데 이런 노력이 실제로 효과를 발휘할 수 있다. 자연을 소중하게 여기는 사람들은 자연을 지키고 보존하는 일을 정말로 중요하게 생각하고, 매우 열정적으로 자연을 지키는 일에 앞장선다. 무언가에 열정을 쏟으면 그 일에 관여하는 뇌의 연결고리가 더 강하고 단단해진다. 게다가 보상체계가 활발하게 작동하는 일에서는 인지적 연결이 더 수월해진다. 수많은 환경운동가가 그랬듯이, 자연이 보상가치가 있는 대상이라면 보상의 원천을 지키고 보호하는 행동으로 자연에서 얻는 보상은 다시 활성화될 것이다. 그래서 가재도 먹이가 있는 곳을 찾아내는 법이고, 하늘을 날아다니는 새도 제 영역을 표시하는 방법을 학습하기 마련이며, 우리도 잘한다고 칭찬받으면 더 잘하려고 노력을 다하는 것이다.[138]

기후위기는 얼마나 긴급한 문제일까?

현재 상황으로 보면 지구는 환자고, 우리는 환자를 위해 올바른 의사결정을 내리고 돌볼 책임이 있는 보호자라 할 수 있다. 수많은 과학적 증거가 지구 현상태를 매우 위험한 수준이라고 말한다. 지구를 환자에 비유하면 혈전이 점점 커지는 상황이어서 수술 같은 응급치료에 나서지 않으면 영영 의식을 회복하지 못할 수도 있다. 우리에게 필요한 조치는 단지 예방 차원이 아니다. 시간을 지체할수록 징후는 분명 더 나빠질 테고, 어쩌면 돌이킬 수 없는 결과를 몰고 올지도 모른다. 더 서두르지 않으면 우리가 오랫동안 알아온 지구의 특성을 일부나마 지킬 수 있는 수준의 회복도 기대할 수 없을지 모른다. 물론 우리 감각으로는 무엇이 문제인지 알아차리기 힘들 수 있고, 전문가들이 전하는 정보를 완전히 이해하거나 신뢰하기 어려울 수 있다. 게다가 수술 같은 근본 치료는 그 자체로 위험부담이 있는 무서운 일이다. 그렇다고 필요한 치료를 하지 않아서 우리가 지닌 소중한 무언가를 잃는다면, 그것이야말로 더 무서운 일일 터다.

물론, 지구를 환자에 비유하는 것은 옳지 않다. 지구는 다른 사람에게 맡겨서 해결할 수 있는 사안이 아니기 때문이다. 우리가 해결해야 하는 거대한 도전이자 고약한 난제인 이 지구는 모두가 힘을 합쳐야 하는 이슈다. 모든 사람이 각자 행동을 바꿔가야 하고 환경운동가로서, 의식 있는 소비자로서, 깨어 있는 시민으로서, 어려운 결정을 내려야 하는 정치 지도자로서, 끊임없이 배우는 학습자로서 다른 수많은 사람을 위해 사회 변화의 주도자가 돼야 한다. 우리는 즉각적이고 구체적인 인식에 맞춰진 뇌의 본능적 특성을 이해하고 다스리면서 긴박감을 지닌 채로 인내심과 끈기를 발휘해야 한다. 어쩌면 그 인내와 끈기를 갖추기 위해서는 개별적이고도 공통된 뇌의 한계와 장점을 정확히 깨닫고 이용할 방법을 파악하는 단계에서 출발해야 할 것이다.

9

친환경 어린이병원 프로젝트

지금부터 당신을 어린이라고 상상하라. 당신은 몸이 아파 병원에 입원했다. 몸이 나으려면 병원에 있어야 한다는 의사의 말을 들었다. 당신은 주사를 맞고, 몸에 이상한 튜브를 연결하고, 이상한 소리를 내는 어두컴컴한 기계 안에 들어가서 여러 검사를 받는다. 다음에는 무슨 일이 벌어질지, 당신은 알지 못한다. 병실에는 TV가 있고, 병실 밖 복도 끝에는 게임기와 색칠도구가 있는 놀이방이 있다. 병원은 온종일 시끄럽고, 코를 찌르는 이상한 냄새를 풍긴다. 사람들은 당신이 알아들을 수 없는 말을 한다. 당신 몸에 연결된 줄은 당신이 잠을 자거나 몸을 움직일 때마다 걸리적거린다. 아이들의 울음소리가 당신 신경을 더 자극한다. 모든 것이 너무

눈부시게 밝고 딱딱하다. 당신 눈에는 병원 전체가 낯설고 이해할
수 없는 것들로 가득하다.

　이번에는 조금 다른 병원으로 가보겠다. 당신은 병원 침대에
누워 있다. 침구 커버에는 동물 문양이 그려져 있다. 침대 맞은편
에는 창문이 있고, 창문을 열면 소나무가 자라고 있다. 나무에는
새집이 걸려 있고, 창턱에 새 모이통이 달려서 이따금 새들이 날
아와 창턱에 앉아서 병실을 구경한다. 병실 밖 복도에는 온갖 식
물이 자란다. 복도 끝에는 커다란 유리관이 있고, 그 안에서도 나
무들이 자란다. 나무는 개방된 건물 천장으로 쏟아지는 햇빛을 받
으며 자란다. 병원 건물 중앙 로비에는 사람들이 드나들 수 있는
자그마한 온실이 있고, 그 안에는 동전을 던져서 소원을 빌 수 있
는 작은 분수대도 있다. 간호사는 당신이 병실 밖에 있을 때면 당
신 환자복에 부착된 전자장치로 당신이 어디에 있는지, 몸 상태
가 어떤지 확인할 수 있고, 약 먹을 시간이 되면 당신 어머니가 목
에 걸고 있는 웨어러블 스마트기기로 연락해서 병실로 돌아오라
고 말할 수 있다. 당신 건강이 조금 회복되면, 담당 치료사가 당신
을 밖으로 데리고 나가 야외공간 정원 놀이터에서 당신과 함께 놀
이시간을 즐긴다. 당신은 온실에서 직접 꽃을 심을 수도 있다. 옥
상에는 저녁 반찬으로 올라올 채소들이 자란다. 병원 한 층에는
유리상자로 된 개미집이 있어서 개미들이 구멍을 파고 먹이를 옮
겨 나르는 모습을 관찰할 수 있다. 건강이 좋아져서 퇴원한 뒤에
도 정기검진을 받으러 병원을 다시 방문하면, 대기시간 동안 병원
야외 놀이터에서 놀 수 있다. 추워서 야외 놀이터를 이용할 수 없

는 날이면 건물 안 온실에 가서 식물 찾기 놀이를 할 수 있다. 온실 속 식물들의 이름을 알아맞히면, 집에 가져갈 수 있는 작은 화분 하나를 선물로 받는다. 당신 진료 차례가 되면 보호자가 목에 건 웨어러블 스마트기기에서 알람 소리가 난다. 알람 소리는 강아지, 고양이, 오리, 개구리 울음소리로 되어 있어, 원하는 대로 설정할 수 있다. 당신은 병원에서 검사 받는 일이 내키지 않지만, 검사가 끝나면 치료견을 만나러 갈 수 있다. 털이 복슬복슬하고 사람을 잘 따르는 강아지다. 의사는 처방전을 줄 때 병원에서 제공하는 하이킹 프로그램을 이용할 수 있는 입장권도 함께 건넨다. 병원 벽에는 병원에서 치료받고 완치한 아이들 사진을 붙인 커다란 게시판이 있다. 간호사는 당신에게 다음에 오면 패널에 당신 사진도 붙여주겠다고 말한다.

아마도 이런 모습은 딴 세상 이야기처럼 들릴 것이다. 아이들은 컴퓨터게임이나 슈퍼 히어로, 아이돌 가수, 스포츠 스타, 스마트폰을 더 원하지 않을까?

하지만 치료에는 어느 곳이 더 좋을까? 어디에서 더 빠른 회복을 기대할 수 있을까? 우리는 그것을 어떻게 알아낼 수 있을까?

우리는 이 책 전반에 걸쳐 인간의 보상체계가 어떻게 작동하는지, 인간의 어떤 행동이 환경에 가장 큰 영향을 미치는지, 행동 변화의 기본 원리는 무엇인지 알아봤다. 바이오필리아의 여러 증거를 평가했고, 자연이 인간의 건강 회복, 치료, 학습에 미치는 효과를 살펴봤다. 환경에 유익한 행동 변화를 이루려면 오랜 습관을 바꿀 만한 보상이 필요하다는 사실을 알았고, 이차적 보상을 제공해서 환경문제를 직접 드러내지 않고도 부드럽게 행동 변화를 유도할 수 있다는 점도 알았다. 또한 거시, 중시, 미시 수준에서 우리에게 필요한 행동 변화가 무엇인지 짚어봤고, 우리가 물려받은 의사결정 기관으로 오늘날 환경문제를 해결하기가 얼마나 어렵고 힘든 일인지 깨달았다. 한 가지 접근법으로는 거대한 도전이자 고약한 난제인 환경문제를 해결할 수 없다는 점과 모두의 노력과 실천이 필요하다는 사실도 알았다. 이제 이런 원리를 어떻게 현실에 적용할지 고민할 차례다. 만약 우리가 새로운 '친환경 어린이병원' 형태로 친환경적 행동의 장점을 활용할 수 있다면 어떤 이득이 생기고, 어떤 교훈을 얻을 수 있을까?

미국 의료산업은 미국 전체 국내총생산GDP의 18퍼센트를 차지할 만큼 비중이 크다. 공중보건의 목표는 사람들 건강과 행복을 최우선으로 생각하며, 사망·질병·장애 발생률을 낮추고, 질병과 장애로 밀려드는 정신적, 신체적 고통을 줄이는 데 있다. 의료계 종사자들은 일반적으로 사람들 건강을 위협하는 증상을 해결하고, 사람들 삶을 더 나아지게 도우며 커다란 보람을 느낀다. 그런 점에서 미국 의료계는 꽤 성공적인 길을 걸어왔다. 미국 의료서비스는 질병 감소, 기대수명 증가, 장애 극복, 새로운 의료기술 개발 부문 등에서 상당한 성과를 거두며 세계 최고 수준으로 평가받는다.

하지만 환경위기의 궤적을 바꾸기 위한 우리의 거대한 도전 앞에서 의료산업도 예외는 될 수 없다. 이번 장 뒷부분에서 더 자세히 다루겠지만, 의료 부문은 환경에 대단히 큰 영향을 미친다. 게다가 인구 증가가 이어지고 전 세계 사람들에게 돌아가는 공중보건 혜택도 점점 많아지면서, 의료 영역의 힘은 더욱 확대되는 추세다. 하지만 사람들 건강을 위한 단기 문제는 지구 건강을 위한 장기 사안과 충돌을 일으킨다.

친환경 어린이병원은 환경을 생각하는 행동이 우리에게 보상 가치가 있게 만드는 노력을 뒷받침하는 여러 원리를 의료 분야에 적용해서 어떤 효과와 한계가 있는지 알아보기 위한 시범사례로 나온 아이디어였다. 깨끗한 지구를 위한 변화의 노력에 의료 분야가 동참하는 것은 당연한 일이지만, '어린이병원'과 '환경문제' 사이에 어떤 관련이 있는지는 대다수 사람에게 직관적으로 잘 와닿지 않는다. 바로 그 점이 문제였다. 우리의 고유한 사명은 아이들을 돕는 일인데도, 우리는 대체로 환경문제나 기후변화를 우리와 상관없는 일로 여겨왔다. 우리는 모든 아이의 미래라는 더 큰 맥락에서 아이들을 바라보기보다 우리 눈앞에 있는 한 아이에게 집중하고, 그 아이를 살리기 위해 우리가 쓸 수 있는 자원을 최대한 이용하는 자세를 우리 의무로 여긴다. 학술의학 전문가들은 대개 의학을 연구하며 이런 딜레마에서 벗어나려고 한다. 그렇게 해서 현재 자신이 치료하는 단지 몇몇 아이가 아니라 더 많은 아이의 생명을 살리는 일에 작게나마 공헌하려고 노력한다. 하지만 기후 문제는 의료계 종사자 대부분에게 초미의 관심사가 아니었다. 우리 눈앞의 과제와 너무 동떨어진 주제로 보이기 때문이다. 그렇다면 아이들 미래에 영향을 미칠 지구의 건강과 현재 우리 일의 관련성을 더욱 명확히 드러나도록 만들어보면 어떨까?

환경문제와 공중보건의 관련성은 특히 공기오염, 수질오염, 먹거리 오염 문제와 연결 지으면 완전히 새로운 주제는 아니다. 하지만 기후변화와 공중보건의 직접 인과관계가 강조되기 시작한 건 비교적 최근 일이다. 특히 기후변화는 오늘날 청소년과 아이들에게 가장 부담 되는 일이기에, 소아청소년과 의료단체들은 지구온난화가 공중보건에 미치는 영향을 두고 가장 먼저 우려하는 목소리를 냈다. 특히 미국 소아과학회는 2015년 학술지 〈소아과학 Pediatrics〉에 지구온난화와 공중보건의 관련성을 명확하게 언급하는 정책성명을 발표했다.

> 기후변화는 사람들의 건강과 안전을 위협하며, 특히 아동은 기후변화의 위협적 영향에 취약하다. 기후변화는 아동 건강과 관련해서 기온 상승에 따른 열 스트레스, 대기오염 질환 증가, 기상 재해가 남긴 신체적·심리적 후유증, 기후에 민감한 감염질환 증가, 취약 지역의 영양 공급과 물 수급 불안정 등의 문제를 일으킬 수 있다. 아동의 정신적, 육체적 건강을 지키는 사회 기반은 기후변화로 걷잡을 수 없이 확산하는 지역사회와 세계 불안정, 집단 이주, 갈등 증가 같은 광범위한 사안의 위협을 받고 있다. 이런 점을 고려하면, 지금 당장 실질적인 행동에 나서지 않는 태도는 모든 아이에게 부당한 일을 저지르는 처사가 될 것이다.[1]

눈앞에 있는 한 아이에게 집중하는 목표와 지구를 보호한다는 목표 사이의 긴장과 모순은 최근 수십 년간 더욱 극심해졌다. 미국 소아과학회에서 발표한 정책성명은 사실상 이 사안이 의료계에 종사하는 '우리 문제'임을 다음과 같이 분명하게 말했다.

> 에너지 생산과 소비 형태의 전환은 대혁신, 일자리 창출, 긴급하고 중대한 건강상 이점을 위한 필요이자 기회다. 소아청소년과 의사들은 이렇게 거대한 도전에 대응해서 특별히 중요한 역할을 해야 할 위치에 서 있다.

그렇다면 '친환경 어린이병원'에 담긴 우리 가치는 기후변화라는 큰 과제, 의료계 임무 전반, 환경문제를 해결하기 위해 개인과 집단 수준에서 우리가 할 수 있는 일과 어떻게 서로 맞물릴 수 있을까? 아이를 키우는 사람들은 기후변화가 성인보다 아이들에게 더 많은 영향을 미칠 거라고 생각해서 환경문제를 깊이 우려한다는 사실을 보여주는 데이터가 있다. 아마도 소아청소년과 의사, 교사, 그밖에 아이들과 관련된 일을 하는 사람들 사이에서 그런 인식이 확산했기 때문일 것이다.[2] 만약 우리가 미국 소아과학회의 시선에 동의한다면, 앞에서 논의해온 대로 기후변화 문제를 위해 우리가 개인적으로 할 수 있는 일들은 분명히 존재한다. 예를 들면 선거에서 진보다운 환경정책을 추진하는 정치인에게 표를 주고, 국회의원들에게 압력을 넣고, 투자와 제품을 선택하며 기업에 환경 책임을 묻고, 환경문제를 바라보는 신념대로 생활방식을 바꾸고, 사회정치적 움직임에 동참할 수 있다. 하지만 우리가 깨어 있는 동안 많은 시간을 보내는 직장생활에서는 어떨까? 의료계에 종사하는 우리는 직장환경 안에서 환경과 지구를 위한 긴급한 요구에 부응할 수 있을까? 이런 발상을 놓고 초점 집단에 속한 간호사와 소아청소년과 의사 들은 대부분 찬성 의사를 보였다. 그들은 모두 기후변화를 걱정하는 마음이 있었고, 개인생활은 물론 직장생활에서도 환경을 생각하는 곳에서 일하고 싶어 했다. 그들의 직장에 이런 특성이 더해지면서 그들이 간직한 보람과 자긍심이 더욱 커졌다. 환자와 보호자 들도 적극 지지했다.

1998년에 환경운동가 빌 맥키번이 말했듯이, 우리는 역사를 통틀어 기후변화와 관련해서 "끝이 다가오고 있다" "지금은 특별한 시기다"라고 떠벌리는 사람들의 말을 주의해야 하지만, 그동안 축적된 기후변화 관련 데이터를 보면 21세기 초반 몇십 년 동안 어떻게 행동하는지가 사실상 우리 미래를 결정할 것이다.[3] 만약 우리가 지금 아무런 변화도 모색하지 않는다면, 우리가 돌보는 아이들 또는 더 불우한 환경에서 살아가는 아이들이 다음 세기를 맞이할 때쯤이면 매우 힘든 상황이 펼쳐질 것이다. 그렇다면 병원 운영방식을 바꾸는 조치로 우리는 어떤 영향을 미칠 수 있을까? 나아가 그 영향은 얼마나 클까?

'친환경'은 무엇을 의미할까?

'친환경'이라는 단어는 이제 진부한 표현이 됐다. 사용 기준의 일관된 원칙도 없이 주방세제, 정화조 회사, 도시 전체를 수식하는 표현까지 어디든 쓰인다. 이제는 식료품점 판매대를 지나갈 때 '친환경', '에코', '그린'이라는 라벨이 붙지 않은 상품을 찾기가 더 어렵다. 물론 라벨을 결정하는 복잡한 프로세스는 있지만, 개인 소비자로서는 그 라벨이 정확히 무엇을 의미하는지 알 길이 없다 (던굿, 그리니즈Greenease, 비콥B Corp 등 몇몇 사이트에서 도움을 받을 수는 있다). 이들 단어가 얼마나 마구잡이로 쓰이는지, 심지어 석유회사들도 자사 활동의 일부로 유조선용 페인트 같은 제품에 '친환경' 타이틀을 얻으려고 혈안이 된다. 그래서 대중 머릿속에서 그들의 기업 목표와 그들이 자행하는 명백한 자연파괴 행위를 분리하기를 희망한다.[4]

몇몇 동료와 내가 우리 병원 안에 새로운 친환경 어린이병원을 만드는 일의 가능성을 처음 타진하던 당시에는 그 단어를 지금만큼 남발하지 않았다. 우리는 의료시설에 적용할 만한 친환경 요소 몇 가지를 염두에 두고 있었다. 우리가 이론상 생각한 병원은 몇몇 측면에서 친환경 요소를 갖춘 어린이병원이었는데, 모든 발상이 우리에게 연구문제를 제기했다. 무엇보다 환자를 돌볼 책임이 있는 병원에서 에너지 효율을 극대화하고, 소비와 낭비를 최소화하고, 위험물질을 줄이고, 바이오필리아 개념을 적용한 설계를 도입하는 일이 과연 가능할까? 만약 수준 높은 의료서비스를 지금만큼 제공하면서 이런 원리를 의료환경에서 실현할 수 있다면, 그 결과가 환경에 의미 있는 효과를 낼 수 있을까? 아니면 그만한 비용과 노력을 들일 가치가 없는 일일까? 이 프로젝트를 진행하려면, 이런 원리가 단지 마케팅 기법에 그치지 않고 의미 있는 수준의 결과를 거둬야 했다. 그러니까 개별 건물에만 적용하고 끝나는 단기성 프로젝트가 아니라 다른 의료환경에서도 모방할 수 있는 시범사례이자 연구사례가 될 수 있어야 했다. 만약 프로젝트가 환경 부문에서 적정한 성과를 낼 수 있다면, 단지 '좋은 일이니까 해야 한다.' 식이 아니라 우리 보상체계에 호소해서 사람들의 호응을 끌어낼 수 있을까? 이 점은 자체적인 반대에 부딪히거나, 환자에게 의료서비스를 제공하는 병원의 명시적 임무가 아닌 다른 일에 자원을 먼저 배분해야 하는 상황을 고려하면 특히 중요한 문제가 된다.

사람들에게 이런 시각을 불러일으키기 위해, 우리는 자연을 가까이하는 경험에 끌리는 인간의 본능적 특성인 바이오필리아를 활용해보기로 했다. 다른 건 몰라도 우리 병원이 지적 보상과 친사회적 보상은 물론 직관적 매력까지 추구하는 아름다운 건물로 인식되기를 바랐다. 공교롭게도 프로젝트를 시작하고 1년쯤 지났을 때, 다른 지역 한 대형 소아청소년과 병원에서 건물을 증축하려고 사람들이 즐겨 이용하는 병원 정원을 없애는 공사를 진행하는 바람에 지역주민들의 큰 반발을 샀다. 사람들은 어린이병원 안에 있는 평화로운 자연공간의 가치를 우리가 합리적 수준에서 예측하는 이상으로 크게 생각하는 것 같았다. 그 지역 중앙신문 한면이 정원을 없애기로 한 병원 측 결정을 반대하는 기사로 아예도배가 될 정도였다. 3장에서 살펴본 신경경제학 원리에서 알 수 있듯이, 인간의 의사결정을 좌우하는 뇌는 논리로만 작동하지 않는다.

나를 포함한 프로젝트 연구팀은 친환경 어린이병원의 실현 가능성을 조사하는 동안 재정요인, 환경 분야 효과, 환자와 병원 직원의 건강과 만족도에 미칠 영향, 보호자에게 가닿는 효과, 시범 사례로서 예상되는 실질적인 걸림돌을 알아내는 데 필요한 증거를 수집하기로 했다. 그 과정에서 우리는 프로젝트를 착수하는 데만도 보상체계와 관련된 원리(예를 들면 의사결정 담당자들에게 보상이 되는 요소는 무엇인지)를 적극 활용해야 한다는 점을 상당히 일찍 깨달았다.

증거 수집

우리는 필요한 사실관계를 확인하는 작업부터 시작했다. 만약 환경 측면에서 예상되는 그 구상의 효과가 무의미하거나 터무니없이 많은 예산이 든다면 시작하기도 힘들거니와, 프로젝트와 관련된 몇몇 관계자만 이득을 보는 마케팅 전략으로 오해받을 수도 있었다. 게다가 우리가 놓인 특수한 상황도 고려해야 했다. 당시 상급 학술종합병원으로서 모든 나이대 환자를 수용하던 시설인 우리 병원에는 소아청소년과 전용 건물이 없었다. 물론 우리 병원 소아청소년과 병동시설이 뒤떨어진다고 생각하는 소아청소년과 직원도 많았지만, 그런 한계를 뒤로 하고 우리는 훌륭한 인력자원과 우수한 의료장비를 보유한데다, 대체로 우수한 의료서비스를 제공해올 수 있었다. 소아청소년과 관계자들은 전용 병동이 생기면 의료서비스 효율을 개선하고, 직원들의 커뮤니케이션을 원활히 하고, 소아청소년과 중심으로 프로세스를 표준화하고, 불필요한 자원을 절약하고, 업무 오류를 줄이는 등 이점이 많을뿐더러 환자와 환자 보호자의 만족도에도 큰 영향을 주리라고 생각했다. 하지만 우리 병원 전체로 보면, 어린이병원만을 위한 건물을 새로 짓거나 건물 일부를 개조하기에는 더 시급한 일이 많았다. 그런데도 병원 운영진은 우리 병원이 소아청소년과 분야에서 가까운 미래에 주변의 다른 몇몇 상급 종합병원과 비교해도 손색없을 만큼 계속해서 높은 수준의 의료서비스를 제공하는 병원이 되기를 바란다는 뜻은 분명히 밝혔다. 그런 의미에서 우리는 넘어야 할 산이 많았고, '친환경' 부문은 우리 주장을 꼬이게 만들 수도, 관철하는 데 도움이 될 수도 있었다.

우리가 대답해야 할 첫 번째 질문은 환경에 책임을 다하는 병원을 만들면 그만큼 효과를 거두겠냐는 것이었다. 병원은 사람들을 건강하게 돌보는 일이 주된 임무고, 그러기 위해 많은 에너지를 쏟는다. 게다가 프로젝트 초기 단계에서 병원 관계자들에게 우리 계획을 이야기하면, 사람들은 대부분 폐기물 문제를 어떻게 할 것인지부터 떠올렸다. 병원 수술실과 치료실에서 버리는 폐기물 양은 엄청나다. 우리가 한번 쓰고 버리는 물건은 대부분 플라스틱 제품이다. 주사기, 정맥주사 약물 비닐백, 소변기, 일회용 메스핸들, 트레이, 약병 등등 손으로 꼽자면 끝도 없다. 바다에 떠도는 수많은 쓰레기처럼, 병원에서 나오는 폐기물도 대부분 플라스틱이다.

우리가 폐기물 문제를 먼저 떠올리는 행동은 앞서 살펴본 뇌의 특성과 관련 있다. 우리는 직접 볼 수 있는 실체에 더 집중하는 경향이 있기 때문이다. 하지만 병원을 운영하다 보면 다른 요소가 탄소발자국에 훨씬 더 큰 영향을 미친다. 예를 들어 건물 냉난방 장치나 의료장비를 돌리는 데 화석연료는 얼마나 들까? 우리가 병원에서 쓰는 각종 물건, 우리가 처방하는 수많은 약물, 환자 치료를 위해 우리가 기대는 그 모든 장비의 수명주기는 또 어떤가? 우리는 과연 환자 돌봄을 최우선으로 생각해야 하는 우리 임무를 방해받지 않고 이런 문제를 개선할 방법을 찾을 수 있을까?

알려진 대로 환경비용은 환경문제에서 절대 무시할 수 있는 수준이 아니다. 특히 미국은 GDP에서 차지하는 의료산업의 비율이 세계에서 가장 높은 나라일 것이다. 이렇게 높은 수치는 다양한 요인과 얽히며, 숱한 연구의 주제가 됐다. 미국 의료산업 규모가 끼친 영향을 한 가지 들자면, 누군가는 '좋은 일'을 하는 곳으로 여기는 의료 분야가 역사적으로 탄소 배출량이 가장 많은 나라인 미국의 탄소 부하를 증가시킨 책임이 만만찮다는 점이다. 그래서 우리는 의료계 전반에 걸쳐, 더 구체적으로 말하면 병원이 에너지, 폐기물, 독성물질과 관련해서 환경에 어떤 영향을 미치는지, 나아가 병원이 이런 우려와 환경에 영향을 미치는 다른 중요한 요인을 분석할 실험실 역할을 할 방법이 있는지 자세히 살펴볼 필요가 있었다.

병원에서 사용하는 에너지는 환경에 얼마나 영향을 미칠까?

의료산업이 탄소 배출량과 다른 환경 스트레스에 미치는 영향은 다양한 방법으로 연구됐다. 상품이 환경에 끼치는 영향을 확인하는 방법 한 가지는 '수명주기를 분석하는 것'이다. 우리는 6장에서 연구자들이 소비자의 다양한 선택에 담긴 영향을 계산할 때이 개념을 처음 만났다. 수명주기 분석에는 특정 프로세스에 들어가는 모든 요인이 연구 대상이다. 예를 들어 소파 한 점을 새로 만든다면 다음과 같은 문제가 모두 연구 대상이 된다. 소파용 목재는 어디에서 공급할까? 목재 나무는 어디에서 자랄까? 나무를 베어낸 만큼 다시 심을까? 이 부분은 목재로 쓰려고 나무를 베어내고, 길을 만들고, 창고를 짓는 과정에서 탄소 순환의 균형을 깨뜨리지 않고 계속해서 탄소를 흡수하고 저장할 식생 구성을 유지하는 데 중요한 문제다. 베어낸 목재는 가구 공장으로 어떻게 운송할까? 그 과정에서 연료는 얼마나 필요할까? 소파 제작에 들어가는 천, 발포 고무, 스프링은 어떤가? 제조 과정에는 어떤 에너지를 사용할까? 원재료에서 완성품에 이르는 공정 단계마다 어떤 독성물질을 배출할까? 휘발성 유기화합물을 내뿜는 재료나 물질은 없을까? 소파 사용 수명은 어느 정도로 예상될까? 사용 수명이 다한소파는 어떻게 처리할까? 땅에 매립한다면 땅을 오염하는 물질을 배출하지 않을까? 이렇게 상품의 원재료 채취부터 폐기 단계까지환경과 관련된 모든 영향을 분석하는 방식을 '요람에서 무덤까지 cradle-to-grave' 평가라고 하며, 특정 상품이나 산업 전반의 환경영향을 비교하는 데 활용한다.

2009년에 시카고대학교 한 연구진은 〈미국의학협회저널〉에의료 분야에서 나오는 온실가스가 미국 전체 온실가스 배출량의 8퍼센트를 차지한다는 연구 결과를 발표했다.[5] 그들은 이 계산에 수명주기 분석 방식을 활용했으며, 의료기관에서 구매한 모든 상품이 상품 공급자가 배출하는 온실가스(간접 영향)와 의료기관이 배출하는 온실가스(직접 영향)에 미치는 영향을 모두 분석했다. 그리고 산업 간 비교를 위해, 그 결과를 이산화탄소 환산량의 백만 톤 단위로 환산했다. 흥미롭게도 의료 부문 지구온난화 지수의 약 80퍼센트는 이산화탄소 배출 때문이었고, 의료 부문이 배출하는 이산화탄소 환산량의 절반은 의료 부문 내부에서 돌아가는 직접 활동에서 발생했다. 의료 부문 하위 범주에서는 병원에서 배출하는 이산화탄소 환산량이 의료 부문 전체 이산화탄소 환산량의 40퍼센트에 달해, 단일 범주로는 최대였다. 또 다른 연구진도 의료 부문에서 10년간 지출한 내역을 조사하고 비슷한 결과를 얻었다. 그들은 미국 전체 산성비의 12퍼센트, 온실가스, 스모그, 기타 대기오염의 10퍼센트, 그밖에 다른 독성물질의 상당한 비중을 의료 부문 책임으로 판단했다.[6] 이 수치는 시간이 지날수록 점점 증가했다. 첫 번째 연구처럼 단일 하위 범주로는 병원이 가장 큰 비중을 차지했고, 가장 큰 활동으로는 에너지 사용이 그러했다.

의료산업은 사람들 건강과 직결된 영역이다. 그렇다면 의료산업에서 배출하는 온실가스와 독성물질은 건강 자체에 어떤 영향을 미칠까? 연구자들은 건강에 미치는 다양한 원인의 영향을 비교하기 위해, 사망과 장애의 특정 원인 부담을 측정하는 개념인 장애보정생존연수disability-adjusted life year 지표를 주로 사용한다. 온실가스와 독성물질이 건강에 미치는 영향은 미국에서 해마다 수만 명을 죽음에 이르게 하는 의료과실만큼 건강에 큰 영향을 미치는 것으로 계산됐다.[7] 따라서 병원과 관련된 직간접 탄소 배출량을 줄이는 조치는 환경과 얽힌 상황 전반은 물론 사람들 건강에도 상당한 영향을 미칠 수 있는 목표가 될 것이다.

의료폐기물은 환경에 얼마나 영향을 미칠까?

병원에서 배출하는 폐기물은 연간 약 500만 톤에 달한다. 하루로 따지면 약 6600톤, 병실 침대 한 대 기준으로 약 13킬로그램을 배출한다.[8] 택배로 물건을 받을 때 겹겹이 쌓인 포장지를 뜯으며 불편함을 느낀 적이 있다면 병원은 그 강도가 훨씬 심하다고 생각하면 된다. 왜 그럴까? 병원에서 사용하는 물건은 거의 새 제품이고, 한 사람만을 위해 쓰기 때문이다. 모든 제품은 멸균 처리해서 불침투성 플라스틱과 그밖에 썩지 않는 다른 합성 포장재로 겹겹이 둘러싼다. 약병, 주사기, 정맥주사선, 환자용 간이변기, 신원 확인용 팔찌, 붕대 등 병원에서 사용하는 수많은 의약품 포장재는 모두 폐기물로 버린다. 심지어 수술실에서 나오는 폐기물은 더 많은 포장과 멸균 처리와 일회용 제품 때문에 병원 전체 폐기물의 4분의 1을 차지한다. 음식쓰레기, 유독성 폐기물, 게다가 사용할 수 없어 버려야 하는 약의 양도 엄청나다. 그래서 병원 예산의 상당 부분이 폐기물 처리비로 들어간다.[9]

그런데 병원에서 나오는 폐기물을 더 잘 처리할 방법이 있고, 병원 운영비도 줄일 수 있다.[10] 다만, 동기부여가 어렵고 직원들의 오랜 습관도 바꾸기 쉽지 않다. 수술실에서 나오는 폐기물은 거의 무조건 의료폐기물 전용 쓰레기통인 '레드 백red bag'에 버리는데, 폐기물 대부분이 전혀 위험하지 않고 상당량은 창의력을 조금만 발휘하면 순환경제 원리에 따라 재활용할 수 있다. 게다가 의료폐기물 처리비는 일반 폐기물의 거의 10배를 넘는다.[11] 실제로 직원들을 대상으로 폐기물 분류 교육(또는 넛지전략)을 꼼꼼하게 진행한 병원은 상당한 비용을 절감하고 있다.[12]

병원에는 적절한 폐기물 분류로 절감하는 비용 부문이 가장 큰 동기가 될 테고, 직원들은 비용 효과를 직접 느끼지는 못하지만 자신이 해야 할 일을 한다는 점에서 뿌듯함을 느낄 만하다. 하지만 수술실에서는 신속하고 원활한 일처리가 무엇보다 중요하다. 수술실에서 지금보다 더 정확하게 폐기물을 분류하려면 의사, 간호사, 일반 직원이 물품 포장을 벗길 때마다(수술실에서는 거의 매 순간 누군가는 이 작업을 하므로) 폐기물을 어디에 버려야 하는지, 재활용 목록에 있는 쓰레기인지 일반쓰레기인지, 아니면 지정된 의료폐기물인지 등을 생각해야 한다. 물론 병원에서 일하는 직원들은 기본적으로 이타심이 있지만, 재활용은 그들이 서명한 근로계약서에 포함된 업무가 아니다. 비용 절감 논리로도 재활용은 직원들 일과 조금 동떨어져 보일 수 있다. 그동안 살펴봤듯이 습관을 바꿔보려고 해도 특히 그 동기가 나와 멀찍이 있고, 내가 경험할 수 없는데다 내가 모르는 누군가에게서 전달되고, 나에게 직접 이득이 없으면 실천하기 어렵다. 게다가 인지적으로나 신체적으로 내가 하는 일들에 무언가 추가된다면 누구나 귀찮은 법이다. 7장과 8장에서 살펴본 행동 변화 전략을 고려하면, 다음 같은 방법이 더 효과적일 수 있다. 폐기물 분류 작업을 담당하는 수술실 직원들의 경쟁심을 부추겨서 보너스를 제공하는 방법, 또는 병원 측이 프로세스 개선에 더 투자하고 사람들에게 우수한 평가를 받는 동료들로 팀을 구성해서 폐기물을 더 원활하게 분류하는 아이디어를 찾는 방법, 또는 환경에 이로운 일을 그들 임무에 포함하고 긍지를 느끼게 하는 방법. 이런 전략을 어떻게 활용하고, 그 결과로 비용 절감 효과를 얼마나 거둘지는 친환경 어린이병원 프로젝트의 연구과제가 될 것이다. 일단 답을 찾으면 병원 전체로 확대해서 적용할 테고, 그러면 비용 절감 효과가 더욱 커질뿐더러 폐기물 매립공간도 축소할 수 있을 것이다.

더 복잡한 일이기는 하지만, 아예 폐기물 자체를 덜어내려면 병원에 납품하는 공급업자들과 협력해서 포장재만이라도 줄여볼 수 있을 것이다. 물론 그들에게도 작업 프로세스를 바꿀 인센티브가 있어야 할 테고, 그들에게 금전 피해가 돌아가도록 해서는 안 될 것이다. '프랙티스 그린헬스Practice GreenHealth'나 공동구매 단체에 가입해서 구매 결정에 영향력을 발휘하는 일도 수명주기를 분석하는 접근방식의 효과를 높일 수 있다.

친환경 건물, 실내 공기 질, 건강

집에 새 가구를 들이고 나서 불쾌한 냄새로 머리가 지끈거리는 경험을 해본 적 있는가? 새 카펫을 깔고 나서 눈이 따끔거리고 충혈된 경험은? 일반적으로 다양한 실내 가구와 소품 표면에는 휘발성 유기화합물이 들어 있다. '휘발성'이라는 말은 물질이 공기 중에 퍼져서 우리가 호흡할 때 우리 몸으로 들어와 나쁜 영향을 줄 수 있다는 의미다. 신체 조직이나 시체 보존에 쓰는 포름알데히드도 휘발성 유기화합물이다. 용제, 세정액, 방향제, 건축 자재, 접착제, 드라이클리닝 약품, 방염제, 방부제, 얼룩 방지 코팅제, 잉크 용액, 각종 사무용품에도 휘발성 유기화합물이 들어간다.[13] 유리섬유나 석고 벽면에서 떨어지는 미세한 파편 또한 인체로 흡입될 수 있다. 통풍관이나 습한 환경은 곰팡이와 세균 같은 미생물이 번식하기 쉽다. 이처럼 우리가 생활하는 건물에는 호흡기 질병, 감염, 암 등 질환을 일으킬 수 있는 해로운 물질이 많다.

실내 공기 질은 인간의 주거환경과 과학기술이 바뀌어가는 과정에서 함께 변화해왔다. 수십 년 전에는 사람들의 주거공간이 공기가 통하지 않는 밀폐된 구조가 아니었다. 천막이나 오두막 같은 주거공간에는 외부 공기가 실내로 들어오거나 실내에서 발생하는 연기가 밖으로 빠져나갈 틈이 많았다. 나무나 돌로 지은 집에도 지붕, 창문, 출입문 주위로 그런 틈이 많았다. 외풍이 심한 옛날 집에서 살아본 사람이라면 잘 알 것이다. 그러다가 1970~1980년에 급격한 유가 상승으로 에너지 보존이 중요한 이슈로 부각하면서, 사무실 건물과 주거공간을 더 빈틈없이 밀폐된 환경으로 설계하는 건축 관행이 굳어졌다. 이런 관행은 건물의 공기 순환율을 낮추는 결과로 이어졌고, 냉난방에서 발생하는 에너지 낭비를 줄이는 효과를 가져왔다.

그후 사무실 직원들 사이에서 특정 증상을 호소하는 현상이 나타나기 시작했다. 대부분 두통, 피로감, 집중력 저하, 눈 충혈,

목 따가움, 기침, 피부 건조, 피부 발진에 시달렸고, 불쾌한 냄새가 난다는 사람도 종종 있었다.[14] 이런 현상을 가리켜 '건물증후군'이라는 용어가 생겼고, 관련 연구와 규제가 줄을 이었다. 실내환경에서 다양한 유해물질의 발생 농도를 제한하는 각종 국내 표준과 국제 표준도 잇따라 나왔다.[15] 병원에서는 지짐술 과정에서 발생하는 연기, 의료 헬기가 이착륙할 때 이는 매연, 실험용 쥐 우리에서 풍기는 악취, 배양접시 세균, 포름알데히드, 마취가스 등의 문제가 제기됐는데, 이를 건물증후군의 하위 범주인 '병원증후군'이라 부른다.[16]

정부는 이런 현상을 개선하기 위해 건물증후군을 일으키지 않고 에너지 효율을 높이는 새로운 건축 기준과 인증제도를 마련했다. 공공건물에서 흡연을 금지했고, 미국 그린빌딩협의회 '에너지 및 환경 디자인 리더십 인증Leadership in Energy and Environmental Design, LEED'이나 미국 냉난방공조학회 건축 설계 표준을 더욱 폭넓게 적용했다. 실내 공기 질을 개선하는 이런 전략의 핵심은 위험물질로 된 재료의 사용을 줄이거나 제한하는 방법과 환기율을 높이는 방법을 동시에 실현하는 데 있다.[17]

하지만 지구 자체에 존재하는 다양한 물질 중에는 우리가 특별히 위험하다고 인식할 수는 없지만 해로운 결과를 가져올 수 있는 물질도 있다. 예를 들면 이산화탄소 농도가 높은 환경은 사람을 나른하게 만들 수 있고, 이산화탄소와 동일한 원자로 구성된 일산화탄소는 인간에게 매우 치명적일 수 있다. 좁은 공간에 많은 사람이 모이는 비행기, 엘리베이터, 회의장처럼 휘발성 유기화합물과 이산화탄소 농도가 높은 환경에서는 인지기능도 떨어질 수 있다. 한 연구진은 건물 내부의 실내 공기 질을 조작하는 실험을 설계했다. 실험 대상자는 해당 건물에서 일하는 사무실 직원들이었고, 사전에 동의를 받은 상태에서 통제 집단은 여느 공기 성분으로 된 환경에서 일상 업무를 보게 했고, 나머지 절반인 실험 집단은 이산화탄소나 휘발성 유기화합물 농도가 낮은 환경에서 일상 업무를 처리하게 했다. 일과가 끝난 뒤에는 일상에서 일어나는 직업적 인지 수준, 의사결정, 오류 등을 측정하는 인지기능 테스트를 받게 했다. 결과는 어땠을까? 이산화탄소나 휘발성 유기화합물 농도가 친환경 건축물 인증에서 요구하는 기준만큼 낮은, 그러니까 더 건강한 환경에서 일한 직원들은 그런 물질 농도가 더 높은 일반 환경에서 일한 직원들보다 점수가 2배 넘게 높았다.[18] 결론을 말하자면 건물 환경을 공기 질이 개선되는 친환경 방식에 가깝게 구성할수록 사람들 건강에 유익할뿐더러 생산성을 향상하는 뜻밖의 소득도 있다. 직원의 병가와 생산성은 기업 영업비를 구성하는 주요 요인이므로, 이런 데이터는 친환경 건축 설계에 들인 투자비를 회수할 수 있는 경제효과를 입증한다.

어린이병원이라는 특정 맥락에서 보면, 병원 설계를 친환경 방식으로 전환했을 때 병원 직원과 환자 모두 건강지표와 경제지표에서 높은 점수를 냈다.[19] 직원과 환자 보호자의 만족도가 증가했고, 직원 이직률과 병가가 줄어들었으며, 환자의 감염 발생률과 사망률도 낮아졌다. 이런 결과는 변화를 부르는 강력한 인센티브가 된다.

먹을거리, 건강, 환경

내가 예전에 재직한 어린이병원에는 프랜차이즈 햄버거 가게가 로비 정중앙에 있었다. 직원들 말로는 그 지역에서 가장 장사가 잘되는 매장이라고 했다. 무엇보다 아이들이 그 햄버거를 좋아해서 부모들은 대기실이나 엑스레이 촬영실에서 아이들이 얌전히 있는 대가로 햄버거를 사주곤 했다. 게다가 감자튀김의 고소한 향은 병원 특유의 냄새를 가릴 만큼 강력했다. 수술팀은 수술에 들어가기 전에 얼른 먹고 올 수 있어서 자주 이용했다. 나중에 방사선 전문의들이 그 병원에서 치료받은 몇몇 아이의 복부 영상에서 이상한 점을 발견했는데, 석회화된 뼛조각 부스러기가 원인으로 지목됐고, 병원에 있는 프랜차이즈 매장 햄버거가 문제였던 것으로 조사됐다.

그뒤로 상황은 조금 달라졌다. 앞서 살펴봤듯이 농업과 과다한 토지 이용은 기후변화의 주요인이며, 미국인의 일반적인 식습관 또한 건강문제의 주범으로 지목된다. 연구자들은 붉은 육류 생산이 환경오염과 밀접한 관련이 있다는 증거를 계속 찾아낸다.[20] 대체로 지구에 해롭지 않은 음식이 인간 건강에도 해를 끼치지 않는다. 식물 위주 식단이 우리 몸에는 더 좋다. 농약이나 화학비료를 최소화한 로컬푸드가 대표적이다.[21] 아직 그 병원 근처에 패스트푸드 햄버거 매장이 있을 수는 있지만, 적어도 로비 안에는 없다.

병원은 당연히 환자와 환자 가족, 병원 직원들의 건강을 가장 중요하게 생각하기에 건강한 음식을 제공하는 데도 신경을 많이 쓴다. 그래서 병원 영양사들이 영양 균형을 고려해서 신중하게 식단을 짜지만, 환경까지 고려하기는 쉽지 않다. 이런 흐름에도 최근 친환경 경영을 후원하는 단체들의 영향으로 변화의 바람이 분다. 의료 분야 지속 가능성을 지원하는 국제 비영리단체인 '프랙티스 그린헬스'는 환경을 고려한 영양 공급의 구체적 지침을 제공하고, 동시에 대량구매에서 발생하는 공동구매 선택권을 확대하는 데도 힘을 쏟는다.[22] 현재 미국 병원 5700여 곳 중 1000곳 이상이 건강하고 지속 가능한 식단을 구성하는 노력에 동참하며, 학교나 병원처럼 단체급식을 제공하는 기관들의 구매력을 결합해서 지속 가능한 식자재를 공급받으려고 노력한다.[23] 하지만 학교처럼 집단생활이 의무인 곳에서는 특정 음식이 인기 없으면 그냥 버려지기 일쑤여서, 지속 가능성을 위한 노력과 충돌할 수 있다. 병원 급식서비스는 사정이 더 복잡하다. 사람 입맛은 잘 바뀌지 않는데, 병원에 있는 환자들은 더욱이 그렇다. 새로운 것에 수월하게 적응할 수 있는 상태가 아니어서다. 흰 빵을 즐겨 먹던 사람이 병원에 누워서 느닷없이 통밀빵을 반기기는 쉽지 않다. 피자를 좋아하던 사람이 병원에 입원해서 퀴노아를 곁들인 양배추 비트 샐러드에 열렬히 빠져들기는 어렵다. 몸이 아플 때는 새로운 것을 시도하기에 좋은 상황이 아니다. 그래서 위안을 주는 음식이라는 말도 있지 않은가? 3장에서 언급한 쥐 실험에서 살펴봤듯이 뇌는 스트레스를 받는 환경에서는 새로움보다 익숙함을 선호한다. 병원에 있는 사람들은 대개 긴장한 채 바쁘게 움직여야 하기에, 이 원리는 외래환자나 환자 보호자에게도 똑같이 적용할 수 있다.

병원 직원들은 사정이 조금 다를 수 있다. 그들은 일반인보다 영양 지식이 풍부하므로 더 건강한 식단을 선택할 수 있는 직장환경을 환영할 법하다(그 식단이 맛도 좋고, 모양이 그렇게 이상하지 않고, 빠르고 편리하게 이용할 수 있고, 가격이 지나치게 비싸지 않다면 말이다). 그렇다면 환경문제는 어떨까? 환경도 식단을 선택할 때 중요한 고려 대상이 될 수 있을까? 그럴 수도 있지만, 논리상 건강을 더 우선으로 챙길 가능성이 크다. 따라서 현지 생산이나 협동조합에서 제공하는 가격 경쟁력이라든지 홍보 목적 같은 외적 동기가 있지 않으면, 환경을 고려한 식단이 최종 구매로 이어지기는 쉽지 않을 것이다. 단체급식과 환경 관련 연구활동은 아직 초기 단계고, 연구자들이 건강·보건·음식이 일으킬 수 있는 다양한 시너지를 알아내기 위해 노력하고 있지만, 중요한 것은 사람들이 적당한 가격에 이용할 수 있고, 쓰레기로 버리지 않을 만큼 맛있게 먹을 수 있는 음식이어야 한다는 점이다. 우리는 친환경 어린이병원 프로젝트에서 이 주제도 연구해보고 싶었다.

친환경 건물에 드는 비용에서 고려해야 할 점은?

건물을 짓는 데 들어가는 비용은 첫 단계일 뿐이다. 시간이 갈수록 중요해지는 부분은 계속되는 운영비다. 우리는 소아청소년과 진료가 다른 진료 과목에 비해 이윤이 적다는 사실을 이미 알고 있었다(이 내용은 나중에 더 자세히 이야기해보겠다). 그렇다면 우리가 생각하는 병원 같은 건물을 운영하는 데는 무엇이 필요할까? 이와 관련해 우리는 어떤 사실을 고려해야 할까?

친환경 건물 계획을 처음 추진할 당시, 우리는 단열기능이 우수하고, 에너지 효율이 높고, 어쩌면 태양열 같은 대체에너지도 이용하는 건물을 지으려면 여느 건물에 비해 초기 투자비가 상당하리라는 점을 충분히 예상할 수 있었다. 대신 에너지를 절약해서 오래 걸리더라도 건물주가 초기 투자비를 회수할 수 있기를 희망했다. 하지만 회수기간이 못해도 수십 년은 걸릴 것이다. 정치 분야도 마찬가지이지만, 만약 당신이 기관에서 투자 결정을 내려야 하는 책임자라면, 당신 재직기간에 투자 대비 이득이 적은 투자 결정을 놓고 투자가치를 느끼지 못할 확률이 높다. 나중에 투자금을 회수할 수 있다고 해도, 미래 일이라 내가 뿌린 씨앗을 다른 누군가가 거둔다면 그 투자에서 얻는 보상이 없다고 느낄 가능성이 크다. 이사회는 이론상 가능한 수십 년 뒤 대차대조표가 아닌 현재 대차대조표를 기준으로 당신 성과를 판단할 테니 말이다. 인간은 장기 결과보다 단기 성과로 판단하는 데 훨씬 능숙하다. 뇌가 작동하는 방식이 그렇다.

지난 20여 년간 건축술과 건축철학에서 새로운 움직임이 일기 시작했다. 흥미롭게도 그 물결은 의료계에서 일어난 유사한 움직임과 관련 있다. 의료 분야에서 한 질환을 어떻게 치료할지는 역사적으로 의사 개개인의 경험에 달렸었다. 그러다가 전자 건강 기록과 보험 및 행정 데이터베이스 이용이 증가하고 자료를 분석할 수 있는 계산도구가 발달하면서 과거보다 더 객관적이고 신뢰할 수 있는 '빅 데이터' 활용도가 높아졌고, 연구자들은 과거와 달리 수많은 환자를 대상으로 어떤 치료법이 가장 효과적이었는지 들여다볼 새로운 기회를 얻었다. 이런 접근방식을 '근거중심의학

evidence-based medicine'이라고 하는데, 찬반 논란은 있지만, 치료법을 결정하고 결과를 추적하고 심지어 배상문제를 판단할 때도 활용하면서 의료계에서 확대되는 추세다.

비슷한 맥락에서 건축 분야에는 '근거중심설계evidence-based design'라는 개념이 등장했다. 간단히 말하면 건축가나 병원 관계자는 막연하게 친환경 설계가 직원의 생산성을 높이고, 에너지 소비를 줄여 운영비를 절감하고, 독성물질을 적게 배출한다고 설명하지 않고, 필요한 증거를 수집해서 건축을 둘러싼 의사결정을 내리는 사람들에게 영향을 미칠 수 있다. 4장에서 살펴봤듯이 벽돌 전망을 쳐다본 환자보다 나무 전경을 바라본 환자의 회복이 빨랐다는 로저 울리히의 연구 결과는 친환경 병원을 설계하면 치료 결과에(따라서 입원비가 얼마나 들지에) 영향을 미칠 수 있다는 사실을 증명한 첫 사례였다.[24]

2000년 한 의료기관 단체와 건축가들이 뜻을 모아 근거중심설계의 사례연구를 위해 이른바 '페블 프로젝트pebble project'를 시작했다. 그들은 병원이 더 효과적이고, 더 안전하며, 에너지를 절약하고, 비용을 절감할 수 있는 다양한 사례를 분석했다. 결국, 병원을 신축하고 개보수할 때 근거중심설계를 적용해서 건강과 환경이라는 두 마리 토끼를 잡은 사례가 있으며, 짧은 시간 안에 투자 수익률을 높일 수 있다는 강력한 증거를 보여줬다.[25]

그밖에 수많은 연구자료에 따르면 일인실 설계, 방음 재료 사용, 환기 개선, 적절한 손 세정 시설 배치, 간호사의 업무 효율과 커뮤니케이션 동선을 고려한 설계 등 근거중심설계 요소를 적용했더니, 환자와 의료진 모두 더 건강하고, 더 행복해하는 것으로 나타났다. 연구자들은 초기 투자비를 5퍼센트 더 늘리면 일 년 안에 투자금을 회수할 수 있고, 매년 그만큼 절감효과를 누릴 수 있다고 예측한다.[26] 의학 분야와 마찬가지로 건축공간은 친환경 설계의 효율성을 가늠하고 문제점을 개선하는 실험장이 될 수 있다.

그렇다면 음식비는 어떨까? 사람들은 대부분 유기농 식품과 신선식품에 책정된 프리미엄 가격을 안다. 대신 신선도와 품질에 따라붙는 그 프리미엄의 일부는 육류보다 자연식품이 대체로 더 저렴하다는 사실로 상쇄할 수 있다. 육류를 줄이고 과일과 채소를 늘리는 식단은 건강을 위한 세계보건기구WHO의 권고와 일치하며, 환경에도 더 바람직하고, 비용도 절약할 수 있다. 병원 네트워크는 의료환경에서 더 건강하고 환경에도 책임감 있는 식품을 제공하는 비용을 낮추기 위해, 전통적인 공동구매 단체와 다른 외부 단체하고 협력해서 이른바 '가치 기반 공급망values-based supply chains'을 구축해왔다.[27] 월마트 같은 대기업은 엄청난 구매력을 앞세워서 건강과 지속 가능성을 고려한 지역 식품을 재배해 달라는 구매자의 요구를 생산자가 따르게 할 발판을 제공할 수 있다. 병원 네트워크도 그보다는 작지만 여전히 힘이 있다. 하지만 이런 구조가 지역 먹을거리 운동이 최대한 가져올 수 있는 장소와 지역공동체 감각을 흐릴 수 있다고 일부 분석가는 말한다.[28] 병원이 신선한 농산물을 얻기 위해 커다란 옥상 텃밭을 만들고, 그 작물 절반은 병원에서 사용하고 나머지 절반은 지역사회에 기부한다면 그보다 더 지역적인 음식을 구하기는 힘들 것이다. 병원환경에서 사명감과 지역공동체를 위한 노력을 다하는 자세는 계획에 가치를 더하는 일일 수 있다.

　물론 근거중심설계의 경제 이득 일부는 병원 사업을 확장할 수 있는 환자 수에서 나온다. 이 말은 소아청소년과 환자가 증가하리라고 예상할 수 없는 우리의 특수한 상황을 고려하면, 현재 우리와 경쟁관계에 있는 병원에서 의료서비스를 받는 환자들을 빼돌려야 한다는 의미였다. 우리의 비즈니스 사례는 예측할 만한 근거 자료가 없어서 더 큰 어려움이 예상됐다. 우리 병원에서 소아청소년과 진료는 성인 진료보다 이윤이 적다. 말이 안 되는 소리 같지만, 공교롭게도 우리는 소아청소년과 진료를 놓고 치열하게 경쟁하는 환경에 있다. 하지만 환자 수 증가하고는 별개로 에너지 효율, 폐기물 감소, 수술실 공급 효율 개선을 분석한 연구사례는 운영비를 절감하기만 해도 투자 수익률이 매우 양호한 것으로 나타나, 점점 어려워지는 의료환경에서 의료비 부담을 줄이는데 이바지하는 방법으로 추천한다.[29] 연구자들은 친환경 의료서비스를 구축하는 병원들에 자문을 건네기 위해 다양한 지표와 항목을 개발해왔고, 이런 노력을 뒷받침하는 데이터도 점점 쌓인다.[30] 만약 우리가 계획하는 새로운 소아청소년과 병원이 더 건강하면서 더 나은 성과를 제공하고, '환자 경험'을 개선하는 새로운 기술을 보유하고, 더 아름다운 환경으로 새로운 환자와 프로그램을 끌어들이고, 운영비도 줄일 수 있다면 거기서 얻는 보상의 조합은 최고 효과를 내기 마련이다. 또한 이런 '친환경' 테마로 애팔래치아마운틴클럽 같은 단체와 우리의 기존 파트너십이 더욱 굳건해진다면, 지역주민의 평생 건강에도 이바지할 것이다. 현재 애팔래치아마운틴클럽은 소아청소년과 의료진과 협력해서 아이들이 야외에서 더 많은 시간을 보낼 수 있도록 '야외 Rx' 프로그램을 운영한다. 게다가 '살아 있는 실험실'로 기능하며 학계와 협력해온 풍부한 경험을 살리면, 우리는 우리 병원 나머지 영역과 다른 어린이병원에 각별히 기여할 수 있을 테고, 자긍심과 정체성도 드높일 것이다.

우리 프로젝트는 실내 공기 질이 우수하고, 폐기물을 더 적게 배출하고, 에너지 효율이 높고, 더 건강한 음식을 제공하며, 직원 이직률이 낮은 더 건강한 병원을 만들자고 목표를 세웠다. 이렇게 장점이 많지만, 이보다 더 중요한 작업은 친환경 특징을 갖춘 병원의 장점이 의사결정권을 쥔 병원 운영진과 사용자들에게 이론상의 미래가 아닌 현재에 매력적인 제안이 될 수 있게끔 만드는 일이었다. 우리가 살펴봤듯이 뇌는 시간상 멀리 떨어진 대상보다 지금 당장 얻을 수 있는 것의 가치를 더 잘 인식한다. 그래서 바이오필리아 원리를 실험해볼 수 있는 곳이 되어야 했다. 아름다워야 했고, 특별해야 했다. 우리는 자연과 환경 테마가 병원을 이용할 신생아부터 어린이, 청년, 그들 가족까지 치유하는 경험으로 구체화할 방법을 찾아야 했다. 당연히 지루해 보여서도 안 되고, 너무 엉뚱해 보여서도 안 됐다. 우리는 일터가 직원 업무를 존중하고, 그들을 배려하며, 그들이 전문가로서 능숙하게 처리하는 일들을 더 어렵게 꼬아버리는 이상한 프로세스를 강요하지 않는다고 느끼게 할 방법을 찾아야 했다. 중대한 의료 행위는 극도로 정밀

해야 하는 의료진의 치료 과정과 정교한 기술이 필요하며, 그 필요조건을 방해해서는 안 되기 때문이다. 그래서 우리는 미국 북부 도시 한가운데서, 그것도 기술과 에너지 비중이 높은 산업 안에서 모두에게 이익이 돌아가는 방식으로 '친환경'을 시도할 방법을 찾아야 했다. 그렇기에 이 프로젝트 자체가 큰 도전이었고, 도움이 필요했다.

프로젝트 발아 단계

나는 많은 사실을 알게 됐고, 우리 병원 소아청소년과 의료진도 최상의 의료서비스와 경쟁력을 유지하려면 새로운 의료시설이 필요하다고 확신하는 모습을 지켜보면서 여러 이해관계자를 만나 의견을 듣기 시작했다. 우리는 사람들이 다방면으로 프로젝트를 위한 결정에 영향을 미치는 변화를 결심하도록 도울 방법이 있는지, 있다면 어떤 방식이어야 할지 알아야 했다. 우리가 고려해야 할 대상은 병원 운영진, 전공별 학과장, 임상의와 간호사, 환자, 지역주민이었다. 사람들은 프로젝트 이야기를 들으면, 대부분 처음에는 병원을 어떻게 친환경 공간으로 만든다는 말인지, 어린이병원과 친환경이 어떻게 맞물릴 수 있다는 건지 고개를 갸우뚱했다. 하지만 일부 핵심 관계자는 프로젝트가 실행 단계에 들어갈 수 있도록 응원과 격려도 보내줬다. 심지어 한 전공과장은 우리 프로젝트 이야기를 듣고 이렇게 말했다. "자네 정치관에는 동의할 수 없지만, 마케팅 전략으로는 아주 훌륭해!" 그렇다면 그에게는 우리 프로젝트가 '꿀벌전략'이 되는 셈이었다. 즉, 환경 목표를 중요하게 생각하지 않는 사람도 독특한 형태의 새로운 소아청소년과 시설이라는 구상은 지지할 수 있었다.

병원 운영진이 프로젝트 초기 단계에 존 메서비John Messervy를 만나보라고 권유했는데, 우리에게는 아주 소중한 조언이었다. 존은 우리 병원이 소속된 대학병원 네트워크에서 거래하는 회사인 '캐피털 앤드 퍼실리티 플래닝Capital and Facility Planning' 책임자였다. 병원 건축 분야에서 경험이 풍부하고 능력을 인정받는 인물이었고, 우리 병원 네트워크의 모든 프로젝트와 얼마간 인연이 있었다. 나는 그를 만나기 전에 최소한 예의를 갖추려고 잠깐 그의 뒷조사를 했다(나중에 보니 부실하기 짝이 없는 조사였지만 말이다). 그러던 중 그의 동료이자 수석 건축가인 휴버트 머레이Hubert Murray도 나를 만나보려 한다는 소식을 듣고 약간 의아했다. 나는 떨리는 마음을 안고 그의 사무실 본사로 찾아갔다. 사무실은 우리 병원에서 얼마 안 되는 거리에 있었지만, 나는 처음 가보는 곳이었다. 그렇게 그들과 인사를 나누고 준비해 간 프레젠테이션을 발표했다. 친환경 어린이병원이라는 구상이 어떻게 나오게 됐고, 왜 새로운 시도가 될 수 있는지, 그만한 가치가 있는지, 나아가 그 프로젝트가 어떻게 환경에 미치는 병원의 영향을 줄이는 방법을 시도하는 시범사례가 될 수 있는지 설명했다. 또한 치유에 도움이 되는 자연요소를 병원 설계에 반영하는 일이 왜 중요한지, 우리가 계획하는 소아청소년과 병원이 어떤 점에서 특별한지, 투자 대비 효과가 얼마나 있는지, 우리가 치료하는 아이들의 미래에 실제로 제 역할을 할 수 있을지도 덧붙였다. 존은 내가 프레젠테이션하는 동안, 별다른 표정 변화 없이 가만히 듣기만 했다. 나는 그가 내 발표를 듣고 무슨 생각을 하는지 알 수 없었다. 나를 약간 정신 나간 인간으로 보는 건 아닌지, 완전히 내 능력 밖에 있는 도무지 말도 안 되는 일을 건드리려는 사람으로 보는 건 아닌지, 그래서 아까운 시간만 버렸다고 생각하는 건 아닌지 도통 알 수 없었다.

나는 발표를 마치고 그의 답변을 기다렸다. 한동안 침묵이 흘렀다. 내게는 그 시간이 몇십 분은 되는 것 같았다. 얼마 후 존이 가만히 고개를 끄덕였다. 이어서 휴버트도 반응을 보였다. 휴버트는 좀 더 적극적으로 반응했다. 존이 입을 열었다. "우리가 해야 하는 일이 바로 그겁니다. 그보다 더 많은 일을 해야 해요." 나는 내 귀를 의심했다. 내가 잘못 들었나 싶어 진짜 그렇게 생각하냐고 다시 물었고, 그가 그렇다고 대답했다. 그의 뒷조사를 좀 더 철저히 했더라면 충분히 알 수 있었겠지만, 사실 그는 병원 건축 분야에서 지속 가능한 디자인으로 이미 큰 상을 여러 차례 받은 이력이 있었다. 그 정보는 내게 엄청난 소식이 아닐 수 없었다. 앞으로 넘어야 할 산이 많았지만, 그를 알게 된 것만으로도 나는 든든한 조력자 한 사람을 얻은 듯했다.

프로젝트 팀 조직

존의 소개를 받고 우리가 찾아간 다음 사람은 '무해한 보건의료Healthcare Without Harm' 설립자이자 CEO인 게리 코헨Gary Cohen이다. 독성학 분야에서 경력을 밝기 시작한 그는 신생아집중치료실에서 쓰는 정맥주사 튜브와 비닐백에서 화학물질이 침출되는 현상을 처음 발견한 인물이다. 사실 우리 병원은 이 문제를 밝히려고 연구를 진행한 의료기관 중 하나다. 우리 네트워크에 있는 다른 한 병원도 같은 연구에 참여했는데, 그곳은 우리 병원보다 먼저 비닐백과 튜브를 다른 제품으로 바꿨고, 그뒤로 그 병원 아기들은 혈중 화학물질 농도가 낮아졌지만 우리 병원 아기들은 그대로였다. 결국, 더 안전한 재질의 튜브와 비닐백 사용이 치료 표준이 됐다. 게리는 이 사건을 계기로 의료서비스의 독성 위험을 낮추기 위해 노력하는 국제단체인 '무해한 보건의료'를 설립했다. '무해한 보건의료'는 병원들이 단체 구매 계약을 맺어서 환경 프로필을 개선하는 방법도 고안했다. 그러기 위해 게리네 전문가 팀은 앞서 언급한 그들의 부설기관인 '프랙티스 그린헬스'를 활용해서 공급업자들 제품의 환경 민감도와 독성 여부를 평가한다. 이렇게 서로 협력하는 메커니즘은 사람과 환경에 더 안전한 의료용품의 비용 장벽을 낮추는 수단을 회원 병원들에 제공했다. 게리는 바쁜 일정을 소화하면서도 우리 프로젝트를 지원하는 소중한 후원자가 됐다. 그는 찰스타운 해군 조선소 부지에 건립한 재활병원 설계를 존 메서비가 맡았는데, 바다와 맞닿은 곳에서 해수면 상승과 기후변화를 견디게끔 하는 데 중점을 뒀다고 지적하며, 우리가 제안하는 어린이병원도 그 재활병원처럼 최첨단 친환경 기술을 접목한 상징이 될 거라고 말했다.

내가 알게 된 놀라운 사실은 우리 병원뿐 아니라 의료 네트워크 전체가 프랙티스 그린헬스에서 추진하는 친환경 병원 만들기 계획에 이미 동참해왔다는 점이다. 그 계획에는 에너지 효율 증가, 폐기물 감소, 지속 가능한 지역 식품 선택 등 실천 방안이 담겼다. 하지만 병원 급식업체에서 커피, 도넛, 샌드위치를 제공할 때 사용하는 플라스틱 용기와 스티로폼 접시는 '지속 가능한' 실천으로 보기 어려웠다. 그런 의미에서 우리가 계획한 친환경 어린이병원 프로젝트는 공공시설에서 이런 원칙을 실천하는 모습을 사람들이 직관적으로 배우는 좋은 기회가 될 것 같았다.

프로젝트가 속도를 내기 시작하자 주변에서 하나둘 의견을 보탰다. 그중 하나가 건강한 건물과 친환경 설계에 관심이 많은 T. H. 챈 하버드대학교 공중보건대학원T. H. Chan Harvard School of Public Health 연구진을 만나보라는 조언이었다. 거기서 내가 알게 된 유명인 두 사람이 줄리아 아프리카Julia Africa와 조지프 앨런Joseph Allen이다. 줄리아는 '자연, 건강, 건축환경Nature, Health, and the Built Environment' 프로그램을 운영했고, 이 주제를 거론할 때 널리 인용되는 최초의 저자며, 첫 만남 때 나에게 사람들은 잘 모르지만 에리히 프롬이 '바이오필리아'라는 용어를 처음 만들었다고 알려준 사람이다.[31] 친환경 설계의 이론적 근거와 역사를 둘러싼 귀중한 경험과 통찰력을 지녔고, 친환경 건축 프로젝트를 실행하는 데 가장 중요한 요소가 무엇이고 도시환경의 문제가 무엇인지를 설명해줄 실질적 지식도 갖췄다. 공간 안에서 사람들이 편안함을 느끼게 하는 효과적인 방법을 알았고, 환자가 있는 공간에 화분을 가져다놓을 때 생길 수 있는 꽃가루나 곰팡이 문제처럼 병원환경에서 발생할 수 있는 까다로운 골칫거리를 집요한 노력으로 해결한 경험이 있었다. 줄리아는 이런 지점이 어린이 환자와 환자 가족에게 왜 특별히 더 중요한 걸림돌이 될 수 있는지도 이해했다. 어린이 환자는 본인 두려움도 감당해야 할뿐더러, 부모의 걱정을 덜어주려고 애쓰느라 더 힘들어할 때가 많다고 지적했다. 그래서 자연에 둘러싸인 병원환경은 어린이 환자와 부모 마음에 안정감을 선사해 스트레스를 줄이는 데 도움이 될 수 있다. 물론 줄리아는 친환경 설계가 가져올 수 있는 현실적인 문제도 잘 알았다. 이를테면 새의 배설물은 건물을 상하게 하는 특성이 있어, 창문에 새 모이통을 달겠다는 내 발상이 문제가 될 수 있다고 알려줬다. 우리는 도시에 사는 맹금류가 병원 창밖에서 다른 새를 잡아먹는 광경을 아이들이 혹시 보고 충격을 받으면 어떡하냐며, 약간 끔찍한 농담을 주고받기도 했다. 줄리아는 이 분야와 관련된 수많은 전문가와 연구 결과를 공유하며 우리의 훌륭한 조언자가 됐다.

조지프 앨런은 하버드대학교에서 '건강한 건물 프로그램'을 운영했고, 실내 공기 질을 측정하는 다양한 방법을 종합하기 위해 복합센서를 개발했다. 실내 이산화탄소 농도처럼 단순한 문제가 직원들의 생산성에 큰 영향을 줄 수 있다는 점을 밝혀내기도 했다. 회의장이나 비행기처럼 좁은 공간에 많은 사람이 모이면 머리가 멍해지고 졸리는 증상도 연관이 있다. 그래서 공기 순환 설비에 쏟는 투자는 직원들의 인지기능과 의사결정 능력을 높여 수익 구조를 끌어올리는 결과로 이어질 수 있다. 밀폐된 공간의 실내 가구, 카펫, 재질에서 나오는 휘발성 유기화합물이나 다른 화학물질도 인지기능에 영향을 미칠 수 있다. 그가 학생들을 동원해서 알아보니, 캠퍼스 환경 곳곳에서도 그런 물질이 발견됐다. 화학물질은 인간에게 해로울 수 있으므로 병원환경에서 화학물질을 제거하려고 노력하면 환자, 환자 가족, 의료진 모두에게 유익할 것이다. 우리는 이 프로젝트에서 단지 에너지 효율을 높이고 폐기물을 줄이는 방법만이 아니라 건물 자체를 더 건강하게 유지하는 혁신 방안을 찾으려고 애썼다.

다른 중요한 파트너십은 우리 프로젝트의 공학적 도전 과제를 중심으로 형성됐다. 메리 톨리카스Mary Tolikas 박사는 당시 하버드대학교 바이오응용공학 비스연구소Wyss Institute for Biologically Inspired Engineering를 운영하는 책임자였고, 우리와 협업하며 정보와 열정을 끊임없이 제공해준 사람이다. 비스연구소의 기본 철학을 들여다보면 자연 자체가 다양한 문제를 해결하는 기술 발전의 영감으로 작용하는데, 그중 상당 부분이 의학 기술과 관련 있다. 우리는 시범사례로 두 가지 프로젝트를 브레인스토밍했다. 첫 번째는 비스연구소가 개발한 '초평탄 표면'을 활용한 과제였다. 초평탄 표면은 박테리아가 들러붙지 못할 만큼 매끈한 재질을 말한다. 병원 환경은 감염 관리가 큰 골칫거리여서, 우리는 이 재질을 감염 관리에 어떤 식으로든 유용하게 쓸 수 있지 않을지, 독성이 강한 청소세제를 줄일 수 있을지 알아보기로 했다.

비스연구소에서 다룰 또 다른 문제는 식물 관리 건이었다. 우리 병원에는 복도 창가에 화분이 줄지어 있었는데, 나중에 진드기와 곰팡이가 생겨 모두 치워버려야 했다. 2층 높이의 최신식 아트리움을 장식한 다른 식물은 바닥에서 천장까지 이어진 유리창의 강한 햇빛을 견디지 못해 말라 죽었고, 결국 플라스틱 냄새를 풍기는 인조 식물이 그 자리를 대신했다. 나는 차라리 번쩍거리는 대형 모빌이 낫겠다고 생각했다. 내가 예전에 재직한 유명한 어린이병원에서 실제로 그렇게 한 적이 있다. 원래 그 병원 로비에는 다양한 식물 화분이 놓여 있었고, 아이들이 화분 사이를 뛰어다니며 놀았다. 로비 한편에는 소원을 비는 작은 연못이 있었는데, 아이들은 카펫이 깔린 계단을 따라 그 연못에 내려가서 부모를 졸라 건네받은 동전을 던져 넣었다. 아트리움을 가득 메운 아이들의 웃음소리와 분수대에서 나오는 시원한 물소리는 지나가는 사람들의 기분까지 경쾌하게 만들었다. 병원 직원들은 그곳을 지날 때마다 절로 미소를 지었다. 하지만 그뒤 병원 측에서 보수공사를 하면서 연못과 화분을 없애버렸고, 대신 그 자리에 루브 골드버그 장치처럼 생긴 이상한 대형 모빌을 달았다. 모빌은 끊임없이 쿵쿵대는 소리를 내어 나중에는 사람들이 진저리를 쳤다. 카펫이 있던 자리에는 화강암 대리석이 깔렸다. 광택이 도는 매끈한 대리석이라 걸을 때마다 발소리가 울렸다. 우주 느낌을 내는 미래형 디자인의 그 금속 모빌은 크기도 그렇거니와 너무 높이 걸려서 그 위에 쌓인 먼지를 어떻게 치울지가 모두의 의문이었다. 시간이 지나자 진짜 먼지를 치우는 작업이 병원의 큰 숙제가 됐다.

그렇다면 병원에서는 식물을 어떻게 관리해야 할까? 우리는 온실을 만드는 자재로 유리 대신 반투명 막이 어떨지를 놓고 비스연구소 공학자들과 이야기를 나눴다. 내가 이런 생각을 하게 된 계기는 스미스대학교에서 본 온실 식물원이다. 스미스대학교 학생들은 서부 매사추세츠의 혹독한 겨울을 보내는 동안, 학교 안에 있는 따뜻한 식물원을 거닐며 힐링 타임을 즐겼다. 12월의 짧은 방학이 끝나고 봄이 오기 전까지 긴 겨울 학기를 버틸 수 있는 건 온실 식물원 덕분이라고 말하는 학생이 많았다. 만약 소리, 냄새, 습도는 통과시키되 알레르기나 민감한 반응을 일으킬 만한 물질은 차단하는 자재가 있다면, 병원에도 환자와 환자 가족을 위한 실내정원을 만들 수 있지 않을까? 비스연구소 학자들은 그 주제가 재료공학 분야의 흥미로운 연구과제가 될 것 같다며, 실내정원을 만들려는 우리 계획을 돕기로 했다.

나는 그때까지 음식문제는 깊이 생각해보지 않은 터라, 이 주제는 어떤 전문가에게 자문을 구해야 하는지 짐작도 못 하고 있었다. 하지만 방금 설명했다시피 우리가 계획한 프로젝트는 친환경 어린이병원의 시범사례가 돼야 했기에 몇 가지 일을 계기로 음식문제의 중요성을 달리 생각하게 됐다. 우선《잡식동물 분투기》,《요리를 욕망하다》그밖에 음식과 환경을 주제로 삼은 인기 도서 저자인 마이클 폴란이 나와 같은 시기에 래드클리프 고등연구소에 있으면서 내 사무실 바로 옆, 옆 사무실을 썼다. 마이클은 이 문제를 바라보는 내 의식을 높여줬고, 다음 해 그의 후임으로 온 기돈 에셀Gideon Eshel도 농업의 환경영향을 연구하는 학자였는데 마이클처럼 내게 음식문제의 중요성을 일깨워줬다. 마이클과 기돈을 포함한 이 분야 여러 전문가는 건강에도 좋고 환경에는 더 좋거니와, 무엇보다 엄청난 비용을 들이지 않고 일을 처리하는 방법이 있다는 사실을 보여줬다.

우리가 음식정보를 얻은 또 다른 출처는 프랙티스 그린헬스다. 프랙티스 그린헬스도 병원에서 건강한 음식문화가 뿌리내리도록 장려해왔고, 병원들도 이미 그런 노력에 동참했다. 나는 병원 식당에서 빨강, 노랑, 초록 점으로 식품 건강지수를 나타내는 식품 라벨을 본 적이 있다. 그렇다면 환경영향 정보를 알려주는 식품 라벨을 만들 수는 없을까?

그 무렵, 영양학 박사과정 졸업을 앞둔 한 연구원이 나를 찾아왔다. 스테이시 블론딘Stacey Blondin은 대학 식당에서 식품의 건강정보와 환경정보를 모두 제공하는 식품 라벨을 활용한 박사 후 연구 프로젝트를 계획하고 있었다. 환경정보를 제공하는 식품 라벨은 대학 캠퍼스처럼 포획된 집단이나 진보 성향이 강한 곳에서는 사람들 선택에 영향을 미칠지 모른다. 하지만 일반 대중이 이용하는 시설에서도 의미 있는 결과를 낼 수 있을까? 어떤 부모가 피자를 먹고 싶어 하는 아픈 아이에게 "안 돼. 오늘은 케일과 두부 요리를 먹어야 해!"라고 말할 수 있을까? 우리 뇌의 보상체계는 이렇게 작동하지 않으며, 부모도 마찬가지다. 하지만 우리는 이 문제를 연구해볼 수는 있었다. 부모 처지에서는 지구온난화와 식량부족 사태처럼 이론상 일어날 법한 미래 일보다 자녀가 무엇을 원하고 어떤 것이 필요한지가 더 중요한 관심사일 것이다. 하지만 병원 옥상에 텃밭이 있고, 그곳에서 아이들이 건강에 좋은 먹을거리를 직접 눈으로 보고 가꾸는 체험을 할 수 있다면 이야기는 달라지지 않을까? 환경 전문기자인 시라 스프링어Shira Springer가 〈보스턴 글로브Boston Globe)에 우리 프로젝트를 소개하며 언급했듯이 "흙장난을 싫어 할 아이가 있을까?" 보스턴메디컬센터는 이 계획을 먼저 시도해서 큰 성과를 얻었다. 그 병원 텃밭에서 기른 채소는 병원 식당뿐 아니라 지역사회에도 제공됐다. 나는 이런 정보를 우리 프로젝트에도 충분히 활용해볼 수 있을 것 같아서 스테이시의 박사 후 연구에 참여하기로 했다.

자금 조달

그 무렵, 병원 운영진은 내가 연구원 표준 급여 수준에서 일주일에 하루를 프로젝트에 할애하도록 승인했다. 프로젝트 기획회의를 위한 지원금도 약간 나왔다. 지원금으로 우리는 각 분야 전문가를 초빙해 프로젝트의 타당성을 검토하고 실행계획을 점검할 수 있었다. 이는 프로젝트가 신뢰를 얻었다는 의미였기에 우리로서는 큰 성과였다. 대형 종합병원 안에서 작은 규모의 어린이병원에 소속되면 나름 장점이 있었다. 우리는 시범사례를 만들고 싶었기에 기존 인프라와 문화 안에서 친환경을 시도할 때 모든 것을 아우르는 대규모보다 소규모로 구축하는 편이 훨씬 쉽다.

물론 실제 공사를 진행하는 승인을 얻기까지 아직 갈 길이 멀었다. 하지만 프로젝트의 타당성을 공개적으로 논의할 여건은 마련됐기에, 다음 목표는 여러 기관 운영진을 만나서 프로젝트를 위한 지원을 요청하고 필요한 데이터를 제공해줄 연구활동을 공식화하는 일이었다. 우리는 두 가지 목표를 설정하고 연구를 계획했다. 첫째, 우리는 프로젝트를 달성하기에 가장 효과적인 방식을 찾아서 성과를 공유하고 싶었고, 둘째, 우리가 생각하는 안전지대 안에서 견고하게 결과물을 쌓아올릴 수 있도록 학계에서 공인한 일반적인 방식으로 프로젝트를 이루고 싶었다. 그밖에도 병원 이사진과 재무행정 책임자를 포함한 의사결정 담당자들을 설득하기 위해 여전히 해야 할 일이 많았다. 그래서 우리는 특히 환자와 의료진의 건강에 미치는 영향, 비용 효율성, 혁신성, 지역사회가 얻는 이점, 대중의 관심, 병원 임무 전반과 역사의 연계 등에 초점을 맞췄다.

그러기 위해 하버드대학교 기후변화대응펀드Climate Change Solutions Fund에 연구 보조금을 신청했다. 기후변화대응펀드는 해마다 다양한 환경 프로젝트를 선정해서 연구비를 지원한다. 우리는 우리 프로젝트의 '실험 기능'을 강조했다. 즉, 우리는 이 프로젝트에서 다양한 환경 목표를 이룰 방법을 꾸준히 실험하며 다듬을 수 있었고, 성과를 다른 병원들과 공유하며, 우리가 다할 노력의 범위를 확대할 수 있었다. 우리 프로젝트에는 다양한 연구활동이 포함됐다. 우선, 도시환경에서 최적의 에너지 효율을 제공하는 다양한 기술(에너지 보존, 태양열, 지열, 전지 또는 이런 에너지원을 조합하는 방식)을 시험하는 연구가 있었다. 한 프로젝트에서는 조지프 앨런이 개발한 복합센서를 활용해서 존 메서비가 감독을 맡은 건축 프로젝트의 친환경 공간과 기존 공간의 실내 공기 질을 비교하는 실험을 진행했다. 또 다른 프로젝트에서는 암 연구 병동의 정원이나 일반 회의실 중 하나를 임의로 지정해서 간호사들에게 휴식시간을 주고, 그들이 느끼는 심리효과에 집중했다. 짧은 시간 동안 자연을 누리는 활동만으로도 간호사들의 스트레스 지수를 낮추고 번아웃과 이직을 줄일 수 있을까? 비스연구소 프로젝트에는 소아과 수술실에서 초평탄 표면을 검증하는 실험이 포함됐다. 수술이 끝난 뒤에 일반 스테인리스제 표면과 비교해서 박테리아 수에 차이가 있는지, 청소가 더 쉬운지, 독성이 강한 세제를 줄이는 결과로 이어지는지 확인했다. 마지막으로 스테이시 블론딘네 식품 담당 연구팀은 우리 병원 식당 중 한 곳을 지정해서 영양정보와 환경정보가 담긴 식품 라벨을 제공하는 조치가 식당 이용객의 식품 선택에 미치는 영향을 조사했다. 스테이시는 대학 식당에서도 같은 연구를 병행했다. 병원은 대학보다 더 폭넓고 다채로운 표본을 제공할 수 있으므로, 우리 병원에서 얻은 연구 결과는 식품 라벨의 효과를 더 종합해서 살펴볼 수 있는 좋은 비교군이 될 만했다.

우리는 지원금을 신청하는 과정 전반과 다양한 전공으로 구성된 우리 연구팀의 추진력과 헌신이 매우 만족스러웠다. 그러나 우리 프로젝트는 지원금 선정 최종 명단에 오르지 못했다. 초기 투자비로 보여줄 수 있는 신뢰성이 부족해서, 결국 환경 프로젝트의 오랜 과제인 투자 이익률 딜레마를 맞닥뜨릴 수밖에 없었다. 우리는 프로젝트 계획을 진행하는 단계에서 개발 책임자, 자문위원회, 선임 이사 등 다양한 운영진을 만나 가치를 제시했고, 설득력 있는 주장을 펼쳤다고 생각했다. 사람들 첫 반응은 회의적일 때가 많았지만, 프레젠테이션과 토론을 거듭할수록 많은 사람이 점차 우리 프로젝트의 의도인 아동, 미래, 의료 지원, 환경의 관련성을 이해했고, 관심을 적극 표현하기도 했다. 어떤 사람은 우리가 전달하고 싶은 메시지를 간추려서 환경위기나 의료 개혁보다 환자

진료와 건강을 위한 특별한 장점에 집중하면 좋겠다고 조언했다 (긍정 메시지가 부정 메시지보다 효과가 좋으니까). 소아청소년과 병원 확장의 필요성에 초점을 맞추라는 충고도 있었다. 우리 병원에서도 다른 소아청소년과 관계자가 소아청소년과 중심의 종합 의료시설을 추진하는 프로젝트를 시도한 적이 있지만, 아직 성공한 사례가 없었기에 굳이 그런 필요성은 언급하지 않았다. 실제로 우리 프레젠테이션을 듣고 환경을 살뜰하게 이해한 사람은 몇몇에 불과했고, 일부는 불필요한 요소라고까지 생각했다. 사람들 대부분은 우리 프로젝트가 필요한 변화라고 인식하지 못했다. 큰 이득이 없는 투자라고 판단했고, 모든 사람이 공유하는 의료 분야에서 환경문제를 다루면 그다지 설득력 있는 보상을 제공하지 못할 거라고 생각했다.

우리 프로젝트의 '시범사례' 측면은 어땠을까? 우리는 프랙티스 그린헬스와 다른 환경단체에 소속된 회원이었지만, 수술실에서 버리는 불필요한 폐기물을 줄이고, 병원 식단을 더 건강하고 환경 목표에 가깝도록 꾸리며, 재활용을 최적화하고, 에너지 효율을 최고 수준으로 높이기에는 아직 갈 길이 멀었다. 그렇게 하는 과정에서 비용을 절약할 새로운 방법을 찾을 수도, 시장에 내놓을 만한 획기적인 상품을 개발할 수도 있지 않을까? 이런 주장이 설득력을 얻으려면 병원 운영진에게 보여줄 증거자료가 있어야 했다. 다들 본업을 병행하며 우리 프로젝트에 시간을 할애해야 하는 상황과 우리를 도와주는 사람들에게 자긍심밖에는 별로 해줄 것이 없다는 사정이 우리 프로젝트를 더욱 힘겹게 만들었다. 과학계

연구 대부분이 그렇듯이, 우리는 실험을 거쳐서 결과를 증명하기 는커녕 실험을 해보기도 전에 결과를 입증해 보여야 했다.

우리는 연구비를 지원받을 만한 다른 방법, 특히 에너지 모형 연구 같은 협력을 원하는 기업을 물색하기 시작했다. 운영비 예산 을 개선할 방안도 궁리해봤다. 복합건물 같은 걸 지으면 어떨까? 이를테면 자연에 둘러싸인 아름다운 건물을 지어서 별관 건물이 나 꼭대기 한두 층을 임대 공간으로 활용하는 방법 말이다. 그러 면 병원 의료진이나 관리 직원이 다른 곳에 있는 자택 대신 당직 서는 날 이용할 수도 있을 터다. 실제로 도시계획 법률상 이런 발 상이 가능할지는 더 알아봐야겠지만, 우리 프로젝트를 끌고 가기 위해서는 이런저런 전략을 생각해봐야 했다. 대체로 소아청소년 과 진료는 성인 진료보다 수익률이 낮아서 소아청소년과 병동을 운영하는 데는 성인 암 병동이나 심장 병동보다 많은 어려움이 따 른다. 환자를 위한 연구, 기술 개발, 의료서비스를 우수한 수준으 로 유지해주는 건 병원에서 나오는 이윤이다.

후원과 홍보

우리 프로젝트는 병원 기금 다음 캠페인의 주력 분야를 다투 는 경쟁에서 유력 후보로 떠올랐다. 프로젝트가 실행 단계로 나아 가려면 이 캠페인의 최종 수혜자로 선정돼야만 했다. 우리는 마지 막 결과에 앞서 최종 후보 4위 안에 이름을 올렸다. 물론 이만 해 도 큰 성과였지만, 온전히 '친환경 병원'에 주력하는 프로젝트가 아니라 단지 어린이를 위해 한층 향상된 공간을 제공하는 계획으로 프로젝트의 정체성이 흐려졌다. 친환경 개념은 소아청소년과 의료진, 환자 가족, 간호사 들에게는 인기가 있었지만, 병원 윗선인 사업 자문단에는 그렇지 못했다. 친환경 병원이라는 타이틀을 불편하게 여기거나 설득력이 없다고 판단하는 시각도 있었다. 우리 팀 시각에서 보면 친환경이라는 테마와 임무가 빠진 어린이병원은 뚜렷한 정체성이 없고, 더 각별한 의미에서 아이들 건강에 기여할 수 없기에 언제나 더 큰 단위 병원 아래 있는 평범한 단과 병원일 뿐이었다. 나는 정체성의 도약이 필요하다는 점을 뼈저리게 느꼈다. 우리 발상이 사람들의 호응을 얻고, 사람들이 더 관심을 기울이도록 획기적인 아이디어를 떠올려야 했다.

다음 단계로 친환경 건축과 설계 분야 전문가들을 초빙해 워크숍을 열기로 했다. 빠듯한 예산으로 이 일을 해내야 하는 핵심 책임자는 줄리아 아프리카였다. 줄리아는 마침 그해 가을에 보스턴에서 열릴 예정인 클린메드CleanMed 회의와 임시로 연대 맺는 방법을 제안했다. 클린메드는 의학 분야의 환경보호 활동을 지원하는 프랙티스 그린헬스가 네트워킹과 교육을 목적으로 후원하는 연례 회의다. 나는 이런 회의가 있다는 사실이 놀라웠다. 나 같은 의료인이 많을 거라는 생각도 들었다. 우리가 몸담은 조직과 클린메드에 참석한 사람들이 환경과 건강문제에 쏟는 관심과 열정의 차이는 우리에게 중요한 교훈을 안겨줬다. 우리는 우리만의 좁은 세상에 갇혀 있었다. 불과 몇 구역 거리에 있는 회의장은 고사하고, 우리 병원 복도 끝에서 무슨 일이 벌어지는지도 잘 몰랐다. 우리는 성공한 기업가들이 바쁜 시간을 쪼개어 병원 이사회 역할을 자처하며 우리가 무슨 일을 하고 있고, 무엇을 알아냈는지 알아주기를 기대할 수 없었다. 존 메서비는 차분하지만 꾸준하게 그 일은 우리 몫임을 일깨워줬다.

건축가 워크숍에 참석한 경험이 없던 나는 건축공법, 설계도, 건축술을 둘러싼 이야기가 주로 오가지 않을까 생각했는데, 실제로 가서 보니 놀랍게도 대개 콘셉트, 분위기, 임무 관련 대화를 나눴다. 워크숍에는 우리 병원 네트워크 프로젝트에 참여했던 건축가들과 시설 담당자, 자연 친화 설계 분야에서 이름난 국내외 전문가들이 참석했다. 그 자리에는 캘리포니아에서 얼마 전 대형 어린이병원 프로젝트를 끝낸 건축가도 있었는데, 그 프로젝트에는 지역의 자연 특성과 환자와 환자 가족의 경험을 아우르며 우리가 원하는 설계요소가 반영됐다. 주요 인물 또 한 명은 국제생활미래연구소International Living Futures Institute 창립자이자 대표로 활동하던 아만다 스터전Amanda Sturgeon이다. 아만다는 환경문제에 관심이 많은 건축가다. 환경문제에서 건축이 중요한 역할을 한다고 생각했고, 건물은 단지 물리적 구조물 기능을 뛰어넘어 환경에 미치는 영향과 함께 건물 설계자와 이용자의 가치를 반영해야 한다고 믿었다. 우리가 추구하는 부분이 바로 그런 포괄적인 관점이었고, 국제생활미래연구소는 우리가 어떤 방향으로 나아가야 하는지 본보기를 제공했다. 이런 원리를 실현한 건축물에 인증을 수여하는 다양한 기준이 있는데, 국제생활미래연구소는 목표 기준이 더 높았다. 예를 들면 건물을 지을 때 투입에너지와 생산에너지를 중립에 맞추지 않고, 생산에너지가 더 많도록 목표 기준을 잡았다. 하지만 에너지를 많이 쓰는 병원 특성상 이 기준을 따르기는 매우 어려울 테고, 북부 도시환경의 병원 건물은 더욱이 그럴 것이다. 존 메서비가 나중에 밝혔듯이, 따뜻한 남부 지역 들판에 들어선 자연교육센터라면 모를까, 병원은 완전히 다른 공간이었다. 다양한 수준의 LEED 인증을 받은 병원은 있었지만, 국제생활미래연구소의 친환경 건물 인증을 획득한 병원은 없었다. 그렇다면 우리가 그 첫 번째 병원이 될 수 있을까? 나는 불가능한 일이라고 여겼지만, 존 메서비는 도전해볼 만하다고 생각하는 듯했다.

그사이 우리는 병원 기금 캠페인 논의 대상에서 멀어져갔다. 처음에는 개발 부서 담당자가 홍보 영상을 제작해보라고 했다. 예상되는 후원자들이 있으니 그들에게 보여줄 영상을 그것도 빨리 만들어보라고 했다. 그러다 갑자기 그 이야기도 쏙 들어가버렸다. 모든 결정은 우리와 상관없이 윗선에서 끝나는 것 같았고, 사람들 대부분은 일이 어떻게 돌아가는지 알지 못했다. 나는 소아청소년과 대표와 개발 부서 담당자를 만나 어떻게 된 일인지 단도직입적으로 물었다. 그들은 후원자를 찾는 일은 계속 노력할 수 있으니 걱정하지 말라고, 분명히 길이 있을 거라고 했다. 하지만 병원에는 더 긴급한 우선순위의 다른 일들이 있었고, 그 일의 후원문제를 처리하는 데만도 정신이 없었다.

나는 마치 출발대에 서서 운동화 끈을 묶고 있는데 갑자기 시합이 끝났다는 말을 들은 기분이었다. 배경 연구에만 3년 넘는 시간을 보낸 나는 우리 프로젝트에 신념을 안고 시간과 열정을 내어준 사람들의 호의를 생각하니, 당장 그 자리에서 문을 박차고 나가고 싶은 충동이 일었다. 하지만 다행히 이성의 힘이 조금 더 셌는지 그러지는 않았다. 외과의사 특유의 성격 급한 나와 달리, 존 메서비는 침착하고 차분한 태도를 잃지 않고 호주인 특유의 말투로 이렇게만 말했다. "제가 병원 조직에 대해 알게 된 점이 하나 있다면, 누군가 그만하라고 하기 전까지는 하던 일을 계속하면 된다는 겁니다. 아직은 아무도 우리에게 그 말을 하지 않았어요."

그래서 나는 소아청소년과 운영진을 만나 프로젝트 홍보 영상을 제작해도 좋다는 승인을 받았다. 우리가 제작할 영상은 후원자들에게 보여줄 수 있지만 내부에서 활용할 수도 있었다. 따라서 홍보 영상은 분명하고 간결하면서, 자문위원회와 다른 의사결정 권자에게 했던 방식보다 더 효과적으로 주장을 전달해야 했다. 존이 그 분야에서 우리 일을 가장 전문적으로 해낼 만한 규모 있는 홍보회사를 찾아냈다.

내게는 홍보 영상이 사실에 근거하고, 프로젝트의 기본 개념을 과장하지 않으면서, 우리가 했던 연구뿐 아니라 아이들 미래를 위한 임무와 열정까지 담아내는 일이 중요한 문제였다. 조금 더 보태자면, 우리 프로젝트는 놀라운 자원과 능력을 보유한 대학에서 특별한 팀과 함께하는 각별한 기회고, 지구와 건강, 의료 분야를 포함해서 우리가 업무 중 내리는 결정들은 중요한 선택이자 책임져야 할 일이며, 그 과정이 우리에게 필요한 변화라는 점을 증명해야 했다. 또한 우리 프로젝트는 시범사례는 물론 끊임없는 실험장이 될 것이며, 거기서 나온 결과물은 우리 한계를 뛰어넘어 폭넓은 영향을 미칠 수 있다는 점과, 나아가 아이들 미래를 위해 지금이 바로 행동해야 할 때라는 사실을 보여줘야 했다.

　나는 존 메서비, 휴버트 머레이와 함께 대본 초고를 작성하고 나서 교정 작업을 위해 소아청소년과 운영진에 대본을 돌렸다. 존은 코펜하겐에 건립된 새로운 어린이병원 홍보 영상을 찾아냈다. 예술적으로 멋지게 제작된 홍보 영상에는 우리가 생각하는 친환경 병원 요소가 일부 담겨 있었다. 몇몇 환자와 환자 가족은 우리가 만드는 영상 이야기를 전해 듣고 기꺼이 참여하겠다는 의사를 밝혔다.

　존의 선택은 탁월했다. 영상 제작에 참여한 사람들은 확실히 프로였다. 그들은 충분한 시간을 들여 우리 이야기를 들었고, 프로젝트의 효과, 치유와 회복, 사망률, 비용 등과 관련해 우리가 보낸 모든 참고자료를 꼼꼼하게 읽었다. 그들은 그동안 우리가 만난 다른 어떤 집단보다 빠르게 우리 프로젝트의 복잡한 메시지를 이해했고, 그 메시지를 단순명료하고 정확하게 효과적으로 종합했다. 그리고 의사결정권자와 후원자의 보상체계가 이런 노력에 참여할 수 있는 근거인 성취감, 이타주의, 유대감, 사명감, 바이오필리아, 아이들 보살피기, 지도력 발휘하기, 옳은 일 실천하기, 최초가 되는 일 등을 이야기로 풀어냈다.

우리 미래

이 글을 쓰는 지금, 우리 프로젝트의 미래는 아직 불투명하다. 후원자를 찾을 수 있을지, 운영진을 설득해서 프로젝트를 살릴 수 있을지 미지수다. 그래도 여전히 우리는 노력한다. 어쩌면 우리보다 더 새로운 형태의 어린이병원이 필요한 곳에서 우리 목표를 실현할지 모른다. 어쩌면 우리는 기존 공간을 리모델링하는 방법으로 이 개념을 활용할 수도 있고, 언젠가는 이 방면의 시범사례가 될 수도 있을 것이다.

우리가 시도해야 할 일들의 원리는 이미 윤곽이 드러났다. 다른 중요한 우선순위를 제쳐두고 환경 목표를 이루기 위해 행동을 바꿔가는 노력은 그 작업의 일부 관계자를 제외하면 매우 힘든 일이다. 하지만 우리가 프로젝트를 진행해온 그 짧은 몇 년만 보더라도 상황은 많이 달라졌다. 이제 내가 일하는 매사추세츠 종합병원에는 여러 학문 분야가 참여하는 '환경보건연구센터Center for the Environment and Health'가 있다. 환경보건연구센터는 우리 병원 최고 운영진을 포함한 모든 조직에 영향을 미친다. 우리는 연구, 출판, 교육, 캠페인, 자체 운영 개선을 위한 지표 추적 등의 활동에 참여하고 있다. 이제 환경과 건강을 연결하는 작업은 '이상한' 일로 보이지 않는다. 우리는 경제요인, 규제 압박, 정부 인센티브 등 여러 혜택을 받으며 재생 가능 에너지와 더 신중한 구매 부문에서 상당한 진전을 이뤘다. 우리 병원이 운영하는 모든 영역에 걸쳐 외부 환경 감사도 진행한다. 그들은 미국 환경보호청이 병원 현장, 병원 외부, 공급망, 폐기물 처리, 직원과 환자의 교통수단, 특정 투자의 영향 등 기관의 탄소발자국을 분석하기 위해 지정한 세 영역을 모두 들여다본다. 과거에 비해 더 많은 사람이 환경과 건강을 연결하는 일에 참여하며 영감을 얻고, 우리에게 도움을 줄 만한 사람들을 적극 소개한다. 우리는 사람들이 개인 차원에서 또한 집단 차원에서 기후변화에 대응하는 행동에 나서고자 하는 마음이 깊어지고 있다는 사실을 알게 됐다. 사람들은 이제 기후변화를 진심으로 걱정하며, 대응하기 위해 무언가 할 수 있다는 점에 안도한다. 기후변화의 영향은 우리가 이 일을 시작하고 불과 몇 년 사이에 더욱 뚜렷해져서, 사람들이 느끼는 위급함이 더해만 간다. 우리 뇌도 바뀌고 있다.

친환경 어린이병원이라는 가치의 환경 측면이 우리의 타깃 청중에게는 울림을 주지 못했을지언정, 환경보호에 동조하는 다른 영역에는 영향을 끼쳤다고 할 수 있다. 꿀벌 유형의 보상이 일례다. 사람들은 건강한 삶을 원한다. 몸이 아프면 건강을 회복하길 바라고, 사랑하는 사람이 행복한 삶을 이어가길 소망한다. 사람들은 아름답고, 마음을 편안하게 다독이며, 자연스러운 것을 원하고, 문제가 있으면 해결하기를 바라고, 경쟁에서 앞서 나아가고 싶어 한다. 책임감 있게 일을 해내면 보상받기를 원하고, 사람들에게 좋은 평판을 얻고 싶어 하며, 의미 있는 일에 참여하기를 희망한다.

환경을 생각한다는 의미를 칼같이 정확하게 나눌 수는 없지만, 의무감으로 환경보호에 나서는 행동은 지금 당장 우리에게 도움이 되겠기에 환경을 챙기는 태도보다 힘이 약하다. 우리 뇌가 그렇게 설계됐기 때문이다. B. F. 스키너, 피터 스털링, 에리히 프롬, 페르 스톡네스의 말은 모두 옳았다. 긍정의 힘은 부정의 힘보다 강하다. 자연은 인간의 마음을 끌어당기는 힘이 있다. 나중보다는 지금이 더 설득력 있다. 사회적 보상은 강력하다. 다양한 재능은 단체의 능력을 다지고, 협력의 원동력이 된다. 우리에게 중요한 우선순위는 언제든 바뀔 수 있다. 우리는 적어도 작으나마 희망이 있다.

결론

지속 가능한 뇌

우리의 긴 여정은 이제 거의 막바지에 다다랐다. 지구 탄생부터 현재에 이르는 긴 역사여행을 떠났다. 여행을 하며 어떻게 지금의 우리가 됐고, 어떻게 신경계가 설계됐으며 어떤 상황과 목적에 따라 발달했는지 알아봤다. 샌프란시스코에서 출발해 뉴욕 타임스 스퀘어 광장에 도착하는 40일간 여정을 떠올려보라. 지구 탄생은 샌프란시스코에서 시작했고, 다세포생물이 처음 나타난 건 아이오와시티에 이르러서였다. 다세포생물의 초기 DNA 청사진 덕분에 인간 신경계가 진화할 수 있었다. 포유류는 펜실베이니아에서, 영장류는 뉴저지에서, 인간은 뉴욕 42번가에 다다라서야 지구에 처음 모습을 드러냈고, 인간 활동으로 지구 환경이 큰 변화를 일으킨 지질시대 인류세는 이 긴 여정의 마지막 0.18초에 나타났다. 기후변화라는 '거대한 도전'은 인간 신경계와 보상체계가 복잡하고 섬세하게 조정되는 내부 작용과 놀라운 수단을 진화시킨 뒤에 아주 오랜 시간이 지나서 들이닥쳤다. 인간 신경계와 보상체계는 그 내부 작용과 놀라운 수단을 거치며 인간이 지구에서 생존하고 뿌리내리는 데 필요한 요소를 학습하도록 적응해왔고, 영겁의 시간을 겪고 나서야 기후변화라는 거대한 도전을 만났다.

우리 앞에 놓인 선택지를 평가해서 결정을 내리는 기관인 우리 뇌의 복잡하고 놀라운 메커니즘을 다양한 관점에서 살펴봤다. 인간에게 보상이 되는 대상의 범위, 진화 압력의 영향으로 형성된 인간의 유전적 성향, 인간의 다양성과 뇌 가소성도 짚어봤다. 우리는 기본적으로 뇌에서 보상을 인식하지 못하는 일은 하지 않는다는 사실도 알게 됐다. 기후변화가 우리에게 위협으로 다가오기 전에는 더 적게 일하고 더 많이 얻을수록 생존에는 유리했다. 그런데 갑자기 우리가 맞닥뜨린 도전의 성격이 달라져버렸다.

기후위기를 앞에 두고 우리가 가장 희망하는 사항은 사람들에게 우선순위를 바꾸도록 요구하지 않고도 환경에 더 바람직한 행동이 더 선호하는 선택이 되는 일이다. 예를 들면 새로운 기술 개발처럼 국가 차원에서 주도하는 하향식 해결책은 사람들에게 변화를 요구하지 않고도 환경에 더 바람직한 행동을 사람들이 선호하게끔 할 수 있다. 대체에너지원이 더 값싸고 효율이 높다면, 탄소 집진기를 필요한 규모에 맞춰 경제적으로 설치할 수 있다면, 전기차를 적당한 가격에 공급하고 먼 거리를 이동할 수 있다면 사람들은 알아서 선택에 나설 것이다. 비용이 더 적게 드는 선택, 안전하고 확실한 교통수단, 이윤이 더 많은 사업은 그 자체가 보상이며, 환경을 위한 이점은 부수적으로 따라오는 결과일 뿐이다. 자연재해가 현실로 점점 가까이 우리에게 다가올 때, 그 원인을 설명하는 정보가 더 정확히 알려질 때 사람들이 겪는 두려움도 변화를 이끌 수 있다. 사람들이 환경문제의 원인을 정확히 인식하고 이해할 수 있다면, 지구 전체의 협력이 필요할 지구공학처럼 우리가 잘 알지 못하는 완전히 새로운 기술도 더 포용적으로 받아들일 수 있을 것이다.

하지만 이런 일이 실현되려면 시간이 무척 오래 걸릴 수 있다.

내가 이 책을 쓰기 시작한 뒤에도 전 세계 과학자들은 IPCC 제6차 평가보고서에서 인간 활동 탓에 지구온난화가 이전 예측보다 더 빨라지고 있으며, 폭염, 가뭄, 자연산불, 폭우, 생태계 파괴, 사회 단절, 질병률과 사망률의 강도와 지속기간도 늘고만 있다는 충격적인 증거를 제시했다.[1] 온실가스 감축 문제는 이제 비상사태에 가깝다. 지구의 삶을 점점 힘겹고 위험하게 만드는 지구온난화의 후폭풍을 막으려면, 새로운 기술을 개발해서 광범위하게 활용하고 대대적인 제도의 전환을 마련하기 전부터 지금보다 훨씬 많은 사람이 몇십 년 뒤가 아닌 지금 당장 각자 자리에서 할 수 있는 변화를 실천해야 한다. 인간 뇌는 현재 지향적이지만, 우리가 내린 선택이 불러올 미래 모습을 예측하는 인지능력도 있다. 우리가 나중에 과거를 돌아보며 좀 더 빨리 결단을 내리지 못했다고 후회하는 모습은 이미 예견된 일이다.

하지만 우리는 신경과학의 증거에서 희망을 찾을 수 있다. 인간은 불변하는 존재가 아니다. 이 책에서 살펴봤듯이 우리는 고양이, 자동차, 약물, 음식에 이르기까지 중요하다고 생각하는 대상과 우선순위가 바뀌면 그만큼 행동방식에서 꽤 극적으로 달라질 수 있다. 뇌는 의사결정에 관여하는 보상을 이용해서 전환이 가능하도록 설계됐다. 뇌에서 인식하는 보상 자체가 '바뀔 수 있도록' 설계됐기 때문이다. 뇌가 분자 단위, 세포 단위, 신경망 수준에서 어떻게 작동하고 적응하는지를 분석하고 쌓은 지식 전반은 우리가 실제로 변화할 능력이 있다는 확신을 심어준다. 우리는 먼저 개인 수준에서 변화할 수 있다. 그 변화는 우리 각자가 속한 문화와 사회에서 더 널리 확산할 수 있다. 물론 쉽지는 않겠지만, 우리 뇌에는 우리에게 닥친 새로운 도전을 우리가 이겨낼 수 없도록 방해하는 고정된 본성이란 없다.

하지만 변화를 논의하기에 앞서 먼저 몇 가지 사실을 받아들여야 한다.

첫째, 기후위기를 누그러뜨리는 변화가 실천하기 쉬우리라고, 또는 만족할 만하리라고 기대해서는 안 된다. 노력의 결과를 직접 눈으로 확인하고, 몸으로 체험하고, 즉시 보상을 얻는 일하고는 성격이 다르기 때문이다. 이런 시도는 강을 안전하게 건너고, 빙고게임을 하고, 축구공을 골대 안에 넣고, 직장에서 프레젠테이션을 성공적으로 해내는 일과는 차원이 다르다. 이산화탄소가 눈에 띄는 형광 주황색이었다면, 기후변화를 위한 노력이 쉬운 일이었을는지 모른다. 독한 냄새를 풍기거나 눈물이 나올 만큼 자극적인 물질이었다면, 지금쯤 사안이 해결됐을는지 모른다. 하지만 우리는 기후위기를 알리는 직접적인 감각 입력이나 과거의 경험으로 퍼뜩 알아차리는 직감보다 우리가 잘 알지 못하는 사람들이 전하는 정보와 말에만 거의 전적으로 기댈 수밖에 없다. 우리는 통계로 축적된 증거를 감각적으로 인식할 수 없다. 우리가 신중하게 생각하고 힘들게 노력해서 환경에 유익한 행동을 실천했다고 해도, 그 성과는 우리가 직접 인식하기 어려운 미래에 영향을 미칠 터이기에 결과적으로 무엇도 느끼기 힘들다. 옳은 일을 한다는 명분으로 불편을 감수하고, 시간과 비용을 들이고, 보상이 더 확실한 우선순위 일들을 포기했지만, 대가로 얻는 것은 하나도 없다. 미시, 중시, 거시 수준에서 일어나는 친환경적 행동의 특성은 사람들을 회의감에 젖어들게 할 수 있으며, 심지어 다른 많은 결정에 힘을 실어줄 만한 사회적 보상도 박탈할 수 있다. 기후변화를 둘러싼 의사결정은 우리에게 익숙한 다른 선택과 비교하면 본질적으로 우리가 누릴 수 있는 만족감이 적다. 하지만 신경학 관점에서 그 이유를 이해하면 크게 실망하지 않고 노력을 이어갈 수 있을 것이다.

둘째, 우리가 다른 사람에게 미치는 영향을 과소평가해서는 안 된다. 생각, 판단, 행동은 자신도 모르게 다른 사람에게 파급효과를 일으킬 수 있다. 아예 피드백이 없거나, 부정적인 피드백만 있을 때도 말과 행동은 다른 사람에게 영향을 미칠 수 있다. 사람들은 수많은 신경사건이 결합해서 변화를 가져오는 선택으로 이어질 때, 즉 보상가치가 위험보다 클 때 결정을 내리고 행동을 바꾼다. 생각과 행동을 뒷받침하는 지식은 만나는 사람들의 생각과 행동에 직간접으로 영향을 미친다. 이 말은 행동이 환경을 생각하는 방향이건, 현상태를 유지하는 방향이건 언제나 사실이다. 앞서 살펴봤듯이 사람들은 신경구조에 따라 자신이 이해할 수 있는 정보를 받아들이고, 타인과 자신을 비교하며, 문화규범에 민감하게 반응하도록 진화해왔기 때문이다.

셋째, 기후위기의 위급하고 난해한 특성을 고려하면 다양한 해결책을 동시에 진행해야 한다. 우리가 거대한 도전을 해결하려면 개인, 가정, 정치 수준에서 사회운동을 전개하고, 동시에 국가기관, 경제구조, 유인책을 대대적으로 점검해서 변화를 일으켜야 한다. 장기 계획을 구상할 수 있는 정치 지도자, 넛지전략을 활용할 수 있는 보험 전문가, 다음 투자 대상을 물색하는 투자자, 건강문제를 두고 단기적 관심과 우려로 뭉친 의료 전문가, 기근, 전쟁, 난민 사태의 관련성을 이해하고 이타주의와 희망에 호소할 수 있는 국제기자, 모두가 각자 제 역할을 해야 한다. 지금보다 더 잘 보존된 환경이 선사하는 매력은 더 많은 사람에게 더 큰 보상이 될 것이다. 완전히 새로운 기술, 꿀벌 보상, 새로운 방법을 시도해서 만족스러운 해법을 찾은 동료의 아이디어도 힘이 될 수 있다.

하지만 미시, 중시, 거시 규모와 상관없이 최대한 많은 사람이 최대한 많은 의사결정 단계에서 우선순위를 바꿔야 한다. 이런 차원은 상호의존적이다. 정치인은 유권자와 후원자가 중요하게 여기는 가치의 우선순위를 바꿀 때 자신의 정치행동을 돌이킬 것이며, 유권자와 후원자는 정치인이 자신들의 이익과 맞아떨어진다고 판단할 때 달라질 것이다. 하지만 개인은 각 단계에서 각자 의사결정을 내린다. 그 의사결정에는 전전두피질, 측좌핵 등에서 분비되는 도파민이 관여한다. 인간의 질병, 동물실험, 뇌 영상 기법, 단일세포 기록으로 우리가 알게 된 그 모든 도파민 기능이 이때 작동한다. 개인은 변화로 나아가는 선택이 다른 선택보다 보상가치가 크면 그 변화를 선택할 것이다.

그렇다면 이 모든 사실을 고려할 때 우리는 어떤 변화를 시도할 수 있을까? 우리 개개인은 실질적인 의미에서 무엇을 할 수 있을까?

먼저 탄소 배출량을 줄이는 데 도움이 될 만한 개인 수준의 선택을 시도할 수 있다. 일상생활에서 탄소를 덜 배출하는 실천방법은 6장 내용을 떠올려보라. 그중에서 당신이 실제로 꾸준하고 성실하게 지금과 다른 방식으로 참여할 수 있는 일은 무엇인가? 먼저 교통수단을 생각해보자. 물론 당신은 경제, 사회적 여건상 선택의 여지가 없는 처지일 수 있다. 하지만 상황이 된다고 가정하고 이야기를 시작해보자. 편리함으로 따진다면 자가용만한 게 없겠지만, 환경을 생각해서 대중교통이나 카풀을 이용해보는 건 어떨까? A 씨는 이제 자가용 대신 열차로 출퇴근한다. 아침에 역에서 커피를 한 잔 사서 열차에 타면 가는 동안 책이나 잡지를 읽을 여유가 생기고, 걷는 시간이 늘어나 자가용을 이용할 때보다 더 활기 넘친다. 길에서 교통체증에 시달리지 않아도 되고, 주차할 자리를 찾느라 시간을 허비하지도 않는다. 출퇴근 시간이 30분 더 늘어났지만, 대신 집으로 돌아오는 열차 안에서 서류 작업을 끝낼 수 있다. 이제 금요일이 되면 소설책을 읽는 소소한 사치도 즐긴다. 예전에는 그럴 여유가 없었다. 주유비, 주차비, 세차비,

정비비, 세금 등 유지비를 생각하면 출퇴근 교통비를 훨씬 절약하는 셈이고, 무엇보다 출퇴근 시간에 스트레스를 덜 받는다. 이 모든 결과가 꿀벌 범주의 보상이다. A 씨는 일상생활에서 하던 행동 하나를 다른 방식으로 바꿨다. 환경을 걱정해서가 아니라 차가 고장 나서 어쩔 수 없이 대중교통을 이용하게 된 것뿐이다. 처음에는 불편할 줄만 알았는데, 막상 대중교통을 이용해보니 실질적인 장점이 많았다. 핵심은 행동을 제한하지 않고 다른 행동으로 대체하는 것, 곧 방법을 바꾸는 데 있다.

환경을 생각해서 대중교통을 이용하거나 전기차를 선택하는 행동이 누군가는 썩 내키지 않을 수 있다. 채식 위주로 식단을 바꾸는 선택은 육식 식단의 달콤한 유혹을 매번 뿌리쳐야 하는 힘든 일일 수 있다. 인간의 보상체계는 고열량 음식이 부족하던 시기에 진화해서 인간의 생존을 도왔지만, 지금은 그런 환경이 아니다. 찾아보면 개인으로서 노력할 수 있는 일은 많다. 비행기 여행이나 출산을 계획할 때 환경을 고려해서 결정을 내릴 수도 있을 것이다. 많은 의료 전문가가 죽음을 앞둔 이들에게 수명을 연장하는 에너지 집약적 의료 개입은 불필요한 선택일 수 있다고 말한다.[2] 이런 부분을 놓고 평소 가족과 대화를 나누면 서로 생각을 정확히 헤아리는 의미 있는 시간이 될 것이다.

한편 환경문제를 심각하게 걱정하고, 지구온난화의 과학적 근거를 믿고, 환경에 유익한 행동을 선택할 만한 경제력이 있는 사람들도 생각과 행동을 일치시키기란 힘든 일일 수 있다. 사람들은 스트레스를 많이 받으면 익숙함을 선호한다는 사실을 기억하

자. 어떤 일을 해서 확실한 보상을 얻는 방법을 알고 있다면, 새로운 시도보다는 자신에게 익숙한 방식이 훨씬 편하고 안전하다. 이런 경향은 개인 영역 밖에서 더 두드러진다. 당신이 만약 회사 중역이라면 환경보호에 앞장서는 역할은 일반 업무와 관련 없을 확률이 높고, 승진에도 도움이 되지 않을 수 있다. 당신이 회사 대표라면 환경보호를 위한 시스템을 도입하는 방안이 회사 성장에 유익할지, 이사회에서 좋은 평가를 받을 수 있는지가 중요한 고려사항이 될 것이다. 특히 그 시스템을 도입하려면 상당한 초기 투자비가 필요하지만, 이사회는 기후변화 문제를 위해 투자하는 선택이 보상으로 돌아오는 일이라고 생각하지 않을 수 있다. 그럴 때는 어떻게 해야 할까? 당신이라면 그런 상황도 기꺼이 받아들일 수 있을까? 당신이 내리는 선택들은 눈에 보이는 보상을 추구하는 신경구조의 경향성과 경쟁해야 한다. 수십억 년에 걸쳐 진화한 신경구조의 경향성은 눈에 보이는 보상을 추구하며, 보상이 우리 기대치보다 많아야 하고, 경쟁자들보다도 많아야 한다. 당신이 만약 정치인이라면, 환경 의제가 유권자의 지지를 끌어올 수 있을지 심각하게 고민할 것이다. 우리 뇌는 우리가 어떤 결정을 내리기 전에 이렇게 수많은 요인을 저울질한다. 그러려고 뇌가 보상체계를 발달시켰지만, 아직 인류세는 따라잡지 못했다. 어쨌든 기후변화가 뇌의 보상체계에 강렬하게 영향을 미치기는 어렵다.

단기간에 뚜렷한 해결책이 없다면, 일상에서 우리가 내리는 의사결정과 반복하는 습관적 행동을 바꿔야 한다. 개인과 집단의 우선순위도 마찬가지다. 더구나 최대한 빠르게, 광범위한 범위에 걸쳐 변화를 일궈야 한다. 이런 변화는 매초 단위로 보상가치를 평가하는 과정에 영향을 미치는 요인들의 상대적 중요도가 바뀔 때 일어난다. 2장에서 살펴봤듯이 점심시간에 우리 뇌에서 일어나는 활동들을 생각해보라. 언제 컴퓨터를 끄고 사무실을 나갈지 결정하는 데는 많은 요인이 영향을 미치고, 그들 요인은 이런저런 이유로 끊임없이 바뀐다. 기후변화 완화에 도움을 주는 행동이 단기간에 우리에게 막강한 보상을 제공하지 않더라도, 그들 요인은 전전두엽을 둘러싼 의사결정 기관에 영향을 끼치는 충분한 자극제가 될 수 있다. 에너지 효율이 높은 전자제품에 적용되는 할인이나 대중교통 이용에 따라붙는 세금 혜택처럼 정부 차원의 지원도 필요하다. 환경문제에 열정적인 교육자는 학생들에게 환경보호와 관련된 일을 직업으로 발전시킬 수 있도록, 또는 세계시민으로서 책임을 다할 수 있도록 영향력을 발휘할 수 있다. 폐기물과 탄소 소비량을 줄이는 개인과 기업에 세제 혜택이나 경제 유인책을 제공하는 것도 한 방법일 것이다. 기업의 사회적 책임은 이제 선택이 아닌 의무가 됐고, 기업 실적을 판단하는 기준이 됐다. 지역사회는 오염 배출을 줄이는 설계를 고려하도록 기업에 압력을 넣을 수 있다. 환경운동, 사회단체, 기업, 유권자, 정부의 경제·정치적 압력도 마찬가지로 힘을 발휘한다. 앞서 살펴봤듯이 우리 의사결정에는 우리가 잘 아는 사람의 의견도 영향을 미치지만, 우리가 신뢰하는 위치에 있는 인물의 말과 글도 그럴 수 있다. 산불, 홍수, 플라스틱 쓰레기로 가득한 바다, 재난 수준의 가뭄, 아름다운 들판, 우리보다 더 긴 시간을 지구에서 보내야 할 아이들을 위한 책임감과 얽힌 개인 경험이 여기에 힘을 보탠다. 사람들에게 우리 생각을 전파해서 우리 자신이 그런 역할을 자처할 수도 있다. 우리 뇌는 우리가 겪는 모든 직간접 사회적 경험을 통합하고 의사결정을 내리는 수많은 신경 경로로 미세한 신경전달물질을 분비해서 우리 선택에 관여한다. 이런 입력이 쌓여서 우리에게 보상으로 작용하는 대상이 달라지면, 사람들 행동도 바꿀 수 있다. 변화는 시간이 흐를수록 소수에서 다수로 차차 확대될 것이다. 우리가 우선순위에 변화를 주면 우리 영향력이 미치는 범위 안에서 '변곡점'이 되어 사회 전체의 변화를 앞당길 수 있다.[3]

당신은 인생에서 다양한 역할을 떠안을 때마다 변화의 주체가 되기로 선택할 수 있다. 당신이 사회정의에 관심이 많다면, 환경 문제의 영향을 가장 많이 받되 대응할 힘이 적어서 도움의 손길이 필요한 사람을 당신 주변에서 많이 발견할 것이다. 이를테면 당신은 이미 열악한 대기환경과 높은 천식 발병률로 고통받는 저소득층 지역에 새로운 화력발전소 건립하는 계획을 반대하는 시위에 참여하거나 환경파괴를 일삼는 해외 기업을 규탄하는 온라인 운동에 참여할 수 있다. 변화의 주체로 나서는 행동은 학교, 직장, 지역사회, 주 정부, 국가기관 등 다양한 차원에서 할 수 있고, 가족, 친구, 이웃, 동료, 정치단체나 당신이 속한 다른 사회단체와 함께할 수도 있다. 이때 사실을 효과적으로 전달할 수 있는 정보는 필수다. 자연에서 보내는 시간을 좋아하는 사람은 다른 사람에게도 함께하자고 권유할 수 있다. 자연에서 시간을 많이 보내는 사람일수록 환경을 생각하는 행동에 참여할 확률이 높다. 아이들에게 스스로 자연을 탐험할 기회를 쥐여주면 미래의 환경활동가를 길러내는 일이 될 수 있다. 교육계에 종사하는 사람은 이런 역할을 자처해서 더 많은 사람에게 더 많은 영향을 미칠 수 있다.

당신이 환경을 챙기는 좋은 아이디어와 사례를 안다면, 그 정보로 가장 큰 영향을 미칠 수 있는 대상은 당신 주변 사람이나 당신을 잘 아는 이들이다. 당신이 주장하고 싶은 메시지의 틀을 긍정적으로 짜면 대체로 효과가 좋다. 에너지 효율이 높은 대처로 비용을 얼마나 절약했는지, 새로운 화상회의 시스템을 도입해서 해외 출장비를 얼마나 아꼈는지 보여주는 방법처럼 말이다. 당신이 중요한 직책을 맡고 있다면, 환경문제를 심각하게 생각하는 태도만으로도 주변 사람에게 큰 영향을 미칠 수 있다.

인간의 보상체계는 기후변화에 대응하는 행동과 결과의 미처 보이지 않는 관련성을 다지고 학습하는 데는 그다지 도움이 되지 않는다. 당신이 비행기 여행을 취소하고, 채식 위주로 식단을 바꾸고, 탄소발자국을 줄이는 프로젝트를 실천하더라도 그 결과로 환경에 어떤 도움이 됐는지는 확인하기 어렵다. 당신이 회사 대표, 정책 입안자, 교육자, 병원 이사장, 기업 이사, 정치인이라면, 그래서 환경문제를 높은 우선순위에 두기로 선택했다면 당신은 재직기간에 그 선택으로 거둔 성과를 확인하지 못할 수 있다. 실제로 짧은 기간에는 분명히 사정이 나빠질 터이므로 당신을 평가하는 사람들이나 당신 자신도 회의가 들 수 있다. 환경문제를 우선으로 고려하지 않은 사람들과 비교당할 수도 있고, 사회 전체 이익을 위해 당신이 스스로 포기한 보상을 다른 사람이 거두는 모습을 본다면 억울한 심정이 되기도 할 것이다. 안전하게 강을 건너거나 독감에 걸리지 않았을 때 얻는 보상에 비하면, 친환경적 선택으로 받는 보상은 대개 자기 자신만 알고 힘도 약하다. 흑질 치밀부, 복측피개 영역, 해마, 편도체, 측좌핵, 전대상피질에서 작동하는 보상 프로세스는 우리가 후식으로 아이스크림을 먹을 때, 복권에 당첨될 때, 덩크슛에 성공할 때, 회사에서 보너스를 받을 때와 같은 방식으로 보상을 제공하지 않을 것이다. 그보다는 당신과 마음이 맞는 개인이나 단체에서 얻는 유대감이 더 큰 보상일 확률이 높다.

물론 보상체계와 의사결정에 관여하는 뇌구조를 이해한다고 해서 곧바로 해결책이 나오는 것도 아니다. 하지만 도움은 될 수 있다. 뇌구조를 알면 우리의 행동 경향을 헤아리게 될뿐더러, 사람들에게 영향을 줄 수 있는 우리 능력을 향상시키고, 향상된 범위 안에서 사람들의 우선순위를 더 폭넓게 바꿀 수 있다. 거시 수준의 변화도 중요하지만, 개인 차원의 변화는 거시 수준의 변화를 가져올 중요한 첫 단추가 된다. 사실을 알려주는 선에서는 사람들 생각을 바꾸기 어렵고, 나를 잘 모르는 사람들 생각을 돌리기는 더욱이 어렵다. 사람들을 설득하는 데는 그들이 곧바로 얻을 수 있는 보상을 찾는 방법이 더 효과적일 수 있다. 우리가 살펴봤듯이 뇌는 익숙함과 새로움에 모두 끌리는 특성이 있으므로 이 점을 고려해서 변화가 더 매력적으로 보이게끔 만들어야 한다. 변화를 긍정적인 결과로 풀어낼 수 있는 커뮤니케이션 전문가과 협력하면 새로운 방식으로 보상을 찾는 데 도움을 받을 수 있다.

어떤 사람들은 사회운동이나 시위처럼 적극적인 움직임에서 방법을 찾는다. 뜻을 같이하는 사람들과 일체감을 느낄 수 있도록 가시적인 방법을 지원하면 강력한 사회적 보상을 제공할 수 있다. 지금은 환경보호를 위한 행동에서 얻는 보상이 약하지만, 시간이 갈수록 점점 강력해지고 있다. 유럽 에코팀 프로그램, 미국 마더스아웃프론트, 그밖에 많은 시민단체가 집단으로 목소리를 내면 호소력을 높이고 연대와 협력의 힘을 확대한다는 사실을 보여주고 있다. 게다가 사회유대와 주체의식은 보람이나 희망처럼 부수적인 보상을 제공한다. 많은 사람이 사회운동에 함께하는 것도 그래서다. 시민단체에서 할 수 있는 활동으로는 글쓰기, 사람들을 직접 찾아가기, 시위하기, 행사 기획하기, 설득을 위한 전략 세우기, 기부 등이 있다. 공직에 출마하는 것도 한 방법이다.

만약 당신이 일상에서 어떤 변화를 실천하고 어떤 사회운동에 참여할지를 고려한다면, 다음 내용을 기억하는 것도 도움이 될 만하다. 수많은 연구 결과에 따르면 물질적인 것은 인간에게 진정한 행복을 안겨주지 못한다. 긴 안목으로 삶의 만족도를 결정하는 것은 인간관계와 삶의 의미이지, 일시적 만족감을 주는 보상이 아니다. 그런 보상은 과거에 인간의 짧은 생존을 위해 필요했을 뿐, 시간이 갈수록 가치가 희미해진다.[4] 돈과 의미 중 무엇이 더 중요한지 따진다면 돈은 물질적 욕망을 채워주지만, 의미는 정신적 만족감을 준다고 하겠다.

우리는 이 책 서두에서 존 홀터의 이야기를 만났다. 그는 여느 사람과 다를 것 없는 평범한 남성이었지만, 아들을 살리고 싶은 특별한 동기가 있었다. 그의 사연은 의료계에서 유명한데, 다른 분야에도 패러다임의 전환을 가져온 사람들의 스토리가 많다. 동기가 충분하다면 우리는 모두 한계를 뛰어넘어 해결하고 싶은 문제의 해법을 찾을 능력이 있다. 우리 뇌는 현재 우리가 보고, 느끼고, 만질 수 있는데다 지금 당장 다가오는 의미 있는 보상에 더 잘 반응하도록 설계됐지만, 우리는 각자 특별한 일을 해낼 수 있는 눈부신 재능이 있다. 기후변화는 우리가 해결하기에 더없이 새롭고 광범위한 사안이지만, 인내와 끈기를 잃지 않고 노력하면 이 위기 또한 헤쳐나갈 수 있을 것이다.

기후변화는 확실히 해결하기 쉬운 문제는 아니다. 우리는 우리의 모든 인지능력을 동원해서 지금부터 우리에게 보상이 되는 대상의 가치를 바꿔가야 한다. 그동안에도 뇌는 점점 빨라지는 변화들에 열심히 적응하고, 과학기술은 에너지와 물자를 바라는 끝없는 수요를 따라가려고 끊임없이 새로운 도구를 개발한다. 기후변화라는 거대한 도전을 이겨내려면 절제, 인내, 모험을 감행하는 시도가 필요하다. 삶의 질 향상, 꿀벌전략, 자연의 즐거움을 추구하는 '자연 쾌락주의'가 사람들의 관심을 사고 있지만, 우리가 감당해야 할 변화들이 쉽게 이뤄질 리 없다. 우리는 익숙한 습관을 버려야 하고, 어려운 선택을 내려야 하며, 때로는 희생도 감수해야 한다. 일상의 편리함을 포기해야 할 수도 있다. 또한 연간 탄소 배출량이 20톤이 채 되지 않는 지역 사람들에게는 환경문제가 더 심각한 사태일 수 있다는 점을 기억해야 한다. 갈등이야 이미 목격하고 있는데, 앞으로 그 갈등이 미시, 중시, 거시 수준에서 그리고 개인, 기업, 정부, 국가 간에 더욱 첨예해질 것이 불 보듯 뻔하다. 그래서 어쩌면 끔찍한 결과를 마주하게 될지도 모른다. 하지만 비극을 막을 정도의 통제력을 아직은 지니고 있다.

우리는 긍정이 부정보다 낫다는 점을 알았고, 성취감은 행동의 동기로서 중요한 역할을 한다는 점을 학습했다. 사회 지원은 변화를 앞당길 수 있다는 점을 배웠고, 우리에게 변화할 능력이 있다는 사실을 이해했기 때문에 앞으로 나아갈 수단이 있다. 우리 개개인은 각자 경험과 진화로 형성된 독특한 생물학적 특성과 재능이 있다. 누군가는 자연이 소중하고, 누군가는 공정이 중요하며 사회조직, 기업이익, 정부, 과학 또는 혁신, 발견이 중요한 사람도 있을 것이다. 그래서 우리가 생각지 못한 뜻밖의 협력관계가 형성될 수도 있을 테다.

우리는 그동안 한 번도 겪어본 적 없는 이 거대한 도전을 헤쳐나가기 위해 진화의 가장 놀라운 결과물인 뇌의 모든 역량을 발휘해야 한다. 기후변화가 인간의 뇌와 어떤 관련이 있는지 이제 겨우 이해하기 시작했지만, 이제 다음 단계를 선택해야 할 때라는 점만은 확실히 안다. 신경과학은 그사이 많은 내용을 밝혀냈다. 우리는 스스로 달라지고, 다른 생명을 살리고, 삶을 지키고, 우리가 소중히 여기고 우선순위를 매겨야 하는 대상이 무엇인지를 둘러싸고 알게 된 정보를 사람들에게 전달할 수 있는 고유한 능력이 있다. 우리를 여기까지 이끈 존재가 뇌였다면, 우리를 더 나은 미래로 이끌 희망도 뇌에 있다.

감사의 말

이 프로젝트는 최종 결과물이 완성되기까지 몇 년에 걸쳐 많은 사람의 꾸준한 노력과 지원이 있었기에 가능했다. 신경학자 젤라임 엘리볼드와 앨리스 플래허티는 프로젝트를 시작하기에 앞서 비공식 회의를 몇 차례 열고 기꺼이 함께 초기 아이디어를 다듬었다. 하버드대학교 환경연구소 소장이며 탁월한 식견을 지닌 지구화학 전문가 댄 슈랙에게는 특별히 감사의 마음을 전한다. 연구 세미나를 주관하며 우리 프로젝트의 타당성에 힘을 실어준데다, 그가 주선해서 하버드대학교 환경연구소의 지원을 받을 수 있었다. 지금도 나는 그 안에서 많은 것을 배운다. 소아청소년과 전문의 신디 크리스티안, 신경외과 전문의 에마드 에스칸다르와 지브 윌리엄스, 경제학을 연구하는 정신의학자 닐스 로젠퀴스트, 정신의학자 짐 레흐트, 신경방사선 전문의 폴 카루소, 전염병 및 기후 전문가

레지나 라록키, 자연 비평가 아바 맥니콜은 과학과 학문을 아우르 며 영감을 자극했다. 신경외과 동료인 로버트 마르투자와 빌 버틀 러는 우리 프로젝트를 본격적으로 연구하기 위해 내가 래드클리 프 고등연구소에서 안식년을 보내게 됐을 때 고맙게도 편의를 봐 줬다. 또한 최초로 신경외과 의사를 프로그램에 받아주고 학문의 경계를 허무는 연구를 지원해서 모험을 감행한 래드클리프대학원 전 학장 리자베스 코헨과 고인이 된 전 펠로우십 이사 주디 비치 니악에게는 감사한 마음을 영원히 잊지 못할 것이다.

내가 래드클리프에 있는 동안 학부 연구생 왕덩둥, 파투마 린 더크네히트, 나탈리 조, 다니엘 레치포드, 비바브 물리는 나를 도 와서 매우 유용한 관점을 제시했다. 동료 펠로우들인 로버트 휴 버, 야마다 레이코, 발레리 마사디안, 캐롤 아미티지, 필립 클라인, 에스더 예거-로템, 웬디 간, 라즈 판딧 등 많은 이도 내가 현실감 을 잃지 않고 시야를 넓힐 수 있도록 늘 곁에서 조언을 아끼지 않 았다. 신경과학자 피터 스털링은 아이디어를 다듬고, 이 책 원고 를 읽으며 소중한 의견을 보탰다. 하버드대학교 출판부 편집자인 재니스 오데트는 동료 심사와 편집 과정에서 인내심 있게 안내자 역할을 했으며, 다른 분야 동료 검토자들도 내가 책 중심에 초점 을 맞추고 더 풍성한 이야기를 끌어낼 수 있도록 조언을 건넸다. 래드클리프 보조 연구원들이 작성한 밑그림을 토대로 그림 1을 완성해준 앤젤린 그랜트와 그림 2, 그림 3을 제작해준 쿠리에 바 이오메디컬 일러스트레이션Kurie Biomedical Illustrations의 일레인 쿠리 에에게도 감사의 마음을 전한다.

내 남편 스탠 펠리와 내 아이들 조나스와 알리다, 여러 친척과 친구들도 내가 이 연구를 계속할 수 있도록 시간, 공간, 자유를 허락하고 지지를 보내며 엄청난 인내심을 보여줬다. 내가 갚을 수 없을 만큼 큰 신세를 진 그들과 방금 언급한 모든 이에게 마음 깊이 감사의 마음을 전한다.

참고문헌

서문

1. McKibben B. A special moment in history. The Atlantic; May 1998. https://www. theatlantic.com/magazine/archive/1998/05/a-special-moment-in-history/377106/

들어가며: 인간의 뇌와 기후변화

1. Dietz T, Gardner GT, Gilligan J, et al. Household actions can provide a behavioral wedge to rapidly reduce US carbon emissions. Proceedings of the National Academy of Sciences USA. 2009;106(44):18452; Pacala S, Socolow R. Stabilization wedges: solving the climate problem for the next 50 years with current technologies. Science. 2004(305):968–72; Schnoor JL. Caltions of the willing. Environmental science & technology. 2012;46(17):9201; Girod B, van Vuuren DP, Hertwich EG. Climate policy through changing consumption choices: options and obstacles for reducing greenhouse gas emissions. Global Environmental Change. 2014;25(March):5-3780; Wynes S, Nicholas KA. The climate mitigation gap: education and government recommendations miss the most effective individual actions. Environmental Research Letters. 2017;12(7):074024.

2. McKibben B. A special moment in history, part 2: Earth 2. The Atlantic 1998;281(5):55–78; Intergovernmental Panel on Climate Change. IPCC 2018: summary for policymakers. In: Masson-Delmotte V, Zhai P, Pörtner HO, et al., editors. Global Warming of 15°C. An IPCC Special Report on the impacts of global warming of 15°C above pre-industrial levels and related global greenhouse gas emission pathways, in the context of strengthening the global response to the threat of climate change, sustainable development, and efforts to eradicate poverty. Geneva: World Meteorologic Organ ization; 2018, pp. 1–32; Nature Editorial Board. Governments must take heed of latest IPCC assessment. (Intergovernmental Panel on Climate Change) (Report) Nature 2018;562(7726):163; Diaz S, Settele J, Brondizio E, et al. Summary for policymakers of the global assessment report on biodiversity and ecosystem services of the Intergovernmental Science-Policy Platform on Biodiversity and Ecosystem Services. Intergovernmental Science-Platform on Biodiversity and Ecosystem Services 2019; Henriques ST, Borowiecki KJ. The drivers of long-run CO 2 emissions in Europe, North America and Japan since 1800. Energy Policy. 2017;101:537–49.

3. Swim J, Clayton S, Doherty T, et al. Psychology and global climate change: addressing a multi-faceted phenomenon and set of challenges. A report by the American Psychological Association's Task Force on the Interface between Psychology and Global Climate Change. American Psychological Association, 2011 [Available from: http://www.apa.org/science/about/publications/climate-change. aspx.]; Kahneman D. Thinking, fast and slow. First edition. New York: Farrar, Straus and Giroux, 2011.

4. McQueen A, Cress C, Tothy A. Using a tablet computer during pediatric procedures: a case series and review of the "apps." Pediatric Emergency Care 2012;28(7):712–14.

5. Schrag DP. Geobiology of the Anthropocene. In: Knoll AH, Canfield DE, Konhauser KO, editors. Fundamentals of Geobiology. Oxford: Blackwell Publishing; 2012, pp. 425–36.

6. United Nations. UN Report: Nature's dangerous decline "unprecedented"; species extinction rates "accelerating" 2019 [Available from: https://www.un.org/ sustainable development/blog/2019/05/nature -decline-unprecedented-report/]; Diaz S, Settele J, Brondizio E, et al. Summary for policymakers of the global assessment report on biodiversity and ecosystem services of the Intergovernmental Science-Policy Platform on Biodiversity and Ecosystem Services. Intergovernmental

Science-Platform on Biodiversity and Ecosystem Services; Bonn, Germany: IPBES Secretariat, 2019.

7. NATO, National security and human health implications of climate change. Fernando HJS, Klaic ZB, McCulley JL, editors. Dordrecht: Springer; 2012; Intergovernmental Panel on Climate Change. IPCC 2018: summary for policymakers. In: Masson-Delmotte V, Zhai P, Pörtner HO, et al., editors. Global warming of 15°C: an IPCC special report on the impacts of global warming of 15°C above pre-industrial levels and related global greenhouse gas emission pathways, in the context of strengthening the global response to the threat of climate change, sustainable development, and efforts to eradicate poverty. Geneva: World Meteorologic Organization; 2018, pp. 1–32.

1부 신경의 기원

1장 뇌의 진화와 인류세

1. Creely H, Khaitovich P. Human brain evolution. Progress in Brain Research. 2006;158:295–309; Martin RD. Human brain evolution in an ecological context. 52nd James Arthur lecture on the evolution of the human brain. New York: American Museum of Natural History; 1982; de Sousa A, Cunha E. Hominins and the emergence of the modern human brain. Progress in Brain Research. 2012;195:293–322.

2. Schrag DP. Geobiology of the Anthropocene. In: Knoll AH, Canfield DE, Konhauser KO, editors. Fundamentals of geobiology: Blackwell Publishing; 2012, pp. 425–36; Crutzen PJ. Geology of mankind. Nature. 2002;415(6867):23; Crutzen P, Steffen W. How long have we been in the Anthropocene Era? Climatic Change. 2003;61(3):251–57; Waters CN, Zalasiewicz J, Summerhayes C, et al. The Anthropocene is functionally and stratigraphically distinct from the Holocene. Science. 2016;351(6269):137–37.

3. Sterling P, Laughlin S. Principles of neural design. Cambridge, MA: MIT Press; 2015; Zhao K, Liu M, Burgess R. Adaptation in bacterial flagellar and motility systems: from regulon members to 'foraging'-like behavior in E-coli. Nucleic Acids Research. 2007; 35(13):4441–52.

4. Yang Y, Sourjik V. Opposite responses by different chemoreceptors set a

tunable preference point in Escherichia coli pH taxis. Molecular Microbiology. 2012;86(6):1482– 89; Zhao K, Liu M, Burgess R. Adaptation in bacterial flagellar and motility systems: from regulon members to 'foraging'-like behavior in E-coli. Nucleic Acids Research. 2007;35(13):4441–52.

5. Hekimi S. A neuron-specific antigen in C. elegans allows visualization of the entire nervous system. Neuron. 1990;4(6):855–65; Haspel G, O'Donovan MJ. A connectivity model for the locomotor network of Caenorhabditis elegans. Worm. 2012;1(2):125.

6. Baxter DA, Byrne JH. Feeding behavior of Aplysia: a model system for comparing cellular mechanisms of classical and operant conditioning. Learning & Memory. 2006;13(6):669–80.

7. Hebb DO. The organization of behavior: a neuropsychological theory. New York: Wiley;1949; Löwel S, Singer W. Selection of intrinsic horizontal connections in the visual cortex by correlated neuronal activity. Science. 1992;255(5041):209–12.

8. Huber R, Panksepp JB, Nathaniel T, Alcaro A, Panksepp J. Drug-sensitive reward in crayfish: an invertebrate model system for the study of SEEKING, reward, addiction, and withdrawal. Neuroscience and Biobehavioral Reviews. 2011;35(9):1847–53; Brembs B. Spontaneous decisions and operant conditioning in fruit flies. Behavioural Processes. 2011;87(1):157–64; Waddell S. Reinforcement signalling in Drosophila; dopamine does it all after all. Current Opinion in Neurobiology. 2013;23(3):324–29; Hawkins RD, Byrne JH. Associative learning in invertebrates. Cold Spring Harbor Perspectives in Biology. 2015;7(5):1-18.

9. Changizi MA, McGehee RMF, Hall WG. Evidence that appetitive responses for dehydration and food-deprivation are learned. Physiology & Behavior. 2002;75(3):295–304.

10. Darwin C. On the origin of species: by means of natural selection, or, the preservation of favored races in the struggle for life. London:John Murray;1859.

11. Schultz W. Neuronal reward and decision signals: from theories to data. Physiological Reviews. 2015;95(3):853–951.

2장 학습과 뇌의 보상체계

1. Herculano-Houzel S. The human brain in numbers: a linearly scaled-up primate brain. Frontiers of Human Neuroscience. 2009;3:31; Azevedo FA, Carvalho LR,

Grinberg LT, et al. Equal numbers of neuronal and nonneuronal cells make the human brain an isometrically scaled-up primate brain. Journal of Comparative Neurology. 2009;513(5): 532–41; Pakkenberg B, Pelvig D, Marner L, et al. Aging and the human neocortex. Experimental Gerontology. 2003;38:95–9.

2. Sterling P, Laughlin S. Principles of neural design. Cambridge, MA: MIT Press; 2015.

3. Hawkins J, Ahmad S. Why neurons have thousands of synapses, a theory of sequence memory in neocortex. Front Neural Circuits. 2016;10:23.

4. Harlow JM. Passage of an iron rod through the head. Boston Medical and Surgical Journal. 1848;39(20):389–93; Barker FG. Phineas among the phrenologists: the American crowbar case and nineteenth-century theories of cerebral localization. Journal of Neurosurgery. 1995;82:672–82.

5. Carlsson A. Nobel lecture. A half-century of neurotransmitter research: impact on neurology and psychiatry. Nobelprize.org; 2000. [Available from: http://www. nobelprize.org/nobel_prizes/medicine/laureates/2000/carlsson-lecture.html.

6. Goldman JG, Goetz CG. History of Parkinson's disease. Handbook of Clinical Neurology. 2007;83:109–128; Sacks O. Awakenings. Revised ed. Harmondsworth, England: Penguin Books; 1976; Sacks O. The origin of "awakenings." BMJ (Clinical Research Edition). 1983;287(6409):1968; Gale JT, Amirnovin R, Williams ZM, et al. From symphony to cacophony: pathophysiology of the human basal ganglia in Parkinson disease. Neuroscience and Biobehavioral Reviews. 2008;32(3):378–87.

7. Bonvin C, Horvath J, Christe B, et al. Compulsive singing: another aspect of punding in Parkinson's disease. Annals of Neurology. 2007;62(5):525–28.

8. Weintraub D, Koester J, Potenza MN, et al. Impulse control disorders in Parkinson disease: a cross-sectional study of 3090 patients. Archives of Neurology. 2010; 67(5):589.

9. Aleksandrova LR, Creed MC, Fletcher PJ, et al. Deep brain stimulation of the subthalamic nucleus increases premature responding in a rat gambling task. (Report.) Behavioural Brain Research. 2013;245:76.

10. Aleksandrova, Creed, Fletcher, et al. Deep brain stimulation of the subthalamic nucleus.

11. Piano AN, Tan LCS. Impulse control disorder in a patient with X-linked dystonia-Parkinsonism after bilateral pallidal deep brain stimulation. Parkinsonism & Related Disorders. 2013;19:1069–70; Witjas T, Baunez C, Henry JM, et al. Addiction in Parkinson's disease: impact of subthalamic nucleus deep brain

stimulation. Movement Disorders. 2005;20(8):1052–55; Stefani A, Galati S, Brusa L, et al. Pathological gambling from dopamine agonist and deep brain stimulation of the nucleus tegmenti pedunculopontine. BMJ Case Reports. 2010;2010:1–3.

12. Patel SR, Sheth SA, Mian MK, et al. Single-neuron responses in the human nucleus accumbens during a financial decision-making task. Journal of Neuroscience. 2012;32(21):7311.

13. Stenstrom E, Saad G. Testosterone, financial risk-taking, and pathological gambling. Journal of Neuroscience, Psychology, and Economics. 2011;4(4):254–66.

14. Bechara A, Damasio AR, Damasio H, Anderson SW. Insensitivity to future consequences following damage to human prefrontal cortex. Cognition. 1994;50:7–15; Szczepanski SM, Knight RT. Insights into human behavior from lesions to the prefrontal cortex. Neuron. 2014;83(5):1002–18; Evens R, Stankevich Y, Dshemuchadse M, et al. The impact of Parkinson's disease and subthalamic deep brain stimulation on reward processing. Neuropsychologia. 2015;75:11–19.

15. Ballard IC, Murty VP, Carter RM, et al. Dorsolateral prefrontal cortex drives mesolimbic dopaminergic regions to initiate motivated behavior. Journal of Neuroscience. 2011;31(28):10340; Bahlmann J, Aarts E, D'Esposito M. Influence of motivation on control hierarchy in the human frontal cortex. Journal of Neuroscience. 2015;35(7):3207; Diekhof EK, Gruber O. When desire collides with reason: functional interactions between anteroventral prefrontal cortex and nucleus accumbens underlie the human ability to resist impulsive desires. Journal of Neuroscience. 2010;30(4):1488; Labudda K, Brand M, Mertens M, et al. Decision making under risk condition in patients with Parkinson's disease: a behavioural and fMRI study. Behavioural Neurology. 2010;23(3): 131–43; Kühn S, Romanowski A, Schilling C, et al. The neural basis of video gaming. Translational Psychiatry. 2011:e53.

16. Lataster J, Collip D, Ceccarini J, et al. Psychosocial stress is associated with in vivo dopamine release in human ventromedial prefrontal cortex: a positron emission tomography study using [18F] fallypride. NeuroImage. 2011;58(4):1081–89; Tian M, Chen Q, Zhang Y, et al. PET imaging reveals brain functional changes in internet gaming disorder. European Journal of Nuclear Medicine & Molecular Imaging 2014;41(7):1388–97; Egerton A, Mehta MA, Montgomery AJ, et al. The dopaminergic basis of human behaviors: a review of molecular imaging studies. Neuroscience and Biobehavioral Reviews. 2009;33(7):1109–32.

17. Kassubek J, Abler B, Pinkhardt EH. Neural reward processing under dopamine

agonists: Imaging. Journal of the Neurological Sciences. 2011;310(1–2):36–39; Atlas LY, Whittington RA, Lindquist MA, et al. Dissociable influences of opiates and expectations on pain. Journal of Neuroscience. 2012;32(23):8053–64; Brattico E, Jacobsen T, Vartiainen N, et al. A functional MRI study of happy and sad emotions in music with and without lyrics. Frontiers in Psychology. 2011;2:1–16; Hagerty MR, Isaacs J, Brasington L, et al. Case study of ecstatic meditation: fMRI and EEG evidence of self-stimulating a reward system. Journal of Neural Transplantation & Plasticity. 2013;2013:653572–12; Bruneau EG, Jacoby N, Saxe R. Empathic control through coordinated interaction of amygdala, theory of mind and extended pain matrix brain regions. Neuroimage. 2015;114:105–19; Falk EB, Way BM, Jasinska AJ. An imaging genetics approach to understanding social influence. Frontiers in Human Neuroscience. 2012;6:168(1–13); Chiew KS, Braver TS. Positive affect versus reward: emotional and motivational influences on cognitive control. Frontiers in Psychology. 2011;2:279; Cox SML, Andrade A, Johnsrude IS. Learning to like: a role for human orbitofrontal cortex in conditioned reward. Journal of Neuroscience. 2005;25(10):2733; Leknes S, Lee M, Berna C, et al. Relief as a reward: hedonic and neural responses to safety from pain. PloS One. 2011;6(4):e17870; Panksepp J. Feeling the pain of social loss. Science. 2003;302(5643):237–39; Sailer U, Robinson S, Fischmeister F, et al. Altered reward processing in the nucleus accumbens and mesial prefrontal cortex of patients with posttraumatic stress disorder. Neuropsychologia. 2008;46(11):2836–44; Macoveanu J. Serotonergic modulation of reward and punishment: evidence from pharmacological fMRI studies. Brain Research. 2014;1556:19–27; Swain J, Kim P, Spicer J, et al. Approaching the biology of human parental attachment: brain imaging, oxytocin and coordinated assessments of mothers and fathers. Brain Research. 2014;1580:78–101; Geiger N, Bowman C, Clouthier T, et al. Observing environmental destruction stimulates neural activation in networks associated with empathic responses. Social Justice Research. 2017;30(4):300–22.

18.   Dreher JC, Meyer-Lindenberg A, Kohn P, Berman KF. Age-related changes in midbrain dopaminergic regulation of the human reward system. Proceedings of the National Academy of Sciences of the United States of America. 2008;105(39):15106–11.

19.   Wise RA. Dopamine, learning and motivation. Nature Reviews Neuroscience. 2004;5(6):483; Asaad WF, Eskandar EN. Encoding of both positive and negative reward prediction errors by neurons of the primate lateral prefrontal cortex and

caudate nucleus. Journal of Neuroscience. 2011;31(49):17772.

20. Schultz W, Dayan P, Montague PR. A neural substrate of prediction and reward. Science. 1997;275(5306):1593–99; Schultz W. Behavioral theories and the neurophysiology of reward. Annual Review of Psychology. 2006;57:87–115.

21. Schultz W. Multiple dopamine functions at different time courses. Annual Review of Neuroscience. 2007;30:259–88.

22. Schultz W. Neuronal reward and decision signals: from theories to data. Physiological Reviews. 2015;95(3):853–951.

23. Masayuki M, Okihide H. Two types of dopamine neuron distinctly convey positive and negative motivational signals. Nature. 2009;459(7248):837.

24. Owesson-White CA, Cheer JF, Beyene M, et al. Dynamic changes in accumbens dopamine correlate with learning during intracranial self-stimulation. Proceedings of the National Academy of Sciences of the United States of America. 2008;105(33): 11957; Schluter E, Mitz A, Cheer J, Averbeck B. Real-time dopamine measurement in awake monkeys. PloS One. 2014;9(6); Howard CD, Daberkow DP, Ramsson ES, et al. Methamphetamine-induced neurotoxicity disrupts naturally occurring phasic dopamine signaling. Erpean Journal of Neuroscience. 2013;38(1):2078–88; Willuhn I, Tose A, Wanat MJ, et al. Phasic dopamine release in the nucleus accumbens in response to pro-social 50 kHz ultrasonic vocalizations in rats. Journal of Neuroscience. 2014; 34(32):10616; Nakazato T. Dual modes of extracellular serotonin changes in the rat ventral striatum modulate adaptation to a social stress environment, studied with wireless voltammetry. Experimental Brain Research. 2013;230(4):583–96.

25. Robinson DL, Heien MLAV, Wightman RM. Frequency of dopamine concentration transients increases in dorsal and ventral striatum of male rats during introduction of conspecifics. Journal of Neuroscience. 2002;22(23):10477.

26. Kishida KT, Saez I, Lohrenz T, et al. Subsecond dopamine fluctuations in human striatum encode superposed error signals about actual and counterfactual reward. Proceedings of the National Academy of Sciences of the United States of America. 2016;113(1):200.

27. Sterling P. Why we consume: neural design and sustainability: Great Transition Initiative; 2016. [Available from: http://www.greattransition.org/publication/ why-we-consume]; Rees WE. Human nature, eco-footprints and environmental injustice. Local Environment. 2008;13(8):685–701.

28. Trotzke P, Starcke K, Muller A, Brand M. Pathological buying online as a specific

form of internet addiction: a model-based experimental investigation. (Report). PLOS One. 2015;10(10); Lawrence LM, Ciorciari J, Kyrios M. Relationships that compulsive buying has with addiction, obsessive-compulsiveness, hoarding, and depression. Comprehensive Psychiatry. 2014;55(5):1137–45.

29. West R. Theories of addiction. Addiction. 2001;96:3–13; Heyman GM. Addiction and choice: theory and new data. Frontiers of Psychiatry. 2013;4:31.

30. Huber R, Panksepp JB, Nathaniel T, et al. Drug-sensitive reward in crayfish: An invertebrate model system for the study of SEEKING, reward, addiction, and withdrawal. Neuroscience and Biobehavioral Reviews. 2011;35(9):1847–53; Sovik E, Barron AB. Invertebrate Models in Addiction Research. Brain, Behavior and Evolution. 2013;82(3):153–65.

31. Wink M, Schmeller T, Latz-Brüning B. Modes of action of allelochemical alkaloids: interaction with neuroreceptors, DNA, and other molecular targets. Journal of Chemical Ecology. 1998;24(11):1881–937; Berridge KC, Kringelbach ML. Affective neuroscience of pleasure: reward in humans and animals. Psychopharmacology (Berl). 2008;199(3):457–80; Robison AJ, Nestler EJ. Transcriptional and epigenetic mechanisms of addiction. Nature Reviews Neuroscience. 2011;12(11):623.

32. Redish AD. Addiction as a computational process gone awry. Science. 2004;306(5703): 1944–47.

33. Belin D, Belin-Rauscent A, Murray JE, Everitt BJ. Addiction: failure of control over maladaptive incentive habits. Current Opinion in Neurobiology. 2013;23(4):564–72; Clemens KJ, Castino MR, Cornish JL, et al. Behavioral and neural substrates of habit formation in rats intravenously self-administering nicotine. Neuropsychopharmacology. 2014;39(11):2584.

34. Smith KS, Graybiel AM. Habit formation coincides with shifts in reinforcement representations in the sensorimotor striatum. Journal of Neurophysiology. 2016;115(3):1487; Schwabe L, Wolf OT. Stress prompts habit behavior in humans. Journal of Neuroscience. 2009;29(22):7191; Barker JM, Taylor JR, Chandler LJ. A unifying model of the role of the infralimbic cortex in extinction and habits. Learning & Memory. 2014;21(9):441–48.

35. Balleine BW, Dezfouli A. Hierarchical action control: adaptive collaboration between actions and habits. Frontiers in Psychology. 2019;10:2735; Smith, Graybiel. Habit formation coincides with shifts in reinforcement representations; Yin HH, Knowlton BJ. The role of the basal ganglia in habit formation. Nature Reviews Neuroscience 2006;7(6):464–76.

36. West R. Theories of addiction. Addiction. 2001;96:3–13; Robinson TE, Berridge KC. Addiction. Annual Review of Psychology. 2003:25; Robinson TE, Berridge KC. Review. The incentive sensitization theory of addiction: some current issues. Philosophical Transactions of the Royal Society of London Series B, Biological Sciences. 2008; 363(1507):3137; Koob GF, Le Moal M. Review. Neurobiological mechanisms for opponent motivational processes in addiction. Philosophical Transactions of the Royal Society of London Series B, Biological Sciences. 2008;363(1507):3113–23; Belin, Belin-Rauscent, Murray, Everitt. Addiction: failure of control.

37. Ross DR, Finestone DH, Lavin GK. Space Invaders obsession. JAMA. 1982;248(10): 1177; Harry B. Obsessive video-game users. JAMA. 1983;249(4):473; Keepers GA. Pathological preoccupation with video games. Journal of the American Academy of Child & Adolescent Psychiatry. 1990;29(1):49–50; Mitchell P. Internet addiction: genuine diagnosis or not? The Lancet. 2000;355(9204):632; Hellman M, Schoenmakers TM, Nordstrom BR, Van Holst RJ. Is there such a thing as online video game addiction? A cross-disciplinary review. Addiction Research & Theory. 2013;21(2): 102–12; Meerkerk GJ, Van Den Eijnden RJJM, Vermulst AA, Garretsen HFL. The Compulsive Internet Use Scale (CIUS): some psychometric properties. Cyberpsychology & Behavior. 2009;12(1):1; Van Rooij AJ, Schoenmakers TM, Vermulst AA, et al. Online video game addiction: identification of addicted adolescent gamers. Addiction (Abingdon, England). 2011;106(1):205; Jelenchick LA, Eickhoff J, Christakis DA, et al. The problematic and risky internet use screening scale (PRIUSS) for adolescents and young adults: Scale development and refinement. Computers in Human Behavior. 2014;35:171–78; Cho H, Kwon M, Choi J-H, et al. Development of the Internet addiction scale based on the Internet Gaming Disorder criteria suggested in DSM-5. Addictive Behaviors. 2014;39(9):1361–66; Loredana V, Gioacchino L, Santo DIN. Buying addiction: reliability and construct validity of an assessment questionnaire. Postmodern Openings. 2015;VI(1):149–60.

38. Weinstein A, Weizman A. Emerging association between addictive gaming and attention-deficit / hyperactivity disorder. Current Psychiatry Reports. 2012;14(5):590–97; Kardefelt-Winther D. A conceptual and methodological critique of internet addiction research: towards a model of compensatory internet use. Computers in Human Behavior. 2014;31:351; Wu K, Politis M, O' Sullivan SS, et al. Problematic internet use in Parkinson's disease. Parkinsonism and Related Disorders. 2014;20(5):482–87.

39.   Koepp MJ, Gunn RN, Lawrence AD, et al. Evidence for striatal dopamine release during a video game. Nature. 1998;393(6682):266; Tian, Chen, Zhang, et al. PET imaging reveals brain functional changes; Kühn, Romanowski, Schilling, et al. The neural basis of video gaming; Mathiak KA, Klasen M, Weber R, et al. Reward system and temporal pole contributions to affective evaluation during a first person shooter video game. (Report). BMC Neuroscience. 2011;12:66; Lorenz RC, Gleich T, Gallinat J, Kuhn S. Video game training and the reward system. Frontiers in Human Neuroscience. 2015;9:40(1–9); Han DH, Bolo N, Daniels MA, et al. Brain activity and desire for internet video game play. Comprehensive Psychiatry. 2011; 52(1):88–95.

40.   Pignatelli M, Bonci A. Role of dopamine neurons in reward and aversion: a synaptic plasticity perspective. Neuron. 2015;86(5):1145.

41.   Sabatinelli D, Bradley MM, Lang PJ, et al. Pleasure rather than salience activates human nucleus accumbens and medial prefrontal cortex. Journal of Neurophysiology. 2007;98(3):1374.

42.   McGann J. Poor human olfaction is a 19th-century myth. Science. 2017;356(6338):1–6.

43.   Olry R, Haines D. NEUROwords: From Dante Alighieri's First Circle to Paul Donald MacLean's Limbic System. Journal of the History of the Neurosciences. 2005;14(4):368–70; Catani M, Dell'Acqua F, De Schotten MT. A revised limbic system model for memory, emotion and behaviour. Neuroscience and Biobehavioral Reviews. 2013;37(8):1724; Berridge, Kringelbach. Affective neuroscience of pleasure; Montague PR, Hyman SE, Cohen JD. Computational roles for dopamine in behavioural control. Nature. 2004; 431:760–67.

44.   Sterling, Laughlin. Principles of neural design.

45.   Adachi M, Hosoya T, Haku T, et al. Evaluation of the substantia nigra in patients with Parkinsonian syndrome accomplished using multishot diffusion-weighted MR imaging. American Journal of Neuroradiology. 1999;20(8):1500; D'Ardenne K, McClure SM, Nystrom LE, Cohen JD. BOLD responses reflecting dopaminergic signals in the human ventral tegmental area. Science. 2008;319(5867):1264.

46.   Wise. Dopamine, learning and motivation; Arias-Carrion O, Stamelou M, Murillo-Rodriguez E, et al. Dopaminergic reward system: a short integrative review. International Archives of Medicine. 2010;3(24):1–6.

47.   Björklund A, Dunnett SB. Dopamine neuron systems in the brain: an update. Trends in Neurosciences. 2007;30(5):194–202.

48. Berridge, Kringelbach. Affective neuroscience of pleasure.

49. Schultz. Behavioral theories and the neurophysiology; Schultz. Multiple dopamine functions; Nomoto K, Schultz W, Watanabe T, Sakagami M. Temporally extended dopamine responses to perceptually demanding reward-predictive stimuli. Journal of Neuroscience. 2010;30(32):10692–702; Schultz. Neuronal reward and decision signals; Schultz W. Dopamine reward prediction-error signalling: a two-component response. Nature Reviews Neuroscience 2016;17(3):183–95; Montague, Hyman, Cohen. Computational roles for dopamine.

50. Schultz. Neuronal reward and decision signals.

51. Berridge, Kringelbach. Affective neuroscience of pleasure; Catani, Dell'Acqua, De Schotten. A revised limbic system model; Chang SWC, Fagan NA, Toda K, et al. Neural mechanisms of social decision-making in the primate amygdala. Proceedings of the National Academy of Sciences of the United States of America. 2015;112(52): 16012; Ahn S, Phillips AG. Modulation by central and basolateral amygdalar nuclei of dopaminergic correlates of feeding to satiety in the rat nucleus accumbens and medial prefrontal cortex. Journal of Neuroscience. 2002;22(24):10958–65.

52. Koscik TR, Tranel D. The human amygdala is necessary for developing and expressing normal interpersonal trust. Neuropsychologia. 2011;49(4):602–11; Bruneau, Jacoby, Saxe. Empathic control through coordinated interaction; Ousdal OT, Specht K, Server A, et al. The human amygdala encodes value and space during decision making. Neuroimage. 2014;101:712.

53. Bruneau, Jacoby, Saxe. Empathic control through coordinated interaction; Burgos-Robles A, Kimchi EY, Izadmehr EM, et al. Amygdala inputs to prefrontal cortex guide behavior amid conflicting cues of reward and punishment. Nature Neuroscience. 2017;20(6): 824–835; Prévost C, McCabe JA, Jessup RK, et al. Differentiable contributions of human amygdalar subregions in the computations underlying reward and avoidance learning. European Journal of Neuroscience. 2011;34(1):134; Schlund MW, Cataldo MF. Amygdala involvement in human avoidance, escape and approach behavior. Neuroimage. 2010; 3(2):769–76; Izquierdo A, Darling C, Manos N, et al. Basolateral amygdala lesions facilitate reward choices after negative feedback in rats. Journal of Neuroscience. 2013; 33(9):4105; Li J, Schiller D, Schoenbaum G, et al. Differential roles of human striatum and amygdala in associative learning. Nature Neuroscience. 2011;14(10):1250–52.

54. Bahlmann, Aarts, D'Esposito. Influence of motivation on control hierarchy.

55. Botvinick M, Braver T. Motivation and cognitive control: from behavior to neural

mechanism. Annual Review of Psychology. 2015;66:83–113.

56.   Seo H, Lee D. Temporal filtering of reward signals in the dorsal anterior cingulate cortex during a mixed-strategy game. Journal of Neuroscience. 2007;27(31):8366–77.

57.   Schultz, Dayan, Montague. A neural substrate of prediction and reward; Montague, Hyman, Cohen. Computational roles for dopamine.

58.   Fladung A-K, Gron G, Grammer K, et al. A neural signature of anorexia nervosa in the ventral striatal reward system. American Journal of Psychiatry. 2010;167(2):206.

59.   Tremblay L, Schultz W. Relative reward preference in primate orbitofrontal cortex. Nature. 1999;398(6729):704–8.

60.   Tremblay, Schultz. Relative reward preference; Roesch MR, Olson CR. Neuronal activity related to reward value and motivation in primate frontal cortex. Science. 2004;304(5668):307–10.

61.   Padoa-Schioppa C, Assad JA. Neurons in the orbitofrontal cortex encode economic value. Nature. 2006;441(7090):223–26.

62.   Howe MW, Tierney PL, Sandberg SG, et al. Prolonged dopamine signalling in striatum signals proximity and value of distant rewards. (Report). Nature. 2013;500(7464):575; Hare TA, Camerer CF, Rangel A. Self-control in decision-making involves modulation of the vmPFC valuation system. Science. 2009;324(5927)):646–48.

63.   Epstein S. Integration of the cognitive and the psychodynamic unconscious. American Psychologist. 1994;49(8):709–24; Sloman SA. The empirical case for two systems of reasoning. Psychological Bulletin. 1996;119(1):3–22; Hofmann W, Friese M, Strack F. Impulse and self-control from a dual-systems perspective. Perspectives on Psychological Science. 2009;4(02):162–76; Kahneman D. Thinking, fast and slow. 1st ed. New York: Farrar, Straus and Giroux; 2011.

64.   Kandel ER. The molecular biology of memory storage: A dialogue between genes and synapses. Science. 2001;294(5544):1030–38; Dawkins R. The selfish gene. 30th anniversary ed. Oxford: Oxford University Press; 2006.

65.   Knight EJ, Min H-K, Hwang S-C, et al. Nucleus accumbens deep brain stimulation results in insula and prefrontal activation: a large animal fMRI study. PLoS One. 2013;8(2); Richardson NR, Gratton A. Changes in medial prefrontal cortical dopamine levels associated with response-contingent food reward: an electrochemical study in rat. Journal of Neuroscience. 1998;18(21):9130; Wise RA. Role of brain dopamine in food reward and reinforcement. Philosophical

Transactions: Biological Sciences. 2006; 361(1471):1149–58; Montague, Hyman, Cohen. Computational roles for dopamine.

66. Cone JJ, Roitman JD, Roitman MF. Ghrelin regulates phasic dopamine and nucleus accumbens signaling evoked by food-predictive stimuli. Journal of Neurochemistry. 2015;133(6):844–56; Krügel U, Schraft T, Kittner H, et al. Basal and feeding-evoked dopamine release in the rat nucleus accumbens is depressed by leptin. European Journal of Pharmacology. 2003;482(1):185–87; Aitken TJ, Greenfield VY, Wassum KM. Nucleus accumbens core dopamine signaling tracks the need-based motivational value of food-paired cues. Journal of Neurochemistry. 2016;136(5):1026–36; Calipari ES, Espana RA. Hypocretin / orexin regulation of dopamine signaling: implications for reward and reinforcement mechanisms. Frontiers of Behavioural Neuroscience. 2012;(1–13):54; Changizi MA, McGehee RMF, Hall WG. Evidence that appetitive responses for dehydration and food-deprivation are learned. Physiology & Behavior. 2002;75(3):295–304.

67. Luo AH, Tahsili-Fahadan P, Wise RA, et al. Linking context with reward: a functional circuit from hippocampal CA3 to ventral tegmental area. (Report). Science. 2011;333 (6040):353.

68. McCutcheon JE. The role of dopamine in the pursuit of nutritional value. Physiology & Behavior. 2015;152:408–15.

69. Aitken, Greenfield, Wassum. Nucleus accumbens core dopamine signaling; Cone JJ, Fortin SM, McHenry JA, et al. Physiological state gates acquisition and expression of mesolimbic reward prediction signals. Proceedings of the National Academy of Sciences of the United States of America. 2016;113(7):1943.

70. Brown HD, McCutcheon JE, Cone JJ, et al. Primary food reward and reward-predictive stimuli evoke different patterns of phasic dopamine signaling throughout the striatum. European Journal of Neuroscience. 2011;34(12):1997–2006; Nakazato T. Striatal dopamine release in the rat during a cued lever-press task for food reward and the development of changes over time measured using high-speed voltammetry. Experimental Brain Research. 2005;166(1):137–46; Yoshimi K, Kumada S, Weitemier A, et al. Reward-induced phasic dopamine release in the monkey ventral striatum and putamen. PloS One. 2015;10(6):e0130443.

71. Haber SN, Knutson B. The reward circuit: Linking primate anatomy and human imaging. Neuropsychopharmacology. 2009;35(1):4.

72. Shi Z, Ma Y, Wu B, et al. Neural correlates of reflection on actual versus ideal self-discrepancy. NeuroImage. 2016;124(Part A):573; Spreckelmeyer KN, Krach

S, Kohls G, et al. Anticipation of monetary and social reward differently activates mesolimbic brain structures in men and women. Social Cognitive and Affective Neuroscience. 2009;4(2):158–65; Stelly CE, Pomrenze MB, Cook JB, Morikawa H. Repeated social defeat stress enhances glutamatergic synaptic plasticity in the VTA and cocaine place conditioning. Elife. 2016;5:e15448(1–18).

73. Asaad, Eskandar. Encoding of both positive and negative reward prediction errors.

74. Gale JT, Shields DC, Ishizawa Y, Eskandar EN. Reward and reinforcement activity in the nucleus accumbens during learning. Frontiers in Behavioral Neuroscience. 2014;8:114(1–10); Fontanini A, Grossman S, Figueroa J, Katz D. Distinct subtypes of basolateral amygdala taste neurons reflect palatability and reward. Journal of Neuroscience. 2009;29(8):2486–95.

3장 인간 고유의 보상

1. Flood MM. Some experimental games. Management Science. 1958;5(1):5–26; Kahneman D, Knetsch JL, Thaler RH. Fairness and the assumptions of economics. (Proceedings from a conference held October 13–15, 1985, at the University of Chicago). Journal of Business. 1986;59(4):S285; Camerer CF, Fehr E. Measuring social norms and preferences using experimental games: a guide for social scientists. In: Henrich J, Boyd R, Bowles S, et al., editors. Foundations of human sociality: economic experiments and ethnographic evidence from fifteen small-scale societies. New York: Oxford University Press; 2004, pp. 55–95.

2. Locey ML, Safin V, Rachlin H. Social discounting and the prisoner's dilemma game. Journal of the Experimental Analysis of Behavior. 2013;99(1):85–97; Camerer CF. Strategizing in the brain. Science. 2003;300(5626):1673; Camerer C, Loewenstein G, Prelec D. Neuroeconomics: How neuroscience can inform economics. Journal of Economic Literature. 2005;43(1):9–64; Hetzer M, Sornette D. The co-evolution of fairness preferences and costly punishment. PLoS One. 2013;8(3):e54308.

3. Madani K. Modeling international climate change negotiations more responsibly: can highly simplified game theory models provide reliable policy insights? Ecological Economics. 2013;90:68–76; Decanio S, Fremstad A. Game theory and climate diplomacy. Ecological Economics. 2013;85:177–87; Soroos M. Global change, environmental security, and the prisoner's dilemma. Journal of Peace

Research. 1994;31:317.

4.   Henrich J, Smith N. Comparative experiments evidence from Machiguenga, Mapuche, Huinca, and American populations. In: Henrich, Boyd, Bowles, et al., editors. Foundations of human sociality: economic experiments and ethnographic evidence from fifteen small-scale societies. New York: Oxford University Press; 2004, pp. 125–67; Marlowe F. Dictators and ultimatums in an egalitarian society of hunter-gatherers, the Hadza of Tanzania. In: Henrich, Boyd, Bowles, et al., editors. Foundations of human sociality, pp. 168–93.

5.   Proctor D, Williamson RA, de Waal FBM, Brosnan SF. Chimpanzees play the ultimatum game. (Author abstract). Proceedings of the National Academy of Sciences of the United States. 2013;110(6):2070.

6.   Pillutla M, Murnighan J. Unfairness, anger, and spite: emotional rejections of ultimatum offers. Organizational Behavior & Human Decision Processes. 1996; 68(3):208–24.

7.   Sanfey AG, Rilling JK, Aronson JA, et al. The neural basis of economic decision-making in the ultimatum game. Science 2003;300(5626):1755.

8.   Gospic K, Mohlin E, Fransson P, et al. Limbic justice—amygdala involvement in immediate rejection in the ultimatum game. PLoS Biology. 2011;9(5):e1001054.

9.   Hetzer M, Sornette D. The co-evolution of fairness preferences and costly punishment. PLoS One. 2013;8(3):e54308.

10.   D'Ardenne K, McClure SM, Nystrom LE, Cohen JD. BOLD responses reflecting dopaminergic signals in the human ventral tegmental area. Science. 2008;319(5867):1264.

11.   Hart AS, Rutledge RB, Glimcher PW, Phillips PEM. Phasic dopamine release in the rat nucleus accumbens symmetrically encodes a reward prediction error term. Journal of Neuroscience. 2014;34(3):698.

12.   Masayuki M, Okihide H. Two types of dopamine neuron distinctly convey positive and negative motivational signals. Nature. 2009;459(7248):837; Asaad WF, Eskandar EN. Encoding of both positive and negative reward prediction errors by neurons of the primate lateral prefrontal cortex and caudate nucleus. Journal of Neuroscience. 2011;31(49):17772.

13.   Haber SN, Knutson B. The reward circuit: linking primate anatomy and human imaging. Neuropsychopharmacology. 2009;35(1):4; Kishida KT, Saez I, Lorenz T, et al. Subsecond dopamine fluctuations in human striatum encode superposed error signals about actual and counterfactual reward. Proceedings of the National

Academy of Sciences of the United States of America. 2016;113(1):200.

14. Dohmen T, Falk A, Fliessbach K, et al. Relative versus absolute income, joy of winning, and gender: brain imaging evidence. Journal of Public Economics. 2011;95(3):279–85; Fliessbach K, Weber B, Trautner P, et al. Social comparison affects reward-related brain activity in the human ventral striatum. Science. 2007;318(5854): 1305.

15. Dohmen, Falk, Fliessbach, et al. Relative versus absolute income, joy of winning, and gender.

16. Massi B, Luhmann C. Fairness influences early signatures of reward-related neural processing. Cognitive, Affective, & Behavioral Neuroscience. 2015;15(4):768–75; Chang SWC, Fagan NA, Toda K, et al. Neural mechanisms of social decision-making in the primate amygdala. Proceedings of the National Academy of Sciences of the United States of America. 2015;112(52):16012; Chang SWC, Gariépy J-F, Platt ML. Neuronal reference frames for social decisions in primate frontal cortex. Nature Neuroscience. 2012;16(2):243.

17. Seo H, Lee D. Temporal filtering of reward signals in the dorsal anterior cingulate cortex during a mixed-strategy game. Journal of Neuroscience. 2007;27(31):8366–77.

18. Haber, Knutson. The reward circuit.

19. Sterling P. Why we consume: Neural design and sustainability. Great transition initiative. 2016. http://www.greattransition.org/publication/why-we-consume.

20. Dawkins R. The selfish gene. Thirtieth anniversary edition. Oxford: Oxford University Press; 2006; Manner M, Gowdy J. The evolution of social and moral behavior: evolutionary insights for public policy. Ecological Economics. 2010;69(4):753–761.

21. Yamagishi T, Mifune N, Li Y, et al. Is behavioral pro-sociality game-specific? Pro-social preference and expectations of pro-sociality. Organizational Behavior & Human Decision Processes. 2013;120(2):260.

22. Tricomi E, Rangel A, Camerer CF, O'Doherty JP. Neural evidence for inequality-averse social preferences. Nature. 2010;463(7284):1089.

23. Saez I, Zhu L, Set E, et al. Dopamine modulates egalitarian behavior in humans. Current Biology. 2015;25(7):912–19.

24. Zizzo DJ, Tan JHW. Game harmony: a behavioral approach to predicting cooperation in games. American Behavioral Scientist. 2011;55(8):987–1013.

25. Karsh N, Eitam B. I control therefore I do: judgments of agency influence action

selection. Cognition. 2015;138:122–31.

26. Eitam B, Kennedy P, Higgins E. Motivation from control. Experimental Brain Research. 2013;229(3):475-84.

27. Eitam, Kennedy, Higgins. Motivation from control.

28. DePasque Swanson S, Tricomi E. Goals and task difficulty expectations modulate striatal responses to feedback. Cognitive, Affective, & Behavioral Neuroscience. 2014;14(2):610–20.

29. Tarbell IM. The history of the Standard Oil Company. New York: McClure, Phillips & Company; 1904.

30. Alcaro A, Panksepp J, Huber R. D-amphetamine stimulates unconditioned exploration / approach behaviors in crayfish: towards a conserved evolutionary function of ancestral drug reward. Pharmacology, Biochemistry and Behavior. 2011;99(1):75–80.

31. Wetherford MJ, Cohen LB. Developmental changes in infant visual preferences for novelty and familiarity. Child Development. 1973;44(3):416–24; Rose SA, Gottfried AW, Melloy-Carminar P, Bridger WH. Familiarity and novelty preferences in infant recognition memory: implications for information processing. Developmental Psychology. 1982;18(5):704–13; Colombo J, Bundy RS. Infant response to auditory familiarity and novelty. Infant Behavior and Development. 1983;6(2):305–11.

32. Horvitz JC. Mesolimbocortical and nigrostriatal dopamine responses to salient non-reward events. Neuroscience. 2000;96(4):651–56; Bunzeck N, Doeller CF, Fuentemilla L, Dolan RJ, Duzel E. Reward motivation accelerates the onset of neural novelty signals in humans to 85 milliseconds. Current Biology. 2009;19(15):1294–1300; Lawson AL, Liu X, Joseph J, et al. Sensation seeking predicts brain responses in the old–new task: converging multimodal neuroimaging evidence. International Journal of Psychophysiology. 2012;84(3):260–69.

33. Hart A, Clark J, Phillips P. Dynamic shaping of dopamine signals during probabilistic Pavlovian conditioning. Neurobiology of Learning and Memory. 2015;117:84–92; Budygin E, Park J, Bass CE, et al. Aversive stimulus differentially triggers subsecond dopamine release in reward regions. Neuroscience. 2012;201:331–37; Kishida K, Sandberg SG, Lohrenz T, et al. Sub-second dopamine detection in human striatum. PLoS One. 2011;6(8):200–205; Kishida KT, Saez I, Lohrenz T, et al. Subsecond dopamine fluctuations in human striatum encode superposed error signals about actual and counterfactual reward. Proceedings of the National Academy of Sciences of the United States of America. 2016;113(1):200;

Krebs RM, Schott BH, Düzel E. Personality traits are differentially associated with patterns of reward and novelty processing in the human substantia nigra / ventral tegmental area. Biological Psychiatry. 2009;65(2):103–10.

34. Bromberg-Martin ES, Matsumoto M, Hikosaka O. Dopamine in motivational control: rewarding, aversive, and alerting. Neuron. 2010;68(5):815–34.

35. Sterling, Why we consume.

36. Clark CA, Dagher A. The role of dopamine in risk taking: a specific look at Parkinson's disease and gambling. Frontiers in Behavioral Neuroscience. 2014;8(article 196):1–12.

37. Dreher JC, Kohn P, Kolachana B, et al. Variation in dopamine genes influences responsivity of the human reward system. Proceedings of the National Academy of Sciences of the United States of America. 2009;106(2):617–22; Birkas E, Horváth J, Lakatos K, et al. Association between dopamine D4 receptor (DRD4) gene polymorphisms and novelty-elicited auditory event-related potentials in preschool children. Brain Research. 2006;1103(1):150–58.

38. Lawson, Liu, Joseph, et al. Sensation seeking predicts brain responses in the old–new task; Krebs, Schott, Düzel. Personality traits are differentially associated with patterns of reward and novelty processing; Schwartz C, Wright C, Shin L, et al. Inhibited and uninhibited infants "grown up": adult amygdalar response to novelty. Science. 2003;300(5627):1952–53.

39. Vargas-López V, Torres-Berrio A, González-Martínez L, et al. Acute restraint stress and corticosterone transiently disrupts novelty preference in an object recognition task. Behavioural Brain Research. 2015; 291:60–66.

40. Wetzel N, Widmann A, Schröger E. Processing of novel identifiability and duration in children and adults. Biological Psychology. 2011;86(1):39–49.

41. Mather E, Plunkett K. The role of novelty in early word learning. Cognitive Science. 2012;36(7):1157–77.

42. Quilty LC, Oakman JM, Farvolden P. Behavioural inhibition, behavioural activation, and the preference for familiarity. Personality and Individual Differences. 2007;42(2): 291–303; Takeshi S, Masato I. Examining familiarity through the temperament and character inventory: a structural equation modeling analysis. Behaviormetrika. 2011;38(2):139–51.

43. Schwabe I, Jonker W, Berg S. Genes, culture and conservatism—a psychometric-genetic approach. Behavioural Genetics. 2016;46(4):516–28.

44. Eaves L, Heath A, Martin N, et al. Comparing the biological and cultural

inheritance of personality and social attitudes in the Virginia 30000 study of twins and their relatives. Twin Research and Human Genetics. 1999;2(2):62–80; Hatemi P, Medland S, Morley K, Heath A, Martin N. The genetics of voting: an Australian twin study. Behavioural Genetics. 2007;37(3):435–48; Schwabe, Jonker, Berg. Genes, culture and conservatism; Hibbing JR, Smith KB, Alford JR. Differences in negativity bias underlie variations in political ideology. Behavioral and Brain Sciences. 2014;37(3):297–307; Weeden J, Kurzban R. Do people naturally cluster into liberals and conservatives? Evolutionary Psychological Science. 2016;2(1):47–57.

45. Hibbing, Smith, Alford. Differences in negativity bias underlie variations in political ideology; Dennis TA, Amodio DM, O'Toole LJ. Associations between parental ideology and neural sensitivity to cognitive conflict in children. Social Neuroscience. 2014; 10(02):206–17; Williams LM, Gatt JM, Grieve SM, et al. COMT Val108 / 158Met polymorphism effects on emotional brain function and negativity bias. NeuroImage. 2010;53(3):918–25.

46. Hornsey M, Harris E, Bain P, Fielding K. Meta-analyses of the determinants and outcomes of belief in climate change. Nature Climate Change. 2016;6(6):622–26.

47. Val-Laillet D, Meurice P, Clouard C. Familiarity to a feed additive modulates its effects on brain responses in reward and memory regions in the pig model. PLoS One. 2016;11(9):e0162660.

48. Scheele D, Wille A, Kendrick KM, et al. Oxytocin enhances brain reward system responses in men viewing the face of their female partner. Proceedings of the National Academy of Sciences of the United States of America. 2013;110(50):20308.

49. Blaustein JD. Neuroendocrine regulation of feminine sexual behavior: lessons from rodent models and thoughts about humans. Annual Review of Psychology. 2008;59:93; Campbell BC, Dreber A, Apicella CL, et al. Testosterone exposure, dopaminergic reward, and sensation-seeking in young men. Physiology & Behavior. 2010;99(4):451–56; Gerra G, Avanzini P, Zaimovic A, et al. Neurotransmitters, neuroendocrine correlates of sensation-seeking temperament in normal humans. Neuropsychobiology. 1999;39(4):207–13.

50. Acevedo BP, Aron A, Fisher HE, Brown LL. Neural correlates of marital satisfaction and well-being: reward, empathy, and affect. Clinical Neuropsychiatry: Journal of Treatments Evaluation. 2012;9(1):20.

51. Henrich, Boyd, Bowles, et al., editors. Foundations of human sociality; Marlowe F. Dictators and ultimatums in an egalitarian society of hunter-gatherers, the Hadza of Tanzania. In: Henrich, Boyd, Bowles, et al., editors. Foundations of human

sociality, pp. 168–193.

52.   Lawrence EA. Feline fortunes: Contrasting views of cats in popular culture. Journal of Popular Culture. 2003;36(3):623–35.

53.   Lawrence, Feline fortunes.

54.   Dawkins R. The god delusion. London: Bantam Press; 2006; Losin E, Woo C-W, Krishnan A, et al. Brain and psychological mediators of imitation: sociocultural versus physical traits. Cult Brain. 2015;3(2):93–111.

55.   Lee K, Cameron CA, Doucette J, Talwar V. Phantoms and fabrications: young children's detection of implausible lies. Child Development. 2002;73(6):1688–1702.

56.   Hitchens C. God is not great: how religion poisons everything. First edition. New York: Hachette, 2007; Dawkins, The God Delusion.

57.   Ariely D, Loewenstein G, Prelec D. Tom Sawyer and the construction of value. Journal of Economic Behavior and Organization. 2006;60(1):1–10.

4장 바이오필리아와 뇌

1.   Fromm E. The heart of man: its genius for good and evil. 1st ed. New York: Harper & Row; 1964.

2.   Wilson EO. Biophilia. Cambridge, MA: Harvard University Press; 1984.

3.   Wells NM, Lekies KS. Nature and the life course: pathways from childhood nature experiences to adult environmentalism. Children Youth and Environments. 2006;16(1):1–24.

4.   Diamond J. New Guineans and their natural world. In: Kellert SR, Wilson EO, editors. The biophilia hypothesis. Mercer Island, WA: Island Books; 1993, pp. 251–71; Bratman GN, Hamilton JP, Daily GC. The impacts of nature experience on human cognitive function and mental health. Year in Ecology and Conservation Biology. 2012;1249(1):118–36.

5.   Ulrich RS. Biophilia, biophobia, and natural landscapes. In: Kellert SR, Wilson EO, editors. The biophilia hypothesis. Washington, DC: Island Press, Shearwater Books; 1993, pp. 73–137; Kaplan S, Kaplan R, Wendt J. Rated preference and complexity for natural and urban visual material. Perception & Psychophysics. 1972;12(4):354–56; Mahidin AMM, Maulan S. Understanding children's preferences of natural environment as a start for environmental sustainability. Procedia—Social and Behavioral Sciences. 2012;38:324–33.

6.   Ulrich RS. Human responses to vegetation and landscapes. Landscape and Urban Planning. 1986;13:29–44; Balling JD, Falk JH. Development of visual preference for natural environments. Environment and Behavior. 1982;14(1):5–28.

7.   Ulrich. Human responses to vegetation and landscapes.

8.   Ulrich. Biophilia, biophobia, and natural landscapes, pp. 73–137; Fletcher JH, Emlen JA. Comparison of the responses to snakes of lab- and wild-reared rhesus monkeys. Animal Behaviour. 1964;12(2):348–52.

9.   Öhman A, Mineka S. Fears, phobias, and preparedness: toward an evolved module of fear and fear learning. Psychological Review. 2001;108(3):483–522.

10.   Ulrich. Biophilia, biophobia, and natural landscapes, pp. 73–137.

11.   Fjørtoft I. The natural environment as a playground for children: the impact of outdoor play activities in pre-primary school children. Early Childhood Education Journal. 2001;29(2):111–17; Atchley RA, Strayer DL, Atchley P. Creativity in the wild: improving creative reasoning through immersion in natural settings. (Research article). PLoS One. 2012;7(12):e51474; Shin DJ. ARTICLES: The effects of changes in outdoor play environment on children's cognitive and social play behaviors. International Journal of Early Childhood Education. 1998;3:77; Burdette HL, Whitaker RC. Resurrecting free play in young children: looking beyond fitness and fatness to attention, affiliation, and affect. Archives of Pediatrics & Adolescent Medicine. 2005;159(1):46–50; Gray P. Play theory of hunter-gatherer egalitarianism. In: Narvaez D, Valentino K, Fuentes A, et al., editors. Ancestral landscapes in human evolution: culture, childrearing, and social wellbeing. New York: Oxford University Press; 2014, pp. 192–215; Kahn PH. Developmental psychology and the biophilia hypothesis: children's affiliation with nature. Developmental Review. 1997;17(1):1–61.

12.   Fjørtoft I, Sageie J. The natural environment as a playground for children: landscape description and analyses of a natural playscape. Landscape and Urban Planning. 2000;48(1):83–97; Herrington S, Studtmann K. Landscape interventions: new directions for the design of children's outdoor play environments. Landscape and Urban Planning. 1998;42(2):191–205.

13.   Herrington, Studtmann. Landscape interventions.

14.   Gray P. Play theory of hunter-gatherer egalitarianism. In: Narvaez D, Valentino K, Fuentes A, et al., editors. Ancestral landscapes in human evolution: culture, childrearing, and social wellbeing. New York: Oxford University Press; 2014. pp. 192–215; Gray P. Free to learn: why unleashing the instinct to play will make

our children happier, more self-reliant, and better students for life. New York: Basic Books; 2013; Lew-Levy S, Reckin R, Lavi N, et al. How do hunter-gatherer children learn subsistence skills? Human Nature 2017;28(4):367–94; Singer DG, Singer JL, D'Agnostino H, DeLong R. Children's pastimes and play in sixteen nations: is free-play declining? American Journal of Play. 2009;1(3):283–312; Hrdy SB. Mothers and others: the evolutionary origins of mutual understanding. Cambridge, MA: The Belknap Press of Harvard University Press; 2009.

15. Wells N, Evans G. Nearby nature: a buffer of life stress among rural children. Environment and Behavior. 2003;35(3):311–30; Newell PB. A cross-cultural examination of favorite places. Environment and Behavior. 1997;29(4):495.

16. Norðdahl K, Einarsdóttir J. Children's views and preferences regarding their outdoor environment. Journal of Adventure Education and Outdoor Learning. 2015;15(2):152–67; Kirby MA. Nature as refuge in children's environments. Children's Environments Quarterly. 1989;6(1):7–12.

17. Berto R. Exposure to restorative environments helps restore attentional capacity. Journal of Environmental Psychology. 2005;25(3):249–59.

18. Louv R. Last child in the woods: saving our children from nature-deficit disorder. Updated and expanded. ed. Chapel Hill, NC: Algonquin Books of Chapel Hill; 2008.

19. van Den Berg AE, van Den Berg CG. A comparison of children with ADHD in a natural and built setting. Child: Care, Health and Development. 2011;37(3):430; Kuo FE, Tayler AF. A potential natural treatment for attention-deficit / hyperactivity disorder: evidence from a national study. American Journal of Public Health. 2004;94:1580–86; Berry M, Sweeney M, Morath J, et al. The nature of impulsivity: visual exposure to natural environments decreases impulsive decision-making in a delay discounting task. PLoS One. 2014;9(5):e97915.

20. Matsuoka RH. Student performance and high school landscapes: examining the links. Landscape and Urban Planning. 2010;97(4):273–82.

21. Kuo F, Sullivan W. Aggression and violence in the inner city: effects of environment via mental fatigue. Environment and Behavior. 2001;33(4):543–71.

22. Ulrich RS, Simons RF, Losito BD, et al. Stress recovery during exposure to natural and urban environments. Journal of Environmental Psychology. 1991;11:201–30; Purcell T, Peron E, Berto R. Why do preferences differ between scene types? Environment and Behavior. 2001;33(1):93–106; van Den Berg M, Maas J, Muller R, et al. Autonomic nervous system responses to viewing green and built settings:

differentiating between sympathetic and parasympathetic activity. International Journal of Environmental Research and Public Health. 2015;12(12):15860–74.

23.   Ulrich, Simons, Losito, et al. Stress recovery during exposure to natural and urban environments.

24.   McAllister TW, Flashman LA, McDonald BC, Saykin AJ. Mechanisms of working memory dysfunction after mild and moderate TBI: evidence from functional MRI and neurogenetics. Journal of Neurotrauma. 2006;23(10):1450.

25.   Hartig T, Mang M, Evans GW. Restorative effects of natural environment experiences. Environment and Behavior. 1991;23(1):3–26; Lee KE, Williams KJH, Sargent LD, et al. 40-second green roof views sustain attention: the role of micro-breaks in attention restoration. Journal of Environmental Psychology. 2015;42:182–89.

26.   Katcher A, Wilkins G. Dialogue with animals: its nature and culture. In: Kellert SR, Wilson EO, editors. The biophilia hypothesis. Washington, DC: Shearwater Books; 1993. pp. 173–97; Ward A, Arola N, Bohnert A, Lieb R. Social-emotional adjustment and pet ownership among adolescents with autism spectrum disorder. (Report). Journal of Communication Disorders. 2017;65:35.

27.   Wood L, Martin K, Hayley C, et al. The pet factor—companion animals as a conduit for getting to know people, friendship formation and social support. PLoS One. 2015;10(4):e0122085; Herzog H. The impact of pets on human health and psychological well-being: fact, fiction, or hypothesis? Current Directions in Psychological Science. 2011;20(4):236–39.

28.   Herzog H. The impact of pets on human health and psychological well-being: fact, fiction, or hypothesis? Current Directions in Psychological Science. 2011;20(4):236–39; Thorpe R, Simonsick E, Brach J, et al. Dog ownership, walking behavior, and maintained mobility in late life. Journal of the American Geriatrics Society. 2006;54(9): 1419–24; Himsworth CG, Rock M. Pet ownership, other domestic relationships, and satisfaction with life among seniors: results from a Canadian National Survey. Anthrozoös. 2013;26(2):295–305; Batty GD, Zaninotto P, Watt RG, Bell S. Associations of pet ownership with biomarkers of ageing: population based cohort study. BMJ. 2017;359.

29.   Grinde B, Patil GG. Biophilia: does visual contact with nature impact on health and well-being? International Journal of Environmental Research and Public Health. 2009;6(9):2332–43.

30.   Ulrich RS. View through a window may influence recovery from surgery. Science.

1984;224(4647):420–21

31. Park S-H, Mattson RH. Effects of flowering and foliage plants in hospital rooms on patients recovering from abdominal surgery. HortTechnology. 2008;18(4):563–68; Park S, Mattson RH. Therapeutic influences of plants in hospital rooms on surgical recovery. Hortscience. 2009;44(1):102–5.

32. Raanaas RK, Patil GG, Hartig T. Health benefits of a view of nature through the window: a quasi-experimental study of patients in a residential rehabilitation center. Clinical Rehabilitation. 2012;26(1):21–32.

33. Wilker EH, Wu C-D, McNeely E, et al. Green space and mortality following ischemic stroke. Environmental Research. 2014;133:42–48.

34. Donovan GH, Butry DT, Michael YL, et al. The relationship between trees and human health: evidence from the spread of the emerald ash borer. American Journal of Preventive Medicine. 2012;44(2):139–145.

35. Gullone E. The biophilia hypothesis and life in the 21st century: increasing mental health or increasing pathology? Journal of Happiness Studies. 2000;1:293–321.

36. Bratman GN, Hamilton JP, Daily GC. The impacts of nature experience on human cognitive function and mental health. Year in Ecology and Conservation Biology. 2012;1249(1):118–36; Dzhambov AM, Dimitrova DD. Elderly visitors of an urban park, health anxiety and individual awareness of nature experiences. Urban Forestry & Urban Greening. 2014;13(4):806–13.

37. Hunter MR, Gillespie BW, Chen SY-P. Urban nature experiences reduce stress in the context of daily life based on salivary biomarkers. Frontiers in Psychology. 2019;10.

38. Grahn P, Palsdottir A, Ottosson J, Jonsdottir I. Longer nature-based rehabilitation may contribute to a faster return to work in patients with reactions to severe stress and / or depression. International Journal of Environmental Research and Public Health. 2017;14(11); Clatworthy J, Hinds J, Camic P. Gardening as a mental health intervention: a review. Mental Health Review. 2013;18(4):214–25; Renzetti C, Follingstad D. From blue to green: the development and implementation of a therapeutic horticulture program for residents of a battered women's shelter. Violence and Victims. 2015;30(4):676–90.

39. Jiler J. Doing time in the garden: life lessons through prison horticulture. Cannizzo J, editor. Oakland, CA: New Village Press; 2006; Ulrich C, Nadkarni N. Sustainability research and practices in enforced residential institutions: collaborations of ecologists and prisoners. Environment, Development and

Sustainability. 2009;11(4):815–32; Brown G, Bos E, Brady G, et al. An evaluation of the Master Gardener Programme at HMP Rye Hill: A horticultural intervention with substance misusing offenders. Prison Sevice Journal. 2016(225):45; O'Callaghan AM, Robinson ML, Reed C, Roof L. Horticultural training improves job prospects and sense of well being for prison inmates. Acta Horticulturae. 2010(8812):773–78; Polomski RF, Johnson KM, Anderson JC. Prison inmates become master gardeners in South Carolina. HortTechnology. 1997(4):360–62; Robinson ML, O'Callaghan AM. Expanding horticultural training into the prison population. Journal of Extension. 2008;46(4).

40. South EC, Hohl BC, Kondo MC, et al. Effect of greening vacant land on mental health of community-dwelling adults. JAMA Network Open. 2018;1(3):e180298.

41. Dadvand P, Villanueva CM, Font-Ribera L, et al. Risks and benefits of green spaces for children: a cross-sectional study of associations with sedentary behavior, obesity, asthma, and allergy. Environmental Health Perspectives 2014;122(12):1329–35.

42. Bangsbo J, Krustrup P, Duda J, et al. The Copenhagen Consensus Conference 2016: children, youth, and physical activity in schools and during leisure time. BritishJournal of Sports Medicine. 2016(50):1177–78; McCurdy LE, Winterbottom KE, Mehta SS, Roberts JR. Using nature and outdoor activity to improve children's health. Current Problems in Pediatric and Adolescent Health Care. 2010;40(5): 102–17.

43. Wells N. At home with nature: effects of "greenness" on children's cognitive functioning. Environment and Behavior. 2000;32(6):775–95.

44. Woodgate RL, Skarlato O. "It is about being outside": Canadian youth's perspectives of good health and the environment. Health Place. 2015;31:100–10; Gopinath B, Hardy LL, Baur LA, et al. Physical activity and sedentary behaviors and health-related quality of life in adolescents. Pediatrics. 2012;130(1):e167.

45. Wiens V, Kyngäs H, Pölkki T. The meaning of seasonal changes, nature, and animals for adolescent girls' wellbeing in northern Finland: a qualitative descriptive study. International Journal of Qualitative Studies on Health and Well-Being. 2016;11(1): 30160–14.

46. Berry, Sweeney, Morath, et al. The nature of impulsivity.

47. Engemann K, Pedersen CB, Arge L, et al. Residential green space in childhood is associated with lower risk of psychiatric disorders from adolescence into adulthood. Proceedings of the National Academy of Sciences of the United States of America. 2019;116(11):5188.

48. Gidlow CJ, Jones MV, Hurst G, et al. Where to put your best foot forward: psycho-physiological responses to walking in natural and urban environments. Journal of Environmental Psychology. 2016;45:22–29.

49. de Vries S, Verheij RA, Groenewegen PP, Spreeuwenberg P. Natural environments—healthy environments? An exploratory analysis of the relationship between greenspace and health. Environment and Planning A. 2003;35(10):1717–31.

50. Gong Y, Gallacher J, Palmer S, Fone D. Neighbourhood green space, physical function and participation in physical activities among elderly men: the Caerphilly Prospective study. International Journal of Behavioral Nutrition and Physical Activity. 2014;11:40; Takano T, Nakamura K, Watanabe M. Urban residential environments and senior citizens' longevity in megacity areas: the importance of walkable green spaces. Journal of Epidemiology and Community Health. 2002;56(12):913; Wang D, Lau KK-L, Yu R, et al. Neighbouring green space and mortality in community-dwelling elderly Hong Kong Chinese: a cohort study. BMJ Open. 2017;7(7):e015794-e.

51. Huynh Q, Craig W, Janssen I, Pickett W. Exposure to public natural space as a protective factor for emotional well-being among young people in Canada. (Research article) BMC Public Health. 2013;13:407; Saw L, Lim F, Carrasco L. The relationship between natural park usage and happiness does not hold in a tropical city-state. PLoS One. 2015;10(7):e0133781.

52. Calogiuri G. Natural environments and childhood experiences promoting physical activity, examining the mediational effects of feelings about nature and social networks. International Journal of Environmental Research and Public Health. 2016;13(4).

53. Adams S, Savahl S. Children's perceptions of the natural environment: a South African perspective. Children's Geographies. 2013(2):196–211; Chong S, Lobb E, Khan R, et al. Neighbourhood safety and area deprivation modify the associations between parkland and psychological distress in Sydney, Australia. (Research article) BMC Public Health. 2013;13:422.

54. Joye Y, De Block A. 'Nature and I are Two': a critical examination of the biophilia hypothesis. Environmental Values. 2011;20(2):189–215.

55. Diamond. New Guineans and their natural world; Tierney K, Connolly M. A review of the evidence for a biological basis for snake fears in humans. Psychological Record. 2013;63(4):919–28.

56. Adams, Savahl. Children's perceptions of the natural environment; Balling JD, Falk

JH. Development of visual preference for natural environments. Environment and Behavior. 1982;14(1):5–28; Saw, Lim, Carrasco. The relationship between natural park usage and happiness does not hold in a tropical city-state.

57. Fischer CS. The biophilia hypothesis. 1994. p. 1161.

58. Adams, Savahl. Children's perceptions of the natural environment.

59. Kahn PH. Developmental psychology and the biophilia hypothesis: children's affiliation with nature. Developmental Review. 1997;17(1):1–61.

60. Louv R. Last child in the woods: saving our children from nature-deficit disorder. Updated and expanded ed. Chapel Hill, NC: Algonquin Books of Chapel Hill; 2008.

61. Albrecht G, Sartore G-M, Connor L, et al. The distress caused by environmental change. Australasian Psychiatry. 2007;15(1 suppl):S95–S8; Walton T, Shaw WS. Living with the Anthropocene blues. Geoforum. 2015;60:1–3.

62. Cunsolo Willox A, Stephenson E, Allen J, et al. Examining relationships between climate change and mental health in the Circumpolar North. Regional Environmental Change. 2015;15(1):169–82; Ellis NR, Albrecht GA. Climate change threats to family farmers' sense of place and mental wellbeing: a case study from the Western Australian wheatbelt. Social Science & Medicine. 2017;175:161–68; Rice SM, McIver LJ. Climate change and mental health: rationale for research and intervention planning. Asian Journal of Psychiatry. 2016;20:1–2.

63. Gifford E, Gifford R. The largely unacknowledged impact of climate change on mental health. Bulletin of the Atomic Scientists. 2016;72(5):292–97.

64. Zeyer A, Roth W-M. Post-ecological discourse in the making. Public Understanding of Science. 2013;22(1):33–48; Majeed H, Lee J. The impact of climate change on youth depression and mental health. The Lancet Planetary Health. 2017;1(3):e94–e95; Van Den Hazel P. Perspective on children's public mental health and climate change. European Journal of Public Health. 2017;27.

65. Walton T, Shaw WS. Living with the Anthropocene blues. Geoforum. 2015;60:1–3.

66. Gifford, Gifford. The largely unacknowledged impact of climate change on mental health.

67. Verplanken B, Roy D. "My worries are rational, climate change is not"; habitual ecological worrying is an adaptive response. PLoS One. 2013;8(9):e74708.

2부 21세기 뇌

5장 소비 가속화

1. Hámori J. History of human brain evolution. Frontiers of Neuroscience. 2010;4; Leigh SR. Brain growth, life history, and cognition in primate and human evolution. American Journal of Primatology. 2004;62(3):139–64; Antón S, Potts R, Aiello L. Evolution of early Homo: An integrated biological perspective. Science. 2014;345(6192): 1236828.

2. Maguire EA, Spiers HJ, Good CD, et al. Navigation expertise and the human hippocampus: a structural brain analysis. Hippocampus. 2003;13:250–59; Maguire EA, Woollett K, Spiers HJ. London taxi drivers and bus drivers: a structural MRI and neuropsychological analysis. Hippocampus. 2006;16:1091–101.

3. Meilinger T, Frankenstein J, Bülthoff HH. Learning to navigate: experience versus maps. Cognition. 2013;129(1):24–30; Meilinger T, Frankenstein J, Simon N, et al. Not all memories are the same: situational context influences spatial recall within one's city of residency. Psychon Bull Rev. 2016;23(1):246–52; Frankenstein J. Is GPS all in our heads? New York Times. 2012 February 5, 2012.

4. Gindrat A-D, Chytiris M, Balerna M, et al. Use-dependent cortical processing from fingertips in touchscreen phone users. Current Biology. 2015;25(1):109–16.

5. Akers K, Martinez-Canabal A, Restivo L, et al. Hippocampal neurogenesis regulates forgetting during adulthood and infancy. Science. 2014;344(6184):598–602.

6. Parker ES, Cahill L, McGaugh JL. A case of unusual autobiographical remembering. Neurocase. 2006;12(1):35–49; Leport AKR, Stark SM, McGaugh JL, Stark CEL. A cognitive assessment of highly superior autobiographical memory. Memory. 2017;25(2):276–88.

7. Sterling P, Laughlin S. Principles of neural design. Cambridge, MA: MIT Press; 2015.

8. Bae B-I, Tietjen I, Atabay KD, et al. Evolutionarily dynamic alternative splicing of GPR56 regulates regional cerebral cortical patterning. Science. 2014;343(6172):764; Rash B, Rakic P. Genetic resolutions of brain convolutions. Science. 2014;343(6172):744–45; Konopka G, Geschwind DH. Human brain evolution: harnessing the genomics (r)evolution to link genes, cognition, and behavior. Neuron. 2010;68(2):231–44.

9. Iriki A, Taoka M. Triadic (ecological, neural, cognitive) niche construction: a scenario

of human brain evolution extrapolating tool use and language from the control of reaching actions. Philosophical Transactions of the Royal Society B. 2012;367(1585): 10–23.

10. Iriki, Taoka. Triadic (ecological, neural, cognitive) niche construction.

11. Toffler A. Future shock. New York: Random House; 1970.

12. Mika P. Future shock—discussing the changing temporal architecture of daily life. Journal of Futures Studies. 2010;14(4):1–21.

13. Burger O, Baudisch A, Vaupel JW. Human mortality improvement in evolutionary context. Proceedings of the National Academy of Sciences of the United States of America. 2012;109(44):18210–14.

14. Allen JG, MacNaughton P, Satish U, et al. Associations of cognitive function scores with carbon dioxide, ventilation, and volatile organic compound exposures in office workers: A controlled exposure study of green and conventional office environments. Environmental Health Perspectives. 2015;124(6):805–812.

15. Hofferth S, Sandberg J. Changes in American children's time, 1981–1997. Advances in Life Course Research. 2001;6:193–229.

16. Anderson DR, Huston AC, Schmitt KL, et al. Early childhood television viewing and adolescent behavior: The recontact study. Monographs of the Society for Research in Child Development. 2001;66(1):1–147.

17. Vandewater EA, Rideout VJ, Wartella EA, et al. Digital childhood: electronic media and technology use among infants, toddlers, and preschoolers. Pediatrics. 2007;119(5):e1006.

18. Singer DG, Singer JL, D'Agnostino H, DeLong R. Children's pastimes and play in sixteen nations: is free-play declining? American Journal of Play. 2009;1(3):283–312.

19. Jago R, Stamatakis E, Gama A, et al. Parent and child screen-viewing time and home media environment. American Journal of Preventive Medicine. 2012;43(2): 150–58; Tandon PS, Zhou C, Lozano P, Christakis DA. Preschoolers' total daily screen time at home and by type of child care. Journal of Pediatrics. 2011;158(2): 297–300.

20. Jago, Stamatakis, Gama, et al. Parent and child screen-viewing time; Lauricella AR, Wartella E, Rideout VJ. Young children's screen time: the complex role of parent and child factors. Journal of Applied Developmental Psychology. 2015;36:11–7; Atkin AJ, Corder K, van Sluijs EMF. Bedroom media, sedentary time and screen-time in children: a longitudinal analysis. International Journal of Behavioral

Nutrition and Physical Activity. 2013;10:137; Ramirez ER, Norman GJ, Rosenberg DE, et al. Adolescent screen time and rules to limit screen time in the home. Journal of Adolescent Health. 2011;48(4):379–85.

21. Yan Z. Child and adolescent use of mobile phones: an unparalleled complex developmental phenomenon. Child Development. 2018;89(1):5–16.

22. Hiniker A, Sobel K, Suh H, et al. Texting while parenting: how adults use mobile phones while caring for children at the playground. Proceedings of the 33rd Annual ACM (Association for Computing Machinery) Conference on human factors on computing systems. ACM Digital Media. 2015:727–36; Kushlev K, Dunn EW. Smartphones distract parents from cultivating feelings of connection when spending time with their children. Journal of Social and Personal Relationships. 2018;36(6):1619–39; Radesky JS, Kistin CJ, Zuckerman B, et al. Patterns of mobile device use by caregivers and children during meals in fast food restaurants. Pediatrics. 2014;133(4):e843.

23. Brod C. Managing technostress: optimizing the use of computer technology. Personnel Journal. 1982;61(10):753–57; Lee Y, Chang CT, Lin Y, Cheng Z. The dark side of smartphone usage: Psychological traits, compulsive behavior and technostress. Computers in Human Behavior. 2014;31:373–83.

24. Chassiakos Y, Radesky J, Christakis D, et al. Children and adolescents and digital media. Pediatrics. 2016;138(5):e20162593.

25. Chassiakos, Radesky, Christakis, et al. Children and adolescents and digital media; Divan HA, Kheifets L, Obel C, Olsen J. Cell phone use and behavioural problems in young children. Journal of Epidemiology and Community Health. 2012;66(6):524; Hinkley T, Verbestel V, Ahrens W, et al. Early childhood electronic media use as a predictor of poorer well-being: a prospective cohort study. JAMA Pediatrics. 2014;168(5):485–92; Jackson LA, Von Eye A, Fitzgerald HE, et al. Internet use, videogame playing and cell phone use as predictors of children's body mass index (BMI), body weight, academic performance, and social and overall self-esteem. Computers in Human Behavior. 2011;27:599–604; Yan. Child and adolescent use of mobile phones; Brown A, Smolenaers E. Parents' interpretations of screen time recommendations for children younger than 2 years. Journal of Family Issues. 2018;39(2):406–29.

26. Tene O, Polonetsky J. A theory of creepy: technology, privacy and shifting social norms. Yale Journal of Law and Technology. 2014;16(1):59–102.

27. Sterling P, Laughlin S. Principles of neural design. Cambridge, MA: MIT Press;

2015.

28. Hawkins RP, Yong-Ho K, Pingree S. The ups and downs of attention to television. Communication Research. 1991;18(1):53–76.

29. Anderson DR, Levin SR. Young children's attention to "Sesame Street." Child Development. 1976;47(3):806–11.

30. Sproull N. Visual attention, modeling behaviors, and other verbal and nonverbal meta-communication of prekindergarten children viewing Sesame Street. American Educational Research Journal. 1973;10(2):101–14.

31. Anderson DR, Levin SR. Young children's attention to "Sesame Street"; Hawkins RP, Yong-Ho K, Pingree S. The ups and downs of attention to television.

32. Christakis D, Zimmerman F, Digiuseppe D, McCarty C. Early television exposure and subsequent attentional problems in children. Pediatrics. 2004;113(4):708–13.

33. Chassiakos, Radesky, Christakis, et al. Children and adolescents and digital media.

34. Cristia A, Seidl A. Parental reports on touch screen use in early childhood. PLoS One. 2015;10(6):p.e0128338-e0128338; DOI:10.1371 / journal.pone.0128338.

35. Korkeamäki R-L, Dreher MJ, Pekkarinen A. Finnish preschool and first-grade children's use of media at home. Human Technology: An Interdisciplinary Journal on Humans in ICT Environments. 2012;8(2):109–32; Chassiakos, Radesky, Christakis, et al. Children and adolescents and digital media.

36. Chassiakos, Radesky, Christakis, et al. Children and adolescents and digital media.

37. Bavelier D, Green CS, Dye M. Children, wired: for better and for worse. Neuron. 2010;67(5):692–701.

38. Lauricella, Wartella, Rideout. Young children's screen time; Korkeamäki, Dreher, Pekkarinen. Finnish preschool and first-grade children's use of media.

39. Séguin D, Klimek V. Just five more minutes please: electronic media use, sleep and behaviour in young children. Early Child Development and Care. 2015;186(6):981–1000; Roser K, Schoeni A, Roosli M. Mobile phone use, behavioural problems and concentration capacity in adolescents: a prospective study. International Journal of Hygiene and Environmental Health. 2016;219(8):759–69; Taehtinen RE, Sigfusdottir ID, Helgason AR, Kristjansson AL. Electronic screen use and selected somatic symptoms in 10–12 year old children. Preventive Medicine. 2014;67:128–33; Divan, Kheifets Obel, Olsen. Cell phone use and behavioural problems; Lemola S, Perkinson-Gloor N, Brand S, et al. Adolescents' electronic media use at night, sleep disturbance, and depressive symptoms in the smartphone age. Journal of Youth and Adolescence. 2015;44(2):405–18; Pecor K, Kang L, Henderson M, et al.

Sleep health, messaging, headaches, and academic performance in high school students. Brain & Development. 2016;38(6):548–53.

40. Tomopoulos S, Dreyer B, Berkule S, et al. Infant media exposure and toddler development. Archives of Pediatrics & Adolescent Medicine. 2010;164(12):1105–11.

41. Hinkley, Verbestel, Ahrens, et al. Early childhood electronic media use.

42. Jackson, Von Eye, Fitzgerald, et al. Internet use, videogame playing and cell phone use as predictors.

43. Yuan K, Cheng P, Dong T, Bi Y, et al. Cortical thickness abnormalities in late adolescence with online gaming addiction. PLoS ONE. 2013;8(1):e53055; Zhu Y, Zhang H, Tian M. Molecular and functional imaging of internet addiction. Biomed Research International. 2015;2015:378675–9.

44. Hinkley T, Cliff DP, Okely AD. Reducing electronic media use in 2–3 year-old children: feasibility and efficacy of the Family@play pilot randomised controlled trial. (Report). BMC Public Health. 2015;15(1):779.

45. Anderson, Huston, Schmitt, et al. Early childhood television viewing and adolescent behavior.

46. Rodgers RF, Damiano SR, Wertheim EH, Paxton SJ. Media exposure in very young girls: prospective and cross-sectional relationships with BMIz, self-esteem and body size stereotypes. Developmental Psychology. 2017;53(12):2356–63; Anderson, Huston, Schmitt, et al. Early childhood television viewing and adolescent behavior; Stamou AG, Maroniti K, Griva E. Young children talk about their popular cartoon and TV heroes' speech styles: media reception and language attitudes. Language Awareness. 2015;24(3):1–17.

47. Bavelier, Green, Dye. Children, wired; Christakis DA, Garrison MM, Herrenkohl T, et al. Modifying media content for preschool children: a randomized controlled trial. (Report). Pediatrics. 2013;131(3):431; Wilson BJ. Media and children's aggression, fear, and altruism. The Future of Children. 2008;18(1):87–118; Anderson, Huston, Schmitt, et al. Early childhood television viewing and adolescent behavior.

48. Mathiak KA, Klasen M, Weber R, et al. Reward system and temporal pole contributions to affective evaluation during a first person shooter video game. (Report). BMC Neuroscience. 2011;12:66.

49. Chassiakos, Radesky, Christakis, et al. Children and adolescents and digital media.

50. Christakis, Garrison, Herrenkohl, et al. Modifying media content for preschool children; Wilson. Media and children's aggression, fear, and altruism.

51. Rogoff B, Morelli GA, Chavajay P. Children's integration in communities and segregation from people of differing ages. Perspectives on Psychological Science. 2010;5(4):431–40.

52. Anderson KJ, Cavallaro D. Parents or pop culture? Children's heroes and role models. Childhood Education. 2002;78(3):161–68; Chen-Yu JH, Seock Y-K. Adolescents' clothing purchase motivations, information sources, and store selection criteria: a comparison of male / female and impulse / nonimpulse shoppers. Family and Consumer Sciences Research Journal. 2002;31(1):50–77.

53. Bogin B. Childhood, adolescence, and longevity: a multilevel model of the evolution of reserve capacity in human life history. American Journal of Human Biology. 2009;21(4):567–77; Bogin B, Varea C, Hermanussen M, Scheffler C. Human life course biology: a centennial perspective of scholarship on the human pattern of physical growth and its place in human biocultural evolution. American Journal of Physical Anthropology. 2018;165(4):834–54.

54. Lebel C, Beaulieu C. Longitudinal development of human brain wiring continues from childhood into adulthood. Journal of Neuroscience. 2011;31(30):10937–47; Spear LP. Adolescent neurodevelopment. Journal of Adolescent Health. 2013;52(2):S7–S13; Galvan A, Hare T, Voss H, et al. Risk-taking and the adolescent brain: who is at risk? Developmental Science. 2007;10(2):F8–F14; Steinberg L. A social neuroscience perspective on adolescent risk-taking. Developmental Review. 2008;28(1):78–106; Yeatman JD, Wandell BA, Mezer AA. Lifespan maturation and degeneration of human brain white matter. Nature Communcations 2014;5:4932.

55. Duhaime A-C. Imitation, immaturity, and injury. Journal of Neurosurgery Pediatrics. 2009;4(5):407.

56. Patton GC, Olsson CA, Skirbekk V, et al. Adolescence and the next generation. Nature. 2018;554(7693):458.

57. Chassiakos, Radesky, Christakis, et al. Children and adolescents and digital media.

58. Ehrenreich S, Underwood M, Ackerman R. Adolescents' text message communication and growth in antisocial behavior across the first year of high school. Journal of Abnormal Child Psychology. 2014;42(2):251–64; Anderson L, McCabe DB. A coconstructed world: adolescent self-socialization on the internet. (Report). Journal of Public Policy & Marketing. 2012;31(2):240; Romer D, Moreno M. Digital media and risks for adolescent substance abuse and problematic gambling. Pediatrics. 2017;140 (Suppl 2):S102.

59. Stamou, Maroniti, Griva. Young children talk about their popular cartoon and TV

heroes' speech styles.

60. Davies P, Surridge J, Hole L, Munro-Davies L. Superhero-related injuries in paediatrics: a case series. Archives of Disease in Childhood. 2007;92(3):242.

61. Anderson, Cavallaro. Parents or pop culture?; Holub S, Tisak M, Mullins D. Gender differences in children's hero attributions: Personal hero choices and evaluations of typical male and female heroes. Sex Roles. 2008;58(7):567–78; Gash H, Rodríguez P. Young people's heroes in France and Spain. Spanish Journal of Psychology. 2009;12(1):246–57.

62. Anderson, McCabe. A coconstructed world; Sato N, Kato Y. Youth marketing in Japan. Young Consumers. 2005;6(4):56; Montgomery K. Youth and digital media: a policy research agenda. Journal of Adolescent Health. 2000;27(2):61–68; Shim S, Serido J, Barber B. A consumer way of thinking: linking consumer socialization and consumption motivation perspectives to adolescent development. Journal of Research on Adolescence. 2011;21(1):290–99; Bax T. Internet addiction in China: The battle for the hearts and minds of youth. Deviant Behavior. 2014;35(9):687–702.

63. Hefner D, Knop K, Schmitt S, Vorderer P. Rules? Role model? Relationship? The impact of parents on their children's problematic mobile phone involvement. Media Psychology. 2018:22(1):82–108; Tur-Porcar A. Parenting styles and internet use. Psychology & Marketing. 2017;34(11):1016–22.

64. Kurniawan S, Haryanto J. Kids as future market: the role of autobiographical memory in building brand loyalty. Researchers World. 2011;2(4):77–90; Confos N, Davis T. Young consumer–brand relationship building potential using digital marketing. European Journal of Marketing. 2016;50(11):1993–2017; Sharma A, Sonwaney V. Theoretical modeling of influence of children on family purchase decision making. Procedia—Social and Behavioral Sciences. 2014;133:38–46; Kaur P, Singh R. Children in family purchase decision making in India and the West. Academy of Marketing Science Review. 2006;2006(8):1–30; Chen-Yu, Seock. Adolescents' clothing purchase motivations, information sources, and store selection criteria; de Vries L, Gensler S, Leeflang PSH. Popularity of brand posts on brand fan pages: an investigation of the effects of social media marketing. Journal of Interactive Marketing. 2012;26(2):83–91; McClure A, Tanski S, Li Z, et al. Internet alcohol marketing and underage alcohol use. Pediatrics. 2016;137(2):p. e20152149–e20152149; Soneji S, Pierce JP, Choi K, et al. Engagement with online tobacco marketing and associations with tobacco product use among US youth.

Journal of Adolescent Health. 2017;61(1):61–69; Hill WE, Beatty SE, Walsh G. A segmentation of adolescent online users and shoppers. Journal of Services Marketing. 2013;27(5):347–60; Sato, Kato. Youth marketing in Japan.

65. Lawlor M-A, Dunne Á, Rowley J. Young consumers' brand communications literacy in a social networking site context. European Journal of Marketing. 2016;50(11):2018–40; Holmberg CE. Chaplin J, Hillman T, Berg C. Adolescents' presentation of food in social media: an explorative study. Appetite. 2016;99(C):121–29; An S, Jin HS, Park EH. Children's advertising literacy for advergames: Perception of the game as advertising. Journal of Advertising. 2014;43(1):63–72; Okazaki S. The tactical use of mobile marketing: how adolescents' social networking can best shape brand extensions. Journal of Advertising Research. 2009;49(1):12; Montgomery KC, Chester J. Interactive food and beverage marketing: Targeting adolescents in the digital age. Journal of Adolescent Health. 2009;45(3):S18–S29; Niu HJ, Chiang YS, Tsai HT. An exploratory study of the Otaku adolescent consumer. Psychology & Marketing. 2012;29(10): 712–25.

66. Opel DJ, Diekema DS, Lee NR, Marcuse EK. Social marketing as a strategy to increase immunization rates. Archives of Pediatrics & Adolescent Medicine. 2009;163(5):432–37; Yan. Child and adolescent use of mobile phones; de Vreese CH. Digital renaissance: young consumer and citizen? Annals of the American Academy of Political and Social Science. 2007;611(1):207–16; Wilson. Media and children's aggression, fear, and altruism.

67. Nelson JK, Zeckhauser R. The patron's payoff: conspicuous commissions in Italian Renaissance art. Princeton, NJ: Princeton University Press; 2008.

68. Kaur, Singh. Children in family purchase decision making in India and the West; Sener A. Influences of adolescents on family purchasing behavior: perceptions of adolescents and parents. Social Behavior and Personality. 2011;39(6):747–54; Marshall R, Reday PA. Internet-enabled youth and power in family decisions. Young Consumers. 2007;8(3):177–83.

69. Sharma, Sonwaney. Theoretical modeling of influence of children on family purchase decision making; Rose G, Boush D, Shoham A. Family communication and children's purchasing influence: a cross-national examination. Journal of Business Research. 2002;55(11):867–73; Lawlor M-A, Prothero A. Pester power—a battle of wills between children and their parents. Journal of Marketing Management. 2011;27(5–6):561.

70. Chen-Yu, Seock. Adolescents' clothing purchase motivations, information sources,

and store selection criteria.

71. Chassiakos, Radesky, Christakis, et al. Children and adolescents and digital media.

72. Winpenny EM, Marteau TM, Nolte E. Exposure of children and adolescents to alcohol marketing on social media websites. Alcohol and Alcoholism. 2014;49(2):154–59; Barrientos-Gutiérrez T, Barrientos-Gutiérrez I, Reynales-Shigematsu LM, et al. Se busca mercado adolescente: internet y videojuegos, las nuevas estrategias de la industria tabacalera. Salud publica de Mexico. 2012;54(3):303.

73. Zwarun L, Linz D, Metzger M, Kunkel D. Effects of showing risk in beer commercials to young drinkers. Journal of Broadcasting & Electronic Media. 2006;50(1):52–77.

74. Bernhardt A, Wilking C, Gilbert-Diamond D, et al. Children's recall of fast food television advertising—testing the adequacy of food marketing regulation. PLoS One. 2015;10(3):e0119300.

75. Tene O, Polonetsky J. A theory of creepy: technology, privacy and shifting social norms. Yale Journal of Law and Technology. 2014;16(1):59–102.

76. Chen-Yu, Seock. Adolescents' clothing purchase motivations, information sources, and store selection criteria.

77. Minahan S, Huddleston P. Shopping with my mother: reminiscences of adult daughters. International Journal of Consumer Studies. 2013;37(4):373–78.

78. Garcia JR, Saad G. Evolutionary neuromarketing: Darwinizing the neuroimaging paradigm for consumer behavior. Journal of Consumer Behaviour. 2008;7(4–5):397–414; Saad G, Vongas JG. The effect of conspicuous consumption on men's testosterone levels. Organizational Behavior and Human Decision Processes. 2009;110(2):80–92; Saad G. The consuming instinct. What Darwinian consumption reveals about human nature. Politics and the Life Sciences: Journal of the Association for Politics and the Life Sciences. 2013;32(1):58; Griskevicius V, Kenrick DT. Fundamental motives: How evolutionary needs influence consumer behavior. Journal of Consumer Psychology. 2013;23(3):372–86.

79. Hayhoe CR, Leach L, Turner PR. Discriminating the number of credit cards held by college students using credit and money attitudes. Journal of Economic Psychology. 1999;20(6):643–56.

80. Claes L, Müller A, Norré J, et al. The relationship among compulsive buying, compulsive internet use and temperament in a sample of female patients with eating disorders. European Eating Disorders Review. 2012;20(2):126–31; Lawrence LM,

Ciorciari J, Kyrios M. Relationships that compulsive buying has with addiction, obsessive-compulsiveness, hoarding, and depression. Comprehensive Psychiatry. 2014;55(5): 1137–45; Loredana V, Gioacchino L, Santo DIN. Buying addiction: reliability and construct validity of an assessment questionnaire. Postmodern Openings. 2015;VI(1):149–60; Mueller A, Mitchell JE, Peterson LA, et al. Depression, materialism, and excessive internet use in relation to compulsive buying. Comprehensive Psychiatry. 2011;52(4):420.

81. Sterling P. Why we consume: neural design and sustainability: great transition initiative; 2016. [Available from: http://www.greattransition.org/publication/why-we-consume.]

82. Hajdu G, Hajdu T. The impact of culture on well-being: evidence from a natural experiment. Journal of Happiness Studies. 2015;17(3):1089–1110.

83. Vaillant GE. Triumphs of experience: the men of the Harvard Grant Study. Cambridge, MA: Belknap Press of Harvard University Press; 2012.

84. Veenhoven R, Diener E, Michalos A. Editorial: what this journal is about. Journal of Happiness Studies. 2000;1(1):5–8.

85. Kim EJ, Kyeong S, Cho SW, et al. Happier people show greater neural connectivity during negative self-referential processing. PLOS One. 2016;11(2): e0149554–e0149554; Heller AS, van Reekum CM, Schaefer SM, et al. Sustained striatal activity predicts eudaimonic well-being and cortisol output. Psychological Science. 2013;24(11):2191; Luo S, Yu D, Han S. Genetic and neural correlates of romantic relationship satisfaction. Social Cognitive and Affective Neuroscience. 2016;11(2):337–48; Shi Z, Ma Y, Wu B, et al. Neural correlates of reflection on actual versus ideal self-discrepancy. NeuroImage. 2016;124(Part A):573.

86. Kong F, Hu S, Wang X, et al. Neural correlates of the happy life: the amplitude of spontaneous low frequency fluctuations predicts subjective well-being. NeuroImage. 2015;107:136–45; Kong F, Wang X, Hu S, Liu J. Neural correlates of psychological resilience and their relation to life satisfaction in a sample of healthy young adults. NeuroImage. 2015;123:165.

87. Mrazek MD, Mooneyham BW, Mrazek KL, Schooler JW. Pushing the limits: cognitive, affective, and neural plasticity revealed by an intensive multifaceted intervention. Frontiers in Human Neuroscience. 2016;10:117–117.

6장 환경에 가장 해로운 행동

1. Schrag DP. Geobiology of the Anthropocene. In: Knoll AH, Canfield DE, Konhauser KO, editors. Fundamentals of geobiology: Oxford: Blackwell Publishing; 2012.

2. McKibben B. A special moment in history, part 2: Earth 2. The Atlantic Monthly. 1998;281(5):55–78.

3. Hertwich E, Peters G. Carbon footprint of nations: a global, trade-linked analysis. Environmental Science & Technology. 2009;43(16):6414; World Bank. CO2 emissions (metric tons per capita) 2013. [Available at: https://data.worldbank.org/indicator/EN.ATM.CO2E.PC.]

4. Oreskes N, Conway EM. Merchants of doubt: how a handful of scientists obscured the truth on issues from tobacco smoke to global warming. New York: Bloomsbury Press; 2010.

5. Environmental Protection Agency. Global greenhouse gas emissions data 2017 [updated April 13, 2017]. [Available at: https://www.epa.gov/ghgemissions/global-greenhouse-gas-emissions-data]; MacKay DJC. Sustainable energy without the hot air. Cambridge: UIT Cambridge; 2009.

6. Solomon S, Plattner GK, Knutti R, Friedlingstein P. Irreversible climate change due to carbon dioxide emissions. Proceedings of the National Academy of Sciences of the United States of America. 2009;106(6):1704–9.

7. Bin S, Dowlatabadi H. Consumer lifestyle approach to US energy use and the related CO2 emissions. Energy Policy. 2005;33(2):197–208.

8. Bin, Dowlatabadi. Consumer lifestyle approach to US energy use.

9. Environmental Protection Agency. Global greenhouse gas emissions data 2017.

10. Chung JW, Meltzer DO. Estimate of the carbon footprint of the US health care sector. JAMA. 2009;302(18):1970–72; Eckelman MJ, Sherman J. Environmental impacts of the U.S. health care system and effects on public health. (Report). PLoS One. 2016;11(6): e0157014–e0157014.

11. MacKay. Sustainable energy without the hot air; Stern PC. Psychology and the science of human–environment interactions. American Psychologist. 2000;55(5):523–30.

12. Bin, Dowlatabadi. Consumer lifestyle approach to US energy use; Jones CM, Kammen DM. Quantifying carbon footprint reduction opportunities for U.S. households and communities. Environmental Science & Technology.

2011;45(9):4088–95; Hertwich, Peters. Carbon footprint of nations.

13. Stern. Psychology and the science of human–environment interactions; MacKay. Sustainable energy without the hot air.

14. Dietz T, Gardner GT, Gilligan J, et al. Household actions can provide a behavioral wedge to rapidly reduce US carbon emissions. Proceedings of the National Academy of Sciences of the United States of America. 2009;106(44):18452; Schnoor JL. Coalitions of the willing. Environmental Science & Technology. 2012;46(17):9201.

15. Gössling S, Cohen S. Why sustainable transport policies will fail: EU climate policy in the light of transport taboos. Journal of Transport Geography. 2014;39:197–207.

16. Pacala S, Socolow R. Stabilization wedges: solving the climate problem for the next 50 years with current technologies. Science. 2004;305(5686):968–72.

17. Intergovernmental Panel on Climate Change. Intergovernmental Panel on Climate Change Website 2017 [Available at: http:/www.ipcc.ch/]; Intergovernmental Panel on Climate Change. IPCC 2018: Summary for policymakers. In: Masson- Delmotte V, Zhai P, Pörtner HO, et al., editors. Global warming of 15°C. An IPCC special report on the impacts of global warming of 15°C above pre-industrial levels and related global greenhouse gas emission pathways, in the context of strengthening the global response to the threat of climate change, sustainable development, and efforts to eradicate poverty. Geneva: World Meteorologic Organization; 2018. pp. 1–32.

18. McKibben. A special moment in history, part 2.

19. Schrag. Geobiology of the Anthropocene; Siegenthaler U, Stocker TF, Monnin E, et al. Stable carbon cycle-climate relationship during the Late Pleistocene. Science. 2005; 310(5752):1313.

20. Intergovernmental Panel on Climate Change. IPCC, 2013: summary for policymakers. In: Stocker TF, Qin D, Plattner GK, et al., editors. Climate Change 2013: The physical science basis contribution of Working Group I to the Fifth Assessment Report of the Intergovernmental Panel on Climate Change. Cambridge: Cambridge University Press; 2013. pp. 3–29.

21. Borie M, Mahony M, Obermeister N, Hulme M. Knowing like a global expert organization: comparative insights from the IPCC and IPBES. Global Environmental Change. 2021;68:102261.

22. Girod B, van Vuuren DP, Hertwich EG. Global climate targets and future consumption level: an evaluation of the required ghg intensity. Environmental Research Letters. 2013;8(1):014016.

23. Harris N, Payne O, Mann SA. How much rainforest is in that chocolate bar? World

Resources Institute; 2015. [Available at: http://www.wri.org/blog/2015/08/how-much-rainforest-chocolate-bar.]

24. Recanati F, Marveggio D, Dotelli G. From beans to bar: a life cycle assessment towards sustainable chocolate supply chain. Science of the Total Environment. 2018;613–14:1013–23.

25. Mackey B. Counting trees, carbon and climate change. Significance. 2014;11(1):19–23; Williamson P. Scrutinize CO_2 removal methods: the viability and environmental risks of removing carbon dioxide from the air must be assessed if we are to achieve the Paris goals. Nature. 2016;530(7589):153.

26. Gillingham K, Sweeney J. Barriers to implementing low-carbon technologies. Climate Change Economics. 2012;3(04):1250019; Williamson. Scrutinize CO_2 removal methods; Goeppert A, Czaun M, May RB, et al. Carbon dioxide capture from the air using a polyamine based regenerable solid adsorbent. Journal of the American Chemical Society. 2011;133(50):20164.

27. Attari SZ, Dekay ML, Davidson CI, de Bruin WB. Public perceptions of energy consumption and savings. Proceedings of the National Academy of Sciences of the United States of America. 2010;107(37):16054; Whitmarsh L. Behavioural responses to climate change: asymmetry of intentions and impacts. Journal of Environmental Psychology. 2009;29(1):13–23.

28. Wynes S, Nicholas KA. The climate mitigation gap: education and government recommendations miss the most effective individual actions. Environmental Research Letters. 2017;12(7):074024.

29. Gardner GT, Stern PC. The short list: the most effective actions U.S. households can take to curb climate change. Environment: Science and Policy for Sustainable Development. 2008;50(5):12–25.

30. Stern. Psychology and the science of human–environment interactions; Girod B, van Vuuren DP, Hertwich EG. Climate policy through changing consumption choices: options and obstacles for reducing greenhouse gas emissions. Global Environmental Change. 2014;25(March 2014):5–15.

31. World Bank. CO_2 emissions.

32. Environmental Protection Agency. Global greenhouse gas emissions data 2017; MacKay. Sustainable energy without the hot air.

33. Ehrlich PR, Holdren JP. Impact of population growth. Science. 1971;171(3977):1212–17; Schrag. Geobiology of the Anthropocene; Girod, van Vuuren, Hertwich. Global climate targets and future consumption level.

34. Girod B, van Vuuren DP, Deetman S. Global travel within the 2°C climate target. Energy Policy. 2012;45:152–66; Intergovernmental Panel on Climate Change. IPCC, 2013: summary for policymakers. In: Stocker, Qin, Plattner, et al., editors. Climate change 2013; Garren S, Pinjari A, Brinkmann R. Carbon dioxide emission trends in cars and light trucks: a comparative analysis of emissions and methodologies for Florida's counties (2000 and 2008). Energy Policy. 2011;39(9):5287; Hao H, Geng Y, Sarkis J. Carbon footprint of global passenger cars: scenarios through 2050. Energy. 2016;101:121–31.

35. Fuglestvedt J, Berntsen T, Myhre G, et al. Climate forcing from the transport sectors. Proceedings of the National Academy of Sciences of the United States of America. 2008;105(2):454; Gössling, Cohen. Why sustainable transport policies will fail.

36. Hao, Geng, Sarkis. Carbon footprint of global passenger cars.

37. Wynes, Nicholas. The climate mitigation gap.

38. Gardner, Stern. The short list.

39. Reichmuth DS, Lutz AE, Manley DK, Keller JO. Comparison of the technical potential for hydrogen, battery electric, and conventional light-duty vehicles to reduce greenhouse gas emissions and petroleum consumption in the United States. International Journal of Hydrogen Energy. 2012(38):1200–1208.

40. Fladung A-K, Gron G, Grammer K, et al. A neural signature of anorexia nervosa in the ventral striatal reward system. American Journal of Psychiatry. 2010;167(2):206.

41. Ensslen A, Schücking M, Jochem P, et al. Empirical carbon dioxide emissions of electric vehicles in a French-German commuter fleet test. Journal of Cleaner Production. 2017;142:263–78.

42. Bellekom S, Benders R, Pelgröm S, Moll H. Electric cars and wind energy: two problems, one solution? A study to combine wind energy and electric cars in 2020 in the Netherlands. Energy. 2012;45(1):859–66.

43. Wanitschke A, Hoffmann S. Are battery electric vehicles the future? An uncertainty comparison with hydrogen and combustion engines. Environmental Innovation and Societal Transitions. 2020;35:509–23.

44. Singh B, Guest G, Bright R, Strømman A. Life cycle assessment of electric and fuel cell vehicle transport based on forest biomass. Journal of Industrial Ecology. 2014;18(2): 176–86; Hao H, Qiao Q, Liu Z, Zhao F. Impact of recycling on energy consumption and greenhouse gas emissions from electric vehicle production: the China 2025 case. Resources, Conservation & Recycling. 2017;122:114–25.

45. Holdway A, Williams A, Inderwildi O, King D. Indirect emissions from electric vehicles: emissions from electricity generation. Energy & Environmental Science. 2010;3(12):1825–32; Singh, Guest, Bright, Strømman. Life cycle assessment of electric and fuel cell vehicle transport.

46. Hao, Geng, Sarkis. Carbon footprint of global passenger cars.

47. Oreskes N, Conway EM. Defeating the merchants of doubt. Nature. 2010;465:686–87.

48. Girod, van Vuuren, Deetman. Global travel within the 2°C climate target; Edwards HA, Dixon-Hardy D, Wadud Z. Aircraft cost index and the future of carbon emissions from air travel. Applied Energy. 2016;164:553–62; Lee DS, Pitari G, Grewe V, et al. Transport impacts on atmosphere and climate: aviation. Atmospheric Environment. 2010;44(37):4678–734.

49. Lee, Pitari, Grewe, et al. Transport impacts on atmosphere and climate.

50. Edwards, Dixon-Hardy, Wadud. Aircraft cost index and the future of carbon emissions from air travel.

51. Loo BPY, Li L. Carbon dioxide emissions from passenger transport in China since 1949: implications for developing sustainable transport. Energy Policy. 2012;50:464–76.

52. Hayward JA, O' Connell DA, Raison RJ, et al. The economics of producing sustainable aviation fuel: a regional case study in Queensland, Australia. GCB Bioenergy. 2015;7(3): 497–511; Lee, Pitari, Grewe, et al. Transport impacts on atmosphere and climate.

53. Grote M, Williams I, Preston J. Direct carbon dioxide emissions from civil aircraft. Atmospheric Environment. 2014;95:214–24.

54. Rosenthal E. Your biggest carbon sin may be air travel. New York Times. January 27, 2013.

55. Wynes, Nicholas. The climate mitigation gap; Gardner, Stern. The short list.

56. Stohl A. The travel-related carbon dioxide emissions of atmospheric researchers. Atmospheric Chemistry and Physics. 2008;8(21):6499–504.

57. Girod, van Vuuren, Deetman. Global travel within the 2° C climate target.

58. Jakob M. Marginal costs and co-benefits of energy efficiency investments: the case of the Swiss residential sector. Energy Policy. 2006;34(2):172–87.

59. Gardner, Stern. The short list.

60. Girod, van Vuuren, Hertwich. Climate policy through changing consumption choices.

61. Gardner, Stern. The short list; Dietz, Gardner, Gilligan, et al. Household actions can provide a behavioral wedge.

62. Hertwich EG, Roux C. Greenhouse gas emissions from the consumption of electric and electronic equipment by Norwegian households. Environmental Science & Technology. 2011;45(19):8190.

63. Scott MJ, Dirks JA, Cort KA. The value of energy efficiency programs for U.S. residential and commercial buildings in a warmer world. Mitigation and Adaptation Strategies for Global Change. 2007;13(4):307–339.

64. Tilman D, Clark M. Global diets link environmental sustainability and human health. Nature. 2014;515(7528):518–522.

65. Pollan M. The omnivore's dilemma: a natural history of four meals. New York: Penguin Press; 2006; Pollan M. Food rules: an eater's manual. New York: Penguin Press; 2009; Beavan C. No impact man: the adventures of a guilty liberal who attempts to save the planet, and the discoveries he makes about himself and our way of life in the process. 1st ed. New York: Farrar, Strauss, and Giroux; 2009.

66. Tilman, Clark. Global diets link environmental sustainability and human health.

67. Eshel G, Shepon A, Makov T, Milo R. Land, irrigation water, greenhouse gas, and reactive nitrogen burdens of meat, eggs, and dairy production in the United States. Proceedings of the National Academy of Sciences of the United States of America. 2014;111(33): 11996–2001; Pan A, Sun Q, Bernstein AM, et al. Red meat consumption and mortality: results from 2 prospective cohort studies. Archives of Internal Medicine. 2012;172(7):555–63.

68. Tilman, Clark. Global diets link environmental sustainability and human health.

69. Nemecek T, Jungbluth N, Canals L, Schenck R. Environmental impacts of food consumption and nutrition: where are we and what is next? International Journal of Life Cycle Assessment. 2016;21(5):607–20; Heller MC, Keoleian G, Willett W. Toward a life cycle-based, diet-level framework for food environmental impact and nutritional quality assessment: a critical review. Environmental Science & Technology. 2013; 47(22):12632–47.

70. Nemecek, Jungbluth, Canals, Schenck. Environmental impacts of food consumption and nutrition; Brodt S, Kramer K, Kendall A, Feenstra G. Comparing environmental impacts of regional and national-scale food supply chains: a case study of processed tomatoes. Food Policy. 2013;42:106–14.

71. Garnett T. Food sustainability: problems, perspectives and solutions. Proceedings of the Nutrition Society. 2013;72(1):29–39.

72. Lukas M, Rohn H, Lettenmeier M, et al. The nutritional footprint—integrated methodology using environmental and health indicators to indicate potential for absolute reduction of natural resource use in the field of food and nutrition. Journal of Cleaner Production. 2016;132:161–70.

73. Tilman, Clark. Global diets link environmental sustainability and human health.

74. Wynes, Nicholas. The climate mitigation gap.

3부 뇌를 바꾸는 전략

7장 바꾸기 쉬운 행동 vs 바꾸기 어려운 행동

1. Balleine BW, Dezfouli A. Hierarchical action control: adaptive collaboration between actions and habits. Frontiers in Psychology. 2019;10:2735.

2. Yin HH, Knowlton BJ. The role of the basal ganglia in habit formation. Nature Reviews Neuroscience. 2006;7(6):464–76; Smith KS, Graybiel AM. Habit formation coincides with shifts in reinforcement representations in the sensorimotor striatum. Journal of Neurophysiology. 2016;115(3):1487.

3. Brembs B. Spontaneous decisions and operant conditioning in fruit flies. Behavioural Processes. 2011;87(1):157–64; Ena S, D'Exaerde AD, Schiffmann SN. Unraveling the differential functions and regulation of striatal neuron sub-populations in motor control, reward, and motivational processes. Frontiers in Behavioral Neuroscience 2011(5)47:1–10; Faure A, Haberland U, Conde F, El Massioui N. Lesion to the nigrostriatal dopamine system disrupts stimulus-response habit formation. Journal of Neuroscience. 2005; 25(11):2771–80; Humphries MD, Prescott TJ. The ventral basal ganglia, a selection mechanism at the crossroads of space, strategy, and reward. Progress in Neurobiology. 2010;90:385–417.

4. Swim J, Clayton S, Doherty T, et al. Psychology and global climate change: addressing a multi-faceted phenomenon and set of challenges. A report by the American Psychological Association's Task Force on the Interface between Psychology and Global Climate Change: American Psychological Association; 2011. [Available from:http://www.apa.org/science/about/publications/climate-change. aspx.]

5. Morgan D. Schedules of reinforcement at 50: a retrospective appreciation. The Psychological Record. 2010;60(1):151–72.

6.   Ferster CB, Skinner BF. Schedules of reinforcement. New York: Appleton-Century-Crofts; 1957; Sterling P. Why we consume: neural design and sustainability: Great Transition Initiative; 2016. [Available from: http://www.greattransition.org/publication/why-we-consume.]

7.   Torrubia R, Ávila C, Moltó J, Caseras X. The Sensitivity to Punishment and Sensitivity to Reward Questionnaire (SPSRQ) as a measure of Gray's anxiety and impulsivity dimensions. Personality and Individual Differences. 2001;31(6):837–62.

8.   Morgan. Schedules of reinforcement at 50; Hardin MG, Perez-Edgar K, Guyer AE, et al. Reward and punishment sensitivity in shy and non-shy adults: relations between social and motivated behavior. Personality and Individual Differences. 2006;40(4): 699–711.

9.   Peterson RF, Peterson LR. The use of positive reinforcement in the control of self-destructive behavior in a retarded boy. Journal of Experimental Child Psychology. 1968;6(3):351–60; Boyd LA, Keilbaugh WS, Axelrod S. The direct and indirect effects of positive reinforcement on on-task behavior. Behavior Therapy. 1981;12(1):80–92; Andreou TE, McIntosh K, Ross SW, Kahn JD. Critical incidents in sustaining school-wide positive behavioral interventions and supports. Journal of Special Education. 2015;49(3):157–67; Dickinson DJ. Changing behavior with behavioral techniques. Journal of School Psychology. 1968;6(4):278–83; Payne SW, Dozier CL. Positive reinforcement as treatment for problem behavior maintained by negative reinforcement. Journal of Applied Behavior Analysis. 2013;46(3):699–703; Manassis K, Young A. Adapting positive reinforcement systems to suit child temperament. Journal of the American Academy of Child and Adolescent Psychiatry. 2001;40(5):603–605; Slocum SK, Vollmer TR. A comparison of positive and negative reinforcement for compliance to treat problem behavior maintained by escape. Journal of Applied Behavior Analysis. 2015;48(3):563–74; Call NA, Lomas Mevers JE. The relative influence of motivating operations for positive and negative reinforcement on problem behavior during demands: MOs for positive versus negative reinforcement. Behavioral Interventions. 2014;29(1):4–20.

10.   Gabor AM, Fritz JN, Roath CT, et al. Caregiver preference for reinforcement-based interventions for problem behavior maintained by positive reinforcement. Journal of Applied Behavior Analysis. 2016;49(2):215–27.

11.   Adams K, Heath D, Sood G, et al. Positive reinforcement to create and sustain a culture change in hand hygiene practices in a tertiary care academic facility. American Journal of Infection Control. 2013;41(6):S95.

12. Prochaska JJ, Prochaska JO. A review of multiple health behavior change interventions for primary prevention. American Journal of Lifestyle Medicine. 2011;5(3):208–21; Johnston W, Buscemi J, Coons M. Multiple health behavior change: a synopsis and comment on "A review of multiple health behavior change interventions for primary prevention." Translational Behavioral Medicine. 2013;3(1):6–7; Harrison A, Newell M-L, Imrie J, Hoddinott G. HIV prevention for South African youth: which interventions work? A systematic review of current evidence. BMC Public Health. 2010;10:102.

13. Ventikos N, Lykos G, Padouva I. How to achieve an effective behavioral-based safety plan: the analysis of an attitude questionnaire for the maritime industry. WMU Journal of Maritime Affairs. 2014;13(2):207–30.

14. Sims B. Using positive-reinforcement programs to effect culture change. Employment Relations Today. 2014;41(2):43–47; Podsakoff PM, Bommer WH, Podsakoff NP, Mackenzie SB. Relationships between leader reward and punishment behavior and subordinate attitudes, perceptions, and behaviors: a meta-analytic review of existing and new research. Organizational Behavior and Human Decision Processes. 2006; 99(2):113–42; Podsakoff NP, Podsakoff PM, Kuskova VV. Dispelling misconceptions and providing guidelines for leader reward and punishment behavior. Business Horizons. 2010;53(3):291–303.

15. Wang DV, Tsien JZ. Convergent processing of both positive and negative motivational signals by the VTA dopamine neuronal populations. (Research article). PLoS One. 2011;6(2):e17047; Kubanek J, Snyder LH, Abrams RA. Reward and punishment act as distinct factors in guiding behavior. Cognition. 2015;139:154–67.

16. Sidarta A, Vahdat S, Bernardi NF, Ostry DJ. Somatic and reinforcement-based plasticity in the initial stages of human motor learning. Journal of Neuroscience. 2016;36(46):11682; Smith, Graybiel. Habit formation coincides with shifts in reinforcement representations.

17. Fuhrmann A, Kuhl J. Maintaining a healthy diet: effects of personality and self-reward versus self-punishment on commitment to and enactment of self-chosen and assigned goals. Psychology & Health. 1998;13(4):651–86.

18. Greaves CJ, Sheppard KE, Abraham C, et al. Systematic review of reviews of intervention components associated with increased effectiveness in dietary and physical activity interventions. BMC Public Health. 2011;11:119.

19. Specter A, Gerberding JL, Ornish D, Perelson G, et al. Improving nutrition

and health through lifestyle modifications: hearing before a subcommittee of the Committee on Appropriations, United States Senate, One Hundred Eighth Congress, first session, special hearing, February 17, 2003, San Francisco, CA: Hearing before the Subcommittee on Departments of Labor, Health, Human Services, Education and Related Agencies (February 17, 2003, 2004); West DS, DiLillo V, Bursac Z, et al. Motivational interviewing improves weight loss in women with type 2 diabetes. (Clinical Care / Education / Nutrition). Diabetes Care. 2007;30(5):1081; Annesi JJ, Vaughn LL. Directionality in the relationship of self-regulation, self-efficacy, and mood changes in facilitating improved physical activity and nutrition behaviors: extending behavioral theory to improve weight-loss treatment effects. Journal of Nutrition Education and Behavior. 2017;49(6):505–12; Greaves, Sheppard, Abraham, et al. Systematic review of reviews of intervention components.

20. Fladung A-K, Gron G, Grammer K, et al. A neural signature of anorexia nervosa in the ventral striatal reward system. American Journal of Psychiatry. 2010;167(2):206.

21. Shea A. How writing a lullaby helps struggling mothers-to-be bond with their babies: WBUR Radio, Boston; 2018. [Available from: http://www.wbur.org/artery/2018/01/25/lullaby-project.]; Wolf DP. Lullaby—Being Together—Being Well. New York: Carnegie Hall's Weill Music Institute; 2017; Hinesley J, Cunningham S, Charles R, et al. The Lullaby Project: a musical intervention for pregnant women. Women's Health Reports. 2020;1(1):543–49.

22. Shea. How writing a lullaby helps struggling mothers-to-be.

23. Hinesley, Cunningham, Charles, et al. The Lullaby Project.

24. Ersche K, Gillan C, Jones P, et al. Carrots and sticks fail to change behavior in cocaine addiction. Science. 2016;352(6292):1468–71.

25. Fairhead J. The significance of death, funerals and the after-life in Ebola-hit Sierra Leone, Guinea and Liberia: anthropological insights into infection and social resistance. Health & Education Advice and Resource Team (HEART); 2014. [Available from: http://www.heart-resources.org/doc_lib/significance–death-funerals-life-ebola-hit-sierra-leone-guinea-liberia-anthropological-insights-infection-social–resistance/.]

26. Abramowitz SA, McLean KE, McKune SL, et al. Community-centered responses to Ebola in urban Liberia: the view from below. PLoS Neglected Tropical Diseases. 2015;9(4):e0003706.

27. Fairhead. The significance of death, funerals and the after-life.

28. Chan M. Ebola virus disease in West Africa—no early end to the outbreak. New England Journal of Medicine. 2014;371(13):1183–85; Yamanis T, Nolan E, Shepler S. Fears and misperceptions of the Ebola response system during the 2014–2015 outbreak in Sierra Leone. (Report). PLoS Neglected Tropical Diseases. 2016;10(10): e0005077.

29. Abramowitz S, McKune SL, Fallah M, et al. The opposite of denial: social learning at the onset of the Ebola emergency in Liberia. Journal of Health Communication. 2017;22:59–65; Abramowitz, McLean, McKune, et al. Community-centered responses to Ebola in urban Liberia; Gamma AE, Slekiene J, Von Medeazza G, et al. Contextual and psychosocial factors predicting Ebola prevention behaviours using the RANAS approach to behavior change in Guinea-Bissau. BMC Public Health. 2017;17(1):446.

30. Reaves EJ, Mabande LG, Thoroughman DA, et al. Control of Ebola virus disease— Firestone District, Liberia, 2014. Morbidity and Mortality Weekly Report. 2014;63:959; Jalloh MF, Bunnell R, Robinson S, et al. Assessments of Ebola knowledge, attitudes and practices in Forécariah, Guinea and Kambia, Sierra Leone, July–August 2015. Philosophical Transactions of the Royal Society of London Series B, Biological Sciences. 2017;372(1721):20160304.

31. Abramowitz, McLean, McKune, et al. Community-centered responses to Ebola in urban Liberia, 11.

32. Nelson JK, Zeckhauser R. The patron's payoff: conspicuous commissions in Italian Renaissance art. Princeton, NJ: Princeton University Press; 2008.

33. Thaler RH, Sunstein CR. Nudge: improving decisions about health, wealth, and happiness. New Haven, CT: Yale University Press; 2008.

34. Marchiori DR, Adriaanse MA, De Ridder DTD. Unresolved questions in nudging research: putting the psychology back in nudging. Social and Personality Psychology Compass. 2017;11(1):e12297.

35. Loewenstein G, Brennan T, Volpp KG. Asymmetric paternalism to improve health behaviors. JAMA. 2007;298(20):2415–17.

36. Marchiori, Adriaanse, De Ridder. Unresolved questions in nudging research.

37. Dreibelbis R, Kroeger A, Hossain K, et al. Behavior change without behavior change communication: nudging handwashing among primary school students in Bangladesh. International Journal of Environmental Research and Public Health. 2016; 13(1):129; Thedell T. Nudging toward safety progress. Professional Safety.

2016; 61(9):27.

38. Bucher T, Collins C, Rollo ME, et al. Nudging consumers towards healthier choices: a systematic review of positional influences on food choice. British Journal of Nutrition. 2016;115(12):2252–63; Olstad DL, Goonewardene LA, McCargar LJ, Raine KD. Choosing healthier foods in recreational sports settings: a mixed methods investigation of the impact of nudging and an economic incentive. International Journal of Behavioral Nutrition and Physical Activity. 2014;11(1):835; Friis R, Skov LR, Olsen A, et al. Comparison of three nudge interventions (priming, default option, and perceived variety) to promote vegetable consumption in a self-service buffet setting. PLoS One. 12(5):e0176028.

39. Baldwin R. From regulation to behaviour change: giving nudge the third degree. Modern Law Review. 2014;77(6):831–57; Goodwin T. Why we should reject 'nudge.' Politics. 2012;32(2):85–92; Evans N. A 'nudge' in the wrong direction. (Review). Institute of Public Affairs. 2012;64(4):16–9.

40. Hansen P, Jespersen A. Nudge and the manipulation of choice. European Journal of Risk Regulation. 2013;4(1):3–28; Goodwin. Why we should reject 'nudge.'; Evans. A 'nudge' in the wrong direction; Mols F, Haslam SA, Jetten J, Steffens NK. Why a nudge is not enough: a social identity critique of governance by stealth. European Journal of Political Research. 2015;54(1):81–98; Moseley A, Stoker G. Nudging citizens? Prospects and pitfalls confronting a new heuristic. Resources, Conservation & Recycling. 2013;79:4–10.

41. Hansen PG, Skov LR, Skov KL. Making healthy choices easier: regulation versus nudging. Annual Review of Public Health. 2016;37:237–51.

42. Nørnberg TR, Houlby L, Skov LR, Peréz-Cueto FJA. Choice architecture interventions for increased vegetable intake and behaviour change in a school setting: a systematic review. Perspectives in Public Health. 2016;136(3):132–42.

43. Borovoy A, Roberto C. Japanese and American public health approaches to preventing population weight gain: a role for paternalism? Social Science & Medicine. 2015; 143:62.

44. Nørnberg, Houlby, Skov, Peréz-Cueto. Choice architecture interventions for increased vegetable intake and behaviour change; Guthrie J, Mancino L, Lin CTJ. Nudging consumers toward better food choices: policy approaches to changing food consumption behaviors. Psychology & Marketing. 2015;32(5):501–11; Marchiori, Adriaanse, De Ridder. Unresolved questions in nudging research.

8장 환경을 위한 행동 변화 전략

1. Carson R. Silent spring. First Mariner Books edition. Lear LJ, Wilson EO, editors. Boston: Houghton Mifflin Harcourt; 1962 (reissued 2002).

2. Ehrlich PR. The population bomb. New York: Ballantine Books; 1968.

3. Gifford R. Environmental psychology matters. Annual Review of Psychology. 2014;65:541–79; Lehman PK, Gellman ES. Behavior analysis and environmental protection: accomplishments and potential for more. Behavior and Social Issues. 2004;13:13–32.

4. Sundstrom E, Bell P, Busby P, Asmus C. Environmental psychology 1989–1994. Annual Review of Psychology. 1996;47:485; Dwyer WO, Leeming FC, Cobern MK, et al. Critical review of behavioral interventions to preserve the environment. Research since 1980. Environment and Behavior. 1992;25(3):275–321.

5. Kazdin AE. Psychological science's contributions to a sustainable environment. American Psychologist. 2009;64(5):339–56; Raskin PD. World lines: a framework for exploring global pathways. Ecological Economics. 2008;65(3):461–70.

6. Capstick S. Public understanding of climate change as a social dilemma. Sustainability. 2013;5(8):3484–501.

7. Dwyer, Leeming, Cobern, et al. Critical review of behavioral interventions; Sundstrom, Bell, Busby, Asmus. Environmental psychology 1989–1994; Lehman, Gellman. Behavior analysis and environmental protection; Berthoù S. The everyday challenges of pro-environmental practices. Journal of Transdisciplinary Environmental Studies. 2013;12(1):53–68; Gifford R, Nilsson A. Personal and social factors that influence proenvironmental concern and behaviour: a review. International Journal of Psychology. 2014;49(3):141–57; Raskin. World lines; Stephenson J, Crane SF, Levy C, Maslin M. Population, development, and climate change: links and effects on human health. The Lancet. 2013;382(9905):1665–73.

8. Dietz T, Gardner GT, Gilligan J, et al. Household actions can provide a behavioral wedge to rapidly reduce US carbon emissions. Proceedings of the National Academy of Sciences of the United States of America. 2009;106(44):18452; Pacala S, Socolow R. Stabilization wedges: solving the climate problem for the next 50 years with current technologies. Science. 2004;305(5686):968–72.

9. Kazdin. Psychological science's contributions to a sustainable environment.

10. Berthoù. Everyday challenges of pro-environmental practices.

11. Tybur JM, Griskevicius V. Evolutionary psychology: a fresh perspective for

understanding and changing problematic behavior. Public Administration Review. 2013;73(1):12–22.

12. Pfautsch S, Gray T. Low factual understanding and high anxiety about climate warming impedes university students to become sustainability stewards. International Journal of Sustainability in Higher Education. 2017;18(7):1157–75.

13. Griskevicius V, Kenrick DT. Fundamental motives: how evolutionary needs influence consumer behavior. Journal of Consumer Psychology. 2013;23(3):372–86.

14. Tukker A, Cohen MJ, Hubacek K, Mont O. The impacts of household consumption and options for change. Journal of Industrial Ecology. 2010;14(1):13–30.

15. Gifford, Nilsson. Personal and social factors that influence pro-environmental concern and behaviour; Pongiglione F. Motivation for adopting pro-environmental behaviors: the role of social context. Ethics, Policy & Environment. 2014;17(3): 308–23.

16. Gifford, Nilsson. Personal and social factors that influence pro-environmental concern and behaviour; Rezvani Z, Jansson J, Bengtsson M. Consumer motivations for sustainable consumption: the interaction of gain, normative and hedonic motivations on electric vehicle adoption. Business strategy and the environment. 2018; 27(8): 1272–83; Pongiglione. Motivation for adopting pro-environmental behaviors.

17. Akil H, Bouillé J, Robert-Demontrond P. Visual representations of climate change and individual decarbonisation project: an exploratory study. Revue de l'Organisation Responsable. 2017;12(1):66–80.

18. Ryghaug M. Obstacles to sustainable development: the destabilisation of climate change knowledge. Sustainable Development. 2011;19:157–66; Pongiglione F, Cherlet J. The social and behavioral dimensions of climate change: fundamental but disregarded? Journal for General Philosophy of Science. 2015;46(2):383–91.

19. Dietz, Gardner, Gilligan, et al. Household actions can provide a behavioral wedge to rapidly reduce US carbon emissions.

20. Koletsou A, Mancy R. Which efficacy constructs for large-scale social dilemma problems? Individual and collective forms of efficacy and outcome expectancies in the context of climate change mitigation. Risk Management. 2011;13(4):184–208.

21. Pacala, Socolow. Stabilization wedges. Science. 2004;305(5686):968–72.

22. Schwerhoff G, Nguyen T, Edenhofer O, et al. Policy options for a socially balanced climate policy. Economics. 2017;11(20):1–12; Watts N, Adger WN, Agnolucci P, et al. Health and climate change: policy responses to protect public health. The

Lancet. 2015;386(10006): 1861–914; Fudge S, Peters M. Behaviour change in the UK climate debate: an assessment of responsibility, agency and political dimensions. Sustainability. 2011;3(6):789–808.

23. Shakhashiri B, Bell J. Climate change conversations. Science. 2013;340(6128):9; Rees WE. Human nature, eco-footprints and environmental injustice. Local Environment. 2008; 13(8):685–701; Reese G. Common human identity and the path to global climate justice. Climatic Change. 2016;134(4):521–31; Clayton S, Devine-Wright P, Stern P, et al. Psychological research and global climate change. Nature Climate Change. 2015;5(7): 640–46.

24. Decanio S, Fremstad A. Game theory and climate diplomacy. Ecological Economics. 2013;85:177–87; Madani K. Modeling international climate change negotiations more responsibly: can highly simplified game theory models provide reliable policy insights? Ecological Economics. 2013;90:68–76; Soroos M. Global change, environmental security, and the Prisoner's Dilemma. Journal of Peace Research. 1994;31:317; Safarzyn'ska K, van Den Bergh JCJM. Evolving power and environmental policy: explaining institutional change with group selection. Ecological Economics. 2010;69(4):743–52.

25. Pazzanese C. How Earth Day gave birth to the environmental movement. Harvard Gazette. April 17, 2020.

26. Kirton J. Consequences of the 2008 US elections for America's climate change policy, Canada, and the world. International Journal. 2009;64(1):153–62; Stevens B. Politics, elections and climate change. Social Alternatives. 2007;26(4):10–5.

27. McCrea R, Leviston Z, Walker IA. Climate change skepticism and voting behavior: what causes what? Environment and Behavior. 2016;48(10):1309–34; Tobler C, Visschers VHM, Siegrist M. Addressing climate change: determinants of consumers' willingness to act and to support policy measures. Journal of Environmental Psychology. 2012;32(3):197–207; Clayton, Devine-Wright, Stern, et al. Psychological research and global climate change; Urban J. Are we measuring concern about global climate change correctly? Testing a novel measurement approach with the data from 28 countries. Climatic Change. 2016;139(3–4):397–411.

28. Hornsey M, Harris E, Bain P, Fielding K. Meta-analyses of the determinants and outcomes of belief in climate change. Nature Climate Change. 2016;6(6):622–26.

29. McCrea, Leviston, Walker. Climate change skepticism and voting behavior.

30. Obradovich N. Climate change may speed democratic turnover. Climatic Change.

2017;140(2):135–47.

31. Arroyo V. Are there winning strategies for enacting climate policy? Climate clever: how governments can tackle climate change (and still win elections). Climate Policy. 2013; 13(1):142–44; Brody S, Grover H, Vedlitz A. Examining the willingness of Americans to alter behaviour to mitigate climate change. Climate Policy. 2012;12(1): 1–22; Schnoor JL. Coalitions of the willing. Environmental Science & Technology. 2012;46(17):9201.

32. Milfont T, Evans L, Sibley C, et al. Proximity to coast is linked to climate change belief. PLoS One. 2014;9(7):e103180; Clayton, Devine-Wright, Stern, et al. Psychological research and global climate change; Koerth J, Vafeidis A, Hinkel J, Sterr H. What motivates coastal households to adapt pro-actively to sea-level rise and increasing flood risk? Regional Environmental Change. 2013;13(4):897–909.

33. Rosentrater L, Saelensminde I, Ekstrom F, et al. Efficacy trade-offs in individuals' support for climate change policies. Environment and Behavior. 2013;45(8):935–70; Bertolotti M, Catellani P. Effects of message framing in policy communication on climate change. European Journal of Social Psychology. 2014;44(5):474–86.

34. Levin IP, Gaeth GJ. How consumers are affected by the framing of attribute information before and after consuming the product. Journal of Consumer Research. 1988; 15(3):374–78.

35. Hardisty D, Johnson E, Weber E. A dirty word or a dirty world?: Attribute framing, political affiliation, and query theory. Psychological Science. 2010;21(1):86.

36. Gillingham K, Sweeney J. Barriers to implementing low-carbon technologies. Climate Change Economics. 2012;3(04):1250019.

37. Gillingham, Sweeney. Barriers to implementing low-carbon technologies.

38. Gillingham, Sweeney. Barriers to implementing low-carbon technologies.

39. Gillingham, Sweeney. Barriers to implementing low-carbon technologies.

40. Milne MJ, Gray R. W(h)ither ecology? The triple bottom line, the global reporting initiative, and corporate sustainability reporting. Journal of Business Ethics. 2013;118(1):13–29.

41. González-Rodríguez MR, Díaz-Fernández MC, Simonetti B. The social, economic and environmental dimensions of corporate social responsibility: The role played by consumers and potential entrepreneurs. International Business Review. 2015;24(5):836–48; Monast JJ, Adair SK. A triple bottom line for electric utility regulation: aligning state-level energy, environmental, and consumer protection goals. Columbia Journal of Environmental Law. 2013;38(1):1–65; Cervellon M-C.

Victoria's dirty secrets: effectiveness of green not-for-profit messages targeting brands. Journal of Advertising. 2012;41(4):133–45; Frederking L. Getting to green: niche-driven or government-led entrepreneurship and sustainability in the wine industry. New England Journal of Entrepreneurship. 2011; 14(1):47–60; Longoni A, Cagliano R. Environmental and social sustainability priorities. International Journal of Operations & Production Management. 2015;35(2):216–45; Brannan DB, Heeter J, Bird L. Made with renewable energy: how and why companies are labeling consumer products. Technical Report NREL / TP-6A20-53764. Golden, CO: United States Department of Energy National Renewable Energy Laboratory; 2012; Kastner I, Matthies E. Motivation and impact: implications of a twofold perspective on sustainable consumption for intervention programs and evaluation sesigns. Gaia. 2014;23(S1):175–83.

42. Davies ZG, Armsworth PR. Making an impact: the influence of policies to reduce emissions from aviation on the business travel patterns of individual corporations. Energy Policy. 2010;38(12):7634–38; Girod B, van Vuuren DP, Deetman S. Global travel within the 2°C climate target. Energy Policy. 2012;45:152–66; Howitt OJA, Revol VGN, Smith IJ, Rodger CJ. Carbon emissions from international cruise ship passengers' travel to and from New Zealand. Energy Policy. 2010;38(5):2552–60; Williams V, Noland RB, Toumi R. Reducing the climate change impacts of aviation by restricting cruise altitudes. Transportation Research D. 2002;7(6):451–64; Edwards HA, Dixon-Hardy D, Wadud Z. Aircraft cost index and the future of carbon emissions from air travel. Applied Energy. 2016;164:553–62.

43. Dragomir VD. Environmental performance and responsible corporate governance: an empirical note. E & M Ekonomie A Management. 2013;16(1):33–51.

44. Eden S. Environmental issues: nature versus the environment? Progress in Human Geography. 2001;25(1):79–85.

45. Correia D. Degrowth, American style: no impact man and bourgeois primitivism. Capitalism Nature Socialism. 2012;23(1):105–18; Jackson T. Prosperity without growth: economics for a finite planet. London: Earthscan; 2009; Schwerhoff, Nguyen, Edenhofer, et al. Policy options for a socially balanced climate policy.

46. Correia. Degrowth, American style.

47. Jackson. Prosperity without growth; Daly H, editor. A steady state economy. Sustainable Development Commission. London: Earthscan; 2008.

48. Kolbert E. Green like me: living without a fridge, and other experiments in environmentalism. The New Yorker. 2009 August 31; Stern PC. New environmental

theories: toward a coherent theory of environmentally significant behavior. Journal of Social Issues. 2000;56(3):407–24.

49. Oreskes N, Conway EM. The collapse of Western civilization: a view from the future. New York: Columbia University Press; 2014.

50. Hornsey M, Harris E, Bain P, Fielding K. Meta-analyses of the determinants and outcomes of belief in climate change. Nature Climate Change. 2016; 6(6):622–26; Kazdin. Psychological science's contributions to a sustainable environment.

51. Di Cosmo V, O'Hora D. Nudging electricity consumption using TOU pricing and feedback: evidence from Irish households. Journal of Economic Psychology. 2017;61:1–14.

52. Staats H, Harland P, Wilke HAM. Effecting durable change: a team approach to improve environmental behavior in the household. (Author abstract). Environment and Behavior. 2004;36(3):341.

53. Kahneman D. Thinking, fast and slow. First ed. New York: Farrar, Straus and Giroux; 2011; Stoknes PE. What we think about when we try not to think about global warming: toward a new psychology of climate action. White River Junction, VT: Chelsea Green Publishing; 2015.

54. Allcott H, Mullainathan S. Energy. Behavior and energy policy. Science. 2010;327(5970):1204; Girod B, van Vuuren DP, Hertwich EG. Climate policy through changing consumption choices: options and obstacles for reducing greenhouse gas emissions. Global Environmental Change. 2014;25(March 2014):5–15.

55. Wilson C, Crane L, Chryssochoidis G. Why do homeowners renovate energy efficiently? Contrasting perspectives and implications for policy. Energy Research & Social Science. 2015;7:12–22.

56. McKibben B. Power to the people: why the rise of green energy makes utility companies nervous. The New Yorker. 2015;91(18):30; Staats, Harland, Wilke. Effecting durable change.

57. Wilson, Crane, Chryssochoidis. Why do homeowners renovate energy efficiently?; Fudge, Peters. Behaviour change in the UK climate debate.

58. Wilson, Crane, Chryssochoidis. Why do homeowners renovate energy efficiently?

59. Devine-Wright P. Think global, act local? The relevance of place attachments and place identities in a climate changed world. Global Environmental Change. 2013;23(1):61–69.

60. Wilson, Crane, Chryssochoidis. Why do homeowners renovate energy efficiently?

61.	Stern PC. Psychology and the science of human–environment interactions. American Psychologist. 2000;55(5):523–30; Clark CF, Kotchen MJ, Moore MR. Internal and external influences on pro-environmental behavior: participation in a green electricity program. Journal of Environmental Psychology. 2003;23(3):237–46; Gifford, Nilsson. Personal and social factors that influence pro-environmental concern and behaviour; Gifford. Environmental psychology matters; Whitmarsh L. Behavioural responses to climate change: asymmetry of intentions and impacts. Journal of Environmental Psychology. 2009;29(1):13–23.

62.	Moser S, Kleinhückelkotten S. Good intents, but low impacts: diverging importance of motivational and socioeconomic determinants explaining pro-environmental behavior, energy use, and carbon footprint. Environment and Behavior. 2018;50(6):626–56.

63.	Ortega-Egea J, García-de-Frutos N, Antolín-López R. Why do some people do "more" to mitigate climate change than others? Exploring heterogeneity in psycho-social associations. PLoS One. 2014;9(9):e106645.

64.	Milfont, Evans, Sibley, et al. Proximity to coast is linked to climate change belief; Koerth, Vafeidis, Hinkel, Sterr. What motivates coastal households to adapt proactively to sea-level rise?

65.	Adams M. Ecological crisis, sustainability and the psychosocial subject: beyond behaviour change. London: Macmillan; 2016, pp. 1–11; Hornsey, Harris, Bain, Fielding. Meta-analyses of the determinants and outcomes of belief in climate change; Chen A, Gifford R. "I wanted to cooperate, but . . .": justifying suboptimal cooperation in a commons dilemma. Canadian Journal of Behavioural Science. 2015;47(4): 282–91.

66.	Gifford, Nilsson. Personal and social factors that influence pro-environmental concern and behaviour; Berthoù. Everyday challenges of pro-environmental practices; Biggar M, Ardoin NM. More than good intentions: the role of conditions in personal transportation behaviour. Local Environment. 2017;22(2):141–55; Lin S-P. The gap between global issues and personal behaviors: pro-environmental behaviors of citizens toward climate change in Kaohsiung, Taiwan. Mitigation and Adaptation Strategies for Global Change. 2013;18(6):773–83.

67.	Lehman, Gellman. Behavior analysis and environmental protection; Stern. Psychology and the science of human–environment interactions; Whitmarsh. Behavioural responses to climate change.

68.	Klöckner CA. The psychology of pro-environmental communication: beyond standard information strategies. London: Macmillan; 2015; Dicaglio J, Barlow KM, Johnson JS. Rhetorical recommendations built on ecological experience: a reassessment of the challenge of environmental communication. Environmental Communication. 2017:1–13; Delmas MA, Fischlein M, Asensio OI. Information strategies and energy conservation behavior: a meta-analysis of experimental studies from 1975 to 2012. Energy Policy. 2013;61:729–39.

69. McKibben B. The end of nature. 1st edition. New York: Random House; 1989.

70. McKibben B. The end of nature. Westminster: Random House Publishing Group; 2014.

71. Tarbell IM. The history of the Standard Oil Company. New York: McClure, Phillips & Company; 1904, p. 1103.

72. Sinclair U. The Jungle: with the author's 1946 introduction. Cambridge, MA: Robert Bentley; 1906/ 1970.

73. Oreskes N, Conway EM. Merchants of doubt: how a handful of scientists obscured the truth on issues from tobacco smoke to global warming. 1st US ed. Conway EM, editor. New York: Bloomsbury Press; 2010

74. Duan R, Zwickle A, Takahashi B. A construal-level perspective of climate change images in US newspapers. Climatic Change. 2017;142(3–4):345–60; Yang ZJ, Seo M, Rickard LN, Harrison TM. Information sufficiency and attribution of responsibility: predicting support for climate change policy and pro-environmental behavior. Journal of Risk Research. 2014; 18(6):727–46; Ramkissoon H, Smith L. The relationship between environmental worldviews, emotions and personal efficacy in climate change. International Journal of Arts & Sciences. 2014;7(1):93–109.

75. O'Neill SJ, Boykoff M, Niemeyer S, Day SA. On the use of imagery for climate change engagement. Global Environmental Change. 2013;23(2):413–21.

76. O'Neill SJ, Hulme M. An iconic approach for representing climate change. Global Environmental Change. 2009;19(4):402–10.

77. Geiger N, Bowman C, Clouthier T, et al. Observing environmental destruction stimulates neural activation in networks associated with empathic responses. Social Justice Research. 2017;30(4):300–22.

78. Meijnders AL, Midden CJH, Wilke HAM. Communications about environmental risks and risk-reducing behavior: the impact of fear on information processing. Journal of Applied Social Psychology. 2001;31(4):754–77.

79. Klöckner. The psychology of pro-environmental communication

80. Howell RA. Lights, camera . . . action? Altered attitudes and behaviour in response to the climate change film The Age of Stupid. Global Environmental Change. 2011;21(1):177–87; Klöckner. The psychology of pro-environmental communication; Tsitsoni V, Toma L. An econometric analysis of determinants of climate change attitudes and behaviour in Greece and Great Britain. Agricultural Economics Review. 2013;14(1):59–75; Ramkissoon, Smith. The relationship between environmental worldviews; Maibach E. Social marketing for the environment: using information campaigns to promote environmental awareness and behavior change. Health Promotion International. 1993;8(3):209–24.

81. Spartz JT, Su LY-F, Griffin R, et al. YouTube, social norms and perceived salience of climate change in the American mind. Environmental Communication. 2017;11(1):1–16; van der Linden S, Leiserowitz A, Mailbach E. The gateway belief model: a large-scale replication. Journal of Environmental Psychology. 2019;62(4):49–58.

82. Dunlap RE. Climate change skepticism and denial. American Behavioral Scientist. 2013;57(6):691–98; Oreskes N, Conway EM. Defeating the merchants of doubt. Nature. 2010;465:686–87; Skoglund A, Stripple J. From climate skeptic to climate cynic. Critical Policy Studies. 2018;13(3):345–65; Stern P, Perkins J, Sparks R, Knox R. The challenge of climate-change neoskepticism. Science. 2016;353(6300):653–54.

83. Brüggemann M, Engesser S. Beyond false balance: how interpretive journalism shapes media coverage of climate change. Global Environmental Change. 2017;42:58–67; Ryghaug. Obstacles to sustainable development.

84. Brüggemann, Engesser. Beyond false balance; Bushell S, Buisson GS, Workman M, Colley T. Strategic narratives in climate change: towards a unifying narrative to address the action gap on climate change. Energy Research & Social Science. 2017;28:39–49; Hall C. Framing behavioural approaches to understanding and governing sustainable tourism consumption: beyond neoliberalism, "nudging" and "green growth"? Journal of Sustainable Tourism. 2013;21(7):1091–1109.

85. Bertolotti, Catellani. Effects of message framing in policy communication on climate change; Mailbach EW, Nisbet M, Baldwin P, et al. Reframing climate change as a public health issue: an exploratory study of public reactions. BMC Public Health. 2010;10(1):299

86. Stoknes. What we think about when we try not to think about global warming.

87. Schubert C. Green nudges: do they work? Are they ethical? Ecological Economics.

2017;132:329–42.

88. Adams. Ecological crisis, sustainability and the psychosocial subject; Ryghaug. Obstacles to sustainable development.

89. Dicaglio, Barlow, Johnson. Rhetorical recommendations built on ecological experience.

90. Huang H. Media use, environmental beliefs, self-efficacy, and pro-environmental behavior. Journal of Business Research. 2016;69(6):2206–12; O'Neill, Boykoff, Niemeyer, Day. On the use of imagery for climate change engagement; Hart PS, Feldman L. The influence of climate change efficacy messages and efficacy beliefs on intended political participation. (Research article). PLoS One. 2016;11(8):e0157658; Tsitsoni, Toma. An econometric analysis of determinants of climate change attitudes.

91. Markowitz E, Shariff A. Climate change and moral judgement. Nature Climate Change. 2012;2(4):243–47; Markowitz E, Slovic P, Västfjäll D, Hodges S. Compassion fade and the challenge of environmental conservation. Judgment and Decision Making. 2013;8(4):397.

92. Gifford R. The dragons of inaction: psychological barriers that limit climate change mitigation and adaptation. American Psychologist. 2011;66(4):290–302; Tobler, Visschers, Siegrist. Addressing climate change; Swim J, Clayton S, Doherty T, et al. Psychology and global climate change: addressing a multi-faceted phenomenon and set of challenges. American Psychological Association; 2011. [Available at: http://www.apa.org/science/about/publications/climate-change.aspx]; Schutte NS, Bhullar N. Approaching environmental sustainability: perceptions of self-efficacy and changeability. Journal of Psychology. 2017;151(3):321–33; Huang. Media use, environmental beliefs, self-efficacy, and pro-environmental behavior; Hart, Feldman. The influence of climate change efficacy messages; Koletsou, Mancy. Which efficacy constructs for large-scale social dilemma problems?; Roser-Renouf C, Mailbach EW, Leiserowitz A, Zhao X. The genesis of climate change activism: from key beliefs to political action. Climatic Change 2014;125(2):163–78.

93. Bissing-Olson MJ, Fielding KS, Iyer A. Experiences of pride, not guilt, predict pro-environmental behavior when pro-environmental descriptive norms are more positive. Journal of Environmental Psychology. 2016;45:145–53; Chamila Roshani Perera L, Rathnasiri Hewege C. Climate change risk perceptions and environmentally conscious behaviour among young environmentalists in Australia. Young Consumers. 2013;14(2):139–54.

94. Staats, Harland, Wilke. Effecting durable change.

95. Fisher J, Irvine K. Reducing energy use and carbon emissions: a critical assessment of small-group interventions. Energies. 2016;9:172.

96. Staats, Harland, Wilke. Effecting durable change; Fisher, Irvine. Reducing energy use and carbon emissions

97. Klöckner. The psychology of pro-environmental communication.

98. Lokhorst AM, Werner C, Staats H, et al. Commitment and behavior change. Environment and Behavior. 2013;45(1):3–34.

99. Kruijsen JHJ, Owen A, Boyd DMG. Community sustainability plans to enable change towards sustainable practice—a Scottish case study. Local Environment. 2014;19(7):748–66.

100. Mols F, Haslam SA, Jetten J, Steffens NK. Why a nudge is not enough: a social identity critique of governance by stealth. European Journal of Political Research. 2015;54(1): 81–98

101. Schwerhoff, Nguyen, Edenhofer, et al. Policy options for a socially balanced climate policy; Bristow AL, Wardman M, Zanni AM, Chintakayala PK. Public acceptability of personal carbon trading and carbon tax. Ecological Economics. 2010;69(9):1824–37; Murray B, Rivers N. British Columbia's revenue-neutral carbon tax: a review of the latest "grand experiment" in environmental policy. Energy Policy. 2015;86(C):674–83; Schiermeier Q. Anger as Australia dumps carbon tax. Nature. 2014;511(7510):392; Parag Y, Capstick S, Poortinga W. Policy attribute framing: a comparison between three policy instruments for personal emissions reduction. Journal of Policy Analysis and Management. 2011;30(4):889–905.

102. Guzman LI, Clapp A. Applying personal carbon trading: a proposed 'Carbon, Health and Savings System' for British Columbia, Canada. Climate Policy. 2017;17(5):616–33.

103. Hendry A, Webb G, Wilson A, et al. Influences on intentions to use a personal carbon trading system (NICHE—The Norfolk Island Carbon Health Evaluation Project). International Technology Management Review. 2015;5(2):105–16; Guzman, Clapp. Applying personal carbon trading.

104. Stoknes. What we think about when we try not to think about global warming.

105. Gifford. The dragons of inaction; de Nazelle A, Fruin S, Westerdahl D, et al. A travel mode comparison of commuters' exposures to air pollutants in Barcelona. Atmospheric Environment. 2012;59:151–59.

106. Tybur, Griskevicius. Evolutionary psychology.

107. Koletsou, Mancy. Which efficacy constructs for large-scale social dilemma problems?

108. Di Cosmo, O'Hora. Nudging electricity consumption using TOU pricing and feedback.

109. Pichert D, Katsikopoulos KV. Green defaults: information presentation and proenvironmental behaviour. Journal of Environmental Psychology. 2008;28(1):63–73; Ölander F, Thøgersen J. Informing versus nudging in environmental policy. Journal of Consumer Policy. 2014;37(3):341–56; Ebeling F, Lotz S. Domestic uptake of green energy promoted by opt-out tariffs. Nature Climate Change. 2015;5(9):868–71.

110. Graffeo M, Ritov I, Bonini N, Hadjichristidis C. To make people save energy tell them what others do but also who they are: a preliminary study. Frontiers of Psychology. 2015;6:1287; Ölander, Thøgersen. Informing versus nudging in environmental policy.

111. Stea S, Pickering GJ. Optimizing messaging to reduce red meat consumption. Environmental Communication. 2017;13(5):633–48.

112. Barnes AP, Toma L, Willock J, Hall C. Comparing a 'budge' to a 'nudge': farmer responses to voluntary and compulsory compliance in a water quality management regime. Journal of Rural Studies. 2013;32:448–59.

113. Mills J, Gaskell P, Ingram J, et al. Engaging farmers in environmental management through a better understanding of behaviour. Agriculture and Human Values. 2017;34(2):283–99.

114. Oliver A. From nudging to budging: using behavioural economics to inform public sector policy. Journal of Social Policy. 2013;42(4):685–700; Mols, Haslam, Jetten, Steffens. Why a nudge is not enough; Moseley A, Stoker G. Nudging citizens? Prospects and pitfalls confronting a new heuristic. Resources, Conservation & Recycling. 2013;79:4–10.

115. MacKay DJC. Sustainable energy without the hot air. Cambridge: UIT Cambridge; 2009.

116. Goodwin T. Why we should reject 'nudge.' Politics. 2012;32(2):85–92; Lehner M, Mont O, Heiskanen E. Nudging—a promising tool for sustainable consumption behaviour? Journal of Cleaner Production. 2016;134:166–77.

117. Moseley, Stoker. Nudging citizens? Prospects and pitfalls.

118. Newell PB. A cross-cultural examination of favorite places. Environment and Behavior. 1997;29(4):495.

119. Annerstedt van den Bosch M, Depledge MH. Healthy people with nature in mind. BMC Public Health. 2015;15(1):1232–32; Frumkin H. The evidence of nature and the nature of evidence. American Journal of Preventive Medicine. 2012;44(2):196–97; Shanahan DF, Fuller RA, Bush R, et al. The health benefits of urban nature: how much do we need? BioScience. 2015;65(5):476–85.

120. Uren HV, Dzidic PL, Roberts LD, et al. Green-tinted glasses: how do pro-environmental citizens conceptualize environmental sustainability? Environmental Communication. 2019;13(3):395–411; Eden. Environmental issues.

121. Beery TH, Wolf-Watz D. Nature to place: rethinking the environmental connectedness perspective. Journal of Environmental Psychology. 2014;40:198–205.

122. Eden. Environmental issues.

123. Chawla L, Derr V. The development of conservation behaviors in childhood and youth. In: Clayton SD, editor. The Oxford handbook of environmental and conservation psychology. New York: Oxford University Press; 2012, pp. 1–48.

124. Wells NM, Lekies KS. Nature and the life course: pathways from childhood nature experiences to adult environmentalism. Children Youth and Environments. 2006;16(1):1–24; Chawla, Derr. The development of conservation behaviors; Broom C. Exploring the relations between childhood experiences in nature and young adults' environmental attitudes and behaviours. Australian Journal of Environmental Education. 2017;33(1):34–47; Klaniecki K, Leventon J, Abson D. Human–nature connectedness as a 'treatment' for pro-environmental behavior: making the case for spatial considerations. Sustainability Science. 2018:1–14.

125. Ward Thompson C, Aspinall P, Montarzino A. The childhood factor: adult visits to green places and the significance of childhood experience. (Report). Environment and Behavior. 2008;40(1):111.

126. Hsu S-J. Significant life experiences affect environmental action: a confirmation study in eastern Taiwan. Environmental Education Research. 2009;15(4):497–517.

127. Ward Thompson, Aspinall, Montarzino. The childhood factor; Chawla, Derr. The development of conservation behavior; Calogiuri G. Natural environments and childhood experiences promoting physical activity, examining the mediational effects of feelings about nature and social networks. International Journal of Environmental Research and Public Health. 2016;13(4); Larson LR, Green GT, Castleberry SB. Construction and validation of an instrument to measure environmental orientations in a diverse group of children. Environment and Behavior. 2011;43(1):72–89.

128. Larson, Green, Castleberry. Construction and validation of an instrument to measure environmental orientations.

129. Collado S, Corraliza JA, Staats H, Ruiz M. Effect of frequency and mode of contact with nature on children's self-reported ecological behaviors. Journal of Environmental Psychology. 2015;41:65–73

130. Von Lindern E, Bauer N, Frick J, et al. Occupational engagement as a constraint on restoration during leisure time in forest settings. Landscape and Urban Planning. 2013;118(C):90–97.

131. Park JJ, Selman P. Attitudes toward rural landscape change in England. Environment and Behavior. 2011;43(2):182–206.

132. Coldwell D, Evans K. Contrasting effects of visiting urban green-space and the countryside on biodiversity knowledge and conservation support. PLoS One. 2017;12(3):e0174376.

133. Ohly H, Gentry S, Wigglesworth R, et al. A systematic review of the health and well-being impacts of school gardening: synthesis of quantitative and qualitative evidence. (Report). BMC Public Health. 2016;16(1):286.

134. White R, Eberstein K, Scott D. Birds in the playground: evaluating the effectiveness of an urban environmental education project in enhancing school children's awareness, knowledge and attitudes towards local wildlife. PLoS One. 2018;13(3):e0193993; Ali SM, Rostam K, Awang AH. School landscape environments in assisting the learning process and in appreciating the natural environment. Procedia—Social and Behavioral Sciences. 2015;202:189–98; Bell SL, Westley M, Lovell R, Wheeler BW. Everyday green space and experienced well-being: the significance of wildlife encounters. Landscape Research. 2018;43(1):8–19; Otto S, Pensini P. Nature-based environmental education of children: environmental knowledge and connectedness to nature, together, are related to ecological behaviour. Global Environmental Change. 2017;47:88–94.

135. Chawla, Derr. The development of conservation behaviors.

136. Bixler RD, Floyd MF, Hammitt WE. Environmental socialization: quantitative tests of the childhood play hypothesis. Environment and Behavior. 2002;34(6):795–818.

137. Hsu. Significant life experiences affect environmental action.

138. Huber R, Panksepp JB, Nathaniel T, et al. Drug-sensitive reward in crayfish: an invertebrate model system for the study of SEEKING, reward, addiction, and withdrawal. Neuroscience and Biobehavioral Reviews. 2011;35(9):1847–53

9장 친환경 어린이병원 프로젝트

1. Council on Environmental Health. Global climate change and children's health. Pediatrics. 2015;136(5):992.

2. Dienes C. Actions and intentions to pay for climate change mitigation: environmental concern and the role of economic factors. Ecological Economics. 2015;109:122–29.

3. McKibben B. A special moment in history. Atlantic Monthly. 1998 May;281(5):55–78.

4. Ramage N. Sustainable marketing. Marketing. 2005;110(9):6; Oreskes N, Conway EM. Defeating the merchants of doubt. Nature. 2010;465:686–87.

5. Chung JW, Meltzer DO. Estimate of the carbon footprint of the US health care sector. JAMA. 2009;302(18):1970.

6. Eckelman MJ, Sherman J. Environmental impacts of the U.S. health care system and effects on public health. (Report). PLoS One. 2016;11(6):e0157014.

7. Eckelman, Sherman. Environmental impacts of the U.S. health care system.

8. Kaplan S, Sadler B, Little K, et al. Can sustainable hospitals help bend the health care cost curve? The Commonwealth Fund. 2012;29:1–14.

9. Howard J, Hill L, Krause D. Defining waste and material streams. Practice Greenhealth; 2015. [Available at: https://practicegreenhealth.org/sites/default/files/upload-files/defining_waste_and_material_streams.pdf.]

10. Riedel LM. Environmental and financial impact of a hospital recycling program. AANA Journal. 2011;79(4 suppl):S8.

11. Veleva V, Bodkin G. Corporate-entrepreneur collaborations to advance a circular economy. Journal of Cleaner Production. 2018;188:20–37; Ferenc J. Model workers. Trustee. 2016;69(6):3; Howard, Hill, Krause. Defining waste and material streams.

12. Babu MA, Dalenberg AK, Goodsell G, et al. Greening the operating room: results of a scalable initiative to reduce waste and recover supply costs. Neurosurgery. 2019;85(3):432–37.

13. Allen JG, MacNaughton P, Satish U, et al. Associations of cognitive function scores with carbon dioxide, ventilation, and volatile organic compound exposures in office workers: a controlled exposure study of green and conventional office environments. Environmental Health Perspectives. 2015;124(6):805–12.

14. Riesenberg DE, Arehart-Treichel J. "Sick building" syndrome plagues workers, dwellers. JAMA. 1986;255(22):3063; Redlich CA, Sparer J, Cullen MR. Sick-

building syndrome. The Lancet. 1997;349(9057):1013–16.

15. Persily A. Challenges in developing ventilation and indoor air quality standards: the story of ASHRAE Standard 62. Building and Environment. 2015;91(C):61–69.

16. Brandt-Rauf PW, Andrews LR, Schwarz-Miller J. Sick-hospital syndrome. Journal of Occupational Medicine: Official Publication of the Industrial Medical Association. 1991;33(6):737; Leung M, Chan AHS. Control and management of hospital indoor air quality. Medical Science Monitor: International Medical Journal of Experimental and Clinical Research. 2006;12(3):SR17.

17. Persily. Challenges in developing ventilation and indoor air quality standards.

18. Allen, MacNaughton, Satish, et al. Associations of cognitive function scores with carbon dioxide.

19. Thiel CL, Needy KL, Ries R, et al. Building design and performance: a comparative longitudinal assessment of a children's hospital. Building and Environment. 2014;78:130–36.

20. Eshel G, Shepon A, Makov T, Milo R. Land, irrigation water, greenhouse gas, and reactive nitrogen burdens of meat, eggs, and dairy production in the United States. Proceedings of the National Academy of Sciences of the United States of America. 2014;111(33):11996–2001; Springmann M, Mason-D'Croz D, Robinson S, et al. Global and regional health effects of future food production under climate change: a modelling study. The Lancet. 2016;387(10031):1937–46; Girod B, van Vuuren DP, Hertwich EG. Climate policy through changing consumption choices: options and obstacles for reducing greenhouse gas emissions. Global Environmental Change. 2014;25(March):5–15.

21. Pan A, Sun Q, Bernstein AM, et al. Red meat consumption and mortality: results from 2 prospective cohort studies. Archives of Internal Medicine. 2012;172(7):555–63; Soret S, Mejia A, Batech M, et al. Climate change mitigation and health effects of varied dietary patterns in real-life settings throughout North America. American Journal of Clinical Nutrition. 2014;100(suppl 1):490S; Nemecek T, Jungbluth N, Canals L, Schenck R. Environmental impacts of food consumption and nutrition: where are we and what is next? International Journal of Life Cycle Assessment. 2016;21(5):607–20; Eshel G, Shepon A, Noor E, Milo R. Environmentally optimal, nutritionally aware beef replacement plant-based diets. Environmental Science & Technology. 2016;50(15):8164–68; Tilman D, Clark M. Global diets link environmental sustainability and human health. Nature. 2014;515(7528):518–22; Reynolds CJ, Buckley JD, Weinstein P, Boland J. Are the dietary guidelines

for meat, fat, fruit and vegetable consumption appropriate for environmental sustainability? A review of the literature. Nutrients. 2014;6(6):2251.

22. Hart J. Practice Greenhealth: leading efforts to ensure a sustainable health care system and improved health for all. Alternative & Complementary Therapies. 2022;27(5):250–52.

23. Klein K. Values-based food procurement in hospitals: the role of health care group purchasing organizations. Agriculture and Human Values. 2015;32(4):635–48.

24. Ulrich RS. View through a window may influence recovery from surgery. Science. 1984;224(4647):420–21

25. Berry, Parker, Coile, et al. The business case for better buildings; Bardwell P. A challenging road toward a rewarding destination. Frontiers of Health Services Management. 2004;21(1):27–34.

26. Ulrich RS. Essay: evidence-based health-care architecture. The Lancet. 2006;368(1): S38–S39.

27. Klein. Values-based food procurement in hospitals.

28. DeLind LB. Are local food and the local food movement taking us where we want to go? Or are we hitching our wagons to the wrong stars? Agriculture and Human Values. 2010;28(2):273–83.

29. Kaplan, Sadler, Little, et al. Can sustainable hospitals help bend the health care cost curve?

30. Unger SR, Campion N, Bilec MM, Landis AE. Evaluating quantifiable metrics for hospital green checklists. Journal of Cleaner Production. 2016;127:134–42.

31. Africa J, Logan A, Mitchell R, et al. The Natural Environments Initiative: illustrative review and workshop statement. The Natural Environments Initiative; The Radcliffe Institute for Advanced Study, Harvard University: Harvard School of Public Health, Center for Health and the Global Environment; 2014.

결론 지속 가능한 뇌

1. Intergovernmental Panel on Climate Change. IPCC, 2021: Summary for policymakers. Sixth assessment report (AR6) of the Intergovernmental Panel on Climate Change. In: Masson-Delmotte V, Zhai P, Pirani A, et al., editors. Climate change 2021: the physical science basis contribution of Working Group I to the Sixth Assessment Report of the Intergovernmental Panel on Climate Change.

Cambridge: Cambridge University Press; 2021 (in press).

2.	Periyakoil VS, Neri E, Fong A, Kraemer H. Do Unto Others: Doctors' Personal End-of-Life Resuscitation Preferences and Their Attitudes toward Advance Directives. (Research Article). PLoS ONE. 2014;9(5).; Zhang B, Wright AA, Huskamp HA, Nilsson ME, Maciejewski ML, Earle CC, Block SD, Maciejewski PK, Prigerson HG. Health Care Costs in the Last Week of Life: Associations With End-of-Life Conversations. Archives of Internal Medicine. 2009;169(5):480–8.

3.	Gladwell M. The tipping point: how little things can make a big difference. Boston: Back Bay Books; 2002.

4.	Vaillant GE. Triumphs of experience: the men of the Harvard Grant Study. Cambridge, MA: Belknap Press of Harvard University Press; 2012.

찾아보기

지구를 구하는 뇌과학

초판 1쇄 인쇄 2024년 5월 8일
초판 1쇄 발행 2024년 5월 22일

지은이 앤 크리스틴 듀하임
옮긴이 박선영
펴낸이 고영성

책임편집 이지은 ｜ **디자인** studio forb ｜ **저작권** 주민숙

펴낸곳   주식회사 상상스퀘어
출판등록   2021년 4월 29일 제2021-000079호
주소   경기도 성남시 분당구 성남대로 52, 그랜드프라자 604호
팩스   02-6499-3031
이메일   publication@sangsangsquare.com
홈페이지   www.sangsangsquare-books.com

ISBN 979-11-92389-81-3 03400